新世纪计算机类本科系列教材

计算机系统结构

（第五版）

李学干　编著

西安电子科技大学出版社

内 容 简 介

本书是在原书第四版的基础上修订而成的。这次修订的重点是第1、4、5、6章。

本书系统地讲述了计算机系统结构的基本概念、基本原理、基本结构、基本分析方法以及近年来在该领域的进展。

全书共8章。主要内容有:计算机系统结构基础及并行性的开发;数据表示、寻址方式与指令系统的设计、优化、发展和改进;存储、中断、总线与输入/输出系统;虚拟存储器、Cache存储器、三级存储层次和存储系统的保护;重叠方式和流水方式的标量处理机及指令级高度并行的超级处理机;向量的流水处理和向量流水处理机、阵列处理机的原理、并行算法和互连网络;多处理机的硬件结构、多Cache的一致性、程序的并行性和性能、操作系统和多处理机的发展;数据流计算机和归约机。

本书内容丰富,取材适当,每章有大量例题和习题。每章末均有本章小结,给出本章"知识点和能力层次要求"以及"重点和难点"。书末附有各章习题参考答案。

本书可作为计算机专业本科生和相关专业研究生的教材,也可作为相关领域科技人员的参考书。

图书在版编目(CIP)数据

计算机系统结构/李学干编著. —5 版. —西安:西安电子科技大学出版社,2011.11
(2023.3 重印)

ISBN 978 - 7 - 5606 - 2681 - 9

Ⅰ. ① 计… Ⅱ. ① 李… Ⅲ. ① 计算机体系结构—高等学校—教材 Ⅳ. ① TP303

中国版本图书馆 CIP 数据核字(2011)第 190268 号

责任编辑 阎 彬
出版发行 西安电子科技大学出版社(西安市太白南路2号)
电 话 (029)88202421 88201467 邮 编 710071
网 址 www.xduph.com 电子邮箱 xdupfxb001@163.com
经 销 新华书店
印刷单位 陕西天意印务有限责任公司
版 次 2011年11月第5版 2023年3月第48次印刷
开 本 787毫米×1092毫米 1/16 印张 21.5
字 数 500千字
印 数 413 001～416 000册
定 价 52.00元

ISBN 978 - 7 - 5606 - 2681 - 9/TP

XDUP 2973005 - 48

＊ ＊ ＊ 如有印装问题可调换 ＊ ＊ ＊

前　　言

本书是从计算机组织和结构的角度来介绍计算机系统的。整个计算机系统是一个软、硬件组合的综合体。随着计算机硬件在功能、性能、集成度、可靠性等诸多方面的改进，计算机软件变得日趋复杂，应用要求不断拓宽深化，需要研究如何更好、更合理地分配计算机软、硬件功能，并研究如何更好地实现分配给硬件的功能，使系统有高的性能价格比。这对计算机系统结构设计、硬件设计、系统软件开发和高层次应用系统开发者来说，都是应该了解和掌握的。通过本书的学习，读者可更进一步理解计算机系统的整体概念，正确掌握计算机系统结构的基本概念、基本原理，了解比较成熟的基本结构，学会正确进行结构设计的思想和方法，提高分析和解决问题的能力，了解这十几年里在并行处理和系统结构领域的重要进展。

全书共 8 章。第 1 章是计算机系统结构基础及并行性的开发，讲述计算机系统多级层次结构，计算机系统结构、组成、实现的定义和相互关系，计算机系统的软、硬件取舍原则、性能评测及定量设计原理，软件、应用、器件的发展对系统结构的影响，系统结构中的并行性开发和计算机系统的分类；第 2 章讲述数据表示、寻址方式与指令系统的设计、优化、发展和改进；第 3 章讲述存储系统的基本要求和并行主存系统，中断的分类、分级和中断系统的软、硬件功能分配，总线的分类、控制技术、通信技术、数据宽度和总线线数，输入/输出系统的通道处理机工作原理、流量设计及外围处理机；第 4 章讲述存储体系概念，虚拟存储器、Cache 存储器的构成、地址映像、地址变换、替换算法、实现中的问题和性能分析，三级存储体系的三种形式及存储系统的保护；第 5 章讲述重叠方式和流水方式的标量处理机的原理、相关控制及指令级高度并行的超级处理机；第 6 章讲述向量的流水处理，向量流水处理机和阵列处理机的原理、并行算法、互连网络和共享主存构形的阵列处理机中并行存储器的无冲突访问，脉动阵列流水处理机的原理和通用脉动阵列结构；第 7 章讲述多处理机的概念、问题和硬件结构，紧耦合多处理机多 Cache 的一致性问题和解决办法，程序的并行性和性能，多处理机的操作系统及发展；第 8 章讲述数据流计算机和归约机。

计算机知识更新得很快，但计算机系统结构的基本概念、基本原理、基本结构、基本分析方法在相当长时期里变化不大。所以这次在第四版的基础上适当进行了修改，除了对多处文字、语句进行修改外，还增删和调整了一些段落；改用例子和结论结合的方法来突出重点、难点和要点；增写了计算机系统设计的主要任务和方法、数据流计算机的进展，重写了三级存储体系；删去了实现 Cache 块替换的堆栈法（因为已经不用了）；因为向量流水处理机和阵列机都属于向量处理机，所以将上版第 5 章中的向量流水部分归并到第 6 章，从而将第 5 章更名为标量处理机，第 6 章更名为向量处理机。在每章末增写了小结，给出"知识点和能力层次要求"以及"重点和难点"。在知识点中所提及的"识记"、"领会"、"简单应用"和"综合应用"是属于四个递进等级关系的能力层次表述。

"识记"：能够识别和记忆有关知识点的名词术语、定义、知识、公式、原则、重要结论、方法、步骤、特征、特点等。

"领会"：能够领悟和理解知识点的内涵和外延，熟悉其内容要点以及它们之间的区别和联系。

"简单应用"：能够运用少量知识点，分析和解决一般应用问题，进行计算、绘图、设计、编程、分析、论证等。

"综合应用"：能够运用多个知识点，分析和解决较复杂的应用问题，进行计算、绘图、设计、编程、分析、论证等。

本书对应的课程"计算机系统结构"应在"数字逻辑"、"计算机组成原理"、"微型机原理和接口技术"、"汇编语言"、"高级语言程序设计"等课程之后开设，学生最好有"数据结构"方面的知识。本课程也可以在"操作系统"、"编译原理"等课程之后开设或与它们同时开设。本课程的参考教学时数为64~72学时，可以视情况适当增删。

本书内容丰富，取材适当，重点突出，难点分散，文字通俗易懂，各章均有大量的例题和习题。书末还提供了习题的参考答案。

本书可作为计算机专业本科生和相关专业研究生的教材，也可作为计算机科学工作者的参考书。

本书由西安电子科技大学李学干教授编写。西安电子科技大学出版社的编辑为本书的编辑出版做了大量工作，在此对他(她)们表示衷心的感谢。

由于作者水平有限，书中难免存在不足之处，恳请读者批评指正。

李学干
2011 年 8 月

第 四 版 前 言

本书是计算机专业本科生和相关专业研究生的规划教材，其前身于 1981 年由国防工业出版社出版，作为全国统编教材在国内是最早较完整、系统地讲述计算机系统结构的教材。1984 年经重新编写后，改由西北电讯工程学院出版社(西安电子科技大学出版社的前身)出版。1991 年再由作者重新修改作为第二版发行。《计算机系统结构(第二版)》先后获全国第三届工科电子类专业优秀教材一等奖和国家级优秀教学成果二等奖。2000 年出版的第三版是国家级重点本科系列教材之一。本次修编时，又对各章内容做了修改和增删，但作为教材的继承性，不宜在体系、内容和风格上做太大的变动。

本教材仍着眼于有关计算机系统结构和组成的基本概念、基本原理、基本结构和基本分析方法的叙述。全书共分 8 章。第 1 章是计算机系统结构概论，讲述了计算机系统的多级层次结构，计算机系统结构、组成、实现的定义和相互关系，计算机系统的软硬取舍原则、性能评测及定量设计原理，软件、应用、器件对系统结构的影响，并行性发展和计算机系统的分类。第 2 章讲述数据表示，寻址方式，指令系统的设计、优化、发展和改进。第 3 章讲述存储、中断、总线和 I/O 系统(通道处理机和外围处理机)。第 4 章讲述存储体系，虚拟存储器，Cache 存储器和主存保护。第 5 章讲述重叠，流水，向量流水处理机和指令级高度并行的超级处理机(超标量处理机、超长指令字处理机、超流水线处理机、超标量超流水线处理机)。第 6 章讲述阵列处理机的原理、并行算法、互连网络、并行存储器的无冲突访问和脉动阵列处理机。第 7 章讲述多处理机的硬件结构，多 Cache 的一致性，程序的并行性、性能，操作系统类型和多处理机的发展(分布式共享主存储器多处理机、对称多处理机、多向量多处理机、并行向量机、大规模并行处理机 MPP、机群系统)。第 8 章讲述数据流机和归约机。

本书相应课程"计算机系统结构"应在"数字逻辑"、"计算机组成原理"、"汇编语言"、"高级程序设计语言"等课程之后开设，学生最好有"数据结构"方面的知识。本课程也可以在"操作系统"、"编译原理"等课程之后，或与它们同时开设。"计算机系统结构"的课程参考教学课时数为 60 学时左右，可以视情况适当增删。

本书内容丰富，取材适当，每章均有大量例题和习题，书末附有主要习题的参考答案。本书亦可作为计算机结构设计工作者的参考用书。

本书由西安电子科技大学教授兼西安欧亚学院信息工程学院副院长的李学干编著。西安电子科技大学出版社的领导和编辑为本书出版做了大量工作，在此表示衷心的感谢。

由于作者水平有限，书中难免存在疏误，恳请广大读者批评指正。

李学干
2006 年 2 月

第 三 版 前 言

本教材系按原电子工业部的《1996—2000 年全国电子信息类专业教材编审出版规划》，由全国高等院校计算机专业教学指导委员会编审并推荐出版。

本教材由西安交通大学郑守淇教授主审，钱德沛教授为责任编委。

本教材的前身作为计算机系统结构的全国统编教材是 1981 年由国防工业出版社出版的。它是国内最早较完整、系统地讲述计算机系统结构的教材。1984 年经重新编写后，改由西北电讯工程学院出版社(西安电子科技大学出版社前身)出版。1991 年再由作者重新修改作为第二版发行。《计算机系统结构(第二版)》先后曾获全国第三届工科电子类专业优秀教材一等奖和国家级优秀教学成果二等奖。这次在修编时，对各章内容又做了较大修改、增删，但作为教材的继承性，不宜在体系、内容和风格上做太大变动。

本教材仍着眼于有关计算机系统结构和组成的基本概念、基本原理、基本结构和基本分析方法的叙述。全书共分 8 章。第 1 章讲述计算机系统的层次结构，计算机系统结构、组成、实现的定义和相互关系，软硬取舍原则与系统设计思路，软件移植手段，应用、器件对系统结构的影响，并行性发展与计算机系统分类。第 2 章讲述数据表示、寻址方式、指令系统的设计与改进、RISC 技术。第 3 章讲述总线设计、中断系统、通道处理机和外围处理机。第 4 章讲述存储体系、虚拟存储器、Cache 存储器和主存保护。第 5 章讲述重叠，流水，向量处理机，超标量、超长指令字、超流水线处理机。第 6 章讲述并行处理机和相联处理机。第 7 章讲述多处理机的硬件结构、程序并行性、性能分析及操作系统。第 8 章讲述脉动阵列机、数据流机、归约机、智能机、大规模并行处理机(MPP)和机群系统。本教材力求反映出近十几年来在系统结构上的重要进展和今后可能的发展。

本课程应在"数字逻辑"、"计算机(组成)原理"、"程序设计语言"等课程之后开设。学生最好有"数据结构"方面的知识。本课程可在"操作系统"、"编译原理"课程之后，或与它们同时开设。本教材也可作为其它相关专业的研究生或本科生的选修教材。本课程的参考教学时间为 60～80 学时，可根据情况作适当剪裁。

本书在编写过程中多次得到有关领导部门及不少兄弟院校、研究所的专家、教授和同行的热情鼓励和帮助。西安电子科技大学教材科及出版社为本书的出版也做了大量工作，在此表示衷心的感谢。

由于作者水平有限，书中难免存在错误和缺点，恳切希望广大读者批评指正。

李学干

1999 年 6 月

第 二 版 前 言

《计算机系统结构》是高等院校工科电子类计算机专业统编教材之一，由计算机与自动控制教材编审委员会计算机编审小组评选审定，并推荐出版。经过多年的使用，由于计算机的飞速发展，我们觉得有必要做一次较大幅度的修改。许多院校的同志们也提出了这样的希望。

在这次重新编写后，变动较大的有如下几点：我们考虑到许多学校已设置有专门的"计算机可靠性技术"和"计算机系统性能与评价"课程，而且已出版了专门的教材，所以这部分内容就不再列入本教材中；新增加了有关 RISC 技术、外围处理机、相联处理机、基于面向对象程序设计的计算机、数据流机、归约机、智能机等内容；适当扩充向量处理机、并行处理机和多处理机的部分内容；对原有章节内容根据情况重新做了取舍、补充和内容更新，并对全书各章的内容编排上做了较大调整。

本教材仍按"研究软、硬件功能分配以及如何最佳、最合理地实现分配给硬件的功能"这个方向来编写，仍然着眼于叙述基本概念、基本原理、基本结构和基本分析方法。虽然列举了不少实际机器的例子，但并不是围绕这些机型或过多地从具体实现上的细节来讲述。本教材力求反映出近十几年来在系统结构上的重要进展和今后可能的发展。

本课程应在"计算机（组成）原理"、"程序设计语言"和"数字逻辑"等课程之后开设。学生最好有"数据结构"方面的知识。本课程可以在"操作系统"、"编译原理"课程之后，或与它们同时开设。本课程也可作为其它相关专业的研究生或本科生的选修课程。本课程的参考教学时数为 100～120 学时。

本书在编写过程中多次得到有关领导部门及不少兄弟院校、研究所的专家、教授和同志们的热情鼓励和帮助，有的曾提出过宝贵的意见。西安电子科技大学出版社的同志们为本书的出版也做了大量工作，我们在此表示衷心的感谢。

应当说明的是，考虑到教材的继承性，不可能对原有教材在体系、内容和风格上做太大的变动，恳切希望读者对本书的缺点和错误予以指正。

编著者
1990 年 7 月

第 一 版 前 言

本教材是高等院校工科电子类计算机专业统编教材之一，由计算机与自动控制教材编审委员会计算机编审小组评选审定，并推荐出版。

本教材是按计算机编审小组审定的编写大纲进行编写和审阅的，由西北电讯工程学院苏东庄主编，清华大学薛宏熙主审。

本教材是按"研究软、硬件功能分配以及如何最佳、最合理地实现分配给硬件的功能"这个方向来编写的，着重于基本概念、基本原理、基本结构和分析方法。虽然在讲述时联系了实际机器，但并不是围绕某种机型或过多地从具体实现上的细节来讲述。本教材力求反映近十几年来在系统结构上的重要进展以及今后可能的发展。

本课程应在"计算机（组成）原理"、"程序设计语言"和"数字逻辑"等课程之后开设。学生最好有"数据结构"方面的知识。本课程可以在"操作系统"、"编译原理"课程之后，或与它们同时开设。本书的第6、7、8章是按学生不选修"容错与诊断"、"纠错码"、"并行处理计算机结构"和"计算机系统性能评价"等课来写的。本课程的参考教学时数为 80～100 学时。

本教材是在国防工业出版社 1981 年出版的《计算机系统结构》的基础上修编而成的。参加当时编写的有：西北电讯工程学院的苏东庄、张志华、李学干、马玉珍；清华大学的金兰；华东师范大学的张东韩和唐培艺，由苏东庄主编。担任主审的是清华大学的房家国和薛宏熙。参加此次修编的除苏东庄外，还有李学干、金兰（第7章）、梁新来（第6章）、马玉珍（第8章），李学干承担了全书的文稿整理工作。

这里特别要感谢本版主审人薛宏熙同志，他进行了认真细致的审稿，并提出了宝贵的修改意见。凡在本书编写和审阅过程中提出过意见和建议的同志，在此一并向他们表示衷心的感谢。

本书在编写中得到了西北电讯工程学院教材科、图书馆的大力支持。有关领导部门、电子工业部教育局以及研究所和兄弟院校的很多领导、专家、教授和同志们对本书的编写曾给予了热情的鼓励，并提出过许多宝贵的意见。我们在此表示诚挚的感谢。

恳切希望读者继续对本书的缺点和错误予以指正。

编　者
1984 年

目　　录

第1章 计算机系统结构基础及并行性的开发

本章先从计算机系统层次结构出发,定义什么是计算机系统结构、计算机组成和计算机实现,以及它们的内涵和相互关系。在提出计算机系统软、硬件功能分配的原则后,讲述计算机系统的性能评测和定量设计原理及计算机系统设计的任务和方法。接着叙述软件、应用、器件的发展对系统结构的影响。最后介绍计算机系统结构的并行性开发和计算机系统的分类,以便为后续各章具体讨论系统结构和组成的内容打好基础。

1.1 计算机系统的层次结构

从使用语言的角度,一台由软、硬件组成的通用计算机系统可以被看成是按功能划分的多层机器级组成的层次结构。层次结构由高到低依次为应用语言机器级、高级语言机器级、汇编语言机器级、操作系统机器级、传统机器语言机器级和微程序机器级,如图 1-1 所示。对于具体的计算机系统,层次数可以不同。

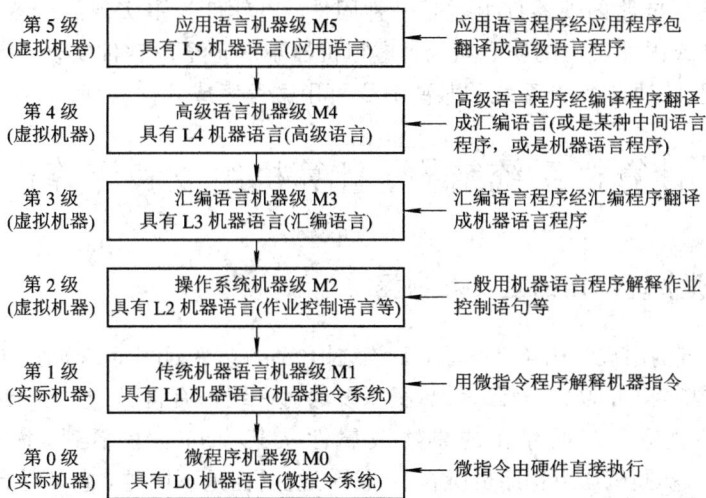

图 1-1 计算机系统的多级层次结构

对使用某一级语言编程的程序员来讲,只要熟悉和遵守该级语言的使用规定,所编程序总是能在此机器上运行并得到结果,而不用考虑这个机器级是如何实现的。就好像该程序员有了一台可以直接使用这种语言作为机器语言的机器一样。这里,"机器"被定义为能存储和执行相应语言程序的算法和数据结构的集合体。实际上,只有二进制机器指令,即传统所讲的机器语言与机器硬件直接对应,方可直接被硬件识别和执行。

各机器级的实现采用翻译技术或解释技术，或者是这两种技术的结合。翻译（Translation）技术是先用转换程序将高一级机器级上的程序整个地变换成低一级机器级上等效的程序，然后再在低一级机器级上实现的技术。解释（Interpretation）技术则是在低级机器级上用它的一串语句或指令来仿真高级机器级上的一条语句或指令的功能，是通过对高级的机器级语言程序中的每条语句或指令逐条解释来实现的技术。

应用语言虚拟机器级 M5 是为满足专门的应用设计的。使用面向某种应用的应用语言（L5）编写的程序一般是通过应用程序包翻译成高级语言（L4）程序后，再逐级向下实现的。高级语言机器级 M4 上的程序可以先用编译程序将其整个翻译成汇编语言（L3）程序或机器语言（L1）程序，之后再逐级或越级向下实现，也可以用汇编语言（L3）程序、机器语言（L1）程序，甚至微指令语言（L0）程序解释实现。汇编语言（L3）源程序则是先用汇编程序将其整个变换成等效的二进制机器语言（L1）目标程序，再在传统机器语言机器级 M1 上实现的。操作系统程序虽然已经发展成用高级语言（如 C 语言）编写，但最终还是要用机器语言程序或微指令程序来解释。它提供了传统机器语言机器级 M1 所没有的、但汇编语言和高级语言在使用和实现时所需的基本操作、命令及数据结构，例如，文件管理、存储管理、进程管理、多道程序共行、多重处理、作业控制等所用到的操作命令、语句和数据结构等。因此，操作系统机器级 M2 放在传统机器语言机器级 M1 和汇编语言机器级 M3 之间是适宜的。传统机器语言机器级采用组合逻辑电路来控制，其指令可直接用硬件来实现，也可以采用微程序控制，用微指令（L0）程序来解释实现。微指令直接控制硬件电路的动作。

就目前的状况来看，M0 用硬件实现，M1 用微程序（固件）实现，M2 到 M5 大多用软件实现。所谓固件（Firmware），是一种具有软件功能的硬件，例如将软件固化在只读存储器这种大规模集成电路的硬器件上就是一种固件。以软件为主实现的机器称为虚拟机器，以区别于由硬件或固件实现的实际机器。虚拟机器不一定全由软件实现，有些操作也可用固件或硬件实现。例如，操作系统的某些命令可用微程序或硬件实现。

1.2　计算机系统结构、计算机组成和计算机实现

1.2.1　计算机系统结构的定义和内涵

从计算机系统的层次结构角度来看，系统结构（System Architecture）是对计算机系统中各级界面的定义及其上下的功能分配。计算机系统的每一级都有自己的系统结构。在此，先说明有关"透明"的概念。客观存在的事物或属性从某个角度看不到，简称对它是透明（Transparent）的。不同机器级程序员所看到的计算机属性是不同的，它就是计算机系统不同层次的界面。系统结构就是要研究对于某级，哪些属性应透明，哪些属性不应透明。透明可简化该级的设计，但因无法控制，也会带来不利影响。因此，要正确进行透明性取舍。

计算机系统结构也称计算机系统的体系结构（Computer Architecture），它只是系统结构中的一部分，指的是传统机器级的系统结构。其界面之上包括操作系统级、汇编语言级、高级语言级和应用语言级中所有软件的功能，其界面之下包括所有硬件和固件的功能。因此，它是软件和硬件/固件的交界面，是机器语言、汇编语言程序设计者，或编译程序设计者看到的机器物理系统的抽象。

结论：计算机系统结构研究的是软、硬件之间的功能分配以及对传统机器级界面的确定，为机器语言、汇编语言程序设计者或编译程序生成系统提供使其设计或生成的程序能在机器上正确运行而应看到和遵循的计算机属性。

就目前的通用机来说，计算机系统结构的属性包括：

（1）硬件能直接识别和处理的数据类型及格式等的数据表示。

（2）最小可寻址单位、寻址种类、地址计算等的寻址方式。

（3）通用/专用寄存器的设置、数量、字长、使用约定等的寄存器组织。

（4）二进制或汇编指令的操作类型、格式、排序方式、控制机构等的指令系统。

（5）主存的最小编址单位、编址方式、容量、最大可编址空间等的存储系统组织。

（6）中断的分类与分级、中断处理程序功能及入口地址等的中断机构。

（7）系统机器级的管态和用户态的定义与切换。

（8）输入/输出（I/O）设备的连接、使用方式、流量、操作结束、出错指示等的机器级I/O结构。

（9）系统各部分的信息保护方式和保护机构等属性。

【**例 1 - 1**】 IBM PC 系列和 VAX - 11 系列的指令系统、寻址方式、寄存器组织、I/O设备连接方式等都不一样，从传统机器语言程序员或汇编语言程序员角度看，概念性结构和功能特性差异很大。要使他们所编的程序能运行，应了解的计算机属性大不相同，但高级语言程序员却看不到这些差异。

1.2.2　计算机组成和计算机实现的定义及内涵

从计算机系统结构的内涵可以看出，机器级内部的数据流和控制流的组成、逻辑设计和器件设计等都不属于计算机系统结构，就是说，对计算机系统结构设计是透明的。它们属于计算机组成或计算机实现的范畴。

1. 计算机组成

计算机组成（Computer Organization）指的是计算机系统结构的逻辑实现，包括机器级内部的数据流和控制流的组成以及逻辑设计等。

计算机组成着眼于机器级内部各事件的排序方式与控制机构、各部件的功能及各部件间的联系。它要解决的问题是在所希望达到的性能和价格情况下，怎样更好、更合理地把各种设备和部件组织成计算机，来实现所确定的系统结构。20 世纪 60 年代以来，计算机组成设计主要是围绕提高速度，着重从提高操作的并行度、重叠度，以及功能的分散和设置专用功能部件来进行的。

计算机组成设计要确定的方面一般应包括：

（1）数据通路宽度（数据总线一次并行传送的信息位数）。

（2）专用部件的设置（是否设置乘/除法、浮点运算、字符处理、地址运算等专用部件，设置的数量与机器要达到的速度、价格及专用部件的使用频率等有关）。

（3）各种操作对部件的共享程度（分时共享使用程度高，虽限制了速度，但价格便宜；设置部件多会降低共享程度，因操作并行度提高，可提高速度，但价格也会提高）。

（4）功能部件的并行度（是用顺序串行，还是用重叠、流水或分布式控制和处理）。

（5）控制机构的组成方式（由硬件还是微程序控制，是单机处理还是多机处理或功能分布处理）。

（6）缓冲和排队技术（部件间如何设置及设置多大容量的缓冲器来协调它们的速度差；是用随机、先进先出、先进后出、优先级，还是循环方式来安排事件处理的顺序）。

（7）预估、预判技术（为优化性能，用什么原则预测未来的行为）。

（8）可靠性技术（用何种冗余和容错技术来提高可靠性）。

2. 计算机实现

计算机实现（Computer Implementation）指的是计算机组成的物理实现，包括处理机、主存等部件的物理结构，器件的集成度和速度，器件、模块、插件、底板的划分与连接，专用器件的设计，微组装技术，信号传输，电源，冷却装置及整机装配技术等。

计算机实现的设计着眼于器件技术和微组装技术，其中，器件技术起着主导作用。

【例1-2】 指令系统的确定属于计算机系统结构研究的范畴。指令的实现，如取指令、指令操作码译码、计算操作数地址、取数、运算、输出结果等的操作安排和排序属于计算机组成研究的范畴。实现这些指令功能的具体电路、器件的设计及装配技术属于计算机实现研究的范畴。

确定指令系统中是否要设乘法指令属于计算机系统结构研究的范畴。乘法指令是用专门的高速乘法器实现，还是用加法器和移位器经一连串时序信号控制其相加和右移来实现属于计算机组成研究的范畴。乘法器、加法-移位器的物理实现，如器件的类型、集成度、数量、价格以及微组装技术的确定和选择属于计算机实现研究的范畴。

主存容量与编址方式（按位、按字节还是按字访问等）的确定属于计算机系统结构研究的范畴。为达到性能、价格要求，主存速度应该为多少，逻辑结构是否采用多体交叉属于计算机组成研究的范畴。主存器件的选定、逻辑设计、微组装技术的使用属于计算机实现研究的范畴。

【例1-3】 IBM 370系列有115、125、135、145、158、168等由低档到高档的多种型号机器。从汇编语言、机器语言程序设计者角度看的概念性结构都如图1-2所示。它们均

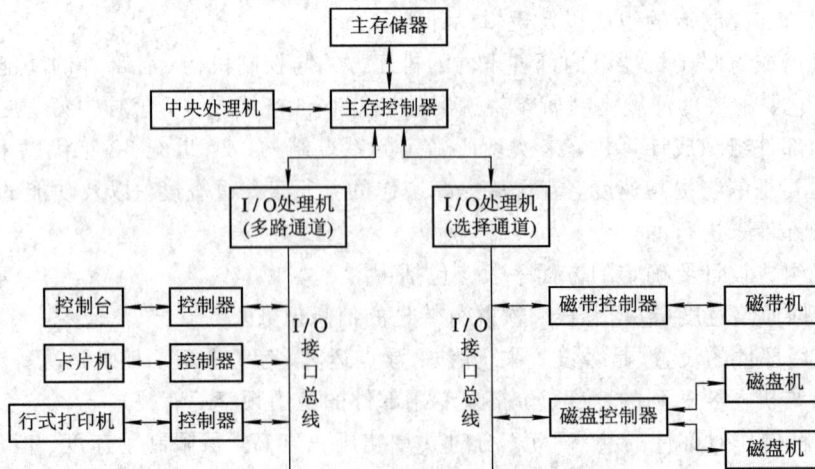

图1-2 IBM 370系列的概念性结构

是由中央处理机/主存—通道—设备控制器—外设 4 级构成的，以主存为中心，采用通道方式输入/输出。从层次结构看，IBM 370 系列中不同型号的机器从高级语言机器级、汇编语言机器级到传统机器语言机器级都是相同的，只是因为使用了不同的组成和实现、不同的微程序机器级而使机器性能、价格不同。因此，设计何种系列机属于计算机系统结构研究的范畴，而系列内不同型号计算机的组织属于计算机组成研究的范畴。

IBM 370 系列的中央处理机都有相同的机器指令和汇编指令系统，只是指令的分析、执行在低档机上采用顺序方式进行，在高档机上则采用重叠、流水或其他并行处理方式进行。程序设计者编程时所看到的数据形式(即数据表示)都是相同的 32 位字长，定点数都是半字长 16 位或全字长 32 位，浮点数都是单字长 32 位、双字长 64 位或四字长 128 位，如图 1-3(a)所示。由于速度、价格的要求不同，在组成和实现时，数据通路宽度(数据总线线数)可以分别采用 8 位、16 位、32 位或 64 位，如图 1-3(b)所示。一个 64 位的字在 8 位数据通路宽度的机器上需分 8 次才能传送完，而在 64 位数据通路宽度的机器上却只需一次即可传送完，速度快了，但硬件多了，价格贵。因此，数据总线宽度对程序员是透明的，是他不需要知道的。

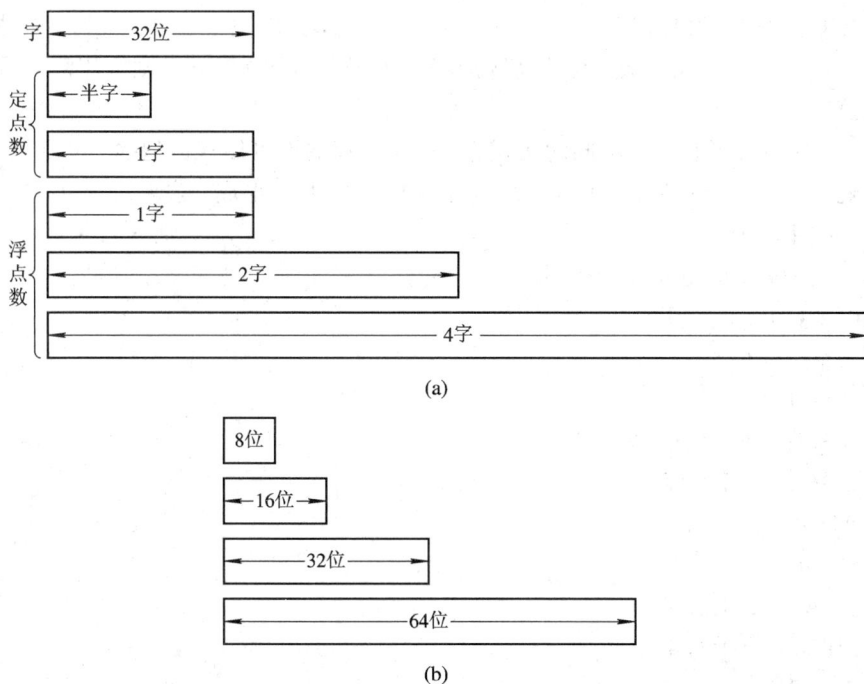

(a)

(b)

图 1-3　IBM 370 系列字长、数的表示和数据通路宽度
(a) 统一的字长与定点数和浮点数表示；(b) 不同的数据通路宽度

IBM 370 系列的各档机器都采用通道方式进行输入/输出，但在计算机组成上，低档机器可以采用结合型通道，让通道的功能借用中央处理机的某些部件完成。同一套硬件分时执行中央处理机和通道的功能，虽然系统速度性能低，但可以降低成本。而高档机器却采用独立型通道，单独设置通道硬件，与中央处理机并行，成本虽高，但系统速度提高了。

结论：机器/汇编指令系统、数据表示、是否采用通道方式输入/输出的确定属于系统结构研究的范畴；指令采用顺序、重叠、流水还是其他方式解释，数据通路宽度的确定，通道采用结合型还是独立型，均属于计算机组成研究的范畴。

【例 1-4】 DEC 公司早先推出的 PDP-11 系列是以单总线结构著称的,它不属于计算机系统结构研究的范畴。因为为适应不同速度和价格的要求,不同型号机器仍使用了多种不同的总线。但是,它们都具有相同的 I/O 连接和使用方式,即将 I/O 设备端口寄存器在逻辑上看做是主存的一部分,与主存统一编址,通过访问主存的这些指定单元来实现与指定的 I/O 设备通信,完成对该设备的读/写等操作。

因此对 PDP-11 或后来的 VAX-11 来说,单总线结构属于计算机组成研究的范畴,其机器级的 I/O 连接和使用方式才属于计算机系统结构研究的范畴,是程序设计者编写 I/O 程序时应当看到的。

1.2.3 计算机系统结构、组成和实现的相互影响

计算机系统结构、组成、实现三者互不相同,但又相互影响。从前面的例子可以看出,相同结构(如指令系统相同)的计算机,可以因速度不同而采用不同的组成。例如,指令间既可以顺序执行,也可以重叠执行以提高性能。乘法指令既可以用专门的乘法器实现,也可以用加法器、移位器等经重复加、移位来实现,这取决于性能、价格、乘法指令使用频度及所用乘法的运算方法。高速高频的场合可用专门乘法器,否则宜用后一种方法来降低价格。

同样,一种组成可有多种不同的实现方法。如主存器件可用双极型的,也可用 MOS 型的器件实现;可用 VLSI 单片,也可用多片小规模集成电路组成。这取决于要求的性能价格比及器件技术状况。

结构不同,采用的组成技术就不同。

【例 1-5】 为了实现

A:=B+C

D:=E*F

若采用面向寄存器的系统结构,其程序可以是

LOAD   R1,B

ADD   R1,C

STORE   A,R1

LOAD   R2,E

MPY   R2,F

STORE   D,R2

而对于面向主存的三地址寻址方式的结构,其程序可以是

ADD   B,C,A

MPY   E,F,D

要提高运算速度,可让相加与相乘并行,为此这两种结构在组成上都要求设置独立的加法器和乘法器。但对于面向寄存器的结构,还要求 R1 和 R2 能同时被访问;而对于面向主存的三地址寻址的结构,则并无此要求,但是要求能同时形成多个访存操作数地址并能同时访存。

组成也会影响结构,微程序控制就是一个范例。通过改变控制存储器中的微程序,就可改变系统的机器指令,改变结构。在一台计算机上提供对应多种指令系统的微程序,动

态切换，结构可变，这是硬联控制组成技术无法做到的。另外，增加多倍长运算、十进制运算、字符行处理、矩阵乘、多项式求值、三角函数求值、查表、字节测试、开方等复合机器指令和宏指令，由微程序解释实现，因为减少了大量访主存取机器指令的次数，所以速度比用由基本机器指令构成的机器语言子程序实现要快出几倍到十几倍。如果没有组成技术的进步，则结构的进展是不可能的。

因此，系统结构的设计必须结合应用考虑，为软件和算法的实现提供更多、更好的支持，同时要考虑可能采用和准备采用的组成技术。结构设计应避免过多地或不合理地限制各种组成、实现技术的采用与发展，尽量做到既能方便地在低档机上用简单、便宜的组成实现，又能在高档机上用复杂、较贵的组成实现，使它们都能充分发挥出实现方法所带来的好处，这样，结构才有生命力。

组成设计向上决定于结构，向下受限于实现技术。但是，组成是可以与实现折中权衡的。

例如，为达到所要求的速度，可用较简单的组成，但却是复杂的实现技术；也可用复杂的组成，但却是一般速度的实现技术。前者可能要选用高性能的器件，从而增加器件测试、组装、电源和冷却等的负担；而后者可能造成组成设计复杂化和更多地采用专用芯片。组成和实现的权衡取决于器件来源、厂家技术特长和性能价格比能否优化。应当在当时器件技术条件下，保证在价格不增或只增很少的情况下尽可能地提高速度。

结构、组成和实现所包含的具体内容随不同时期及不同的计算机系统会有差异。在某些系统中作为结构的内容，在另一些系统中可能是组成和实现的内容。软件的硬化和硬件的软化都反映了这一事实。VLSI 的发展更使结构、组成和实现融合于一体，难以分开。

由于计算机组成和计算机实现关系密切，有人将它们合称为计算机实现，即计算机系统的逻辑实现和物理实现。

结论：计算机系统结构设计的任务是进行软、硬件的功能分配，确定传统机器级的软、硬件界面，但作为"计算机系统结构"这门学科来讲，实际包括了系统结构和组成两个方面的内容。因此，它研究的是软、硬件的功能分配以及如何更好、更合理地实现分配给硬件的功能。可把着眼于软、硬件功能分配和确定程序设计者所看到的机器级界面的计算机系统结构称为从程序设计者看到的计算机系统结构；而把着眼于如何更好、更合理地实现分配给硬件的功能的计算机组成称为从计算机设计者看到的计算机系统结构。

1.3 计算机系统的软、硬件取舍和性能评测及定量设计原理

1.3.1 软、硬件取舍的基本原则

软、硬件的功能分配是计算机系统结构的主要任务，而软件和硬件在逻辑功能上又是等效的。从原理上讲，软件的功能可以用硬件或固件完成，硬件的功能也可以用软件模拟完成，只是它们在性能、价格、实现的难易程度上是不同的。

【例 1-6】 编译程序、操作系统等许多用机器语言子程序实现的功能完全可以用组合电路硬件或微程序固件来解释实现。它们的差别只是软件实现的速度慢，编制复杂，编程工作量较大，程序所占的存储空间量较多，这些都是不利的；但是，所花硬件少，硬件实现上也就简单容易，硬件的成本低，解题的灵活性和适应性较好，这些都是有利的。乘除法运算可经机器专门设计的乘法指令用硬件电路或乘除部件来实现，也可以通过执行一个使用相加、移位、比较、循环等机器指令组成的机器语言子程序来实现。向量、数组运算在向量处理机中是直接使用向量、数组类指令和流水或阵列等向量运算部件以硬的方式来实现的，但在标量处理机上也可以通过执行由标量指令组成的循环程序以软的方式来完成。浮点数运算可以直接通过设置浮点运算指令用硬件来实现，也可以用两个定点数分别表示浮点数的阶码和尾数，通过程序方法把浮点数阶码和尾数的运算映像变换成两个定点数的运算，用子程序以软的方式完成。十进制运算可以通过专门设置十进制运算类指令和专门的十进制运算部件以硬的方式完成，或者通过设置 BCD 数的表示和若干 BCD 数运算的校正指令来软硬结合地实现，也可以先经 10 转 2 的数制转换子程序将十进制数转换成二进制数，再用二进制运算类指令运算，所得结果又调用 2 转 10 的数制转换子程序转换成十进制数这种全软的方式实现。

具有相同功能的计算机系统，其软、硬件功能分配比例可以在很宽的范围内变化，如图 1-4 所示。这种分配比例随不同时期及同一时期的不同机器动态地改变。由于软、硬件紧密相关，软、硬件界面常常是模糊不清的。例如，很难分清中断处理、存储管理等功能中哪些是硬件完成的，哪些是软件完成的。在满足应用的前提下，软、硬件功能分配的比例主要看能否充分利用硬件、器件技术的进展，使系统有高的性能价格比。因此，采用何种方式实现，应从系统的应用、效率、速度、造价、资源状况等多个方面综合考虑，对软件、硬件、固件的取舍进行综合平衡。

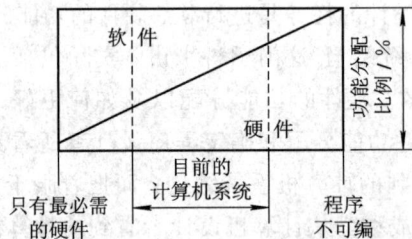

图 1-4 计算机系统的软、硬件功能分配比例

一般来说，提高硬件功能的比例可提高解题速度，减少程序所需存储空间，但会增加硬件成本，降低硬件利用率和计算机系统的灵活性及适应性；而提高软件功能的比例可降低硬件成本，提高系统的灵活性、适应性，但解题速度下降，软件设计费用和所需存储器用量要增加。

原则 1 应考虑在现有硬件、器件(主要是逻辑器件和存储器件)条件下，系统要有高的性能价格比，主要从实现费用、速度和其他性能要求来综合考虑。

仅从实现费用要求讨论。

无论是硬件实现，还是软件实现，实现费用都应包括研制费用和重复生产费用。目前尽管软件的设计效率低，但用硬件实现的设计费用还是明显地高于用软件实现的费用，尤其是 VLSI 专用芯片的设计费用是比较高的。

假设某功能的软、硬件实现的每次设计费用分别为 D_s 和 D_h，则 $D_h \approx 100D_s$ 是完全可能的。

至于重复生产费用，用硬件实现的也比用软件实现的贵得多，后者只是软件的复制费用加上存放该软件的存储介质（如盘片）的价格。假设该功能软、硬件实现的每次重复生产费用分别为 M_s 和 M_h，则 $M_h \approx 100M_s$ 也是可能的。

用硬件实现的功能（如子程序调用的全部操作）一般只需设计一次，而用软件实现时，每用到该功能往往要重新设计。设 C 为该功能在软件实现时需重新设计的次数，则该功能用软件实现的设计费用就为 $C \times D_s$（由于重新设计时可利用原设计进行修改或简单套用，因此设计费用 D_s 要低得多）。同一功能的软件在存储介质上可能多次复制和存储。如出现了 R 次，则软件实现此功能的重复生产费用为 $R \times M_s$。

假定某计算机系统生产了 V 台。每台计算机用硬件实现的费用为 $D_h/V + M_h$，若改用软件实现则为 $C \times D_s/V + R \times M_s$。只有当

$$\frac{D_h}{V} + M_h < C \times \frac{D_s}{V} + R \times M_s$$

时，用硬件实现才是适宜的。将上述 D_h 与 D_s、M_h 与 M_s 的比值代入，得

$$\frac{100D_s}{V} + 100M_s < C \times \frac{D_s}{V} + R \times M_s$$

结论：只有在 C 和 R 的值越大时，这个不等式才越能够成立。就是说，只有这个功能是经常要用的基本单元功能，才宜于用硬件实现，不要盲目地认为硬件实现的功能比例越大就越好。

目前，就软件设计费用来说要远比软件的重复生产费用高，$D_s \approx 10^4 \times M_s$ 也是完全可能的。将此关系式代入上式，得

$$\frac{10^6}{V} + 100 < 10^4 \times \frac{C}{V} + R$$

由于 C 值一般总比 100 小，因此 V 值越大，这个不等式才越能够成立。

结论：只有对产量大的计算机系统，增大硬件功能实现的比例才是适宜的。如果用硬件实现不能给用户带来明显的好处，产量仍较低，则系统是不会有生命力的。

原则 2 要考虑准备采用和可能采用的组成技术，使之尽可能不要过多或不合理地限制各种组成、实现技术的采用。这一点已在 1.2 节中讲过。

原则 3 不能仅从"硬"的角度考虑如何便于应用组成技术的成果和便于发挥器件技术的进展，还应从"软"的角度把如何为编译和操作系统的实现以及如何为高级语言程序的设计提供更多、更好的硬件支持放在首位。

结论：应当进一步缩短高级语言与机器语言、操作系统与计算机系统结构，程序设计环境（如模块化、数据类型抽象）等与计算机系统结构之间存在的语义差距。计算机系统结构、机器语言是用硬件和固件实现的，而这些语义差距是用软件来填补的。语义差距的大小实质上取决于软、硬件功能的分配，差距缩小了，系统结构对软件设计的支持就加强了。我们将在第 2 章结合数据表示、寻址方式与指令系统的设计和改进来讨论在维持一定语义

差距的前提下缩小语义差距的某些途径。

1.3.2 计算机系统的性能评测及定量设计原理

1. 计算机系统的性能评测

多数情况下，在设计通用计算机系统时，进行软、硬件功能分配总是考虑在满足系统性能的前提下，如何使性能价格比达到最高。除非是设计高性能的巨型机，可能不惜成本来提高性能；或者是为追求低成本，不惜牺牲性能。前面已经提到，价格（成本）包括了系统软件和硬件两部分的研制费用和重复生产费用。这些费用会随硬件、器件、软件的发展而动态改变，且与系统的产量有关。一般来说，硬件研制成本随时间在不断地下降，而软件成本则随时间在不断地上升。就实现技术而言，硬件和软件的成本都会因工艺完善、合格率的提高而不断下降，产量的提高也有利于促进工艺稳定、生产率的提高。实际表明，产量提高 1 倍，成本就会降低 10%。这里着重讨论性能。

计算机系统的性能指标体现于时间和空间两个方面。其中，在系统上程序实际运行的时间应该是衡量机器时间（速度）性能最可靠的标准。

高性能计算机系统应让系统结构在机器的功能与程序的行为上有良好的适配。机器的性能是通过采用好的硬件、系统结构及高效的资源管理等技术来提高的。但程序的行为又与应用中程序运行的条件密切相关，很难确切地确定。此外，算法设计、数据结构、语言、程序员的水平、编译技术等也都会影响到程序的行为。

计算机的性能通常用峰值性能及持续性能来评价。峰值性能是指在理想情况下计算机系统可获得的最高理论性能值，它不能反映出系统的实际性能。实际性能又称持续性能，它的值往往只是峰值性能的 5%～30%（因算法而异）。

持续性能的表示有算术性能平均值、调和性能平均值和几何性能平均值三种。

算术性能平均值 A_m 是 n 道程序运算速度或运算时间的算术平均值。如以速率评价，就有

$$A_m = \frac{1}{n} \sum_{i=1}^{n} R_i = \frac{1}{n} \sum_{i=1}^{n} \frac{1}{T_i} = \frac{1}{n}\left(\frac{1}{T_1} + \frac{1}{T_2} + \cdots + \frac{1}{T_n}\right)$$

式中，T_i 是第 i 个程序的执行时间，R_i 是第 i 个程序的执行速率。若以执行时间评价，则

$$A_m = \frac{1}{n} \sum_{i=1}^{n} T_i$$

调和性能平均值 H_m 为

$$H_m = \frac{n}{\sum_{i=1}^{n} \frac{1}{R_i}} = \frac{n}{\sum_{i=1}^{n} T_i} = \frac{n}{T_1 + T_2 + \cdots + T_n}$$

H_m 的值与运行全部程序所需的时间成反比，用它来衡量计算机的时间（速度）性能比较准确。

几何性能平均值 G_m 为

$$G_m = \sqrt[n]{\left(\prod_{i=1}^{n} R_i\right)} = \sqrt[n]{\prod_{i=1}^{n} \frac{1}{T_i}}$$

由于

$$\frac{G_\mathrm{m}(X_i)}{G_\mathrm{m}(Y_i)} = G_\mathrm{m}\left(\frac{X_i}{Y_i}\right)$$

因此，对不同机器进行性能比较时，可以对性能采取归一化，即可以以某台机器性能作为参考标准，让其他机器的性能与参考标准比较，不论哪台机器作参考机，G_m 值均能正确地反映出结果的一致性：$G_\mathrm{m}>1$ 的机器性能相对就好，$G_\mathrm{m}<1$ 的机器性能相对就差。而 A_m 和 H_m 就没有这样的特性，因此常用 G_m 来作比较。

如果考虑工作负荷中各个程序出现的比例不同，则可以将各程序的执行速率或执行时间加权。例如，一个任务由 4 个程序组成，程序 A 的比例占 10%，程序 B 的比例占 30%，程序 C 的比例占 40%，程序 D 的比例占 20%，则可以分别加 0.1、0.3、0.4、0.2 的权值，只需将权值 α_i 与对应程序的执行速率或执行时间相乘，就可求得加权后的算术平均值、调和平均值和几何平均值。

（1）加权算术平均值：

$$A_\mathrm{m} = \sum_{i=1}^{n} \alpha_i R_i = \sum_{i=1}^{n} \alpha_i \frac{1}{T_i}$$

（2）加权调和平均值：

$$H_\mathrm{m} = \left(\sum_{i=1}^{n} \alpha_i T_i\right)^{-1} = \left(\sum_{i=1}^{n} \frac{\alpha_i}{R_i}\right)^{-1}$$

（3）加权几何平均值：

$$G_\mathrm{m} = \prod_{i=1}^{n} (R_i)^{\alpha_i} = R_1^{\alpha_1} \times R_2^{\alpha_2} \times \cdots \times R_n^{\alpha_n}$$

机器性能因负荷（程序）不同而改变，任何时候都要达到峰值（最大）性能是不可能的。实际上，系统性能的评测总是通过执行一系列有代表性的程序实测来获得的。

在计算机上执行一个程序的时间可用解题时间衡量。解题时间包含有磁盘的访问时间、主存的访问时间、输入/输出的时间、编译和操作系统运行的辅助操作开销以及 CPU 的运行时间等。要想减少解题时间，就必须减少上述各部分的时间。考虑到在多道程序运行时，程序的输入/输出、系统开销可以与其他道程序的 CPU 运行时间重叠，所以，比较系统执行程序时的解题时间可以简化为 CPU 的运行时间。CPU 同时运行系统程序和用户程序，对用户来说，更关心的是用户的 CPU 时间。

计算 CPU 的程序执行时间 T_CPU 有 3 个因素，即程序执行的总指令条数 IC(Instruction Counter)、平均每条指令的时钟周期数 CPI(Cycles Per Instruction)、主时钟频率 f_c。这样

$$T_\mathrm{CPU} = \mathrm{IC} \times \mathrm{CPI} \times \frac{1}{f_\mathrm{c}}$$

假设系统共有 n 种指令，第 i 种指令的时钟周期数为 CPI_i，第 i 种指令在程序中出现的次数为 I_i，则

$$T_\mathrm{CPU} = \left[\sum_{i=1}^{n} (\mathrm{CPI}_i \times I_i)\right] \times \frac{1}{f_\mathrm{c}}$$

这样

$$\mathrm{CPI} = \frac{\sum_{i=1}^{n} (\mathrm{CPI}_i \times I_i)}{\mathrm{IC}} = \sum_{i=1}^{n} \left(\mathrm{CPI}_i \times \frac{I_i}{\mathrm{IC}}\right)$$

其中，I_i/IC 为第 i 种指令在程序总指令数 IC 中所占的比值。

为了反映程序的运行速度，通常引入如下一些定量指标：

（1）MIPS（Million Instructions Per Second，百万条指令数每秒）。

$$\mathrm{MIPS} = \frac{\mathrm{IC}}{T_{\mathrm{CPU}} \times 10^6} = \frac{f_c}{\mathrm{CPI}} \times 10^{-6}$$

这样，程序的执行时间为

$$T_{\mathrm{CPU}} = \frac{\mathrm{IC}}{\mathrm{MIPS}} \times 10^{-6}$$

由于 MIPS 是机器单位时间执行指令的条数，机器主频 f_c 越高，平均每条指令的时钟周期数 CPI 越少，其 MIPS 就越高。因此，MIPS 越高，一定程度上反映了机器的性能越好。但是，MIPS 很大程度依赖于机器的指令系统，用它很难准确衡量指令系统不同的机器之间的性能。所以，MIPS 只能用于比较相同机器指令系统的计算机之间的性能。即使在同一台计算机上，程序（负荷）不同，其 CPI 也不同，所以，运行程序不同时，其性能的差异会很大。同时，MIPS 还与机器硬件的实现有关。例如，在有加速浮点运算部件的机器上，虽然 MIPS 很低，但浮点运算速度会很高，而在软件实现浮点运算的机器上，MIPS 虽然很高，但浮点运算速度可能很低。所以，用 MIPS 来衡量标量处理机的性能比较合适，衡量向量处理机就不合适。

（2）MFLOPS（Million Floating Point Operations Per Second，百万次浮点运算每秒）。

假设 I_{FN} 表示程序运行中的浮点运算总次数，有

$$\mathrm{MFLOPS} = \frac{I_{\mathrm{FN}}}{T_{\mathrm{CPU}}} \times 10^{-6}$$

MFLOPS 只能反映机器执行浮点操作的性能，并不能反映机器的整体性能。例如，在程序编译过程中，不管 MFLOPS 有多高，对编译速度都不会有影响。

MFLOPS 较适用于衡量处理机中向量的运算性能。因为它是基于浮点操作而不是指令的，因此，可用于比较不同向量计算机的向量运算性能。同一个程序，不同计算机运行所需的指令数会不同，但运算所用到的浮点数的个数却是相同的，因此，用 MFLOPS 衡量系统性能时，就要注意，它会随整数、浮点数的个数的比例不同而不同，也会因快速浮点操作与低速浮点操作的比例不同而不同，所以，用 MFLOPS 有时也难以准确地反映出机器的性能。

MFLOPS 与 MIPS 的折算尚没有统一的标准。一般认为在标量处理机上执行一次浮点操作平均需要 3 条指令，所以一般可按

$$1\ \mathrm{MFLOPS} \approx 3\ \mathrm{MIPS}$$

来折算。

评价一个计算机系统的性能除机器的结构、功能外，与工作负荷关系很大，工作负荷不同时，性能差异很大。因此，要对系统性能进行客观的评测，就需要选择较能真实反映出系统性能的工作负荷（程序），通常可用不同层次的基准程序（Benchmark）来评测。其方法可有：

（1）采用实际的应用程序测试。例如，C 语言的各种编译程序，Tex 正文处理程序，或 Spice 那样的 CAD 工具软件。

（2）采用核心程序测试。实际的应用程序往往较大，核心程序则是从实际的程序中取出的最关键的短程序部分，如循环部分或线性方程求解的部分。

（3）合成测试程序。这是人为编写的核心程序，程序的规模较小，一般在 10～100 行左右，容易输入，而且运行的结果是预知的。

（4）综合基准测试程序。这是考虑了各种可能的操作和各种程序的比例，人为地平衡编制的基准测试程序。显然，它与实际的应用差别较大，所测得的性能往往不真实。

2. 计算机系统的定量设计原理

在设计计算机系统时，一般应遵循如下的定量设计原理：

（1）哈夫曼（Huffman）压缩原理。尽可能加速处理高概率事件远比加速处理概率很低的事件对性能的提高要显著。例如，CPU 在运算中发生溢出的概率是很低的，为此，设计时可考虑加快不溢出时的运算速度，而对溢出时的速度不予考虑。有关哈夫曼压缩原理将在以后章节详细讲述。

（2）Amdahl 定律。该定律是 1967 年 IBM 公司的 Amdahl 在设计 IBM 360 系列机时首先提出来的。该定律可用于确定对系统中性能瓶颈部件采取措施提高速度后能得到系统性能改进的程度，即系统加速比 S_p。系统加速比 S_p 定义为系统改进后的性能与未改进时的性能的比值，或者定义为系统未改进时的程序执行时间 T_{old} 与改进后程序执行时间 T_{new} 的比值。系统加速比 S_p 与两个因素有关，即性能可改进比 f_{new} 和部件加速比 r_{new}。

性能可改进比 f_{new} 是系统性能可改进部分占用的时间与未改进时系统总执行时间的比值，显然，$0 \leqslant f_{new} \leqslant 1$。部件加速比 r_{new} 是系统性能可改进部分在改进后性能提高的比值。不难看出，$r_{new} > 1$。

这样，系统加速比为

$$S_p = \frac{T_{old}}{T_{new}} = \frac{1}{(1 - f_{new}) + f_{new}/r_{new}}$$

式中，分母的 $(1 - f_{new})$ 为不能改进性能这部分的比例。

可见，当系统性能可改进比 f_{new} 为 0 时，$S_p = 1$；而当部件加速比 r_{new} 趋于无穷大时，分母中的 f_{new}/r_{new} 将趋于 0，这时有

$$S_p = \frac{1}{1 - f_{new}}$$

就是说，性能提高的幅度受限于性能改进部分所占的比例大小，而性能改善的极限又受性能可改进比 f_{new} 的约束。

【例 1-7】 如果系统中某部件的处理速度提高到 10 倍，即 $r_{new} = 10$，但该功能的处理时间仅占整个系统运行时间的 40%，则改进后，整个系统的性能加速比为

$$S_p = \frac{1}{(1 - 0.4) + 0.4/10} = \frac{1}{0.64} \approx 1.56$$

即整体性能只能提高 56%。

实际上，Amdahl 定律表明了性能提高量的递减规律，如果只对系统中的一部分进行性能改进，则改进得越多，整体系统性能提高的增量却越小。仍以上面的例子来说，如果部件加速比 r_{new} 由 10 增大到 100，则在 f_{new} 仍为 0.4 的条件下，其 S_p 只约为 1.66，性能提高的增量仅为 10%。

Amdahl定律告诉我们，改进效果好的高性能系统应是一个各部分性能均能平衡地得到提高的系统，不能只是其中某一个功能部件的性能得到提高。

(3) 程序访问的局部性定律。程序访问的局部性包括了时间上和空间上的两个局部性。时间上的局部性指的是现在正使用的信息可能不久还要使用，这是因为程序存在着循环。空间上的局部性指的是最近的将来要用到的信息很可能与现在正在使用的信息在程序位置上是邻近的，这是因为指令通常是顺序存放、顺序执行的，数据也通常以向量、阵列、树、表等形式簇聚地存放在一起。统计表明，程序执行时，90％的时间只访问整个程序的10％那一部分，而其余10％的时间才访问90％的那部分程序。甚至于有的程序部分访问时间连1％都不到。这为设计指令系统提供了重要的依据，即指令硬件的设计应尽量加速高频指令的执行。又如，存储体系的设计也大量利用了程序的局部性定律，本书第2～6章会多次遇到这一定律的运用。

1.3.3　计算机系统设计的主要任务和方法

1. 计算机系统设计的主要任务

计算机系统设计的主要任务包括系统结构、计算机组成和计算机实现的设计。它涉及软/硬件功能分配、计算机指令系统设计、功能组织、逻辑设计、集成电路设计、封装、电源、冷却等许多方面。优化设计时，还要熟悉编译系统和操作系统的设计技术。

计算机系统设计首先要根据市场和应用情况，确定用户对计算机系统的功能、性能和价格的要求。其中，应用软件对功能的确定起主要作用。如果某类应用软件基于某种指令系统且在市场上应用很普遍，就必须在系统结构设计时实现这种指令系统，以满足其应用。

(1) 要弄清其应用领域是专用的还是通用的。专用机用于特殊的专门领域，往往要求有高的性能和实时性。通用机则要求在多种应用场合都能有较均衡的高性能。如果是面向科学计算的通用机，就要提高浮点运算性能，而如果是面向事务处理的通用机，则应增加事务处理类指令及对数据库的支持和操作功能。

(2) 要弄清软件兼容是放在哪级层次。如果是高级语言级兼容，就比较灵活，主要要研制相应的编译程序。如果是传统机器语言(目标代码)级的软件兼容，结构就已确定，灵活性较差。这时可不必考虑软件移植的工作，但可以考虑采用不同的微程序实现。

(3) 要弄清对操作系统有何种要求。这主要是关注存储系统的设计。如果寻址范围很大，就要考虑采用何种存储管理方式，是采用页式管理还是段页式管理，需要采取哪些存储保护方式等。

(4) 要如何保证有高的标准化程度。对现有国际标准和国家标准应尽可能遵守，如各种浮点数标准、总线标准、网络标准、程序语言标准等。随着情况的发展，当前的标准不能适用时，则应向厂家、研究所和各种标准化组织提出研制新的标准。

在系统的功能确定后，就要考虑如何优化系统的设计，使之能有高的性能价格比。这可用代表性的应用程序测试，评价量化其性能。其中关键的是要考虑如何使软件和硬件功能的分配更为合理。功能用软件实现还是硬件实现是各有优缺点的。软件实现的优点是设计容易，修改容易，有灵活的适应性，但缺点是速度性能低。硬件实现的优点是速度往往较快，性能好，但缺点是不灵活，适应性差。应该看到，硬件实现也不一定比软件实现的速度高，算法有着举足轻重的影响。先进的算法用软件实现有时可比差劲的算法用硬件实现速度来得快。用于科学计算的计算机就要配置浮点协处理器来提高浮点运算速度，事务处理计算机就要配置二—十进制数表示、字符操作类指令。因此，协调平衡好软、硬件功能分配的比例，就能使系统获得最高的性能价格比。

在选择设计方案时，还要注意如何减少设计的复杂性。设计过于复杂，会大大延长设计周期，除非能获得更高的性能时，复杂的设计才能提高系统的竞争力。因此，有时可考虑将一些功能由硬件实现改为用软件实现，可能会获得好的性能价格比。另外，系统结构设计还会影响组成实现、编译系统和操作系统的复杂程度。所以，软、硬件功能分配还应考虑到软、硬件实现的难易度。

系统结构设计应适应硬件技术、软件技术、器件技术、应用需求的发展变化。注意并适应这些变化，系统结构才能有强的生命力。器件，特别是集成电路、动态随机访问存储器、硬盘等的发展，会促进软件实现的功能更多地改用硬件实现。目前芯片上的晶体管数量每年增加 1/4，开关电路的速度每年提高 1/4，存储器访问周期每 10 年缩短 1/3，硬盘存储密度每年提高 1/4，硬盘访问时间每 10 年减少 1/3。

硬件设计还要考虑有好的易扩性、兼容性，以方便日后系统的升级换代。从应用来看，存储容量每年增长 1.5~2 倍，相应要求访存地址码位数每年增长 0.5 到 1 位，所以主存容量应有可扩性。此外，高级语言逐步取代汇编语言，要求系统结构能更好地支持编译程序和编程模式的改变。面向对象的程序设计就要求系统结构设计能有相应的支持。

2. 计算机系统的设计方法

从多级层次结构出发，计算机系统的设计按多级层次结构（如图 1-1 所示）的上、下、中开始设计，分别可以有"由上往下"、"由下往上"、"由中间开始"3 种不同的设计方法。

（1）"由上往下"设计，也称"由顶向底"设计。它是先考虑如何满足应用要求，定好面向应用的那个虚拟机器级的特性和工作环境，如要用到的基本命令、指令、语句结构、数据类型、数据格式等，再逐级地向下设计，每设计下一级都考虑对上一级是优化的。这样设计出的计算机系统对面向的应用必然是高效的。这是一种环境要求比较稳定的专用机的设计方法，无法用于通用机的设计。由上往下设计是一种串行设计方法，设计周期较长。通用机往往要求应用对象和环境不断改变，一旦环境改变，软、硬件分配就会很不适应，使系统效率急剧下降。同时，厂家因为要追求经济效益，都尽量避免研发生产批量少、专用性强、使用面窄的硬件，所以，即使"由上往下"设计，其传统机器级和微程序机器级一般都是在已有机器中"选型"，并不专门设计，也就是说实际上难以真正做到面向应用是优化的。

（2）"由下往上"设计，也称由底向顶设计。它是先不管应用要求，只根据目前能用的器件，参照吸收已有的各种机器特点，将微程序机器级（如果采用微程序控制）和传统机器级研制出来。然后，再加配适用于不同应用领域的多种操作系统和编译系统软件，如多种分时操作系统、实时操作系统和多种高级语言的编译程序（传统上称为配软件），使应用人员可根据不同语言类型、数据形式，采用合适的系统软件和算法来满足应用需要。这的确是一种通用机的设计方法。但由于硬件不改变，仅靠设计软件来被动适应硬件，有时对于只需做稍许改变或增加某些硬件的功能就能大大简化软件的设计,也做不到。因软、硬件脱节,软件因得不到硬件支持而显得繁杂。而且,这样研制出的机器有些性能指标往往是虚假的。例如,传统机器级的每秒运算次数指标就是如此。如果指令系统中有面向操作系统或面向编译的指令,则因操作系统的开销减少和高级语言程序编译速度的加快,带来的性能改善可能会比单纯将"运算次数"提高 10%～20% 的效果还要大。"由下往上"设计也是串行设计,同样也会延长设计周期。因此,这种"由下往上"设计在硬器件技术飞速发展的今天,已很少采用。

(3)"从中间开始"向两边设计。这是通用机一般采用的方法。它可以克服"由上往下"和"由下往上"两种设计方法中,软、硬件设计分离和脱节的致命缺点。"从中间开始"设计选择从层次结构主要软、硬界面,即在传统机器级与操作系统机器级之间进行合理的软、硬件功能分配。既考虑到硬件、器件的现状和发展,又考虑到可能使用的算法和数据结构,定义好这个界面,确定哪些功能由硬件实现,哪些功能由软件实现。同时,考虑硬件能对操作系统、编译系统的实现提供什么样的支持。然后,由这个中间界面分别向上、向下同时进行软、硬件的设计。软件人员依次设计操作系统级、汇编语言级、高级语言级和应用语言级;硬件人员依次设计传统机器级、微程序机器级、数字逻辑级。软件和硬件并行地设计,大大缩短了系统的设计周期。设计过程中两部分人可交流协调,适当微调软、硬件实现的比例。所以这是一种较好的交互式设计方法。当然,这要求设计者应同时具备丰富的软件、硬件、器件和应用等方面的知识。又由于软件设计周期一般比较长,为了能在硬件研制出来之前开展软件的设计测试,还应具备有效的软件设计环境和开发工具。例如,在某个宿主机上建立目标程序的指令模拟器、系统结构分析模拟器及良好的测试程序、性能评价的测试程序等。

随着 VLSI 技术的迅速发展,硬件价格的不断下降,软件却日益变得复杂,软件设计时间和费用在不断增大,加上对软件基本单元操作不断深入的认识,促使软、硬件界面在上升,即现有软件功能将更多地改由硬件完成,或者说硬件为软件设计提供了更多的支持。在普遍使用 VLSI 的今天,计算机组成中广泛使用多种处理器芯片,软、硬件更紧密结合,更重视从优化实现来分配软、硬件功能,因此主要采用结合式的设计,使软件、硬件、器件、语言之间的界面更难以分清,计算机组成和实现日益融合在 VLSI 的设计之中。

计算机设计的步骤大体是先进行需求分析。对系统的应用环境(科学计算、事务处理、实时处理、分时处理、网络、远程处理、容错、高保密性等)、所用语言的种类特性、对操作系统的要求、所用到的外部设备特性等,进行技术经济分析和市场分析。

根据需求分析相应写出需求分析说明,需求说明书应包括对设计准则、速度、造价、可行性、可扩性、兼容性、可靠性、灵活性、安全性、功能、所用芯片、新结构引入的风险性、程序设计的方便性等的说明。

接下来进行概念设计。对机器级界面,如数据表示、指令系统、寻址方式、存储机构、中断系统、输入输出系统、总线结构等进行具体细致的定义和设计,同时应提供几种方案以便选择比较。

最后,通过模拟、测试,反复对所设计的系统进行优化和性能评价,使系统能获得尽可能高的性能价格比。

1.4 软件、应用、器件的发展对系统结构的影响

要想设计出好的计算机系统结构，必须对软件、应用和器件的现状及发展趋势有比较深入的了解和掌握，这样才能定义出一个好的软、硬件界面。

1.4.1 软件的发展对系统结构的影响

由于软件相对于硬件的成本越来越贵，产量和可靠性的提高越来越困难，要改变过去那种把主要功能负担加在软件上以简化硬件的做法，希望重新分配软、硬件功能，充分利用硬、器件技术发展带来的好处，为程序设计提供更好的支持。但是目前已积累了大量成熟的软件，加上软件生产率又很低，软件的排错比编写难，所以除非特殊情况，程序设计者一般不愿意，也不应该在短时间里按新的系统结构、新的指令系统去重新设计软件。为此，在系统结构设计时，提出应在新的系统结构上解决好软件的可移植性问题。

软件的可移植性(Portability)指的是软件不修改或只经少量修改就可由一台机器移到另一台机器上运行，同一软件可应用于不同的环境。实践证明是可靠的软件就能长期使用，不会因机器更新而要重新编写，这样，既大大减少了编制软件的工作量，又能迅速用上新的硬件技术，更新系统，让新系统立即发挥效能。同时，软件设计者也就有精力开发全新的软件。

实现软件移植的技术主要有如下几种。

1. 统一高级语言

由于高级语言是面向题目和算法的，与机器的具体结构关系不大，如果能统一出一种可满足各种应用需要的通用高级语言，那么用这种高级语言编写的应用软件就可以移植于不同机器。如果操作系统的全部或一部分用这种高级语言编写，则系统软件中的这部分也可以移植。所以实现软件移植的一种技术是如何统一高级语言，设计出一种完全通用的高级语言，为所有程序员所使用。

这种技术应用于结构相同以至完全不同的机器之间高级语言程序的软件移植。

问题是至今虽然已有上百种高级语言，但没有一种是对各种应用真正通用的高级语言，这有以下几方面原因。

(1) 不同的用途要求语言的语法、语义结构不同。如 FORTRAN 适用于科学计算，COBOL 适用于事务处理，它们的语义、语法结构差异较大，难以一致。程序员又都希望使用特别适合其用途的语言，不愿增加那些不想要的功能，否则语言难以掌握，编译程序过大，编译效率过低。

(2) 人们对语言的基本结构看法不一。以 GOTO 语句为例，一部分人认为它可使编程灵活，应予以保留，不少人又认为它是造成程序复杂化、不易读、不易检验和不易排错的主要原因，应予取消。因此，要能设计出真正满足各方面需要、又有相当大发展前途的通用语言还需进行大量的研究工作。所以，多种高级语言还将长期存在。

(3) 即使同一种高级语言在不同厂家的机器上也不能完全通用。这是因为各种机器的字长、"机器零"定义、I/O 设备种类和数量、子程序结构、寻址空间、操作系统等不尽相

同。厂家为发展自己的特色常使用"方言"。为节省存储空间，提高执行速度，在高级语言软件中部分嵌入汇编语言程序，使同种高级语言编写的软件也难以完全移植。

（4）受习惯势力阻挠，人们不愿抛弃惯用的语言，因为熟悉、有经验，也不愿抛弃长期积累的、用原有语言编写并已被实践证明是正确的软件。因此，目前每种机器都得配上对应于多种较为通用的高级语言的编译系统。对同一种高级语言，各个机器的编译系统软件不同，无法通用，这都不利于系统结构的发展。

虽然统一高级语言近期很困难，但从长远看仍是必须解决的重要问题。统一成一种或相对统一成少数几种高级语言对于节约软件研制的人力、物力和费用，加快人员的培养都有重要作用。ADA、Java、C、C++等语言的出现都是朝此方向发展的重要进展。

2. 采用系列机

在所有领域和所有机器上统一使用一种高级语言很困难，与传统机器级和微程序机器级更近、依赖性更大的汇编语言和机器语言的统一就更加困难。受相对统一成少数几种高级语言的启发，如果能在一定范围内不同型号的机器之间统一汇编语言，就可以在一定程度上解决汇编语言软件的移植。

系列机与前述从中间向两边设计相呼应。在软、硬件界面上设定好一种系统结构（系列机中称系列结构），其后，软件设计者按此设计软件，硬件设计者根据机器速度、性能、价格的不同，选择不同器件、硬件和组成、实现技术，研制并提供不同档次的机器。

这种技术只能应用在结构相同或相似的机器之间汇编程序的软件移植。

系列机较好地解决了软件环境要求相对稳定和硬件、器件技术迅速发展的矛盾。软件环境相对稳定就可不断积累、丰富、完善软件，使软件产量、质量不断提高，同时又能不断采用新的器件和硬件技术，使之短期内便可提供新的、性能不断提高的机器。

为了能使软件长期稳定，就要在相当长的时期里保证系列结构基本不变，因此在确定系列结构时要非常慎重。其中最主要的是确定好系列机的指令系统、数据表示及概念性结构。既要考虑满足应用的各种需要和发展，又要考虑能方便地采用从低速到高速的各种组成和实现技术，即使用复杂、昂贵的组成实现时，也能充分发挥该实现方法所带来的好处。

系列机的出现是计算机发展史上一个重要的里程碑。

现在，各计算机厂家都是在按系列发展产品。IBM 公司在推出 IBM 360/370 系列后，又相继推出 303X、43XX、308X、309X、5000 及 IBM 390 系列。Intel 公司的 80X86、Pentium 系列、Motorola 公司的 680X0、88000 系列都是微型机系列的例子。DEC 公司在 PDP-11 系列后又推出了 VAX-11 系列、VAX 9000 系列等。CDC 公司有 6600、7600、CYBER 等系列。CRAY 公司有 CRAY 巨型机系列等。

由于系列内各档机器从程序设计者看都具有相同的机器属性，因此按此属性编制的机器语言程序及编译程序都能不加修改地通用于各档机器，这种情况下的各档机器被称为是软件兼容（Software Compatibility）的，它们的区别仅在于运行所需的时间不同。可见，这里的软件兼容是通过采用相同的系统结构来实现的。原则上讲，编译软件在一个系列内的各档机器上可共用一套，但操作系统就不同。由于操作系统级位于汇编语言机器级之下，更接近于具体机器硬件，所以当机器间的组成、实现差别较大时，往往还需要修改或重新设计。

系列内各档机器之间软件兼容从速度和性能上有向上兼容和向下兼容的不同。向上（下）兼容指的是按某档机器编制的软件，不加修改就能运行于比它高（低）档的机器上。同一系列内的软件一般应做到向上兼容，但向下兼容就不一定，特别是与机器速度有关的实时性软件向下兼容就难以做到。而低档机器上的软件在高档机器上运行一般总是可以通得过的，只是机器效率没有得到充分发挥而已。

随着器件价格的下降，为适应性能不断提高或应用领域不断扩大的需要，系列内后续出来的各档机器的系统结构应允许发展和变化。但这种改变只能是为提高性能所做的必要扩展，而且往往只是从改进系统软件（如编译软件）的性能出发来修改系统结构，尽可能不影响高级语言应用软件的兼容，尤其是不能缩小或删除运行已有软件的那部分指令和结构。例如，在后出的各档机器上，可以为提高编译效率和运算速度增加浮点运算指令，为满足事务处理增加事务处理指令及功能，为提高操作系统的实现效率和质量增加某些操作系统专用指令和硬件等。这样，软件兼容就有向前兼容和向后兼容之分。向前（后）兼容指的是在按某个时期投入市场的该型号机器上编制的软件，不加修改就能运行于在它之前（后）投入市场的机器上。让现在编制的程序以后都能用，这是系列机软件兼容的最基本的要求和特征。即系列机软件必须保证向后兼容，力争向上兼容。至于之后的软件完全可以发展，不一定非要向前兼容。系列机的结构设计得是否好，是否有生命力，就看在软件向后兼容的前提下，能否不断改进组成和实现，不断提出性能价格比更优的新型号机器。

【例 1 - 8】 想在系列机中发展一种新型号机器，下列设想能否考虑？为什么？

（1）为增加寻址灵活性和减少平均指令字长，将原等长操作码改为有 3 类不同码长的扩展操作码；将源操作数寻址方式由操作码指明改成如 VAX - 11 那样由寻址方式位字段指明（见 2.2.2 节）；

（2）将 CPU 与主存间的数据通路宽度由 16 位扩展成 32 位，以加快主机内部信息的传送；

（3）为减少公用总线的使用冲突，将单总线改为双总线；

（4）把原 0 号通用寄存器改作堆栈指示器。

系列机发展新型号机器最主要的是必须保证应用软件的向后兼容。就是说，早先机器上运行的程序在后面的新机器上能照样运行，只是后面出来的新机器因为增加了功能和提高了速度，可以优化其性能。因此，对于那些不属于计算机系统结构，而属于计算机组成和实现的东西，不管是增加、删去还是修改，都不会影响到汇编语言程序和机器语言程序在系列机上的兼容。但是，对于属于计算机系统结构的内容，为保证软件的向后兼容，则只能为其增加新的功能和部件，而不能删掉或更改已有的功能或部件。否则，就保证不了原有的程序能在新机器上正确运行。

由以上分析可知，将原等长操作码改为 3 类不同码长的扩展操作码，将源操作数寻址方式由操作码指明改为由寻址方式位字段指明，都是不可以的。因为它们都属于计算机系统结构的内容，如果将它们改了，就会直接导致以前编写的机器语言程序都不能正确运行了。将 CPU 与主存间的数据通路宽度由 8 位扩展成 32 位，是可以的。因为这属于计算机组成的内容，修改后可以提高速度性能，却不会修改原有系统程序和应用程序，不会影响软件的向后兼容。为减少公用总线的使用冲突，将单总线改为双总线是可以的。因为公用总线属计算机组成的内容。而把原 0 号通用寄存器改作堆栈指示器就不可以了。因为通用寄存器的使用属于计算机系统结构的内容。0 号通用寄存器改作堆栈指示器后，原先程序中 0 号通用寄存器的内容改变，直接影响到堆栈指针的位置，使原有程序无法正确运行。

在系列机中，低档机的速度性能一般要求不高，只希望能有低的价格；高档机则为提高速度可以不惜加大成本，采用先进的器件及复杂的组成和实现技术。所以，在系列机中，中档机的性能价格比通常总比低档和高档的要高，如图 1 - 5 所示。因此，对系列机来说，所谓优化性能价格比，指的是在满足性能的前提下尽量降低价格，或在某种价格情况下尽量提高性能。

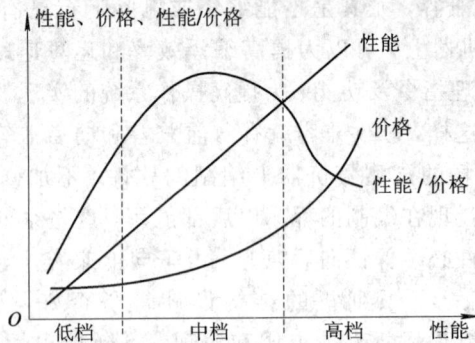

图 1 - 5　系列机中各档机器的性能价格比状况

在要求汇编语言程序兼容的前提下，系统结构的发展是很有限的，有时连突破性的组成技术都无法采用。所以，这种软件兼容要求到一定时候会反过来阻碍计算机系统结构的进一步变革。因此，已积累的大量汇编语言应用软件资源不应轻易抛弃。同时为使新的系统结构有生命力，系列机概念和软件兼容性约束仍是设计新机器或新系列时所必须遵循的，只是到一定时候，不能固守旧系列，而要发展新系列。

3. 模拟和仿真

1）模拟

系列机只能在系统结构相同或相近（允许向后稍许发展）的机器之间实现汇编语言软件的移植。为实现不同系统结构的机器之间的机器语言软件移植，就必须做到在一种机器的系统结构上实现另一种机器的系统结构。从系统结构的主要方面——指令系统来看，就是要在一种机器上实现另一种机器的指令系统，即另一种机器语言。

例如，要求原来在 B 机器上运行的应用软件，能移植到有不同系统结构的 A 机器上，根据层次结构概念，可把 B 机器的机器语言看成是在 A 机器的机器语言级之上的一个虚拟机器语言，在 A 机器上用虚拟机概念来实现 B 机器的指令系统，如图 1 - 6 所示。B 机器的每条机器指令用 A 机器的一段机器语言程序解释，如同 A 机器上也有 B 机器的指令系统一样。这种用机器语言程序解释实现软件移植的方法称为模拟（Simulation）。进行模拟的 A 机器称为宿主机，被模拟的 B 机器称为虚拟机。

为了使虚拟机的应用软件能在宿主机上运行，除了模拟虚拟机的机器语言外，还得模拟其存储体系、I/O 系统、控制台的操作，以及形成虚拟机的操作系统。让虚拟机的操作系统受宿主机操作系统的控制，如图 1 - 6 所示的那样。实际上是把它作为宿主机的一道应

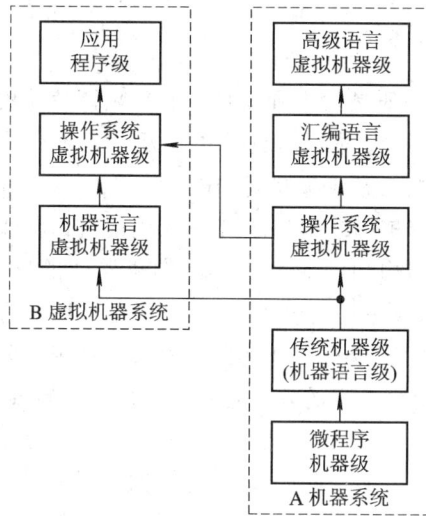

图 1-6 用模拟方法实现应用软件的移植

用程序,使原来分别在宿主机和虚拟机上运行的应用软件可以在宿主机上共同执行。所有为各种模拟所编制的解释程序统称为模拟程序。

模拟程序的编制是非常复杂和费时的。同时,虚拟机的每条机器指令是不能直接被宿主机的硬件执行的,需要经相应的由多条宿主机机器指令构成的解释程序来解释,这使得模拟的运行速度显著降低,实时性变差。

模拟方法只适合于移植运行时间短,使用次数少,而且在时间关系上没有受约束和限制的软件。

2) 仿真

如果宿主机本身采用微程序控制,如图 1-6 所示,那么模拟时,一条 B 机器指令的执行就需要通过二重解释。先经 A 机器的机器语言程序解释,然后每条 A 机器指令又经一段微程序解释。如果能直接用微程序去解释 B 机器的指令,如图 1-7 所示,显然就会加快这一解释过程。这种用微程序直接解释另一种机器指令系统的方法就称为仿真(Emulation)。进行仿真的 A 机器称为宿主机,被仿真的 B 机器称为目标机。为仿真所写的解释程序称为仿真微程序。与模拟一样,除了仿真目标机的指令系统之外,还要仿真其存储体系、I/O 系统、控制台的操作。

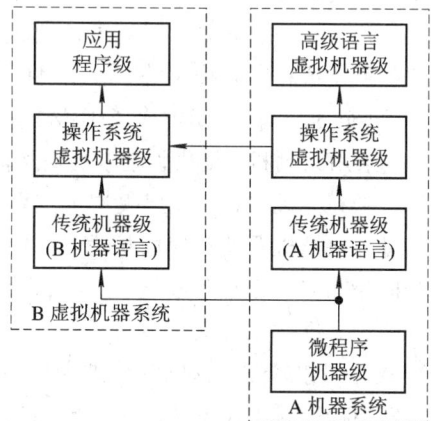

仿真和模拟的主要区别在于解释用的语言。仿真是用微程序解释,其解释程序存在于控制存储器中;而模拟是用机器语言程序解释,其解释程序存在于主存中。

图 1-7 用仿真方法实现应用软件的移植

仿真方法可以提高被移植软件的运行速度,但由于微程序机器级结构深深依赖于传统机器级结构,故当两种机器结构差别较大时,就很难仿真,特别是 I/O 系统差别较大时更是如此。

3）模拟和仿真的选择

不同系列间的软件移植一般是仿真和模拟并行。频繁使用的、易于仿真的机器指令宜用仿真以提高速度，很少使用的、难以仿真的指令及 I/O 操作宜用模拟。即使两种机器系统差别不大，往往也需用模拟来完成机器间的映像。

结论：本节就解决软件移植问题提出了统一高级语言、设计系列机及模拟与仿真等方法。统一高级语言可以解决结构相同或完全不同的机器间的软件移植，从长远看是方向，但目前难以解决，只能作相对统一。系列机是当前普遍采用的好办法，但只能实现同一系列内的软件兼容，虽然允许发展变化，但兼容的约束反过来会阻碍系统结构取得突破性的进展。模拟灵活，可实现不同系统间的软件移植，但结构差异太大时，效率、速度会急剧下降。仿真在速度上损失小，但不灵活，只能在差别不大的系统之间使用，否则效率也会过低且难以仿真，需与模拟结合才行。此外，发展异种机联网也是实现软件移植的一种途径。

20 世纪 80 年代，国际标准化组织（ISO）提出了发展开放式系统（Open System）的概念。即设计出一种既独立于厂商，又遵循有关国际标准，具有可移植性、可交互操作性，让用户可以自由选择不同实现技术和多厂家产品的系统集成技术的系统。

随着软件工程的发展，软件设计工具、环境的建立和完善，以及应用软件越来越多地改用高级语言编写，不一定非得把汇编语言级的软件兼容放在首位，而应注意实现操作系统兼容。用户希望更新机器时，不必重新学习如何使用机器。因此，微型机系统种类繁多，但其操作系统却只是少数几种。Windows、UNIX 等操作系统已成为微、小型机统一标准的操作系统。所以，系统结构设计应注意解决操作系统的兼容问题。

1.4.2 应用的发展对系统结构的影响

各种应用对结构设计会提出范围广泛的要求。其中，程序可移植、高性能价格比、便于使用、减少命令种类、简化操作步骤、高可靠性、便于维护等都是基本的要求。

从用户来讲，总希望机器的应用范围越宽越好，希望在一台机器上能同时支持科学计算、事务处理和实时控制等，应用目的发生改变时不必重新购置机器。于是促使 IBM 公司在 20 世纪 60 年代中期推出了 IBM 360 等一批同时具有这三方面结构特点的多功能通用机，并采用系列机，提供性能、价格不同的各档机器。用户可根据不同应用需要来选购，包括外设数量、规格、主存规模均可选购。这标志着计算机工业开始走向成熟。机器型号减少，同一型号机器的适应面扩大，又能方便地扩充，使每种型号机器的产量增大，市场占领时间增长，不必经常改型。这样，计算机厂家就能进一步投资改进产品质量和可靠性，降低价格，反过来它又扩大机器应用范围，增大机器的销量。而且由于型号相对稳定，也利于软件积累，使计算机发展进入良性循环。

20 世纪 60 年代中期的多功能通用机概念起始于大、中型机，后来小型机和微型机也逐步实现了多功能通用化。回顾这几十年的发展，巨、大、中、小、微、亚微、微微型机的性能、价格随时间变化的趋势大致如图 1-8 所示，其中虚线为等性能线。

计算机的性能是硬件（主频、CPU 运算速度、字长、数据类型、主存容量、寻址范围、存储体系、I/O 处理能力、I/O 设备量、指令系统等）、软件（高级语言状况、操作系统功

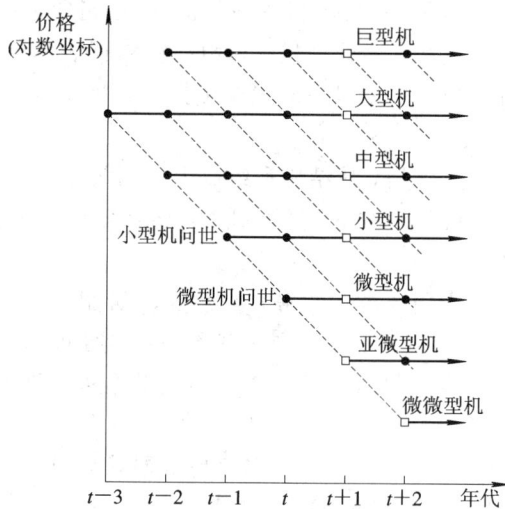

图 1-8 各型机器性能、价格随时间变化的趋势

能、用户程序包等)、可靠性、可用性等多种指标的综合。可以看出，各型机器的性能随时间动态增强，而价格基本保持不变。20 世纪 60 年代末(对应于图 1-8 中的 $t-1$)问世的小型机(如 PDP-9)的性能几乎与 70 年代末(对应图 1-8 中的 t)的微型机相近，但微型机的价格却下降很多。20 世纪 50 年代末，用与目前差不多是大型机的价格购置的机器，其性能却只接近于目前的亚微型机(膝上型和笔记本型)的性能。微型机的发展有两个趋势：一是利用VLSI的进展，维持价格提高性能，向小型机靠拢；二是维持性能降低价格，发展更低档的亚微型和微微型(掌上型)计算机，进一步扩大应用。

在性能上高档的微型机代替低档的小型机以至超级小型机，高档的超级小型机代替低档的大、中型机是推动大、中、小、微各型机不断提高其性能的重要因素。计算机工业在处理性能和价格的关系上大致也是这两种趋势：维持价格提高性能，沿图 1-8 中水平实线发展；维持性能降低价格，沿图 1-8 中虚线向下发展。不断降低价格，可促进计算机的推广使用，反过来对计算机工业的迅速发展可起到更为重要的作用。

从系统结构的观点看，各型(档)计算机性能随时间推移，其实就是在低档(型)机上引用甚至照搬高档(型)机的结构和组成。以前最先在巨、大型机上采用的复杂寻址方式、虚拟存储器、Cache 存储器、I/O 处理机、各种复杂的数据表示等，在 20 世纪 70～80 年代就已出现在中、小型机以至中、高档微型机上。这种低档机承袭高档机系统结构的情况正符合中、小型机和微型机的设计原则，即充分发挥器件技术进展，以尽可能低的价格去实现原高档机已有的结构和组成，不必投资研究和采用新的结构及组成。这有利于扩大计算机的应用，促进计算机工业的发展。结构和组成的下移速度在加快。例如，Cache 存储器和虚拟存储器从大型机下移到小型机所花时间不到 6 年。巨型阵列使用的可扩充高速阵列处理部件机下移到小型机上，所用时间不到 7 年。这种下移使大、中、小、微型机中央处理机的系统结构差异越来越小。当然使用对象不同，也允许小型机和微型机的结构组成有所创新。例如，面向高级语言，具有仿真能力的 B-1700 的设计、PDP-11 的总线都是小、微型机上的独创。

对巨、大型机来说，为满足高速、高性能，就要不断研制新的结构和组成，否则难以推出更高性能的计算机。例如，重叠、流水和并行，Cache 存储器和虚拟存储器，I/O 通道处理机和外围处理机，高可靠技术，多处理机，采用高级数据表示的向量机、阵列机都是首先出自巨型机或大型机上。巨、大型机一般采取维持价格提高性能或提高价格提高性能来研究和采用新的结构及组成。

为保持小、微型机的便宜价格，从结构和组成上采用为不同用途提供相应选购件或扩展部件的做法是可取的。不仅外设数量、种类可选，浮点运算、字符行处理、十进制运算等部件及存储部件也都可选。

随着应用领域的扩充，应用要求的提高，必然要求研制优化于这种应用的系统结构。但单用途专用性强的计算机因适用面窄，利用率不高，本身难以发展，因此，应注意在不破坏软件兼容的前提下，将专用机研制的系统结构成果迅速转移到通用机上，提高通用机的功能和性能，使其得到推广。

计算机应用可归纳为向上升级的 4 类，它们是数据处理（Data Processing）、信息处理（Information Processing）、知识处理（Knowledge Processing）和智能处理（Intelligence Processing）。20 世纪 70 年代前后计算机应用以数据处理为主，随着数据结构研究的深入，已开始从纯数据处理转到信息处理。20 世纪 80 年代非数据处理的应用，主要是数据和信息管理方面的应用获得较大的发展。20 世纪 90 年代中后期，计算机已逐渐转入知识处理领域，并进而发展为智能处理。为此，必将促使计算机系统结构在支持高速并行处理、自然语言理解、知识获取、知识表示、知识利用、逻辑推理、智能处理等方面有新的进展和突破。

1.4.3　器件的发展对系统结构的影响

计算机所用器件已从电子管、晶体管、小规模集成电路、大规模集成电路迅速发展到超大规模集成电路，并使用或开始使用砷化镓器件、高密度组装技术和光电子集成技术。计算机器件从电子管到小规模集成电路经历了 18 年。之后只用了 8 年就发展到使用大规模集成电路。在此期间，器件的功能和使用方法发生了很大变化，由早先使用非用户片，发展到现场片和用户片，它影响着结构和组成技术的发展。

非用户片也称通用片，其功能是由器件厂家生产时固定的，器件的用户（即机器设计者）只能使用，不能改变器件内部功能。其中，门电路、触发器、多路开关、加法器、译码器、寄存器、计数器等逻辑类器件的集成度难以提高，因为它们的增加将使器件引线倍增，并影响到器件的通用性。相比之下，存储类器件适应于集成度的提高，容量增大一倍，只增加一个地址输入端，通用性反而更强。由于销量大，厂家愿意改进工艺，进一步提高其性能，降低其价格。这就促使 20 世纪 60 年代末和 70 年代初，结构、组成中有意识地发展存储逻辑，用存储器件取代逻辑器件。例如，用微程序控制器取代硬联组合逻辑控制器，用只读存储器实现乘法运算、码制转换、函数计算（输入作为地址，读出内容为操作结果）等。

20 世纪 70 年代中期出现了现场片，用户根据需要可改变器件内部功能。如可编程只读存储器 PROM、现场可编程逻辑阵列 FPLA 等，使用灵活，功能强，可取代硬联组合网络，还可构成时序网络，加上又是存储器，规整通用，适合于大规模集成。

用户片是专门按用户要求生产的高集成度 VLSI 器件。完全按用户要求设计的用户片称为全用户片。全用户片由于设计周期长、设计费用高、销量小、成本高，器件厂不愿生产。为解决器件厂与整机厂的矛盾，发展门阵列、门—触发器阵列等半用户片不失为一种好的选择。现在用户片的生产工序基本按通用片的进行，仅最后在门电路或触发器间连线时按用户要求制作。

一般同一系列内各档机器可分别用通用片、现场片或用户片实现。就是同一型号机器也是先用通用片或现场片实现，等机器成熟取得用户信任后，再改用半用户片或全用户片实现。至于高速机器，一般一开始就用门阵列片或用户片，只有这样，才能发挥出单元电路的高速性。

器件的发展改变了逻辑设计的传统方法。过去，逻辑设计主要是逻辑化简，以节省门的个数、门电路的输入端数及门电路的级数，节省功耗、降低成本、提高速度。但对于VLSI来说，这样做反而使设计周期延长、组成实现不规整、故障诊断困难、机器产量低，使成本反而加大。因此，应当考虑采用什么样的组成能充分利用 VLSI 器件技术发展带来的好处，以及选用什么样的 VLSI 器件能使机器的性能价格比更高。应着眼于在满足系统结构所提出的功能和速度的要求下，如何能缩短设计周期，提高系统效能及能否使用批量生产的通用 VLSI 器件。同时，对于使用现场片的计算机，只用过去那些硬的逻辑设计方法是不行的，更主要的应是用诸如微汇编、微高级语言、计算机辅助设计等软的方法来设计。对于使用用户片的计算机，机器设计和芯片设计密不可分，机器设计的关键就是芯片设计。要保证芯片利用率，必须采用计算机辅助设计，机器设计者是通过辅助设计系统来参与用户片的设计的。

几十年来，器件的速度(门、触发器的级延迟，存储器的存储周期等)、集成度、体积、可靠性、价格都随时间呈指数地改进，使计算机的性能价格比有了显著提高。器件的发展是推动结构和组成前进的关键因素。如果没有器件集成度的提高，器件的速度也就难以迅速提高，机器主频和速度也就不能有数量级的提高。如果器件可靠性没有数量级的提高，是无法采用流水技术的。如果没有高速、廉价的半导体存储器，能使解题速度得以迅速提高的高速缓冲存储器(Cache)和早在 20 世纪 60 年代初提出的虚拟存储器概念就无法真正实现。没有现场型 PROM 器件，早在 20 世纪 50 年代初提出的微程序技术就无法真正得到广泛应用。如果没有高速相联存储器件，就没有相联处理机这种结构的发展，也就无法推动向量机、数组机、数据库机的发展。如果没有器件的性能价格比的迅速提高，新的组成就无法下移和加速下移到销量大得多的中、小、微型机上，从而也就难以得到推广和应用，器件厂家也就难以为这种新的组成研制强功能 VLSI 器件。这说明计算机组成的发展反过来也会促使器件发展。如 Cache 存储器早先只应用在大型机上，到 20 世纪 70 年代末，中、小型机中也使用了 Cache 芯片，现在微型机也广泛用上带映像和控制机构的 VLSI Cache 芯片。

器件发展加速了结构的"下移"。大型机的各种数据表示、指令系统、操作系统很快出现在小、微型机上。器件的发展为多 CPU 分布处理、智能终端、智能机的发展提供了基础。

器件的发展促进了算法、语言和软件的发展。微处理器性能价格比的迅速提高，加速了大规模高性能并行处理机 MPP、通信网络、机群系统这种新的结构的发展。在硬件结构上，由数百至上万个微处理器(机)组成的 MPP、数十至数百台工作站组成的机群系统，有着很高的性能价格比和良好的系统扩展性，促进人们为它研究新的并行算法、并行语言及开发新的并行处理应用软件和控制并行操作的操作系统软件。

系统结构设计者要密切了解器件的现状和发展，关注和分析新器件会给系统结构发展带来什么样的新途径和新方向。

结论：软件、应用、器件对系统结构的发展有着很大影响，反过来，系统结构的发展又会对软件、应用、器件提出新的发展要求。结构设计不仅要了解结构、组成、实现，还要充分了解软件、应用、器件的发展，这样才能对计算机系统结构进行有效的设计、研究和探索。

1.5　系统结构中的并行性开发及计算机系统的分类

1.5.1　并行性的概念和开发

1. 并行性的含义与级别

器件技术尤其是微电子技术的迅速发展是促进计算机和系统性能迅速改进的关键和基础。据恩斯洛(P. H. Enslow)的统计，1965 至 1975 年间，器件延迟大约缩短到原来的 10%，而平均指令时间却缩短为原来的 1%。就是说，同一时间，计算机系统的性能比器件的性能提高了约 10 倍。这表明系统结构和并行处理(Parallel Processing)技术的发展是至关重要的。

无论是数值计算、数据处理、信息处理、知识处理，还是智能处理，都隐含有同时进行运算或操作的成分。把解题中具有可以同时进行运算或操作的特性，称为并行性(Parallelism)。

并行性包含同时性和并发性二重含义。同时性(Simultaneity)指两个或多个事件在同一时刻发生。并发性(Concurrency)指两个或多个事件在同一时间间隔内发生。

开发并行性的目的是为了能并行处理，以提高计算机解题的效率。

从不同的角度，并行性有不同的等级。

(1) 从计算机系统执行程序的角度看，并行性等级由低到高可分为四级，分别是：

① 指令内部——一条指令内部各个微操作之间的并行。

② 指令之间——多条指令的并行执行。

③ 任务或进程之间——多个任务或程序段的并行执行。

④ 作业或程序之间——多个作业或多道程序的并行。

(2) 从计算机系统中处理数据的角度来看，并行性等级从低到高可以分为：

① 位串字串——同时只对一个字的一位进行处理，这通常是指传统的串行单处理机，没有并行性。

② 位并字串——同时对一个字的全部位进行处理，这通常是指传统的并行单处理机，开始出现并行性。

③ 位片串字并——同时对许多字的同一位(称位片)进行处理，开始进入并行处理领域。

④ 全并行——同时对许多字的全部或部分位组进行处理。

(3) 并行性是贯穿于计算机信息加工的各个步骤和阶段的，从这个角度看，并行性等级又分为：

① 存储器操作并行——可用单体单字、多体单字或多体多字方式在一个存储周期内访问多个字，进而采用按内容访问方式在一个存储周期内用位片串字并或全并行方式实现对存储器中大量字的高速并行比较、检索、更新、变换等操作。典型的例子就是并行存储器系统和以相联存储器为核心构成的相联处理机。

② 处理器操作步骤并行——指令的取指、分析、执行，浮点加法的求阶差、对阶、尾加、舍入、规格化等操作，执行步骤在时间上重叠流水地进行。典型的例子是流水线处理机。

③ 处理器操作并行——通过重复设置大量处理单元，让它们在同一控制器控制下按同一指令要求对向量、数组中各元素同时操作。典型的例子是阵列处理机。

④ 指令、任务、作业并行——这是较高级的并行。虽然它也可包含操作、操作步骤等较低级的并行，但与操作级并行不同。指令级以上的并行是多个处理机同时对多条指令和相关的多数据组进行处理，操作级并行是对同一条指令及其相关的数据组进行处理。前者属多指令流多数据流计算机，后者属单指令流多数据流计算机。典型的例子是多处理机。

在特定时期里，器件的发展变化会因物理工艺、价格等条件的限制而有一定限制。在同一种器件技术水平上，进一步提高计算机系统性能的有效途径就是开发并行性，挖掘潜在的并行能力，提高并行处理和操作的程度。

2. 并行性开发的途径

开发并行性的途径有时间重叠、资源重复和资源共享等。

(1) 时间重叠。时间重叠(Time Interleaving)是指在并行性概念中引入时间因素，让多个处理过程在时间上相互错开，轮流重叠地使用同一套硬件设备的各个部分，加快硬件周转来赢得速度。

图 1-9 所示的指令内操作步骤重叠流水就是最典型的例子。每条指令的"取指"、"分析"、"执行"轮流在相应硬件上完成。只需 5 个 Δt 就可解释完 3 条指令，加快了程序的执行速度。利用时间重叠基本上不必重复增加硬件设备就可以较大地提高计算机系统的性能价格比。

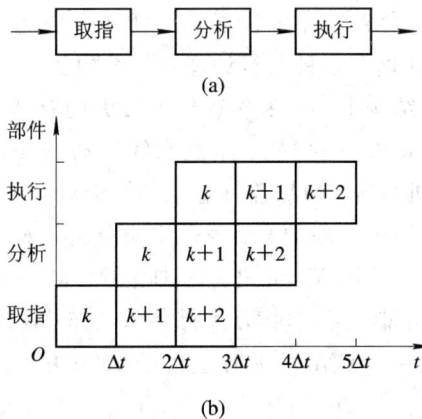

(a)

(b)

图 1-9 时间重叠

(a) 指令流水线；(b) 指令在流水线各部件中流过的时间关系

(2) 资源重复。资源重复(Resource Replication)是指在并行概念中引入空间因素,通过重复设置硬件资源来提高可靠性或性能。双工系统是通过使用两台相同的计算机完成同一任务来提高可靠性的。

图 1-10 通过设置 N 个完全相同的处理单元(PE),在同一控制器(CU)控制下,给各处理单元分配不同数据,完成指令要求的同一种运算或操作,以提高速度性能。它体现了并行性中的同时性。资源重复不仅可以提高可靠性,还可以进一步用成百上万台微处理机互连构成多计算机或机群系统,提高系统的速度性能。

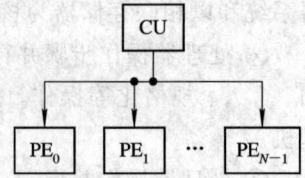

图 1-10 资源重复

(3) 资源共享。资源共享(Resource Sharing)是指用软件方法让多个用户按一定时间顺序轮流使用同一套资源来提高资源的利用率,相应地也就提高了系统的性能。

多道程序分时系统是典型实例。它通过共享 CPU、主存来降低系统价格,提高设备利用率。共享主存、外设、通信线路的多处理机,计算机网络,分布处理系统都是典型的例子。资源共享不只是 CPU、主存、外设等硬件资源的共享,也包括软件、信息资源的共享。

结论:计算机系统通过各种技术途径,从不同角度和不同并行性等级上同时采取多种并行性措施,这些措施可以是执行程序方面的,也可以是处理数据方面的,或者是在信息加工不同步骤和阶段上的。当并行性上升到一定级别形成新的结构时,就进入到并行处理的专门领域,如执行程序的并行性达到任务或进程级,处理数据的并行性则达到位片串字并。并行处理是信息处理的一种有效形式,它着重发掘解题过程中的并行性。并行性的开发和并行处理技术的研究实际上是硬件、软件、语言、算法、性能评价研究的综合。

3. 计算机系统的并行性发展

在 1960 年以前,并行性发展主要表现为算术运算的位并行及运算与输入/输出操作的并行。

1960—1970 年的这段时间内,出现了多道程序分时系统、多功能部件、流水线单处理机等。

1970—1980 年,VLSI 的普遍应用加快了并行处理系统结构的发展,出现了大型和巨型的向量机、阵列机、相联处理等多种并行处理系统结构。

1980—1990 年,在系统结构上创新和突破影响较大的有精简指令系统计算机(RISC)、指令级并行的超标量(Superscale)处理机、超流水线(Superpipeling)处理机、超长指令字(VLIW)计算机、多微处理机系统、数据流计算机和智能计算机。

1990 年以来,计算机发展进入新的多计算机和智能计算机时代。机器最主要的特点是进行大规模并行处理(MPP),采用 VLSI 硅片、砷化镓、高密度组装和光电子技术。例如64 位 150 MHz 微处理器芯片集成有 100 万个晶体管,16 MB 动态 RAM 和 512 KB 静态RAM,已普遍得到应用。在一片 CMOS 芯片上集成 5000 万个晶体管,制成 4 个微处理器已不困难。

多处理机、多计算机系统是目前 MPP 计算机研究和开发的热点,某些产品已进入市场。由数十至上千台微处理机组成的小、中规模并行处理机已进入实用和商品化阶段。由工业化生产的高性能、低价格微处理机组成的多处理机系统有着处理能力强、可靠性高、可维护性好、适用性广、灵活性大等优点，其性能价格比较大型机要高出数倍至十几倍。因此，多处理机包括多向量机及机群系统将是今后并行处理计算机发展的主流。目前已有的 MPP 系统中典型的例子有 IBM 公司的 MPP 系统、Fujitsu 公司的 VPP500、CRAY 公司的 Y－MP 和 MPP、TM(Thinking Machines，思维机器)公司的连接机 CM－5、Intel 公司的 Paragon 等。

科学计算中的重大挑战性课题往往要求计算机系统能有 1 TFLOPS 的计算能力，1 TB 的主存容量，1 TB/s 的 I/O 带宽，称之为 3T 性能目标。目前性能最好的计算机离 3T 性能目标还有较大距离。因此，在现代 MPP 系统的研究中，除了需要开发硬件结构外，还要解决提供好的软件环境和系统的可用性、可扩展性等问题，希望软件和算法在并行性方面有新的突破。目前正研究和形成用共享虚拟存储器的异构型计算机网络来求解大型问题的处理技术。

4. 多机系统的耦合度

多机系统包含多处理机系统和多计算机系统。多处理机系统与多计算机系统是有差别的。多处理机系统是由多台处理机组成的单一系统。各处理机都有自己的控制部件，可带本地存储器，能执行各自的程序，但都受逻辑上统一的操作系统控制。处理机之间以文件、单一数据或向量、数组等形式交互作用。全面实现作业、任务、指令、数据各级的并行。多计算机系统则是由多台独立的计算机组成的系统。各计算机分别在逻辑上独立的操作系统控制下运行。机间可以互不通信，即使通信也只是经通道或通信线路以文件或数据集形式进行，实现多个作业间的并行。

一般用耦合度反映多机系统中各机器之间物理连接的紧密度和交叉作用能力的强弱。它可有最低耦合、松散耦合、紧密耦合之分。

各种脱机处理系统是最低耦合系统(Least Coupled System)，其耦合度最低，除通过某种存储介质外，各计算机之间无物理连接，也无共享的联机硬件资源。例如，独立外围计算机系统由主机和外围计算机组成，后者脱机工作，只通过磁盘、磁带等对主机的输入/输出提供支持。

如果多台计算机通过通道或通信线路实现互连，共享某些如磁带、磁盘等外围设备，以较低频带在文件或数据集一级相互作用，则称这种系统为松散耦合系统(Loosely Coupled System)或间接耦合系统(Indirectly Coupled System)。它有两种形式：一种是多台功能专用的计算机通过通道和共享的外围设备相连，各计算机以文件或数据集形式将结果送到共享的外设，供它机继续处理，使系统获得较高效率；另一种是各计算机经通信线路互连成计算机网，各尽所长，求得更大范围内的资源共享。这两种形式一般都是非对称的(由不同类型计算机组成)，并采用异步工作，结构较灵活，系统易扩展，但需花费辅助操作开销，且系统信息的传输频带较窄，难以满足任务一级的并行处理，因而特别适合于分布处理。

如果多台计算机经总线或高速开关互连，共享主存，有较高的信息传输速率，可实现数据集级、任务级、作业级并行，则称此系统为紧密耦合系统(Tightly Coupled System)或直接耦合系统(Directly Coupled System)。它可以是主辅机方式配合工作的非对称型系统，但更多的是对称型多处理机系统，在统一的操作系统管理下求得各处理机的高效率和负荷的均衡。

1.5.2 计算机系统的分类

从不同观点、不同角度可对现有计算机系统提出许多不同的分类方法。前面从不同角度的并行性等级对计算机系统进行的分类是其中的一种分类方法。这里着重介绍弗林分类法。

1966年，弗林（Michael J. Flynn）提出按指令流和数据流的多倍性对计算机系统进行分类。指令流是指机器执行的指令序列。数据流是指由指令流调用的数据序列，包括输入数据和中间结果。多倍性是指在系统性能瓶颈部件上处于同一执行阶段的指令或数据的最大可能个数。据此，把计算机系统分成单指令流单数据流（Single Instruction Stream Single Data Stream，SISD）、单指令流多数据流（Single Instruction Stream Multiple Data Stream，SIMD）、多指令流单数据流（MISD）和多指令流多数据流（MIMD）四大类。对应于这四类计算机的基本结构框图如图 1 - 11 所示。

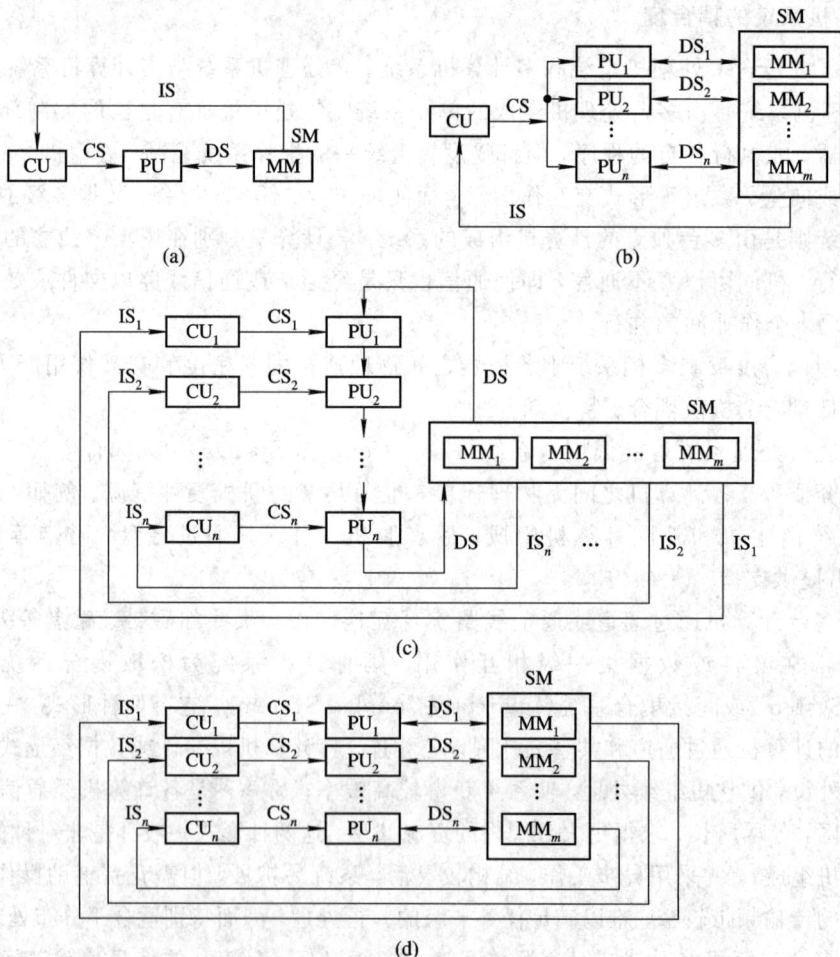

CU—控制部件；PU—处理机；MM—主存模块；SM—共享主存；
IS—指令流；CS—控制流；DS—数据流

图 1 - 11 弗林分类的四类系统的基本结构
(a) SISD 计算机；(b) SIMD 计算机；(c) MISD 计算机；(d) MIMD 计算机

SISD 系统如图 1-11(a)所示,是传统的单处理器计算机。尽管它可以设置多个并行的存储体和多个操作部件,但只要指令部件每次只对一条指令译码,只对一个操作部件分配数据,均属 SISD 系统。流水方式的单处理计算机也可归入 SISD 系统。

SIMD 系统如图 1-11(b)所示,具有代表性的例子是阵列处理机和相联处理机。如果把"多倍性"定义中"处于同一执行阶段"理解为一条指令的操作全过程,则流水线处理机也可包括在内。

MISD 系统如图 1-11(c)所示,它有 n 个处理单元,按 n 条不同指令的要求对同一个数据流及其中间结果进行不同处理,一个处理单元的输出作为另一个处理单元的输入。这类系统实际中很少见,因为在指令级并行,而在数组级却未并行,与高一级并行通常总包含低一级并行的做法不符。不过有人把处理机间的宏流水及脉动阵列流水机都归属于 MISD 系统。

MIMD 系统是指能实现作业、任务、指令、数组各级全面并行的多机系统。图 1-11(d)是 n 个处理机共享主存的紧密耦合多处理机。不直接共享主存的松散耦合多处理机及多计算机系统也属于 MIMD 系统,它是多个独立的 SISD 单处理机系统的集合,也称多倍 SISD 系统(MSISD)。

弗林分类法能反映出大多数计算机的并行工作方式和结构特点,使用范围较广,但只能对控制流机器分类。像数据流计算机就无法用这种方法分类,而且对广泛使用的流水线处理机的分类也不确切。这种分类有时难以反映系统工作原理上的特色。

1978 年,美国的库克(David J. Kuck)提出用指令流和执行流(Execution Stream)及其多倍性来描述计算机系统总控制器的结构特点。他将计算机系统也分成四类:

(1) 单指令流单执行流(SISE)——典型的单处理机系统。

(2) 单指令流多执行流(SIME)——带多操作部件的处理机。

(3) 多指令流单执行流(MISE)——带指令级多道程序的单处理机。

(4) 多指令流多执行流(MIME)——典型的多处理机系统。

1972 年,美籍华人冯泽云(Tse-yun Feng)提出用数据处理的并行度来定量地描述各种计算机系统特性的冯氏分类法。他把计算机系统分成四类:

(1) 字串位串(WSBS)——称位串处理方式。每次只处理一个字中的一位,如早期的位串行机。

(2) 字串位并(WSBP)——称字(字片)处理方式。每次处理一个字中的 n 位,如传统的位并行机。

(3) 字并位串(WPBS)——称位(位片)处理方式。一次处理 m 个字中的 1 位,如某些相联处理机及阵列处理机。

(4) 字并位并(WPBP)——称全并行处理方式。一次处理 m 个字,每个字为 n 位。如某些相联处理机、大多数阵列处理机及多处理机。

1977 年,联邦德国的汉德勒(Wolfgang Handler)又在冯氏法基础上提出了基于硬件结构所含可并行处理单元数和可流水处理的级数的分类方法。

此外,还可以从对执行程序或指令的控制方式上将计算机系统分为由控制驱动的控制

流方式、由数据驱动的数据流方式、按需求驱动的归约（Reduction）方式、按模式驱动
（Pattern Driven）的匹配（Matching）方式等。

1.6 本章小结

1.6.1 知识点和能力层次要求

（1）领会一台完整的通用计算机系统可以被看成是由多个不同机器级构成的多级层次
结构，每一级都可以看成是一台机器，都有其自己的机器语言和实现方法。识记这样的多
级层次结构一般可分为哪几级，各机器级所处的相对位置及所用的主要实现方法。

（2）领会计算机系统结构、计算机组成和计算机实现三者的定义、各自研究的方面和
内容。领会计算机系统结构是软件和硬件的主要分界面的概念以及计算机系统结构、计算
机组成和计算机实现之间的相互影响。识记透明性概念。从不同角度对某个具体问题是否
设计成透明应达到简单应用的层次。

（3）识记一个功能分别用软件和硬件实现的优点和缺点，在功能分配中，软、硬件比
例取舍的 3 个原则。识记评测计算机系统的主要性能指标及评测的方法。领会计算机定量
设计的 3 个基本原理及计算机系统设计的任务。领会计算机系统设计"由上往下"和"由下
往上"的做法、各自的优缺点及适用场合。领会"从中间开始"向两边设计的做法，为什么通
用计算机应采用这种做法，有什么好处。识记计算机设计的主要步骤。

（4）领会系统结构设计为什么要解决好软件的可移植性。能综述使用统一高级语言、
系列机、模拟和仿真三种途径实现软件移植的方法、适用场合、存在问题及应采取的对策。
领会系列机软件向前、向后、向下、向上兼容的含义，以及系列机对软件兼容的基本要求。
在系列机中发展新型号机器时，哪些做法是可取的，应达到简单应用层次。

（5）领会应用和器件的发展对系统结构设计的影响。识记非用户片、现场片和用户片
的定义，以及器件发展是如何改变逻辑设计的传统做法的。

（6）识记并行性的定义、并行性的二重含义及开发并行性级别高低的顺序。领会计算
机系统三种不同的并行性开发途径。识记多机系统的耦合度概念，计算机按指令流、数据
流及其多倍性进行分类的方法及典型机器结构的例子。

1.6.2 重点和难点

1. 重点

计算机系统结构、计算机组成、计算机实现三者的定义及包含的内容；有关透明性问
题的判断；软件和硬件的功能分配原则；软件可移植性的途径、方法、适用场合、存在问题
和对策；有关并行性的概念；系统结构中开发并行性的途径。

2. 难点

透明性的判断与分析。

习 题 1

1-1 如有一个经解释实现的计算机,可以按功能划分成 4 级。每一级为了执行一条指令需要下一级的 N 条指令解释。若执行第 1 级的一条指令需 K ns 时间,那么执行第 2、3、4 级的一条指令各需用多少时间?

1-2 操作系统机器级的某些指令就用传统机器级的指令,这些指令可以用微程序直接解释实现,而不必由操作系统自己来实现。根据你对 1-1 题的回答,你认为这样做有哪些好处?

1-3 有一个计算机系统可按功能分成 4 级,每级的指令互不相同,每一级的指令都比其下一级的指令在效能上强 M 倍,即第 i 级的一条指令能完成第 $i-1$ 级的 M 条指令的计算量。现若需第 i 级的 N 条指令解释第 $i+1$ 级的一条指令,而有一段第 1 级的程序需要运行 Ks,问在第 2、3 和 4 级上一段等效程序各需要运行多长时间?

1-4 试以实例说明计算机系统结构、计算机组成与计算机实现之间的相互关系与影响。

1-5 什么是透明性概念?对于计算机系统结构,下列哪些是透明的?哪些是不透明的?

存储器的模 m 交叉存取;浮点数据表示;I/O 系统是采用通道方式还是外围处理机方式;数据总线宽度;字符行运算指令;阵列运算部件;通道是采用结合型还是独立型;PDP-11 系列的单总线结构;访问方式保护;程序性中断;串行、重叠还是流水控制方式;堆栈指令;存储器最小编址单位;Cache 存储器。

1-6 从机器(汇编)语言程序员看,以下哪些是透明的?

指令地址寄存器;指令缓冲器;时标发生器;条件码寄存器;乘法器;主存地址寄存器;磁盘外设;先行进位链;移位器;通用寄存器;中断字寄存器。

1-7 下列哪些对系统程序员是透明的?哪些对应用程序员是透明的?

系列机各档不同的数据通路宽度;虚拟存储器;Cache 存储器;程序状态字;"启动 I/O"指令;"执行"指令;指令缓冲寄存器。

1-8 实现软件移植的主要途径有哪些?分别适用于什么场合?各存在什么问题?对这些问题应采取什么对策?如果利用"计算机网络"实现软件移植,计算机网络应当如何组成?

1-9 系列机思想对计算机发展有什么意义?系列机软件兼容的要求是什么?

1-10 想在系列机中发展一种新型号机器,下列哪些设想是可以考虑的,哪些则是不行的?为什么?

(1) 新增加字符数据类型和若干条字符处理指令,以支持事务处理程序的编译。

(2) 为增强中断处理功能,将中断分级由原来的 4 级增加到 5 级,并重新调整中断响应的优先次序。

(3) 在 CPU 和主存之间增设 Cache 存储器,以克服因主存访问速率过低而造成的系统性能瓶颈。

(4) 为解决计算误差较大的问题,将机器中浮点数的下溢处理方法由原来的恒置"1"

法，改为用 ROM 存放下溢处理结果的查表舍入法。

1-11　VLSI 的发展与应用，对逻辑设计方法产生了什么影响？举例说明器件的发展是推动系统结构发展的关键因素。

1-12　开发计算机系统并行性的主要技术途径有哪三个？沿这些途径分别发展出了什么类型的多处理机系统？

1-13　从执行程序、处理数据及计算机信息加工的不同阶段的三个方面分别将并行性分成了哪几级？

1-14　计算机系统的 3T 性能目标是什么？

第 2 章 数据表示、寻址方式与指令系统

本章从数据表示、寻址方式、指令系统角度分析，为程序设计者提供什么样的机器级界面才能合理进行软、硬件的功能分配。在保持高级语言与机器语言、操作系统与计算机系统结构、程序设计环境与计算机系统结构之间适当的语义差距前提下，分析怎样来改进计算机系统结构，同时讨论缩小语义差距的途径。最后介绍 RISC 结构。

2.1 数 据 表 示

2.1.1 数据表示与数据结构

数据表示指的是能由机器硬件识别和引用的数据类型，表现在它有对这种类型的数据进行操作的指令和运算部件。串、队、栈、向量、阵列、链表、树、图等是软件要处理的各种数据结构，它们反映了应用中要用到的各种数据元素或信息单元之间的结构关系。数据结构是要通过软件映像，变换成机器中所具有的数据表示来实现的。不同的数据表示可为数据结构的实现提供不同的支持，表现为实现效率和方便性的不同。数据结构和数据表示是软、硬件的交界面。系统结构设计在软、硬件功能分配时，应考虑在机器中设置哪些数据表示，以便对应用中的数据结构有高的实现效率，这是以花费适当的硬件为代价的。因此，数据表示的确定实质是软、硬件的取舍。

例如，当机器设置有定点运算指令和相应的运算硬件，可直接对定点数进行各种处理时，机器就有了定点数据表示。当机器设置有逻辑运算指令和相应的逻辑运算硬件，可直接对逻辑数进行各种处理时，机器就有了逻辑数据表示。若机器设置有浮点运算指令和相应的运算硬件，可以直接对浮点数进行各种处理时，机器就有了浮点数据表示。

早期的机器只有定点数据表示，要想用浮点数就得用两个定点数来分别表示其阶码和尾数。这样，两个浮点数的运算是通过软件将它们每一个分别映像成机器中的两个定点数表示来进行运算和处理的，既不方便，也很低效。随着事务处理的需要，计算机经常大量处理十进制数，为此，在机器中增加了十进制运算指令和相应的运算硬件，能直接对二—十进制数进行运算和处理。这样，比早先经 10 转 2 子程序，将十进制数转成二进制数后在机器上进行二进制运算，再调用 2 转 10 子程序将二进制结果转成十进制数输出就要方便和高效得多了。

20 世纪 50 年代初提出的变址操作，为向量、阵列数据结构的实现提供了直接支持。如图 2-1 所示，增设变址寄存器硬件存放变址值 i（i 可从 0 到 $n-1$），在指令中增设变址

位字段指明操作数所用的变址寄存器号，用 A_1 或 A_2 字段指明存放向量首元素地址所用的寄存器号，通过增设的变址加法器硬件来形成操作数有效地址。只要改变变址寄存器中的 i 值，就可以使地址指向向量中的任何元素。这样，同一条指令不用修改就能作用于整个向量。对于二维阵列，只需为行、列分别设两个变址寄存器即可，只是有效地址计算比较复杂一点。至于更多维的数组，用这种变址硬件实现就不方便了。变址操作使得不用修改程序就能用循环方法对向量、阵列的各元素进行运算，有利于实现程序的可再入性。

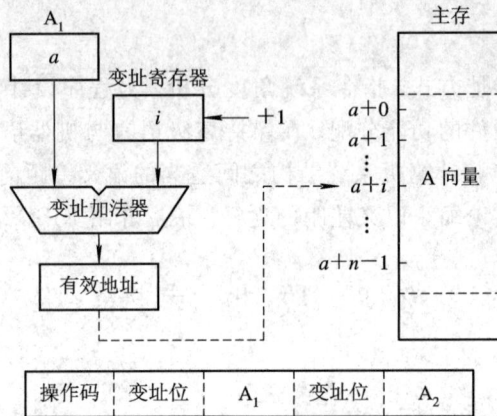

图 2-1 变址操作对向量、阵列数据结构的支持

可变长字符串数据表示的引入有力地支持了串数据结构的实现，包括设置字符串运算指令（如连接、传送、插入、删除、比较、编辑等）、按字节编址的访问方式和寻址硬件，以及在指令中增设字段指明首字符地址和字符串长度。这种可变长串的操作对输入、输出、事务处理、编译都有用。进一步地，像 PL/I 语言还用位串数据结构，这就要求硬件提供按位编址、运算功能，并设置相应的位串指令。

由以上例子可以看出，机器的运算类指令和运算器结构主要是按机器有什么样的数据表示来确定的。通用机上，定点、浮点、逻辑、十进制、字符（位）串等基本数据表示和变址操作一般都具备，但要想实现各种数据结构，不仅效率低，而且软件负担较重。因此，在确定数据表示时应考虑怎样为数据结构的实现提供进一步的支持，可以引入一些高级数据表示，这比在指令系统中增设技巧性新指令的意义要大。

2.1.2 高级数据表示

1. 自定义数据表示

自定义（Self-defining）数据表示包括标志符数据表示和数据描述符两类。

1）标志符数据表示

在数据表示上缩短高级语言与机器语言的语义差距的问题早在 20 世纪 60 年代末就已受到重视。在处理运算符和数据类型的关系上，高级语言和机器语言的差别很大。高级语言用类型说明语句指明数据类型，让数据类型直接与数据本身联系在一起，运算符不反映数据类型，是通用的。例如在 FORTRAN 程序中，实数（浮点数）I 和 J 的相加用如下的语句组指明：

REAL I,J

I＝I＋J

在说明 I、J 的数据类型为实型后，用通用的"＋"运算符就可实现实数加法。可是，传统的机器语言程序却正好相反，它是由操作码指明操作数的类型的。如浮点加法指令

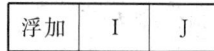

浮加	I	J

中，由于操作码是浮加，因此无论 I 和 J 是否是浮点数，总是按浮点数对待，进行浮点数加法。这样，编译时就需要把高级语言程序中的数据类型说明语句和运算符变换成机器语言中不同类型指令的操作码，并验证操作数的类型是否与运算符所要求的一致，若不一致，还需用软件进行转换，这些都增加了编译的负担。

为缩短高级语言与机器语言的这种语义差距，可让机器中每个数据都带上如下的类型标志位

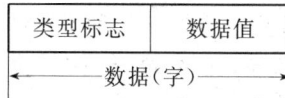

类型标志	数据值

数据(字)

以说明数据值究竟是二进制整数、十进制整数、浮点数、字符串还是地址字，将数据类型与数据本身直接联系在一起。这样，机器语言中的操作码也就和高级语言中的运算符一样，可以通用于各种数据类型的操作了。这种数据表示称为标志符数据表示。

标志符数据表示在 20 世纪 60 年代初就已被采用。例如，Burroughs B5000 使用一位标志符来区分操作数和描述符。之后的 B6500、B7500 在每个字中用 3 位标志符区分 8 种类型。20 世纪 70 年代的 R－2 计算机用 10 位标志，其中，用 2 位指明是数值、控制信息、地址还是指令字，再用 4 位进一步指明具体类型。如属数值，就指明是二进制、十进制、整数、实数、复数还是字符串，还可指明是单精度还是双精度等；如属地址，就指明是绝对地址、相对地址还是链接地址等，为可变长、向量、阵列及指针型数据提供支持。此外，还能指明该字是否未定义。剩下的 4 位中用一位作奇偶位，一位作写封锁位，两位作软件定义的捕捉位。

标志符虽然主要用于指明数据类型，但也可用于指明所用信息类型。标志符应由编译程序建立，对高级语言程序透明，以减轻应用程序员的负担。

标志符数据表示的主要优点是：

(1) 简化了指令系统和程序设计。由于指令通用于多种数据类型的处理，减少了指令系统中指令的种类，因此简化了程序设计。

(2) 简化了编译程序。在一般机器中，目的代码的形成需要进行细致的语义分析。例如，当编译程序遇到"＋"算子时，必须检查是哪种加法指令。而在带标志符的机器中，编译程序只需形成通用的加法指令，因而缩短了编译程序，加快了编译过程，提高了编译效率。

(3) 便于实现一致性校验。可由机器硬件直接快速检测出多种程序设计错误，提供了类型安全环境。例如，操作数是错误定义的(如乘法指令的操作数是字符串)、不相容的(如将浮点数与地址相加)或源操作数未定义等，都可由硬件直接检测出来。此外，还简化和加

快了程序的调试。因为在一般机器上，校验是由编译软件完成的，需花费额外的操作开销。

（4）能由硬件自动变换数据类型。如果操作数相容但有不同长度时，硬件能自行转换，然后再运算。例如，加法指令的一个操作数是整数，另一个是浮点数时，不算错，硬件或固件自动将整数转换成浮点数再相加。由于硬件或固件变换比软件变换快得多，因而可使解题时间缩短。

（5）支持数据库系统的实现与数据类型无关的要求，使程序不用修改即可处理多种不同类型的数据。一般机器上要使程序与数据类型无关，其实现是费事的，因为它的机器指令本身包含了操作数类型和长度信息。

（6）为软件调试和应用软件开发提供了支持。由于可用软件定义的捕捉标志位设置断点，因此便于程序的跟踪和调试。再加上类型安全环境的提供，为应用软件开发提供了良好的支持。

用标志符数据表示可能带来以下两个问题：

（1）每个数据字因增设标志符，会增加程序所占的主存空间。但只要合理地设计，这种增加量是很小的，甚至有可能减少。因为指令种类减少，缩短了操作码位数。一般程序中每个操作数会被多条指令多次访问，指令单元数会比数据单元数多得多。如图 2-2 所示，只要面积 A 小于面积 B，用标志符数据表示反而还节省程序空间。这样一来，指令和数据字长不相等了，因此需要合理设计。若仍维持指令和数据混存，就应让一个主存字中放上多个指令字，并与数据字长度匹配。或者加长指令字，扩展其功能，使之能包含原多条指令的功能，以便从宏观上减少程序所用指令数。或者将指令和数据分开存放于两个不同字长的存储器中。此外，用标志符数据表示简化了编译，使编译程序所占空间减少了。数据类型变换和一致性检查由硬件完成，不放在目的程序中，也节省了目的程序所占用的主存空间。

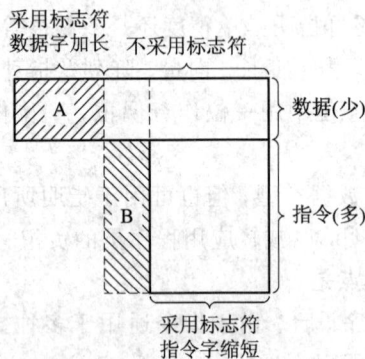

图 2-2 采用标志符缩短操作码以节省程序空间

（2）采用标志符会降低指令的执行速度。因为需要增加按标志符确定数据属性及判断操作数之间是否相容等操作，单条指令的执行速度会下降。但从总体上看，由于程序的编制和调试时间的缩短，而使解题总开销时间也缩短了。所以，引入标志符数据表示对微观性能（机器的运算速度）不利，但对宏观性能（解题总时间）是有利的。

综上所述，标志符数据表示有明显的优点，加上硬件和存储器价格持续下降，使这种能缩小高级语言和机器语言语义差距的标志符数据表示得到了广泛的使用。如 Intel 8087、20 世纪 80 年代初日本为设计计算机研制的专用个人计算机(工作站)等都采用了标志符数据表示。目前仍在进一步研究如何扩大标志符的应用范围。

2) 数据描述符

为进一步减少标志符所占存储空间,对向量、数组、记录等数据,由于元素属性相同,因此发展出数据描述符等。数据描述符和标志符的差别在于标志符是和每个数据相连的,合存在一个存储单元中,描述单个数据的类型特征;描述符与数据分开存放,用于描述所要访问的数据是整块的还是单个的,访问该数据块或数据元素所要的地址以及其他信息等。

【例 2 - 1】 B6700 的数据描述符和数据的形式分别如下:

数据描述符

101	各种标志位	长度	地址

数据

000	数 据

前 3 位为"000",表示该字为数据;前 3 位为"101",表示该字为数据描述符。数据描述符用 8 位标志位描述数据特性。当描述的是整块数据时,"地址"字段用于指明首元素的地址,"长度"字段用于指明块内的元素个数。

采用描述符方式取操作数的过程如图 2 - 3 所示。按指令操作数地址 x、y 访存,若取来的字,其前 3 位为"000",就是所需的操作数;若前 3 位为"101",表明它是描述符,将它取到描述符寄存器,由它的标志位、长度和地址字段联合控制,经地址形成逻辑形成操作数的地址,再访存取数。对于数据块,访存取到寄存器的描述符可用于块内所有元素,不必每次访存取元素时都去访存取描述符。这样,一条指令就能执行对整个数据块的运算。

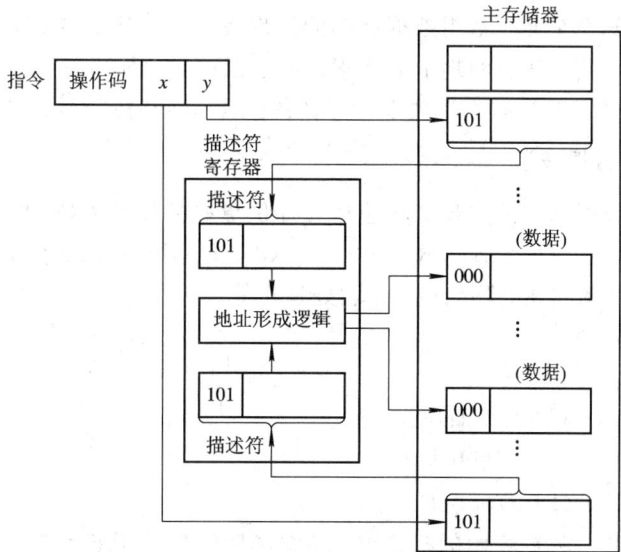

图 2 - 3 经描述符访存取操作数

可以将描述符按树形连接来描述多维数组。图 2-4 表示用数据描述符描述一个 3×4 的二维阵列的情况。阵列描述符指向 3 元素描述符向量，每个描述符元素又指向相应的 4 元素向量。用描述符方法实现阵列数据的索引要比用变址方法实现更方便，且便于检查出程序中的阵列越界错误。

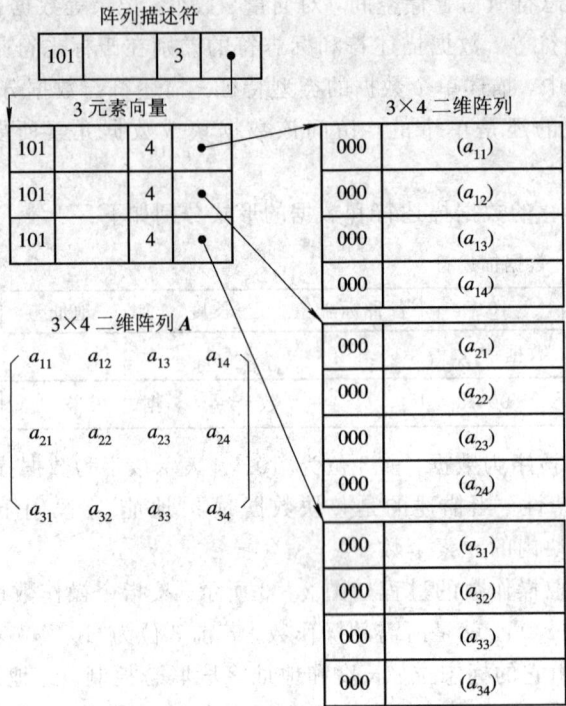

阵列描述符

101		3	●

3 元素向量

101		4	●
101		4	●
101		4	●

3×4 二维阵列

000	(a_{11})
000	(a_{12})
000	(a_{13})
000	(a_{14})
000	(a_{21})
000	(a_{22})
000	(a_{23})
000	(a_{24})
000	(a_{31})
000	(a_{32})
000	(a_{33})
000	(a_{34})

3×4 二维阵列 A

$$\begin{bmatrix} a_{11} & a_{12} & a_{13} & a_{14} \\ a_{21} & a_{22} & a_{23} & a_{24} \\ a_{31} & a_{32} & a_{33} & a_{34} \end{bmatrix}$$

图 2-4　用描述符描述二维阵列

数据描述符方法为向量、数组数据结构的实现提供了一定的支持，有利于简化编译中的代码生成，可以比变址法更快地形成元素地址。但向量、阵列各元素能否同时并行运算与是否采用数据描述符却没有直接关系，它取决于运算器和控制器的结构。

2. 向量、数组数据表示

为向量、数组数据结构的实现和快速运算提供更好的硬件支持的方法是增设向量、数组数据表示，组成向量机，如 STAR-100 和 CRAY-1 等。有向量数据表示的处理机就是向量处理机，如向量流水机、阵列机、相联处理机等。

【例 2-2】　要计算

$$c_i = a_{i+5} + b_i, \quad i = 10, 11, \cdots, 1000$$

用 FORTRAN 语言写成的 DO 循环为

```
        DO 40 I＝10, 1000
    40  C(I)＝A(I＋5)＋B(I)
```

在没有向量、数组数据表示的机器上，经编译后需借助于变址操作来实现以上 DO 循环的功能。通常是先将 I 置初值 10，之后循环地执行取 A(I＋5)、加 B(I)、存 C(I)、I 增量和判断、条件转移等几条指令，直至 I 超过终值 1000 为止。各条指令、各结构元素的求解及判断下标是否越界都只能顺序进行。这就难以达到高速并行，就是用描述符也不能解决向量或数组元素的高速运算问题。

在有向量、数组数据表示的向量处理机上，硬件上设置有丰富的向量或阵列运算指令，配有流水或阵列方式处理的高速运算器，只需用一条如下的向量加法指令

向量加	A向量参数	B向量参数	C向量参数

就可以实现上述 DO 循环的功能。显然，对参加运算的源向量 A、B 及结果向量 C 都应指明其基地址、位移量、向量长度和元素步距等参数。图 2-5 示意出向量编址所需用到的参数，每一行为一个元素。基地址是向量的第一个元素的地址。由基地址加位移量形成起始地址，表示参加运算的首元素地址。设置位移量可实现向量的斜排运算，如在本例中，元素 A(15) 与元素 B(10) 相加。向量长度可用于校验所形成的元素地址是否越界。元素步距表示向量相邻元素间的偏移。如果一条指令所用 3 个向量的参数都用指令相应字段直接指明，会使指令字太长，不便于编译和存取。多数机器采用寄存器寻址，只给出存放参数的寄存器号。例如，STAR-100 就是如此。

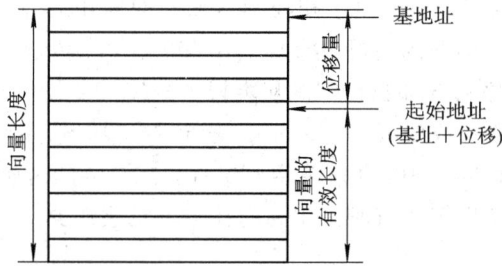

图 2-5　向量编址所用的参数

引入向量、数组数据表示不只是能加快形成元素地址，更主要的是便于实现把向量各元素成块预取到中央处理机，用一条向量、数组指令流水或同时对整个向量、数组进行高速处理。用硬件判断下标是否越界，并让越界判断和元素运算并行。此外，有些机器还设有可对阵列中的每个元素又是一个子阵列的相关型交叉阵列进行处理的硬件和对大量元素是零的稀疏向量、数组进行压缩存储、还原、运算等的指令和硬件，不但可节省大量存储空间，也由于不必处理零元素，而节省了不少处理时间。比起用与向量、阵列无关的机器语言和数据表示串行判断下标是否越界，循环控制运算来实现阵列处理，其速度、效率要高得多，编译程序也简单得多。所以高速的巨型机都设置有向量数据表示。现在向量、数组数据表示已下移到了通用机和系列机上。

3. 堆栈数据表示

堆栈数据结构在编译和子程序调用中很有用，为了高效实现，不少机器都设有堆栈数据表示。有堆栈数据表示的机器称为堆栈机器。

一般通用寄存器型机器对堆栈数据结构实现的支持是较差的，表现在堆栈操作用的机器指令少，功能单一，堆栈置于存储器内，访问堆栈的速度低，通常只用于保存子程序调用时的返回地址，较少用于实现程序之间的参数传递。

堆栈机器的特点表现为以下几方面：

(1) 有高速寄存器组成的硬件堆栈，并附加控制电路，使它与主存中的堆栈区在逻辑上构成整体，使堆栈的访问速度是寄存器的，容量是主存的。

(2) 有丰富的堆栈操作指令且功能很强，可直接对堆栈中的数据进行各种运算和处理。

(3) 有力地支持了高级语言程序的编译。如有算术赋值语句 $F=A*B+C/(D-E)$，可用逆波兰表达式 $AB*CDE-/+$ 作为编译的中间语言，直接生成堆栈指令程序，简化了编译，显著缩小了高级语言和机器语言的语义差距。

(4) 有力地支持了子程序的嵌套和递归调用。子程序调用另一子程序称嵌套调用，子程序直接或经其他子程序间接调用自己称直接或间接递归调用。调用过程如图 2-6 所示。i 子程序调用 $i+1$ 子程序时不仅要保存好返回地址，控制转 $i+1$ 子程序入口，还要保存条件码多种状态信息和某些关键寄存器的内容，把必要的全局性、局部性参数传递给 $i+1$ 子程序，并为 $i+1$ 子程序开辟一个存放局部变量、中间结果等现场信息的工作区。在堆栈型机器中把这些全部都压入堆栈，不必给它们赋予地址即可实现。当 $i+1$ 子程序返回 i 子程序时，不但把运算结果返回给 i 子程序和控制返回 r 的操作通过对堆栈的弹出操作实现，而且也能方便地恢复 i 子程序的现场。同时，不必进行信息传递，只需修改堆栈指示器的内容，就能将 $i+1$ 子程序的全部数据记录从堆栈中删掉，腾出不用的单元，减少大量的辅助性操作。堆栈机器能及时释放不用的单元以及访问堆栈时较多地使用零地址指令，省去了地址码字段。即使访主存，一般也采用相对寻址，使访存的地址码位数较少，从而使堆栈机器上程序的总位数及程序执行所需用到的存储单元数减少，存储效率提高。

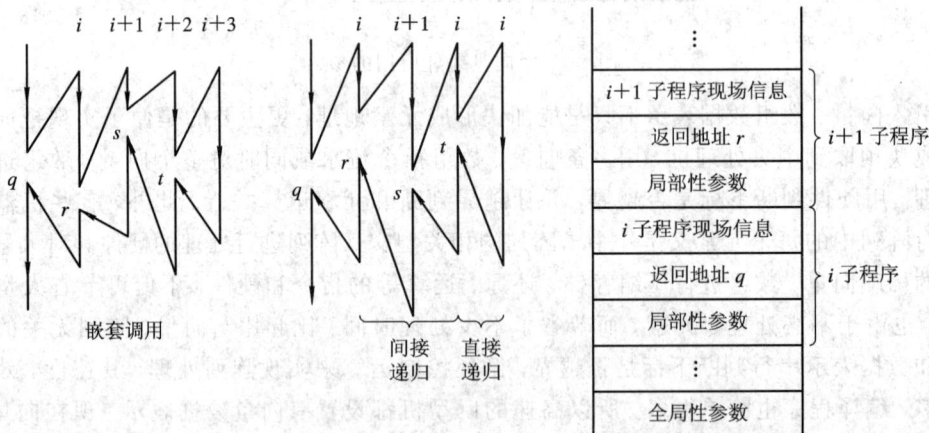

图 2-6　用堆栈实现子程序的嵌套和递归调用

2.1.3　引入数据表示的原则

从根本上讲，存储器的一维线性存储结构与要求经常使用的多维离散数据结构有着很大差距。即使是名称变量，大多也不是顺序存储，而是离散分布的，这当然不利于数据结构的实现。因此，应当重视如何根据实现数据结构的需要来设计和改进系统结构。

遵循什么原则来确定机器的数据表示，这个问题比较复杂。除了基本数据表示不可少外，其他高级数据表示的引入可从两个方面来衡量。

原则 1　看系统的效率是否显著提高，包括实现时间和存储空间是否有显著减少。实现时间是否减少又主要看在主存和处理机之间传送的信息量是否减少。传送的信息量减少，实现时间就越少。

【例 2-3】　A、B 两个 200×200 的定点数二维数组相加，用 PL/I 语言编写为

$$A = A + B$$

如果没有阵列型数据表示，该语句经 IBM370 的 PL/I 优化编译程序生成的目的码有 6 条机器指令，其中 4 条需循环执行 $200 \times 200 = 40\,000$ 次。如机器有阵列型数据表示，则只需一条"阵列加"指令即可。这样，在主存和处理机之间的信息传送量仅取指就减少了 $4 \times 4000 = 16\,000$ 次，实现时间大大减少了。又由于高级数据表示的引入，就表明有能对这些数据表示进行高速运算的部件，如设置 200×200 的加法器阵列，加法运算就可以在这 $40\,000$ 个加法器中一次完成，这必然也会进一步缩短实现时间。数据表示的改进所带来的实现时间减少还表现为节省了大量的辅助操作。仍以阵列运算为例，每次判断元素下标是否越界，靠机器语言程序完成很费事。有了阵列数据表示后，越界判断就可在增设的少量硬件上与运算等其他操作在时间上重叠进行。辅助操作时间的减少还表现在由于编译简单，节省了编译时间。当然，编译程序的缩短以及目标程序指令条数的减少都节省了主存空间量。

原则 2　看引入这种数据表示后，其通用性和利用率是否提高。如果只对某种数据结构的实现效率很高，而对其他数据结构的实现效率很低，或者引入这种数据表示在应用中很少用到，那么为此所耗费的硬件过多却并未在性能上得到好处，必然导致性能价格比的下降。特别对一些复杂的数据表示更要注意。

【例 2-4】　引入具有树形数据表示的树结构式机器，对树数据结构的实现是高效的，但对堆栈、向量、链表等其他数据结构的实现都是低效的。如果采用自定义数据表示中的描述符方式，用指针实现树数据结构，尽管效率没有树形数据表示的那么高，但它可以同时比较高效地实现树、向量、链表、堆栈、图等多种数据结构。又如，对堆栈数据结构高效的堆栈机器进行矩阵运算，效率就很低。再如，阵列机不仅有对不同数据结构实现是否都高效的通用性问题，还有阵列数据表示本身能表示多大阵列的通用性问题。如果表示的阵列过大，硬设备量过多，利用率低；如果表示的阵列过小，则使大阵列必须用软件分拆成多块，分批进入阵列运算部件，效能低，编译麻烦。

目前除了基本数据表示外，根据应用环境，可引入较复杂的高级数据表示，有自定义数据表示、堆栈数据表示和向量、数组数据表示。

2.1.4　浮点数尾数基值大小和下溢处理方法的选择

本小节结合定长浮点数据表示尾数基值大小及影响运算中精度损失的尾数下溢处理方法的选择，说明在确定基本数据表示时还需要考虑的问题及考虑的思路和方法。

1. 浮点数尾数基值的选择

当机器字长相同时，用浮点数表示实数比用定点数表示有更大的可表示数范围。不少

机器都采用类似图2-7所示的格式表示一个浮点数。图2-7中的阶码部分包含了阶符和阶值两部分。阶码部分可用原码、补码或增码(也称移码)表示。不管怎么表示,$p+1$位阶码部分中影响阶值大小的实际只有 p 位。

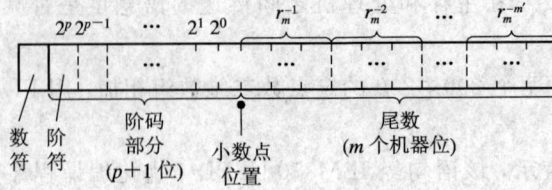

图 2-7　浮点数的一般格式

数学中实数在数轴上是连续分布的。但由于机器字长有限,浮点数只能表示出数轴上分散于正、负两个区间上的部分离散值,如图2-8所示。

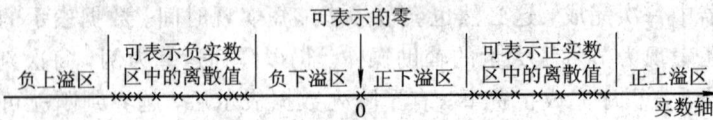

图 2-8　浮点数可表示实数域中的值

显然,浮点数阶值的位数 p 主要影响两个可表示区的大小,即可表示数的范围大小,而尾数的位数 m 主要影响在可表示区中能表示值的精度。由于机器中尾数位数有限,实数难以精确表示,因此不得不用较接近的可表示数来近似表示,产生的误差大小就是数的表示精度。当总的机器字长定好后,浮点数表示中 p 和 m 的位数主要是根据数的表示范围和精度来确定的。然而,当阶值位数 p 一定时,尾数采用什么进制也还会影响到数的可表示范围、精度及数在数轴上分布的离散程度。在机器中阶码都采用二进制,这样可避免运算中因对阶造成的精度和有效数值的过多损失。浮点数尾数究竟采用什么进制,就是本小节要讨论的浮点数尾数基值的选择问题。

为讨论浮点数尾数基值选择的影响,用 r_m 表示浮点数尾数的基。在机器中,一个 r_m 进制的数位是用 $\lceil \mathrm{lb}\, r_m \rceil$[①]个机器位数来表示的。尾数的机器位数为 m 时,相当于 r_m 进制的尾数有 m' 个数位,其位权由小数点向右依次为 r_m^{-1}、r_m^{-2}、$\cdots$、$r_m^{-m'}$。其中 $m'=m/\lceil \mathrm{lb}\, r_m \rceil$。例如,$r_m=2$ 时,$m'=m$;$r_m=8$ 时,$m'=m/3$;$r_m=16$ 时,$m'=m/4$;$r_m=10$ 时,$m'=m/4$。当 r_m 为 2 的整数次幂时,就有特例:$r_m^{m'}=2^m$。

以 r_m 为尾数基值的浮点数是当其尾数右移一个 r_m 进制数位时,为保持数值不变,阶码才增1。

为了简化讨论,只比较非负阶、正尾数,且都是规格化数的情况,因为由此得出的结论对于负阶和负尾数一定是适用的。

表2-1的左部列出了阶值采用二进制 p 位,尾数采用 r_m 进制 m' 位,在非负阶、正尾数、规格化条件下有关浮点数各种特性参数的一般式。

---

① $\mathrm{lb}\, r_m$ 表示以 2 为底的 r_m 的对数;$\lceil\ \rceil$ 表示向上取整。

表 2 - 1　采用尾基为 r_m 的浮点数表示的特性及其举例

条件：非负阶、规格化、正尾数	阶值：二进制 p 位 尾数：r_m 进制 m' 位	若 $p=2$，$m=4$	
		当 $r_m=2$（即 $m'=4$）时	当 $r_m=16$（即 $m'=1$）时
可表示最小尾数值	$1\times r_m^{-1}$（即 r_m^{-1}）	1/2	1/16
可表示最大尾数值	$1-1\times r_m^{-m'}$（即 $1-r_m^{-m'}$） 特例：$1-2^{-m}$	15/16	15/16
最大阶值	2^p-1	3	3
可表示最小值	$r_m^0\times r_m^{-1}$（即 r_m^{-1}）	1/2	1/16
可表示最大值	$r_m^{(2^p-1)}\times(1-r_m^{-m'})$ 特例：$r_m^{(2^p-1)}\times(1-2^{-m})$	7.5	3840
可表示的尾数个数	$r_m^{m'}\times(r_m-1)/r_m$ 特例：$2^m\times(r_m-1)/r_m$	8	15
可表示阶的个数	2^p	4	4
可表示数的个数	$2^p\times r_m^{m'}\times(r_m-1)/r_m$ 特例：$2^p\times2^m\times(r_m-1)/r_m$	32	60

注：表中特例是指 r_m 为 2 的整数次幂时，用 $r_m^{m'}=2^m$ 代入。

所谓规格化正尾数，就是正尾数小数点后的第 1 个 r_m 进制数位不是 0 的数。因为尾数为全"0"的数是机器零，不作为机器中可表示的数。所以，最小正尾数值应当是 r_m 进制尾数的小数点后第 1 个 r_m 进制数位为"1"，其余数位为全"0"的数值，即 $1\times r_m^{-1}$。最大正尾数值当然是 r_m 进制尾数各数位均为 r_m-1。可以设想，在小数点后，r_m 进制的第 m' 个数位上加上 1，即加上 $r_m^{-m'}$，就会使整个尾数值变为 1。所以，可表示的最大尾数值应当为 $1-r_m^{-m'}$。

由于是非负阶，最小阶应当是阶值部分为全"0"，所以，最小阶为 0。最大阶应当是阶值部分 p 位为全"1"，所以，最大阶为 2^p-1。阶的个数由阶值 0 到 2^p-1，共有 2^p 个。

按浮点数表示格式的含义，浮点数的值应当是 $r_m^{\text{阶值}}\times$ 尾数值。浮点数可表示的最小值应当是阶为非负阶的最小值 0，尾数为规格化最小正尾数值，所以，可表示浮点数的最小值应当为 $r_m^0\times r_m^{-1}=r_m^{-1}$；可表示浮点数的最大值应当是阶为正的最大值 2^p-1，尾数为规格化正尾数最大值，所以，可表示浮点数的最大值应当为 $r_m^{2^p-1}\times(1-r_m^{-m'})$。

可表示的浮点数规格化数的总个数应当是可表示阶的个数与可表示尾数的个数的乘积。由于在尾数的 m' 个 r_m 进制数位中，每个数位均可以为 $0\sim(r_m-1)$，共有 r_m 个码，所以，尾数的编码总个数为 $r_m^{m'}$ 个，但应当去掉小数点后第 1 个 r_m 进制数位是 0 的那些非规格数。显然，非规格化尾数的个数占了全部尾数可编码总数的 $1/r_m$ 的比例。所以，可表示的浮点数规格化数的总个数就为 $2^p\times r_m^{m'}(1-1/r_m)$。

讨论尾数 r_m 取不同值的影响，当然是在相同的机器位数，即相同的阶值位数 p、机器尾数位数 m 的情况下，讨论不同 r_m 对特性参数的影响。表 2 - 1 右部列出了当机器在 $p=2$、$m=4$ 时，r_m 分别取 2 和 16 时的特性参数值。为了对比，表 2 - 2 和表 2 - 3 列出了这两种情况下所表示的具体值。由此可见，机器的 p、m 一定时，尾数基值 r_m 取不同值的影响情况。为了进一步简化，又以 r_m 是 2 的整数幂来讨论，所得的结论对 r_m 不是 2 的整数幂的情况也是符合的。

表 2-2　$p=2$、$m=4$、$r_m=2$ 的规格化浮点数

	尾数位的权				尾数的十进制值	阶值(共 2^p 个)				阶值
	2^{-1}	2^{-2}	2^{-3}	2^{-4}		00	01	10	11	
						1	2	4	8	$2^{阶值}$
规格化 二进制 尾数值 (共 $2^m \times \frac{1}{2}$ 个 尾数值)	1	0	0	0	8/16	8/16	1	2	4	浮点 数值 (共 32 个)
	1	0	0	1	9/16	9/16	$1\frac{1}{8}$	$2\frac{1}{4}$	$4\frac{1}{2}$	
	1	0	1	0	10/16	10/16	$1\frac{2}{8}$	$2\frac{2}{4}$	5	
	1	0	1	1	11/16	11/16	$1\frac{3}{8}$	$2\frac{3}{4}$	$5\frac{1}{2}$	
	1	1	0	0	12/16	12/16	$1\frac{4}{8}$	3	6	
	1	1	0	1	13/16	13/16	$1\frac{5}{8}$	$3\frac{1}{4}$	$6\frac{1}{2}$	
	1	1	1	0	14/16	14/16	$1\frac{6}{8}$	$3\frac{2}{4}$	7	
	1	1	1	1	15/16	15/16	$1\frac{7}{8}$	$3\frac{3}{4}$	$7\frac{1}{2}$	

表 2-3　$p=2$、$m=4$、$r_m=16$ 的规格化浮点数

	尾数位的权				尾数的十进制值	阶值(共 2^p 个)				阶值
	2^{-1}	2^{-2}	2^{-3}	2^{-4}		00	01	10	11	
		16^{-1}				16^0	16^1	16^2	16^3	$16^{阶值}$
规格化 十六进制 尾数值 (共 $2^m \times \frac{15}{16}$ 个 尾数值)	0	0	0	1	1/16	1/16	1	16	256	浮点 数值 (共 60 个)
	0	0	1	0	2/16	2/16	2	32	512	
	0	0	1	1	3/16	3/16	3	48	768	
	0	1	0	0	4/16	4/16	4	64	1024	
	0	1	0	1	5/16	5/16	5	80	1280	
	0	1	1	0	6/16	6/16	6	96	1536	
	0	1	1	1	7/16	7/16	7	112	1792	
	1	0	0	0	8/16	8/16	8	128	2048	
	1	0	0	1	9/16	9/16	9	144	2304	
	1	0	1	0	10/16	10/16	10	160	2560	
	1	0	1	1	11/16	11/16	11	176	2816	
	1	1	0	0	12/16	12/16	12	192	3072	
	1	1	0	1	13/16	13/16	13	208	3328	
	1	1	1	0	14/16	14/16	14	224	3584	
	1	1	1	1	15/16	15/16	15	240	3840	

1) 可表示数的范围

由表 2-1 得知,随 r_m 的增大,可表示数的最小值 r_m^{-1} 将减小。可表示数的最大值为 $r_m^{2^{p}-1} \times (1-2^{-m})$,其中,$1-2^{-m}$ 部分为常数,r_m 增大,因 $r_m^{2^{p}-1}$ 增大而使可表示数的最大值增大。因此,随 r_m 的增大,可表示数的范围增大。换句话说,对于大的 r_m 值,为表示相同范围的数,其阶值位数 p 可以减少。

2）可表示数的个数

由表 2-1 得知，可表示数的个数为 $2^{p+m} \times (1-r_m^{-1})$，其中 2^{p+m} 为常数，所以 r_m 的增大将使 $1-r_m^{-1}$ 增大，从而使可表示数的个数增多。很容易得出，r_m 为 16 与为 2 的可表示数的个数之比为

$$\frac{2^{p+m} \times \left(1-\dfrac{1}{16}\right)}{2^{p+m} \times \left(1-\dfrac{1}{2}\right)} = 1.875$$

3）数在数轴上的分布

对比表 2-2 和表 2-3，可见 r_m 用 16 比用 2 时可表示的数在数轴上的分布要稀。例如，在 $1/2$ 和 2 之间，r_m 为 2 的有 15 个值，而 r_m 为 16 的只有 8 个值。为进一步分析数值分布和 r_m 的关系，引入表示比。表示比 e 指的是在相同 p、m 位数时，在 $r_m = 2$ 的可表示最大值以内，采用 $r_m > 2$ 的可表示浮点数个数与采用 $r_m = 2$ 的可表示浮点数个数之比。

已经分析过，$r_m = 2$ 时可表示的浮点数个数为 $2^{p+m} \times (1-2^{-1}) = 2^{p+m-1}$，可表示数的最大值为 $2^{2^p-1} \times (1-2^{-m})$。下面就来求大的 r_m 值时在 $r_m = 2$ 可表示的这个最大值以内的浮点数个数。

由于 $r_m > 2$ 时，可表示数的最大值总比 $r_m = 2$ 时可表示数的最大值要大，总可以找到一个浮点数，其最大尾数值为 $1-2^{-m}$，阶值为 q，使得

$$r_m^q \cdot (1-2^{-m}) \approx 2^{2^p-1} \cdot (1-2^{-m})$$

即 $r_m^q \approx 2^{2^p-1}$，从而得出此时的 q 值为

$$q = \frac{2^p - 1}{\mathrm{lb}\, r_m}$$

显然，尾数不超过最大值且阶值也不超过 q 的所有大的 r_m 的规格化浮点数值都将是 $r_m = 2$ 所表示的最大值以内的那些数。这样，共有 $q+1$ 种阶值和 $2^m \times (r_m-1)/r_m$ 种尾数值，即对于大的 r_m，共有 $2^m \times (1-r_m^{-1}) \times (q+1)$ 种可表示的值都在 $r_m = 2$ 所表示的最大值以内。于是表示比

$$e \approx \frac{2^m \times (1-r_m^{-1}) \times (q+1)}{2^{p+m-1}}$$
$$= 2^{1-p} \times (1-r_m^{-1}) \times (q+1)$$

将 $q = (2^p-1)/\mathrm{lb}\, r_m$ 代入上式得

$$e \approx 2^{1-p} \times (1-r_m^{-1}) \times \left(1 + \frac{2^p - 1}{\mathrm{lb}\, r_m}\right)$$

实际机器中阶码位数 p 至少为 8，若 r_m 取 16，则

$$e \approx 2^{1-8} \times \left(1-\frac{1}{16}\right) \times \left(1 + \frac{2^8 - 1}{4}\right) \approx 0.47$$

可见，r_m 越大，在与 $r_m = 2$ 的浮点数相重叠的范围内，数的密度分布越稀。

4）可表示的精度

r_m 越大，数在数轴上的分布越稀，数的表示精度自然就下降。在机器尾数位数 m 相同

时，规格化十六进制尾数最高数位的 4 个机器位中，左边可能有 3 个 0，即 $r_m=2$ 可能比 $r_m=16$ 有多 3 个机器位的精度。若 $r_m=2^k$，则最坏情况下，尾数只用 $m-k+1$ 个机器位表示。所以，可表示数的精度随 r_m 的增大而单调下降。

5）运算中的精度损失

运算中的精度损失是运算中尾数右移出机器字长，使有效数字丢失造成的，因此它不同于可表示数的精度。由于尾数基值 r_m 取大后，对阶移位的机会和次数减少，又由于数的表示范围扩大，使尾数溢出需右规的机会也减少，因此 r_m 越大，尾数右移的机会越小，精度的损失就越小。

6）运算速度

r_m 增大时，由于对阶或尾数溢出需右移及规格化需左移的次数减少，运算速度可以提高。

总之，尾数基值取大，会扩大浮点数的表示范围，增加可表示数的个数，减少移位次数，降低右移造成的精度损失，提高运算速度，这些都是好的，但也会降低数据的表示精度，数值的分布变稀，这些是不好的。因此，r_m 的选取要根据应用需要来综合平衡。一般在巨、大、中型机上，r_m 宜取大，这样可使数的表示范围大、个数多、运算速度快，又因浮点数尾数位数相对多得多，所以精度实际比小、微型机的高得多。而小、微型机由于可表示数的范围不要求太大，速度也不要求太高，可是尾数字长较短，因此更注重于可表示精度，宜使 r_m 值取得小些。

例如，IBM 370 大型机取 $r_m=16$，Burroughs 的大部分小型机（包括 B6700/7700）取 $r_m=8$，而 PDP-11、CDC6600、CYBER70 等小、微型机取 $r_m=2$。

在确定好 r_m 后，应采取措施减少不利的影响。下面就以浮点数尾数基值 r_m 取小后，如 $r_m=2$ 时，如何减少精度损失为例，分析浮点数可采取的下溢处理方法。

2. 浮点数尾数的下溢处理方法

减少运算中的精度损失关键是要处理好运算中尾数超出字长的部分，使之精度损失最小。下面讨论浮点数尾数下溢的几种处理方法。

为了对不同的处理方法作对比，使用误差曲线，并以尾数基值 $r_m=2$，尾数位数 $m=2$ 为例来讨论。对下溢出去的那部分只取其最高位状态，如图 2-9"00：0"中的"："部分所示。横坐标是处理前的实际值，它是一个连续分布的值，相当于下溢出部分可以有无限个数位。纵坐标是经下溢处理后的结果值。虚线为理想的无精度损失曲线。圆点为边界状态下处理的"稳态"值。

（1）截断法。其方法是将尾数超出机器字长的部分截去。误差曲线如图 2-9(a)所示。

最大误差在整数时接近于 1（如"11：11…1"截断成"11："），在分数时接近于 2^{-m}（本例为 2^{-2}，如".01：11…1"截断成".01："）。对于正数总是产生负误差，除非那些圆点处无误差。因圆点间距相等，说明截断误差在不同尾数值时是均匀分布的。其统计平均误差为负且较大，无法调节。

这种方法的好处是实现最简单，不增加硬件，不需要处理时间，但由于最大误差较大，平均误差大且无法调节，因而已很少使用。

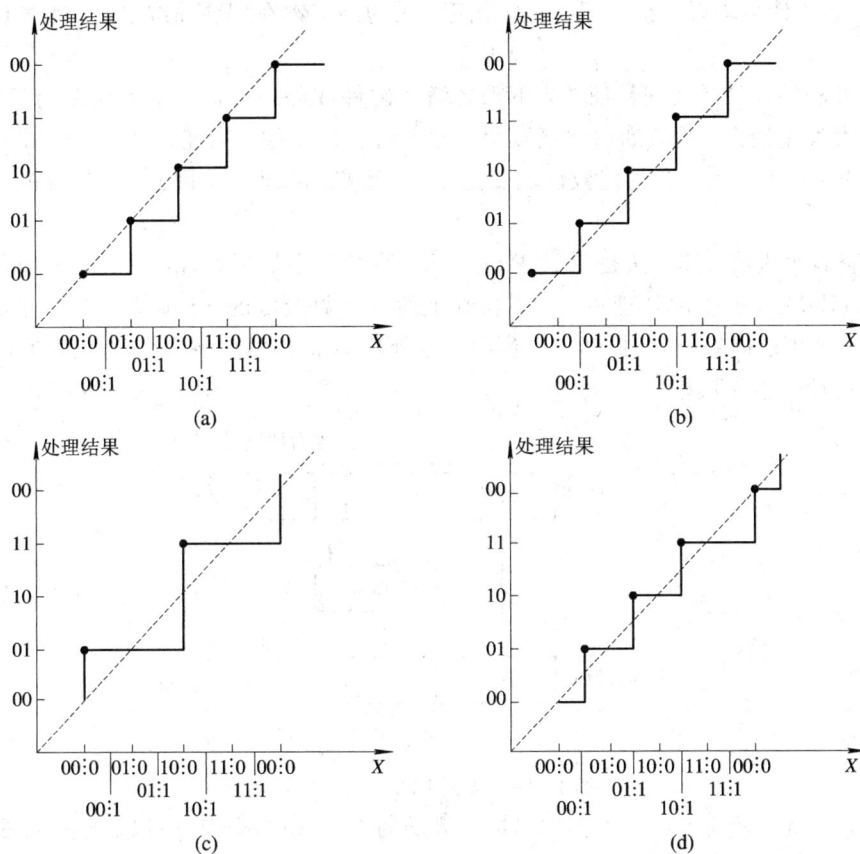

图 2 - 9　$r_m=2$，$m=2$ 时各种下溢处理方法的误差曲线

（a）截断法；（b）舍入法；（c）恒置"1"法；（d）查表舍入法

（2）舍入法。其方法是在机器运算的规定字长之外增设一位附加位，存放溢出部分的最高位，每当进行尾数下溢处理时，将附加位加1（二进制整数相当于加0.5，二进制小数相当于加 $2^{-(m+1)}$）。误差曲线如图 2 - 9（b）所示。

最大误差在整数时为 0.5（如"10：10…0"舍入成"11："），在分数时为 $2^{-(m+1)}$（本例为 2^{-3}，如".01：10…0"舍入成".10："）。对于正数，误差有正有负（如".10：01…1"舍入成".10："，造成负误差；".10：10…0"舍入成".11："，造成正误差；".01：00…0"舍入成".01："，无误差）。其统计平均误差趋于 0 但略偏正，平均误差无法调节。

这种方法的好处是实现简单，增加的硬件很少，最大误差小，平均误差接近于零。主要缺点是处理速度慢，需要多花费在数的附加位上加1以及因此产生进位的时间。最坏情况下可能需要从尾数最低位进位至最高位，甚至发生尾数上溢而必须再进行右移。所以在中低速机器上或要求精度损失尽可能小的场合下这种方法使用较多。

（3）恒置"1"法。其方法是将机器运算的规定字长之最低位恒置为"1"。误差曲线如图 2 - 9（c）所示。

最大误差在整数时为1（如"10：00…0"处理成"11："），在分数时为 2^{-m}（本例为 2^{-2}，如".00：00…"处理成".01："）。对于正数，误差有正有负（如".11：10…1"处理成".11："，为负误差；".10：10…1"处理成".11："，为正误差；".11：00…0"处理成".11："，

为无误差）。统计平均误差接近于 0 但略偏正，因为圆点都在理想曲线之上，平均误差无法调节。

这种方法的好处是实现最简单，不需要增加硬件和处理时间，平均误差趋于 0。主要缺点是最大误差最大，比截断法的还要大。此方法多用于中、高速机器。至于最大误差大的问题，由于中、高速机器的尾数位数要比微、小型机的长得多，因此，其实际的最大误差要小得多。

（4）查表舍入法。其方法是用 ROM 或 PLA 存放下溢处理表，如图 2-10 所示就是用 2^k 个字的 ROM 存放下溢处理表，其 k 位地址使用尾数最低的 $k-1$ 位和准备舍弃掉的最高位状态，读出的内容就是对应 $k-1$ 位的下溢处理结果。ROM 中下溢处理表的内容可根据情况由设计者事先填好。

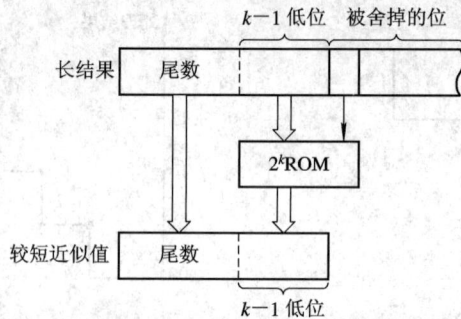

图 2-10 k 位 ROM 查表舍入

通常，下溢处理表的内容安排成当尾数最低的 $k-1$ 位为全"1"时以截断法设置处理结果，即输出 $k-1$ 位的全"1"，其余情况按舍入法设置下溢处理结果。这样，截断法的负误差可补偿舍入法产生的正误差，使平均误差为 0。它集中了上述各种下溢处理方法的优点，避免了舍入法所需相加和进位的时间。因 ROM 的读出时间比加法时间少，所以查表法速度较快。图 2-9(d)表示 8 字 ROM，即 $k=3$ 的情况。

由上可见，ROM 法速度较快，平均误差可调节到 0，是较好的方法。缺点是硬件量大，不过随着器件价格的下降和集成度的改进，其使用将会增多。

计算机组成设计必须注意解决好数的下溢处理，因为这种精度损失对系统程序和应用程序设计者都是透明的，设计得不好，同样的题目在用不同下溢处理方法的机器上会得到不同的运算结果。下溢处理方法的选择是在速度、误差、造价、实现方便等多方面的综合权衡。

通过对浮点数尾数基值大小和下溢处理方法选择的讲述，可以看出，系统结构的研究方法往往是设法找出影响问题的各个因素，建立起相关的数学模型（可以是数学公式，也可以是图形曲线），为了简化模型，去除一些不影响结论的枝节因素，尽可能推导出一些定量公式，以便得到必要的结论来指导设计。例如，在浮点数表示中，正、负数，正、负阶是对称的，使用中又常采用规格化数，所以，只讨论非负阶、规格化、正尾数，至于浮点数采用原码、补码或是移码，以及尾数基值 r_m 不是 2 的整数幂的情况，对推导出的结论无多大影响，所以不予考虑。

2.2 寻 址 方 式

寻址方式指的是指令按什么方式寻找(或访问)到所需的操作数或信息的。

寻址方式在多样性、灵活性、寻址范围、地址映像算法和地址变换速度等方面都有了很大的进展。

2.2.1 寻址方式的三种面向

多数计算机都将主存、寄存器、堆栈分类编址,分别有面向主存、面向寄存器和面向堆栈的寻址方式。面向寄存器的寻址操作数主要访问寄存器,少量访问主存和堆栈。面向堆栈的寻址主要访问堆栈,少量访问主存或寄存器。面向主存的寻址主要访问主存,少量访问寄存器。三种面向的寻址各有特点,不能笼统地说哪一种最好,因为不同的程序和不同的工作阶段会产生不同的结论。

例如,面向堆栈的寻址利于减轻对高级语言编译的负担,不用考虑寄存器的优化分配和使用,利于支持子程序嵌套、递归调用时的参数、返回地址及现场等的保存和恢复。堆栈寻址可省去许多地址字段,省程序空间,存储效率高,免去了复杂的地址计算。但面向寄存器的寻址不用访存,速度比面向堆栈的快得多,因此,对向量、矩阵运算用面向寄存器的寻址要好。如果赋值语句的右部表达式只有一个数据项,面向堆栈的寻址因每次要把操作数由主存压入堆栈,结果又要由堆栈弹回主存,速度反而慢。

因为用户程序的多样性及高级语言源程序从编译到运行的不同阶段反映出的工作特点不同,所以各种面向的寻址不应相互排斥。在同一系统结构中,应根据应用选择一种面向的寻址为主,再辅以其他面向的寻址,以便它们互相取长补短。

在通用寄存器型机器中可增加堆栈及堆栈寻址功能,以支持高级语言程序中表达式的编译和子程序的调用,也可以增加通用寄存器的数量以减少编译时优化分配寄存器的负担。在堆栈型机器中,可增加面向寄存器的寻址方式,除可以直接访问栈顶外,还能访问栈中任意单元;可以设置硬堆栈或增设栈顶寄存器组来提高堆栈的运算速度。

由指令中给出的逻辑地址形成操作数真地址有很多方式,如立即、直接、间接、相对、变址等寻址方式,在计算机原理课中都有介绍,而且各种机器中的定义不尽相同,所以不在此讲述了。这里只介绍寻址方式在指令中的指明方式。

2.2.2 寻址方式在指令中的指明

寻址方式在指令中一般有两种不同的指明方式,不同机器可用其中的一种指明方式。

一种是占用操作码中的某些位来指明。例如,我国 20 世纪 70 年代设计的 DJS 200 系列指令系统中,间接地址型和直接地址(基本)型的指令格式都一样,差别只在于 8 位操作码中的最高两位,若为 01,其第二操作数采用直接寻址,若为 11,其第二操作数采用间接寻址,这两类指令操作码低 6 位一样时,表示是同一种具体操作。

另一种方式不占用操作码,而是在地址码部分专门设置寻址方式位字段指明。例如 VAX－11 指令中源和目的操作数各有 4 位寻址方式位字段,以指定源和目的操作数可用的各种寻址方式。

上述这两种指明方式在不同的机器上都有采用。相比而言，寻址方式位的寻址灵活，操作码短，但需专门的寻址方式位字段。就操作码和寻址方式位的总位数来看，寻址方式位可能会比占用操作码中某些位来指明的方式用到的位数要长。

现在来讨论由逻辑地址变换成物理地址过程中所采用的定位技术问题。

2.2.3 程序在主存中的定位技术

逻辑地址是程序员编程用的地址。主存物理地址是程序在主存中的实际地址。

最初的计算机，程序和数据存放在主存中的位置是由程序员编程时指明的，主存物理地址和逻辑地址是一样的，因而由逻辑地址构成的逻辑地址空间(也称程序空间)和由主存实地址构成的主存物理地址空间(也称实存空间)也是一致的。

随着汇编程序、编译程序和操作系统的出现，源程序改用符号、标号名编址。这些符号名构成的名称空间通过汇编或编译，翻译成逻辑地址空间。主存中同时存放多道程序，程序员事先无法知道程序装在主存中什么位置，因此，各道程序的逻辑地址都只能从 0 开始编址，主存物理地址是从 0 开始编址的一维线性空间。这样，逻辑地址空间和物理地址空间是不一致的。当程序装入主存时，就需要进行逻辑地址空间到物理地址空间的转换，即进行程序的定位，如图 2-11 所示。当 A 道程序装入主存从地址 a 开始的物理空间中时，为了正确运行程序，指令的地址码应根据不同寻址方式作相应的变换。如用直接寻址、间接寻址和变址寻址访存时都应将指令中的逻辑地址加一个 a 值，而对立即数和相对地址，则不加 a 值。

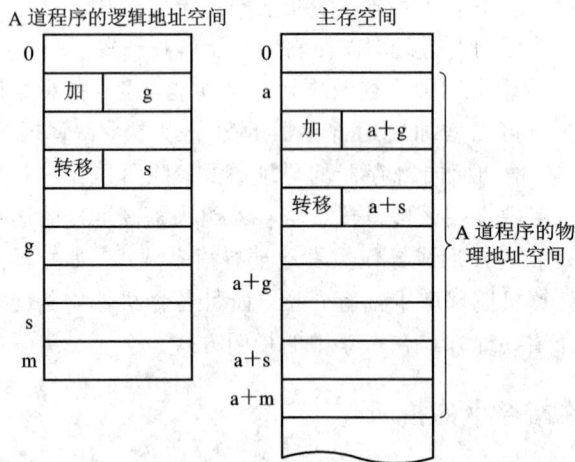

图 2-11 逻辑地址空间到物理地址空间的变换

1. 静态再定位

利用 Von Neumann 型机器指令可修改的特点，在目的程序装入主存时，由装入程序用软件方法把目的程序的逻辑地址变换成物理地址，程序执行时，物理地址不再改变，称这种定位技术为静态再定位。

20 世纪 60 年代起广泛使用多道程序，因指令地址码可以修改，常会因一道程序地址改错而影响到其他程序出错。同时，指令(包括地址码)允许修改也妨碍了程序的可重入。由于指令被修改，一旦程序出错就无法找到故障原因，不利于故障定位和程序调试，给重叠、流水技术的采用带来了困难。

2. 动态再定位

20 世纪 60 年代后提出程序中指令不准修改。那么，不准修改指令地址码又如何实现逻辑地址空间到物理地址空间的变换呢？人们在吸取变址寻址的思想后，提出了基址寻址法，如图 2-12 所示。增加相应的基址寄存器和地址加法器硬件，在程序不作变换直接装入主存的同时，将装入主存的起始地址 a 存入对应该道程序使用的基址寄存器中。程序执行时，只要通过地址加法器将逻辑地址加上基址寄存器的程序基址形成物理(有效)地址后去访存即可。前面已讲过，地址变换时并不是所有指令的地址码都要改变，可在指令中加相应标志来指明指令地址是否需要加基址。人们把在执行每条指令时才形成访存物理地址的方法称为动态再定位。

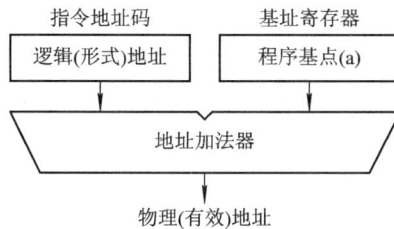

图 2-12　基址寻址

"基址寻址"与"变址寻址"原理上相似，但不是同一概念。变址寻址是对诸如向量、数组等数据块运算的支持，以便于实现程序的循环。基址寻址是对逻辑地址空间到物理地址空间变换的支持，以利于实现程序的动态再定位。所以，基址寻址和变址寻址都会同时用到。基址寻址将装入程序形成物理地址改成由地址加法器硬件形成，加快了地址变换的速度。

因为地址不是直接取自指令地址码，而是经地址硬件变换形成的，为防止出错，每当形成物理地址后就要判断其是否有效。例如执行某道程序时，对每次形成的有效地址都要判断是否越出了该道程序允许使用的物理地址空间，以免侵犯和破坏系统软件或其他用户程序。如图 2-11 所示，A 道程序占据从 a 到 a+m 的物理地址空间，称此空间的始点(基址)a 为下界，终点 a+m 为上界。程序装入主存时，下、上界值分别存于下、上界寄存器中，每当形成有效地址时都进行判断，看是否越界。如果有效地址大于上界，或有效地址小于下界，就出现地址越界错误，这时就需要经中断进行越界分析和处理。这就是存储保护中的界限(界地址)保护。由硬件(如比较电路等)辅以软件来保证每道程序只访问给定的存储区。为解决多道程序共用公用区以及为提高可靠性，判断地址是否处于程序中某有效区域，还可设多对上、下界寄存器，让每道程序可访问多个连续区，每区用一对界，指令提供所用界号。还可结合访问方式保护，判断所形成的地址是否符合访问方式的要求，以进一步提高可靠性。

3. 虚实地址映像表

地址加界法要求程序员所用编址空间不能超出实际主存的容量。20 世纪 70 年代，采用虚拟存储器增加了映像表硬件后，程序空间可以超过实际主存空间，后来这一技术又进一步发展成动态再定位技术。这种逻辑地址映像变换成物理地址的技术将在第 4 章讲述。

要设计出如 IBM 370 那样机器的办法是采用基址寻址，地址码可有如下形式：

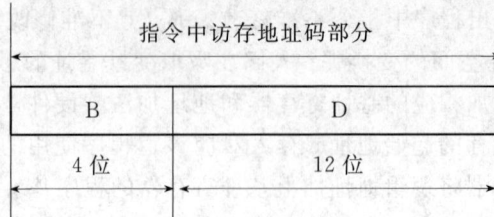

指令中访存地址码部分	
B	D
4 位	12 位

它只需 16 位宽，通过 $(B)_{8\sim31}$ ＋D 却可形成 24 位宽的访存物理地址，寻址到 2^{24} 的存储空间，其中 B 为基址寄存器号，它存放 24 位的基地址。有的机器由于基地址采用专门的寄存器存放，指令中不必显式指明，则指令中地址码位数可进一步缩短。即使在指令中同时采用基址和变址，如 IBM 370 指令中访存地址有如下形式：

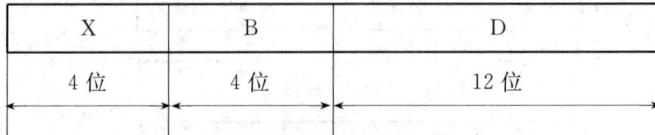

X	B	D
4 位	4 位	12 位

也只要 20 位地址码就可形成 24 位主存物理地址。

那么 IBM 370 指令为什么不采用 24 位的直接地址呢？

采用基地址寄存器加位移量的方法，地址码只要 16 位而不是 24 位，大大节省程序所占存储空间，虽然每次访存找操作数时要将逻辑地址经地址加法器变换形成 24 位物理地址，会增加时间开销，但这对于数据集中在有限几块，而这些块又分布在整个地址空间来说是有利的。基址指向某个局部区间在主存中的基点位置，用位移量表示局部区域内相对基址地址的位移。如果用 24 位地址直接寻址，将会使地址码的高位字段的变化频率很低，这种直接寻址虽不需要地址变换的时间开销，但程序所占存储空间量增大。因此这种方法对于数据均匀地分布在整个地址空间中的情况是有利的。

IBM 370 设计者考虑到实际应用中，程序存在着局部性。数据往往集中簇聚于有限的几块，这些块又可能分布于整个存储空间里，加之用地址加法器形成物理地址速度还是很高的，利用 Huffman 压缩概念，从空间和时间上的得失比较来看，速度降低不明显，却可使程序所占存储空间大大减少。因此，他们决定采用基地址寄存器加位移量的办法。

2.2.4 物理主存中信息的存储分布

通常一台机器同时会存放有宽度不同的多种信息。那么这些信息应在存储器中如何存储呢？以 IBM 370 为例，信息有字节（8 位）、半字（双字节）、单字（4 字节）和双字（8 字节）等不同宽度。主存宽度 64 位，即一个存储周期可访问 8 个字节。采用按字节编址，不同宽度的信息是用该信息的首字节地址来寻址的。如果允许它们任意存储，就会出现一个信息跨主存字边界存储的情况，如图 2 - 13(a)所示。尽管信息宽度小于或等于主存宽度，有时却要花两个存储周期才能访问到，显著降低了访问速度。

为了使任何时候所需的信息都只用一个存储周期访问到，要求信息在主存中存放的地址必须是该信息宽度（字节数）的整数倍。否则，可能发生信息跨主存边界存放的情况，此时应被认为地址有错，不予访问。就是说，信息在存储器中存放的地址必须是

字节信息地址为　×…××××

半字信息地址为　×…×××0

单字信息地址为　×…××00

双字信息地址为　×…×000

这就是信息在存储器中按整数边界存储的概念。

信息在存储器中按整数边界存储对于保证访问速度是必要的，但是它会造成存储空间的某些浪费。例如，要依次在主存中存放字节、半字、双字、单字、单字等 5 个信息，若任意相连存储，如图 2-13(a)所示，虽然不会有存储空间的浪费，但访问半字、双字和最后的单字均需花费两个主存周期。而采用信息在存储器中按整数边界存储，如图 2-13(b)所示，虽浪费了 7 个字节空间，但访问其中的每个信息均只需一个主存周期。显然这是速度和价格权衡的结果。

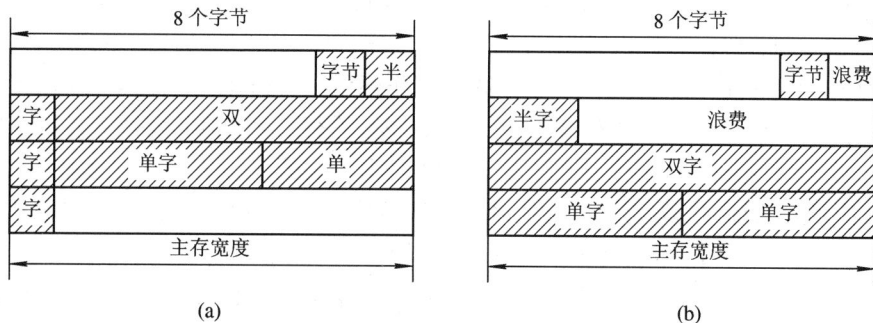

图 2-13　各种宽度信息的存储

早期的小、微型机由于运算速度低，主存容量小，不一定非要让信息按主存整数边界存储；中、大、巨型机存储容量大，速度要求高，信息都按主存整数边界存储。随着主存器件的价格不断下降，主存容量显著扩大，为保证访问速度，现在提出信息在存储器中必须按整数边界存储就非常必要了。

2.3　指令系统的设计和优化

2.3.1　指令系统设计的基本原则

指令系统是程序设计者看到的机器的主要属性，是软、硬件的主要界面，它在很大程度上决定了计算机具有的基本功能。

设计和确定指令系统主要应考虑如何有利于满足系统的基本功能，有利于优化机器的性能价格比，有利于指令系统今后的发展和改进。

指令系统的设计包括指令的功能（操作类型、寻址方式和具体操作内容）和指令格式的

设计。实际上这些选择和设计不是孤立的。运算类指令的功能与前述数据表示的选择密切相关，指令中地址码的设计则与寻址方式有着直接联系。而且，指令系统的设计应当由编译程序设计人员同系统结构设计人员共同配合来进行，因为一个基本操作可在任何一个有基本指令的系统上实现，但指令系统不同，反映出操作的时间和实现效率又不同。所以，在设计新的指令系统时，一般要按以下步骤反复多次地进行，直至指令系统的效能达到很高为止。

这些步骤依次为：

（1）根据应用，初拟出指令的分类和具体的指令。

（2）试编出用该指令系统设计的各种高级语言的编译程序。

（3）对各种算法编写大量测试程序并进行模拟测试，看指令系统的操作码和寻址方式效能是否都比较高。

（4）将程序中高频出现的指令串复合，将其改成一条强功能新指令，即改用硬件方式实现；而将出现频度很低的指令的操作改成用基本的指令组成的指令串来完成，即用软件方式实现。

一般地，指令类型分非特权型和特权型两类。非特权型指令主要供应用程序员使用，也可供系统程序员使用。非特权型指令包括算术逻辑运算、数据传送、浮点运算、字符串、十进制运算、控制转移及系统控制等子类。特权型指令只供系统程序员使用，用户无权使用。用户只有先经访管指令（非特权型）调用操作系统，再由操作系统来使用这些特权指令。特权型指令有"启动 I/O"（多用户环境下）、停机等待、存储管理保护、控制系统状态、诊断等子类。

在设计指令系统时，编译程序设计者和系统结构设计者的要求是会有较大差异的。

编译程序设计者要求指令系统应具有如下特性：

（1）规整性，即对相似的操作做相同的规定。例如，对字的操作应与对字节的操作一样，操作后生成的条件码要一样，对各种通用寄存器的使用规定和限制要一样等。

（2）对称性。例如，有 A－B→A，同时应有 A－B→B；有 A＋B×C→D，也应有 (A＋B)×C→D，这样便于编译。

（3）独立性和全能性。如果有多种程序选择实现同一种功能，为减少编译时对哪种实现好的分析，应限定操作只能有一种选择方式。

（4）正交性。在指令各个不同含义的字段，如操作类型、数据类型、寻址方式等，在编码时应互不相关，相互独立。例如，若乘法操作字长要按目的寄存器的编号是奇数或偶数编号，就会增加编译的负担。

（5）可组合性。让指令系统中所有操作对各种寻址方式和数据类型都能适用。

（6）可扩充性。要留有一定数量的冗余操作码，以便以后扩充新指令。

系统结构设计者则还希望指令系统具有如下特性：

（1）指令码密度适中。高密度指令指的是强功能复合指令，它可用于替代功能强的指令串的功能。高密度指令数过多，虽能减少程序长度，节省程序所需的存储空间，减少程序执行时访主存取指令的次数，减少 Cache、虚存的访问调度次数，有利于减少程序的运行时间，但也会使指令系统过分复杂，硬件实现极不方便。

（2）兼容性。对系列机而言，为保证软件向后兼容，只能增加指令，不能删除和更改指令的功能。因此，在设计指令系统时必须周密考虑，并尽可能简易。

（3）适应性。当工艺技术发展变化时，指令系统仍可以方便地用硬件来实现。就是说，指令系统设计不能只考虑用当前的工艺实现，应能适应今后变化了的工艺技术。

总之，指令系统的设计应能同时协调兼顾编译程序设计者和系统结构设计者两者的要求。

2.3.2 指令操作码的优化

指令是由操作码和地址码两部分组成的。就指令格式的优化来说，就是指如何用最短的位数来表示指令的操作信息和地址信息，使程序中指令的平均字长最短。为此，在操作码优化上，要用到哈夫曼（Huffman）压缩概念。哈夫曼压缩概念的基本思想是，当各种事件发生的概率不均等时，采用优化技术，对发生概率最高的事件用最短的位数（时间）来表示（处理），而对出现概率较低的事件允许用较长的位数（时间）来表示（处理），就会使表示（处理）的平均位数（时间）缩短。

研究操作码的优化表示，主要是为了缩短指令字长，减少程序总位数及增加指令字能表示的操作信息和地址信息。

要对操作码进行优化表示，就需要知道每种指令在程序中出现的概率（使用频度），这一般可通过对大量已有的典型程序进行统计求得。

【例 2-5】 现假设某模型机共有 $n(n=7)$ 条指令，使用频度如表 2-4 所示。若操作码用定长码表示，需要 $\lceil \text{lb } n \rceil$（即 3）位。而按信息论观点，若各种指令的出现是相互独立的（实际并不都是如此），操作码的信息源熵（信息源所含平均信息量）$H = -\sum_{i=1}^{n} p_i \text{ lb } p_i$。由表 2-4 的数据可得 $H = -\sum_{i=1}^{7} p_i \text{ lb } p_i = 2.17$。说明表示这 7 种指令的操作码平均只需 2.17 位即可。现在用 3 位定长码表示，信息冗余度为

$$\frac{\text{实际平均码长} - H}{\text{实际平均码长}} = \frac{3 - 2.17}{3} \approx 28\%$$

冗余相当大。为减少信息冗余度，改用哈夫曼编码。

表 2-4 某模型机指令使用频度举例

指 令	使用频度（p_i）	指 令	使用频度（p_i）
I_1	0.40	I_5	0.04
I_2	0.30	I_6	0.03
I_3	0.15	I_7	0.03
I_4	0.05	—	—

利用哈夫曼算法，构造哈夫曼树。如图 2-14 所示，将所有 7 条指令的使用频度由小到大排序，每次选择其中最小的两个频度合并成一个频度，使它们二者之和成为一个新结点。再按该频度大小插到余下未参与结合的频度值中。如此继续进行，直到全部频度结合

完毕形成根结点为止。之后，对每个结点向下延伸，分出两个分支，分别用一位代码的"0"或"1"来表示。这样，从根结点开始，沿线到达各频度指令所经过的代码序列就构成该频度指令的哈夫曼编码，如表 2-5 中左部分所示。由于哈夫曼编码中的短码不可能是长码的前缀，从而保证了解码的唯一性和实时性。

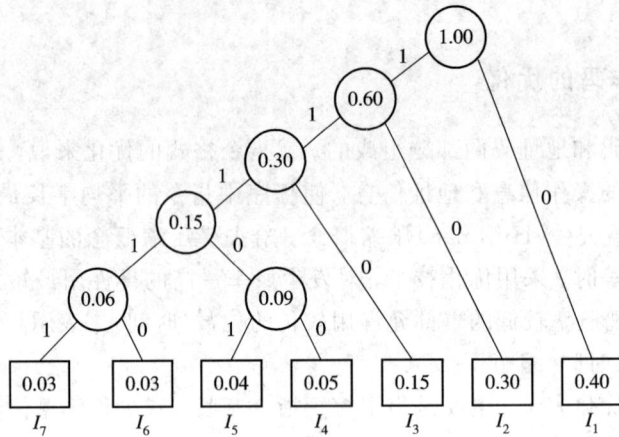

图 2-14　哈夫曼树举例

表 2-5　操作码的哈夫曼编码及扩展操作码编码

指令	频度 p_i	操作码 OP 使用哈夫曼编码					OP 长度 l_i	利用哈夫曼概念的扩展操作码				OP 长度 l_i
I_1	0.40	0					1	0	0			2
I_2	0.30	1	0				2	0	1			2
I_3	0.15	1	1	0			3	1	0			2
I_4	0.05	1	1	1	0	0	5	1	1	0	0	4
I_5	0.04	1	1	1	0	1	5	1	1	0	1	4
I_6	0.03	1	1	1	1	0	5	1	1	1	0	4
I_7	0.03	1	1	1	1	1	5	1	1	1	1	4

哈夫曼编码并不是唯一的。只要将沿线所经过的"0"或"1"互换一下，就会得到一组新的编码。当有多个相同的最小频度时，由于频度结合的次序不同，树的形状不同，码也不同。但只要采用完全的哈夫曼编码，操作码的平均码长肯定是唯一的，而且是可用二进制位编码的平均码长最短的编码。如在本例中，操作码的平均码长 $\sum_{i=1}^{7} p_i l_i = 2.20$ 位，非常接近于 H。这种编码的信息冗余度为

$$\frac{2.20 - 2.17}{2.20} \approx 1.36\%$$

此冗余度比起用三位定长码的信息冗余度 28% 要小得多。所以，完全的哈夫曼编码是最优化的编码。但这种编码的码长种类太多，7 种指令就有 4 种码长，不便于译码，因而不易实现。为此，结合用一般的二进制编码，可得到表 2-5 右部分的扩展操作码编码。

扩展操作码编码是界于定长二进制编码和完全的哈夫曼编码之间的一种编码方式,操作码长度不是定长的,但只有有限几种码长(如这里只有两种码长)。该编码方式仍利用高概率的用短码、低概率的用长码表示的哈夫曼压缩思想,使操作码平均长度缩短,以降低信息冗余度。

如表 2-5 那样,把使用频度高的 I_1、I_2、I_3 用两位操作码的 00、01、10 表示,之后用高两位为 11 表示将操作码扩展成 4 位,其中低两位有 4 种状态可以分别表示 $I_4 \sim I_7$。这种表示法的平均长度 $\sum_{i=1}^{7} p_i l_i = 2.30$ 位,信息冗余度为 5.65%,虽比哈夫曼编码的大,但比定长 3 位码的冗余度 28% 小得多,是一种实际可用的优化编码。

【例 2-6】 在 B-1700 机上,面向操作系统用 SDL 语言的机器指令操作码有 4、6、10 位三种长度。高 4 位的 16 个码点中,10 个用于表示 p_i 值最大的 10 条指令,5 个指明操作码为 6 位长,1 个指明操作码是 10 位长。表 2-6 列出了整个操作系统分别用定长 8 位操作码、4-6-10 位扩展操作码和完全的哈夫曼编码所用指令操作码的总位数。可见,B-1700 的扩展操作码设计得较好,比定长码法的操作码总位数减少了 39%,非常接近于哈夫曼编码法的操作码。

表 2-6　B-1700 机操作编码方式的比较

编码方式	整个操作系统所用指令的操作码总位数/位	改进百分比/%
定长 8 位	301 248	0
4-6-10	184 966	39
哈夫曼法	172 346	43

那么,操作码怎样扩展好呢?早期的机器上,为便于分级译码,一般采用等长扩展,如 4-8-12 位等。不过随着硬、器件技术的发展,已不再强调非要等长扩展了。就是以 4-8-12 这种等长扩展为例,也会因选择的扩展标志不同而有不同的扩展方法,如 15/15/15 法和 8/64/512 法等许多种。15/15/15 法是在 4 位的 16 个码点中,用 15 个表示最常用的 15 种指令,用 1 个表示扩展到下一个 4 位,而第二个 4 位的 16 个码点也是如此用法。8/64/512 法是用头 4 位的 0×××表示最常用的 8 种指令,接着,操作码扩展成 2 个 4 位,用 1×××0××× 的 64 个码点表示 64 种指令,而后再扩展成 3 个 4 位,用 1×××1×××0××× 的 512 个码点表示 512 种指令。图 2-15 为这两种编码法的具体码点。

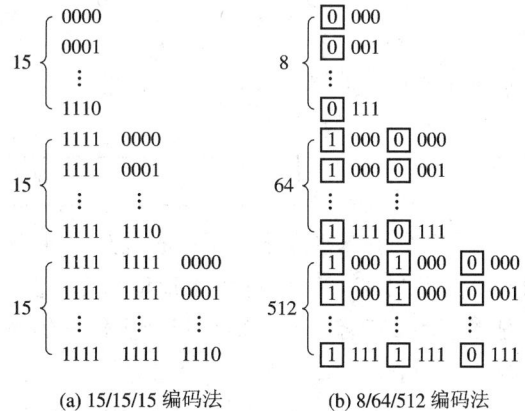

(a) 15/15/15 编码法　　(b) 8/64/512 编码法

图 2-15　15/15/15 编码法和 8/64/512 编码法

选用哪种编码方法取决于指令使用频度 p_i 的分布。若 p_i 值在头 15 种指令中都比较大,但在 30 种指令后急剧减少,则宜选 15/15/15 法;若 p_i 值在头 8 种指令中较大,之后的 64 种指令的 p_i 值也不太低,则宜选 8/64/512 法。衡量标准是看哪种编码法能使平均码

长 $\sum p_i l_i$ 最短。当然不是说就只有 15/15/15 法和 8/64/512 法两种扩展方法，扩展标志不同，还可有其他许多种扩展方案。

扩展操作码也必须遵守短码不能是长码的前缀的原则。扩展操作码的编码不唯一，平均码长也不唯一，问题是如何找出一种平均码长尽可能短，码长种类数不能过多而又便于优化实现的方案。

【例 2-7】 若某机要求有：三地址指令 4 条，单地址指令 255 条，零地址指令 16 条。设指令字长为 12 位，每个地址码长为 3 位。能否以扩展操作码为其编码？如果单地址指令改为 254 条呢？

无论是哈夫曼编码，还是扩展操作码编码，其中的短码都不能与长码的首部相同。因为，指令中除了操作码外，后面所跟的，或者是操作数，或者是操作数所在的寄存器编号或存储单元的地址码，它们又都是以二进制码编码的形式出现的，所以如果短操作码成了长操作码的前缀，就会使指令操作码译码时，无法做到唯一译码和立即解码。

根据题意，三地址指令的格式为

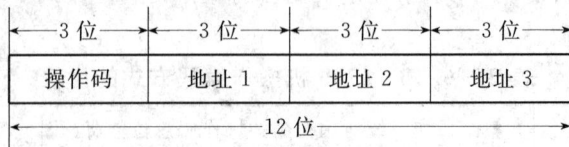

← 3 位 →	← 3 位 →	← 3 位 →	← 3 位 →
操作码	地址 1	地址 2	地址 3

← 12 位 →

操作码占了 3 位，用来表示 4 条三地址指令需用掉 8 个不同码中的 4 个码，余下 4 个码可用做长操作码的扩展标志。

单地址指令的格式为

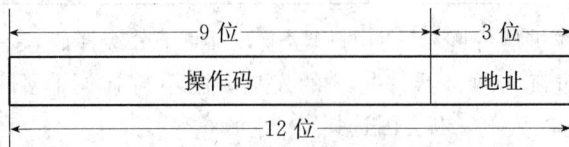

← 9 位 →	← 3 位 →
操作码	地址

← 12 位 →

零地址指令的格式为

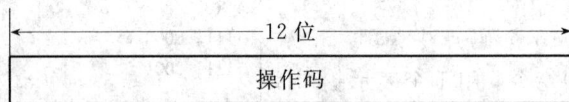

← 12 位 →
操作码

如果不考虑零地址指令，短操作码中 4 个扩展标志各自均能扩展出 6 位的操作码，共可扩展表示出 $4 \times 2^6 = 256$ 条单地址指令。但是，现在还要表示 16 条零地址指令。如果单地址指令为 255 条，则零地址指令操作码的高 9 位只有一个码可作为扩展标志，因而只能扩展出 3 位，表示 $2^3 = 8$ 条零地址指令，不能满足题目所要求的 16 条零地址指令。

如果单地址指令只用了 254 条，则指令高 9 位就可以有 2 个扩展标志码，每个扩展标志码都扩展出 3 位码，就可以表示出 $2 \times 2^3 = 16$ 条零地址指令。

2.3.3 指令字格式的优化

若只有操作码的优化，没有在地址码和寻址方式上采取措施，则程序总位数还是难以减少。

如果主存按位编址，指令字又不按整数边界存储，而是逐条紧挨着存储，如图 2-16 所示，操作码的优化表示会直接带来程序总位数的减少。然而，这样做会使有些指令（如图中的 $k+3$，$k+5$，$k+8$，$k+11$，$k+14$ 等）都需两个主存周期才能取出，使机器速度明显下降。

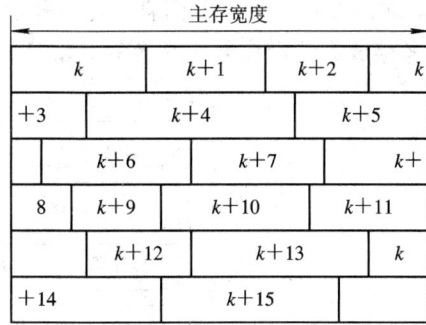

主存宽度			
k	$k+1$	$k+2$	k
$+3$	$k+4$		$k+5$
$k+6$		$k+7$	$k+$
8	$k+9$	$k+10$	$k+11$
	$k+12$	$k+13$	k
$+14$	$k+15$		

图 2-16　任意长指令字在按位编址主存中存储的情况

为了不降低访存取指令的速度，就要维持指令字按整数边界存储。那么如何发挥操作码优化表示的作用呢？以下先来分析只有一种长度 L 的定长指令字的情况。

操作码优化表示后的长度 l_i 会因 p_i 不同而有多种，但操作码优化带来的 l_i 缩短，只会使指令字出现空白浪费，如图 2-17 所示。显然，只有地址也可变长，才能利用上这部分空白。

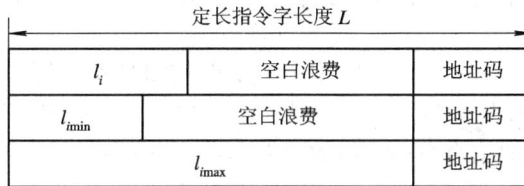

定长指令字长度 L		
l_i	空白浪费	地址码
l_{imin}	空白浪费	地址码
l_{imax}		地址码

图 2-17　等长地址发挥不出操作码优化表示的作用

指令字能表示的访存操作数地址的寻址范围总希望越大越好，虚拟存储器甚至要求指令中的逻辑地址码长度能超过实际主存的地址长度，以便程序空间可以超过实存空间。但在满足很大寻址范围的前提下，是可以通过各种办法来缩短指令中的地址码位数的。

前述 IBM 370 的指令中，访存采用基址寄存器加位移量的做法就可以使指令中访存操作数地址字段位数由 24 位减少成 16 位。

如果采用相对寻址，指令中访存地址只给出相对位移量即可。相对位移量一般较小，相对地址字段的位数也就短得多。

又如将访存地址空间分为若干段，这样，访存地址就由段号和段内地址两部分组成，即

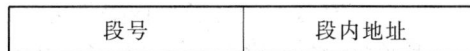

段号	段内地址

对转移指令来讲，如果是段内转移，只需指明段内地址而不必指明段号；如果是段间转移，往往只是转到该段的始点，此时只需指明段号而不用指明段内地址。这样，指令地址码的宽度自然比整个主存物理地址的宽度要窄得多了。

以上讲的是访存情况。如果操作数存在寄存器内，或是经寄存器实现间接寻址（即寄存器中放的是访存地址），则指令地址码的宽度只需窄到指明寄存器号就可以了。

可见，操作数的地址码长度可以有很宽的变化范围，如果与可变长操作码配合，让长操作码配短地址码，即使是定长指令字，也能显著减少其存储空间的浪费。

实际应用中各种指令的操作数个数会有不同，因此，可根据需要让指令系统采用多种

地址制，如图 2-18 所示。而且，同一种地址制还可采用多种地址形式和长度，也可以用空白处来存放直接操作数或常数等，如图 2-19 所示。

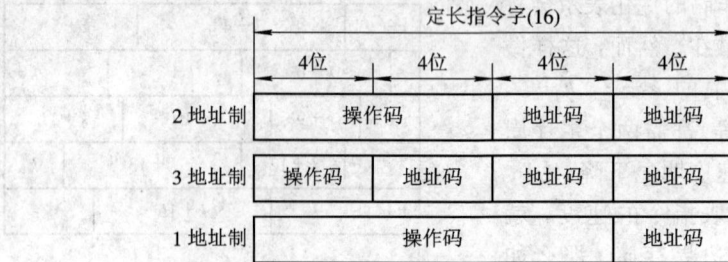

图 2-18　在定长指令字内实现多种地址制

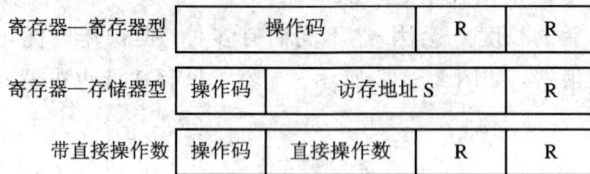

图 2-19　同种地址制下的多种地址形式和长度

如果让最常用的操作码最短，其地址码字段个数越多，就越能使指令的功能增强，越可以从宏观上减少所需的指令条数。例如，为实现 A＋B→C，采用单地址指令需要取 A、加 B、送 C 三条指令完成，而用 3 地址指令则只需

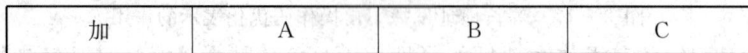

一条指令即可完成。这不仅进一步减小了程序所占用的空间，也会因访存取指令次数的减少而加快程序的执行速度。

在上述措施的基础上，还可考虑使用多种指令字长。这比只有一种长度的定长指令字更能减少信息的冗余量，缩短程序的长度。

指令字格式优化的措施概括起来包括如下几点：

（1）采用扩展操作码，并根据指令的频度 p_i 的分布状况选择合适的编码方式，以缩短操作码的平均码长。

（2）采用诸如基址、变址、相对、寄存器、寄存器间接、段式存放、隐式指明等多种寻址方式，以缩短地址码的长度，并在有限的地址长度内提供更多的地址信息。

（3）采用 0、1、2、3 等多种地址制，来增强指令的功能，从宏观上缩短程序的长度，并加快程序的执行速度。

（4）在同种地址制内再采用多种地址形式，如寄存器—寄存器、寄存器—主存、主存—主存等，让每种地址字段可以有多种长度，且让长操作码与短地址码进行组配。

（5）在维持指令字在存储器中按整数边界存储的前提下，使用多种不同的指令字长度。

以上这些措施加以综合使用，就可以使信息冗余量减少，操作数的寻址更灵活，操作码的备用码点数增多，有利于以后对指令系统进行扩充。小型机、微型机的字长较短，这种优化技术显得特别重要。由于在总位数相同的情况下，扩展操作码法的码点总数会比定长操作码法的多得多，更能适应今后扩大指令系统的需要，因此，指令字格式的优化技术已被广泛使用。

【例2-8】 某模型机9条指令的使用频度如表2-7所示。要求有两种指令字长，都按双操作数指令格式编排，采用扩展操作码，并限制只能有两种操作码码长。设该机有若干通用寄存器，主存为16位宽，按字节编址，采用按整数边界存储，任何指令都在一个主存周期中取得，短指令为寄存器—寄存器型，长指令为寄存器—主存型，主存地址应能变址寻址。

表 2-7 模型机指令

指　　令	使用频度	指　　令	使用频度	指　　令	使用频度
ADD(加)	30%	SUB(减)	24%	JOM(按负转移)	6%
STO(存)	7%	JMP(转移)	7%	SHR(右移)	2%
CIL(循环左移)	3%	CLA(清加)	20%	STP(停机)	1%

仅根据使用频度，不考虑其他要求，设计出全哈夫曼操作码，计算其平均码长；考虑题目全部要求，设计优化实用的操作码形式，并计算其操作码的平均码长；该机允许使用多少个可编址的通用寄存器；画出该机两种指令字格式，标出各字段的位数；指出访存操作数地址寻址的最大相对位移量为多少个字节。

仅根据9条指令给出的频度，不考虑其他要求，设计完全的哈夫曼操作码，只需对此9条指令的频度，用哈夫曼算法构造哈夫曼树，如图2-20所示。

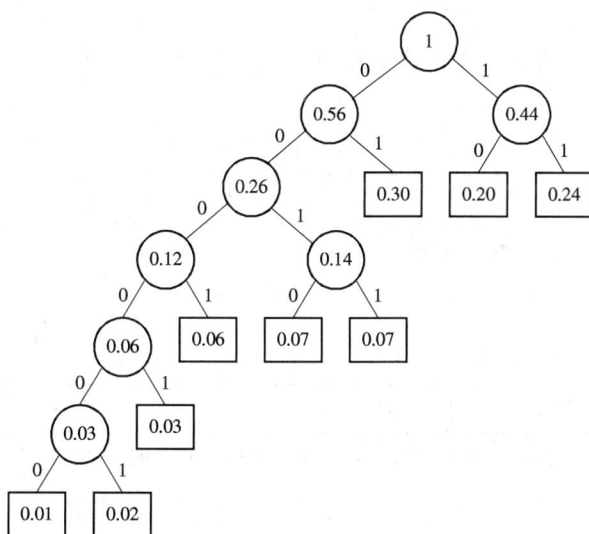

图 2-20 表2-7模型机的哈夫曼树

由图2-20可得其哈夫曼编码为

ADD(加)	30%	01
SUB(减)	24%	11
CLA(清加)	20%	10
JOM(按负转移)	6%	0001
STO(存)	7%	0011
JMP(转移)	7%	0010

SHR(右移)	2%	000001
CIL(循环左移)	3%	00001
STP(停机)	1%	000000

因此，操作码的平均码长为

$$\sum_{i=1}^{9} p_i l_i = 2.61 \ 位$$

采用 2-5 扩展的操作码编码为

ADD	30%	00
SUB	24%	01
CLA	20%	10
JOM	6%	11000
STO	7%	11001
JMP	7%	11010
SHR	2%	11011
CIL	3%	11100
STP	1%	11101

这样，操作码的平均码长为

$$\sum_{i=1}^{9} p_i l_i = 0.74 \times 2 + 0.26 \times 5 = 2.78 \ 位$$

该机允许使用的可编址的通用寄存器个数为 $2^3 = 8$ 个。

短指令格式为

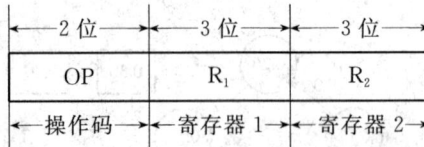

长指令格式为

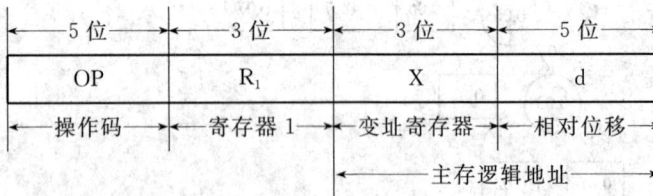

访主存操作数寻址的最大相对位移量为 32 个字节(2^5，补码的偏移量为$-16 \sim +15$ 个字节)。

2.4　指令系统的发展和改进

2.4.1　两种途径和方向(CISC 和 RISC)

为使计算机系统有更强的功能、更高的性能和更好的性能价格比，满足应用的需要，在机器指令系统的设计、发展和改进上有两种不同的途径和方向。

一种是如何进一步增强原有指令的功能以及设置更为复杂的新指令，取代原先由软件子程序完成的功能，实现软件功能的硬化。按此方向发展，机器指令系统日益庞大和复杂。因此，称用这种途径设计 CPU 的计算机为复杂指令系统计算机（Complex Instruction Set Computer，CISC）。这可从面向目标程序、面向高级语言、面向操作系统三个方面的优化实现来考虑。

另一种是如何通过减少指令种数和简化指令功能来降低硬件设计的复杂度，提高指令的执行速度。按此方向发展，使机器指令系统精简，因此，称用这种途径设计 CPU 的计算机为精简指令系统计算机（Reduced Instruction Set Computer，RISC）。

20 世纪 50 年代，由于硬件价格高、体积大、可靠性低，因此计算机的指令系统比较简单。随着半导体技术和微电子技术的发展，这些都已不再是问题了。后来，为增强系统功能和提高速度就不断增加指令系统的复杂度。大致有以下几个原因：

（1）当高级语言（如 C 语言）取代汇编语言后，就不断增加新的复杂指令来支持高级语言程序的高效实现。

（2）由于访主存的速度显著低于访 CPU 寄存器的速度，因此在功能相同时，不断增加用一条功能复杂的新指令来取代原先需一连串指令完成的功能，将程序软件固化和硬化。

（3）系列机软件要求向上兼容和向后兼容，使得指令系统不断扩大和增加，而原有指令又不能取消，特别是采用微程序控制后，有人就开始滥用控制存储器，导致指令条数、功能、寻址方式和指令的格式都越来越复杂。

到了 20 世纪 70 年代末，这种 CISC 设计已不能适应优化编译及 VLSI 技术的发展，所以又提出了简化和规整指令系统的 RISC 思想。

然而，单纯的 RISC 存在某些 CISC 没有的致命弱点，于是又采用将 RISC 和 CISC 两者相结合的思想，以相互取长补短。因此，近来年，RISC 和 CISC 之间的界面越来越模糊了，尽管如此，指令系统的结构与单纯的 CISC 或 RISC 毕竟有着明显的不同。

2.4.2 按 CISC 方向发展和改进指令系统

这可以分别从面向目标程序、面向高级语言、面向操作系统的优化实现三个方面来叙述。

1. 面向目标程序的优化实现改进

面向目标程序的优化实现改进，就是对已有机器的指令系统进行分析，看哪些功能仍用基本指令串实现，哪些功能改用新指令实现，可以提高包括系统软件和应用软件在内的各种机器语言目标程序的实现效率。该方法既能减少目标程序占用的存储空间，减少程序执行中的访存次数，缩短指令的执行时间，提高程序的运行速度，又使实现更为容易。

途径 1　通过对大量已有机器的机器语言程序及其执行情况进行统计各种指令和指令串的使用频度来加以分析和改进。程序中统计出的指令及指令串使用频度称为静态使用频度，按静态使用频度改进指令系统是着眼于减少目标程序所占用的存储空间。在目标程序执行过程中对指令和指令串统计出的频度称为动态使用频度，按动态使用频度改进指令系统是着眼于减少目标程序的执行时间。

对高频指令可增强其功能，加快其执行速度，缩短其指令字长；而对使用频度很低的指令可考虑将其功能合并到某些高频的指令中去，或在今后设计新系列机时，将其取消。对高频的指令串可增设新指令取代，这不但减少了目标程序访存取指令的次数，加快了目标程序的执行，也有效地缩短了目标程序的长度。

【例 2 - 9】 IBM 公司曾对 IBM 360 系统上运行的 19 个典型程序统计出几种常用指令的使用频度。统计表明，动、静态使用频度非常接近，只要按其中之一改进，就可能既减少程序存储空间，也减少程序执行的时间。因此，只要统计其中一种频度即可，这样，可以大大减少统计的工作量。根据统计，发现最常用的指令是存、取和条件转移。为此，IBM 370 机上增设了用单条指令实现多个数据传送的功能。如"成组取"、"成组存"、"成组传送"等指令，在一定程度上支持了向量数据和字符串数据的传送，缩短了目标程序的长度，也便于汇编语言程序设计。为改进"条件转移"指令，在 IBM 370 机器中设置两位条件码，组合表示指令执行后或运算结果的状态。例如，加法指令根据"和"为 0、小于 0、大于 0 或溢出分别置条件码为 00、01、10 或 11。这样，控制型指令中的条件转移指令只需要两种形式，分别是

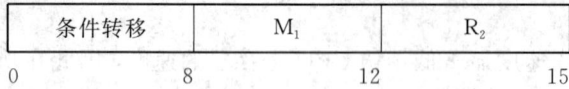

条件转移	M_1	R_2

（0　8　12　15）

和

条件转移	M_1	X_2	B_2	D_2

（0　8　12　16　20　31）

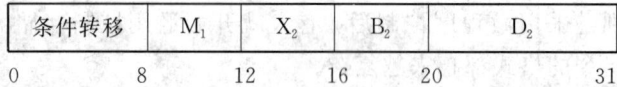

两者的差别只是转向地址形式不同，前者为寄存器间接寻址，由 R_2 指明，后者为变址基址寻址，由 X_2、B_2 和 D_2 形成。它们都由屏蔽码字段 M_1 来决定按条件码的哪种状态来转移。屏蔽码 M_1 共有 4 位，从左到右分别对应条件码的 00、01、10、11。只要 M_1 的最高位为 1，执行条件转移指令的结果就是按该指令执行之前的条件码为 00 转移；只要 M_1 的次高位为 1，就按条件码为 01 转移；依次类推。屏蔽码 M_1 可以组合。假使条件转移指令的前面是一条加法指令，当 M_1 为 0000 时，相当于"不转移"；当 M_1 为 1100 时，相当于"和小于或等于 0 转移"；当 M_1 为 0110 时，相当于"和不等于 0 转移"；而当 M_1 为 1111 时，相当于"无条件转移"；等等。由于指令不同，条件码的含义不同，因此，通过这两者的配合，只需用两种条件转移指令就能实现相当灵活的多种不同性质的条件转移控制。

又如，IBM 370 增加"增量"新指令取代原需借用寄存器给内存单元增值的五条指令组成的指令串功能，直接将内存单元增值，不仅节省了程序空间，也减少了执行时间。

途径 2 增设强功能复合指令来取代原先由常用宏指令或子程序（如双倍长运算、三角函数、开方、指数、二—十进制数转换、编辑、翻译等子程序）实现的功能，由微程序解释实现，不仅大大提高了运算速度，减少了程序调用的额外开销，也减少了子程序所占的主存空间。

指令系统的改进是以不删改原有指令系统为前提的，通过增加少量强功能新指令代替常用指令串，既保证了软件向后兼容，又使按新的指令编制的程序有更高的效率，这样易于被用户接受，也是计算机生产厂家所希望的。但这种改进和机器应用范围、题目类型、工作负荷有很大关系。如果系统的速度"瓶颈"不在常用指令串，而在 I/O 通道，则不论怎

样替代 CPU 的指令串，也是不会有效的。所以，这种替代只能是对"瓶颈"有直接影响的常用指令串，且应与应用环境、工作负荷联系起来考虑。

用新指令替代常用指令串的办法实质上是尽量减少程序中如存、取、传送、转移、比较等不执行数据变换的非功能型指令的使用，让真正执行数据变换的加、减、乘、除、与、或等功能型指令所占的比例提高。

2. 面向高级语言的优化实现改进

面向高级语言的优化实现改进就是尽可能缩短高级语言和机器语言的语义差距，支持高级语言编译，缩短编译程序长度和编译时间。

途径 1 通过对源程序中各种高级语言语句的使用频度进行统计来分析改进。对高频语句增设与之语义差距小的新指令。但不同用途的高级语言，其语句使用频度有较大差异，机器指令系统很难做到对各种语言都是优化的。所以，这种优化只能是面向用户所用的语言，而且这种改进是零碎的、局部的。

途径 2 如何面向编译，优化代码生成来改进。由于目前机器上运行的绝大多数目标程序是经编译系统生成的，从优化代码生成上考虑，应当增强系统结构的规整性，尽量减少例外或特殊的情况和用法，让所有运算都对称、均匀地在存储(寄存器)单元间进行，对所有存储(寄存器)单元同等对待，不论是操作数或运算结果都可无约束地存放在任意单元中。这样，为优化管理通用寄存器的使用可以大大减少很多辅助开销。

例如，VAX-11/780 让减法指令既有 A-B→A，又有 A-B→B，这种简化代码生成对实现软件的自动生成有利。后面要讲的 RISC 机器进一步发展了这种思路。它的指令系统和寻址方式都比现有机器要简单、规整，绝大多数指令只需一个机器周期便可完成，加上通用寄存器结构的改进，使得它有更高的编译效率。如果一开始就把指令系统设计得简单、对称、规整，其作用可能会比用新指令替代常用指令串的效果还要显著。

之所以会造成代码生成复杂、效率不高的主要原因是高级语言(包括编译过程中产生的中间语言)与机器语言之间存在着很大的语义差距，而且至今又难以统一出一种或少数几种通用的高级语言。如果系统结构过分优化于一种高级语言实现，就会显著降低与其语义结构有较大差别的其他高级语言的实现效率。可以把机器指令的语义和各种高级语言的语义差距用结构点间的"路长"表示。如图 2-21 所示。路径越长的，其实现效率就会越低。若系统结构过分接近于某种高级语言，则该系统结构与其他高级语言间的路径可能比该系统与传统机器指令系统结构间的路径还要长，语义差距还要大，实现效率还要低。所以，往往把指令系统设计成比较通用和基本的，对每种语言都远不是优化的，只要通过编译能较高效实现即可。这就是至今一般机器的系统结构难以真正面向缩短语义差距来设计的主

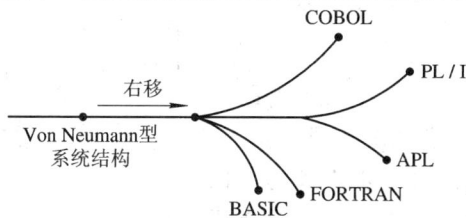

图 2-21 各种语言与传统机器指令系统结构的语义差距

要原因。然而，并不是说在保持通用性的前提下，就不能缩小语义差距了。

途径 3　改进指令系统，使它与各种语言间的语义差距都有同等的缩小。如图 2 - 21 所示，可以把系统结构点向右移，使得它与各种语言间的路长都得到缩短。

例如，IBM 370 通过设置"小于等于转移"之类的复合指令，对加快 FORTRAN DO、ALGOL DO 和 COBOL LOOP 的实现都有好处，同等程度地缩短了系统结构与各种语言之间的语义差距。

途径 4　既然各种高级语言所要求的优化指令系统不相同，就可以提出采用让机器具有分别面向各种高级语言的多种指令系统、多种系统结构的面向问题动态自寻优的计算机系统。微程序的发展，特别是可写控存的采用，为这种动态结构机器的实现提供了可能，使得系统结构动态改变，而不再是静态的，由"以指令系统为主，高级语言为从"方式演变成"以高级语言为主，指令系统为从"的方式。

【例 2 - 10】　1972 年设计的 B - 1700 采用的就是"以高级语言为主，指令系统为从"的思路。它所用的 BASIC、FORTRAN、COBOL 等高级语言各对应有一套由微程序解释的面向这种语言的机器指令系统和数据表示格式。工作前由操作系统根据所用的高级语言切换控制存储器中所存的相应的微程序，如图 2 - 22 所示。

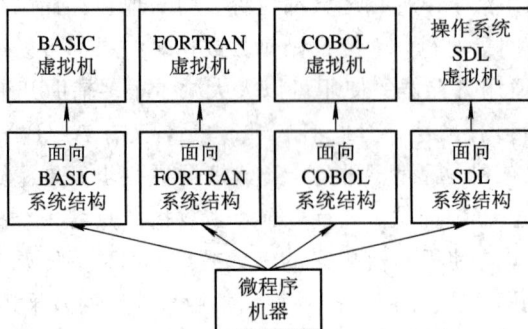

图 2 - 22　B - 1700 具有多种系统结构

编译主要采用的是翻译技术，在微程序控制的机器上，机器语言是用解释实现的。面向编译通过缩小语义差距改进指令系统的思路实际上意味着增大解释的比重，减少翻译的比重。一般地，计算机系统总要设置对应多种语言的多个编译系统，因此解释的分量虽然增加了，却同时简化了多个编译系统的翻译过程，从总体看是合算的。可以用机器语言到高级语言的距离远近来表示语义差距的大小，如图 2 - 23 所示。传统机器的机器指令与高级语言的语义差距很大，因此编译分量远大于解释的分量，采用上述各种面向编译缩小语义差距的想法改进指令系统后，使解释的分量显著增大，编译的分量显著减小。如果进一步增大解释的比重，直至让机器语言和高级语言几乎没有语义差别，就可以不要编译了。

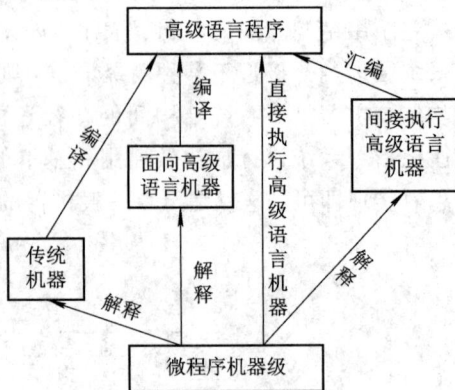

图 2 - 23　各种语言的语义差距

途径 5　发展高级语言计算机(或称高级语言机器)。

高级语言机器的基本特点是没有编译,它有两种形式。一种是让高级语言直接成为机器的汇编语言,通过汇编(用软件或硬件实现)把高级语言源程序翻译成机器语言目标程序,这种高级语言机器称为间接执行的高级语言机器。另一种是让高级语言本身就作为机器语言,由硬件或固件逐条进行解释执行,既不用编译,也不用汇编,这种高级语言机器称为直接执行的高级语言机器。由于是逐条解释,因此,当发现有程序设计错误时,错误现场易于保存,也易于排除错误,且对实现交互式的语言比较有利。

发展高级语言机器的思路早在 20 世纪 60 年代初就已提出,但至今很少出现有批量生产的商用高级语言机器。这主要是因为目前高级语言种类繁多,实际运用中经常要用多种高级语言,如果只是适于面向单种高级语言或语言结构相近的少数几种高级语言的高级语言机器,则难以获得实用。虽然可以考虑在机器中装有面向多种高级语言的 VLSI 片子,或发展动态自适应系统,但还有许多难题有待解决,而且性能价格比将会明显降低,这就难以受到用户的欢迎。此外,各种高级语言不是只用解释就都能高效实现的。

3. 面向操作系统的优化实现改进

目前,操作系统几乎占用了计算机系统资源的 1/3,有的甚至会超过 1/2。如果系统结构对操作系统支持不够,使得操作系统中的进程管理(进程的生成、切换、撤销,进程间的同步与通信等)、存储管理(存储空间分配、信息在存储层次中的传送等)、存储保护(程序和数据的保护)、设备管理、文件管理、系统工作状态的建立和切换、中断处理等没有比现有计算机系统更好的性能和更高的实现效率,计算机系统就很难得到发展。

然而操作系统的实现不同于高级语言的实现,它更深地依赖于系统结构是否为它的实现提供了相应的硬件支持。虽然从指令系统上并不能全面反映出系统结构对操作系统的支持,但至少是反映了其支持的主要方面。如指令系统中除了算术、逻辑、字符、移位、控制等常规机器指令可用于操作系统的实现外,还有相当一部分指令就是专门用于实现操作系统的上述各种功能的。

面向操作系统的优化实现改进的主要目标就是如何通过缩短操作系统与计算机系统结构之间的语义差距,来进一步减少运行操作系统的时间和节省操作系统软件所占用的存储空间。

途径 1　通过对操作系统中常用指令和指令串的使用频度进行统计分析来改进。但这种改进的效果很有限。

途径 2　考虑如何增设专用于操作系统的新指令。

IBM 公司最初在 IBM 360 系统上并未对多个进程使用公用区的管理提供专门指令,而是给公用区设置标志位(信号灯),通过对标志位的检测、改值来防止两个以上进程同时进入公用区,其结果是在多道程序分时系统情况下经常发生公用区的使用混乱,于是 IBM便很快增加了一条"测试与置定"指令。这是为操作系统优化实现设置专门的新指令的典型例子,它保证了公用区的正确使用。但实践中又发现该系统常发生系统"死锁"的现象。

所谓死锁(Dead Lock),就是有一组进程,其中每个进程都只占有为完成该进程所必需的部分资源,并未获得全部资源,从而都无法进行下去。采用"测试与置定"指令,一个进程要想进行下去,必须同时占有标志位和 CPU 两个资源。如果一个进程只占有标志位而并未占有 CPU，而另一个进程只占有 CPU 而并未占有标志位，就出现僵持状态，使机器进入"死锁"。

为了不用标志位又能保证多个进程正确使用公用区，在 IBM 370 系统上就增设了"比较与交换"指令。这样，既不会死锁又保证了多个进程对公用区的正确使用。"比较与交换"和"测试与置定"指令不只用在单处理机上，也用在多处理机上，以便支持操作系统实现进程间通信的同步和互斥，它们的功能是一般的机器指令所无法实现的。

途径 3 把操作系统中频繁使用的，对速度影响大的机构型软件子程序硬化或固化，直接用硬件或微程序解释实现。

VAX-11/780 专门为进程切换设置了有关"保存进程关联信息"和"恢复进程关联信息"的指令，将原先由子程序实现的功能进行硬化。堆栈机器 HP-3000 设置了功能很强的 PC。(PROCEDURE CALL)的程序调用指令和 EXIT 出口返回指令专门支持程序嵌套和递归调用，简化了子程序工作区的分配管理。然而，这并不是将整个操作系统功能都硬化或固化，应当是在尽量缩小语义差距的前提下，充分发挥软、硬件实现各自的特长。硬件实现用于提高系统的执行速度和效率，减少操作系统的时间开销；软件实现用于提供系统应有的灵活性。联系到操作系统的具体功能，就是说，宜于硬（固）化实现的只应是"机构型"的功能，而不是"策略型"的功能。机构型功能指的是基本的、通用的功能，如进程管理、信息保护和存储管理等。策略型功能会随不同的环境而异，而且用户应能修改它。典型的策略型功能有上机费用计算、作业排队、用户标识、资源管理等。就进程管理来讲，进程切换、程序状态的保存和恢复是机构型功能，而进程间的优先级确定则属策略型功能。就信息的保护来讲，如何保护信息属机构型，而如何管理访问权则属策略型。机构型功能是稳定的，能够确切定义的，所以宜于硬件实现。策略型功能是不稳定的，在操作系统的生存期内可能会不断改变，不宜用硬件实现。

途径 4 发展让操作系统由专门的处理机来执行的功能分布处理系统结构。

2.4.3 按 RISC 方向发展和改进指令系统

1. CISC 的问题

随着 VLSI 的迅速发展，为适应对计算机日益广泛的应用需要，增强计算机系统的功能，也为减少系统辅助开销，提高机器的运行速度和效率，计算机结构设计一直在致力于研究进一步缩短高级语言、操作系统、程序设计环境及应用等与机器语言和系统结构的语义差距，加强软、硬件结合，为系统结构提供更多、更好的硬件支持。但是，过去主要是向着强化指令系统功能的方向来发展改进的，这样做的结果必然导致机器的结构，特别是机器指令系统越来越庞杂。

到了 20 世纪 70 年代中期，人们已感到这样做不但实现越来越困难，且系统实际性能在下降。因此，1975 年，IBM 公司就组织力量研究这样做是否合理。1979 年，D. Patterson 等人经研究认为 CISC 存在如下问题：

（1）指令系统庞大，一般在 200 条指令以上。许多指令的功能异常复杂，需要有多种寻址方式、指令格式和指令长度。完成指令的译码、分析和执行的控制器复杂，不仅 VLSI 设计困难，不利于自动化设计，延长了设计周期，增大了设计成本，也容易增大设计出错的机会，降低了系统的可靠性。而且为发现和纠正这些错误花费的时间和代价也会增大。

（2）许多指令的操作繁杂，执行速度很低，甚至不如用几条简单、基本的指令组合实现。

（3）由于指令系统庞大，高级语言编译程序选择目标指令的范围太大，因此难以优化生成高效机器语言程序，编译程序也太长、太复杂。

（4）由于指令系统庞大，各种指令的使用频度都不会太高，且差别很大，其中相当一部分指令的利用率很低。有80％的指令仅在20％的运行时间里用到，不仅增加了机器设计人员的负担，也降低了系统的性能价格比。

2. 设计 RISC 的基本原则

针对 CISC 的问题，D. Patterson 等人提出了精简指令系统计算机的设想，通过精简指令来使结构简单、合理、有效。他们提出了设计 RISC 应遵循的一般原则。这些原则包括：

（1）确定指令系统时，只选择使用频度很高的那些指令，再增加少量能有效支持操作系统、高级语言实现及其他功能的指令，大大减少指令条数，使之一般不超过100条。

（2）减少指令系统所用寻址方式种类，一般不超过两种。精简指令的格式限制在两种之内，并使全部指令都是相同长度。

（3）让所有指令都在一个机器周期内完成。

（4）扩大通用寄存器数，一般不少于32个，尽量减少访存，所有指令只有存（STORE）/取（LOAD）指令可以访存，其他指令一律只对寄存器操作。

（5）为提高指令执行速度，大多数指令都用硬联控制实现，少数指令才用微程序实现。

（6）通过精简指令和优化设计编译程序，简单有效地支持高级语言的实现。

D. Patterson 等人在 VLSI 单片上研制出 32 位的 RISC Ⅰ 和 RISC Ⅱ。其中，1981 年的 RISC Ⅰ 使用 NMOS VLSI 电路，总共只有31条指令（算术逻辑指令12条，存/取指令8条，转移与调用指令7条，杂项指令4条），可识别3种数据类型。指令的寻址方式只有变址型和 PC 相对型两种，按字节编址。指令都是32位字长，采用2源1目的的3地址制，少量采用2地址制或1地址制，只有短立即和长立即两种基本的格式。时钟频率为8 MHz，所有指令都在一个机器周期500 ns 内完成。只有存/取指令可以访存，其余指令的操作都在寄存器间进行。CPU 设有78个工作寄存器供用户使用，但对每个过程只能看到其中的一部分寄存器（即后面要叙述的寄存器窗口）。该处理器的设计错误只有约12个，布线错误只有约12个（Z 8000 和 MC 68000 的分别是60和100及70和70），控制部分只占 CPU 面积的6％（Z 8000 和 MC 68000 的分别是53％和50％），研制周期只花了10个月，其性能却是当时最先进的商品化微处理器 MC 68000 和 Z 8000 的3～4倍，某些方面甚至超过了PDP - 11/70 和 VAX - 11/780 等小型机。紧接着于1983年研制的 RISC Ⅱ，采用与 RISC Ⅰ 相同的 NMOS 工艺，时钟频率提高到12 MHz，指令执行周期缩短到330 ns。指令系统扩充到39条指令（增加了可用 PC 相对寻址的5种取指令和3种存指令，RISC Ⅰ 的存/取指令只能使用变址寻址一种方式）。供用户使用的工作寄存器总数增加到138个。该处理器的设计错误只有约18个，布线错误只有约12个，控制部分只占 CPU 总面积的10％。伯克利分校很快将这种 RISC 技术用于符号处理（Symbolic Processing Using RISCs，SPUR），以满足实现并行处理的多处理机工作站的需要。

3. 设计 RISC 结构采用的基本技术

(1) 按设计 RISC 的一般原则来设计。确定指令系统时，通过对指令使用频度的统计，选取其中常用的基本指令，并增设一些对操作系统、高级语言、应用环境等支持最有用的指令，使指令数精简。在指令的功能、格式和编码设计上尽可能简化、规整。所有指令尽可能等长，寻址方式尽量统一成 1～2 种，指令的执行尽量安排在一个机器周期内完成。

(2) 逻辑实现采用硬联和微程序相结合。用微程序解释机器指令有较强的灵活性和适应性，只要改写控制存储器中的微程序就可以增加或修改机器指令，也便于实现一些功能较复杂的指令。问题主要是多次访问控制存储器取微指令要花费一定的时间，不利于 RISC 机器要求指令在一个机器周期里执行完。因此，让大多数简单指令用硬联方式实现，功能较复杂的指令允许用微程序解释实现，是比较适宜的，而且较多地采用高度水平型微指令(微指令长度可达 64 位)或毫微程序方式实现，可以免去或减少微指令的译码时间，直接控制通路操作，加快解释和便于微指令流水。到目前为止，绝大多数商品化 RISC 机都具有微程序解释方式。

(3) 在 CPU 中设置大量工作寄存器并采用重叠寄存器窗口。为减少访存，尽量让指令的操作在寄存器之间进行，以提高执行速度，缩短指令周期，简化寻址方式和指令格式；为更简单有效地支持高级语言中大量出现的过程调用，尽量减少过程调用中为保存主调过程现场，建立被调过程新现场，以及返回时恢复主调过程现场等所需的辅助操作；也为了能更简单直接地实现过程间的参数传递，大多数 RISC 机器的 CPU 中都设有大量寄存器，让每个过程都使用一个有限量的寄存器窗口，并让各过程的寄存器窗口部分重叠。

【例 2 - 11】 RISC Ⅱ 的 CPU 共有 138 个 32 位的工作寄存器，编号为 0～137。每个程序或过程可直接访问 32 个寄存器。如图 2 - 24 所示。其中，编号为 0～9 的 10 个寄存器可被各过程直接访问，称为全局性寄存器。此外，每个过程可看到另外的 22 个寄存器构成的窗口，如图 2 - 24 中逻辑意义上的寄存器 R_{10}～R_{31}。它们被分成 3 个部分。R_{10}～R_{15} 的 6 个寄存器作为本程序与被调用的低级程序交换参数用，称为低区。R_{16}～R_{25} 的 10 个寄存器只用于本程序，称为本区。R_{26}～R_{31} 的 6 个寄存器作为本程序与调用本程序的高一级主调程序交换参数用，称为高区。整个系统共有 8 个窗口，每个窗口由处理机现行程序状态字 PSW 中的现行窗口指示器 CWP(3 位)指示。由于寄存器组总共只有 8 个窗口，一次占据寄存器组最多也就只能有 8 个进程。当程序嵌套调用深度超过 8 重时，可在存储区设虚拟寄存器组。PSW 中有一个 3 位的保存窗口指示器 SWP，用于保存在存储器中最近的窗口指示。这样，CPU 工作寄存器就由窗口号(0～7)和寄存器号(10～31)组合寻址。

采用让相邻过程的低区和高区共用同一组物理寄存器的重叠技术，可实现这两个过程直接交换参数，显著减少过程调用和返回的执行时间、执行的指令条数及访存次数。表 2 - 8 对比了 RISC Ⅰ 与 VAX - 11、PDP - 11、MC 68000 在每次调用(CALL)和返回(RETURN)时所需要的辅助开销。特别是当 RISC 中功能复杂的部分被设置成宏指令，然后通过调用子程序实现时，其调用、返回次数比 CISC 的有明显增多，此时重叠寄存器窗口技术就显得特别有用。

```
137                      6个 ┌ R₃₁    A
 ⋮   A  ⋮  高区              │   ⋮
132                          └ R₂₆    A

131                     10个 ┌ R₂₅    A
 ⋮   A  ⋮  本区              │   ⋮
122                          └ R₁₆    A

121                      6个 ┌ R₁₅    A        R₃₁    B
 ⋮   A  ⋮  低区              │   ⋮               ⋮
     B     高区              └ R₁₀    A        R₂₆    B
116

115                                            R₂₅    B
 ⋮   B  ⋮  本区                                  ⋮
106                                            R₁₆    B

105                              R₁₅    B        R₃₁    C
 ⋮   B  ⋮  低区                    ⋮               ⋮
     C     高区                   R₁₀    B        R₂₆    C
100

99                                             R₂₅    C
 ⋮   C  ⋮  本区                                  ⋮
90                                             R₁₆    C

89                                             R₁₅    C
 ⋮   C  ⋮  低区                                  ⋮
     D     高区                                  R₁₀    C
84

83
 ⋮        ⋮
10

9                       10个 ┌ R₉    A        R₉    B        R₉    C
 ⋮   全局性变量              │   ⋮             ⋮             ⋮
0                            └ R₀    A        R₀    B        R₀    C

CPU 的工作        A 过程看到      B 过程看到      C 过程看到
寄存器组          的寄存器窗口    的寄存器窗口    的寄存器窗口
```

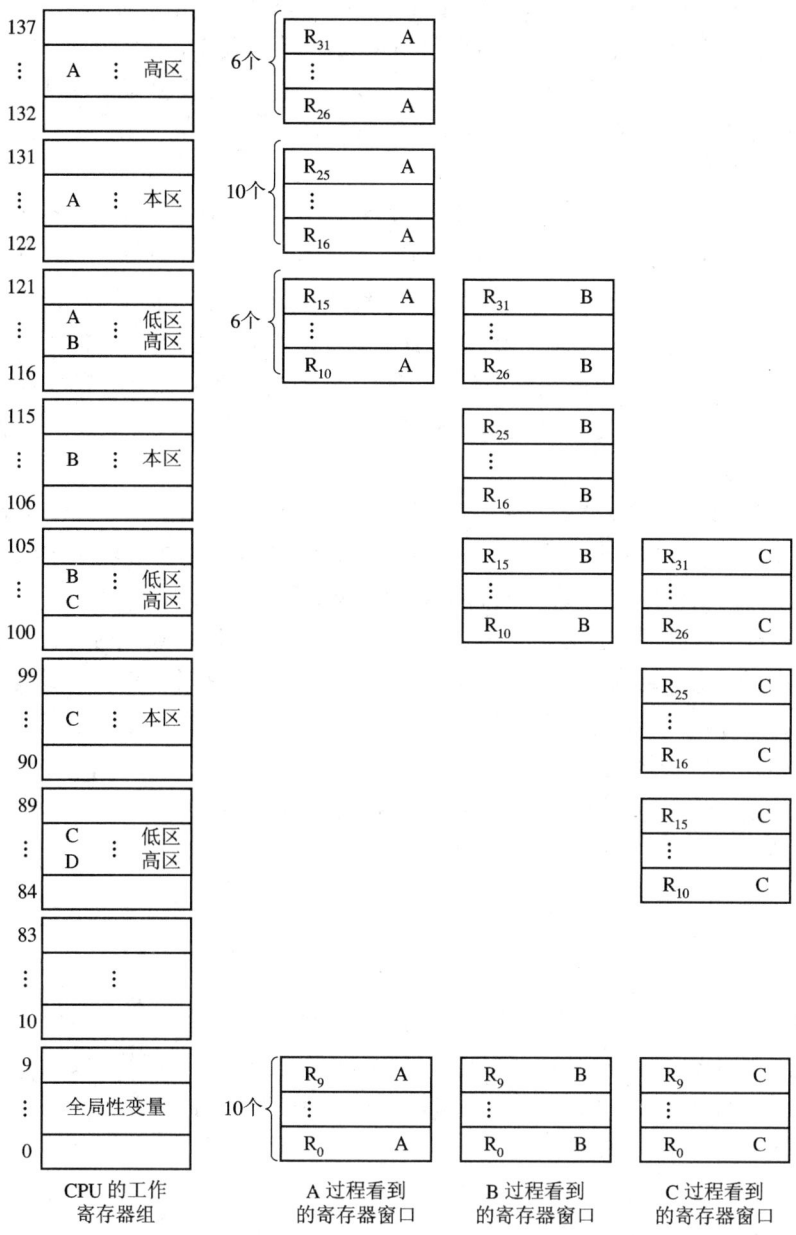

图 2-24　RISC Ⅱ 的重叠寄存器窗口

表 2-8　每次 CALL/RETURN 的开销

计算机	执行时间/μs	执行指令的条数	访问存储器的次数
VAX-11	26	5	19
PDP-11	22	19	15
MC 68000	19	9	12
RISC-Ⅰ	2	6	0.2

（4）指令用流水和延迟转移。RISC 机器的每条指令都在一个机器周期内完成，为加快速度，一般让本条指令的执行与下条指令的预取在时间上重叠。而大多数 RISC 指令的操作都在寄存器中进行，因此执行时又可将从源寄存器读数、运算及运算结果打入目的寄存器三者之间用流水实现。所以，RISC 结构中指令的取出和执行都采用流水来提高速度，流水线的级数因机器而异。

然而，一旦正在执行的是一条条件转移指令且转移成功，或者是一条无条件转移指令，则以重叠方式预取的下一条指令就应作废，以保证程序的正确运行。这实际上浪费了存储器的访问时间，相当于转移需要两个机器周期，增大了辅助开销。为了避免这种浪费，提出了延迟转移(Delayed Branch)的思想。其方法是，将转移指令与其前面的一条指令或多条指令(条数取决于流水线的级数)对换一下位置(由编译程序生成时调整)，让成功转移总是在紧跟的指令被执行之后发生，从而使预取的指令不必作废，可以节省一个机器周期。

（5）采用高速缓冲存储器 Cache，设置指令 Cache 和数据 Cache 分别存放指令和数据。这样，可以保证向指令流水线不间断地输送指令和存取数据，以提高流水的效率。

（6）优化设计编译系统。RISC 机器由于使用了大量寄存器，因此编译程序必须尽量优化寄存器的分配，提高其使用效率，减少访存次数。要充分利用常规的优化技术和手段来设计编译程序，如将公用的子表达式消去，将常数移到循环体外，简化局部变量和工作变量的中间传递。另外，还应优化调整指令的执行顺序，以尽量减少机器的空闲等。

延迟转移是调整指令执行顺序的典型例子。

【例 2-12】 设 A、A+1、B、B+1 为主存单元，程序

取 A, R_a ; (A)→R_a

存 R_a, B ; R_a→(B)

取 A+1, R_a ; (A+1)→R_a

存 R_a, B+1 ; R_a→(B+1)

实现的是将 A 和 A+1 单元的内容转存到 B 和 B+1 单元。由于取、存交替，又用同一寄存器 R_a，因此，上一条指令未结束之前，下一条指令无法开始，从而使指令间无法流水，每条指令均需两个机器周期。如果通过编译调整，将其指令顺序改为

取 A, R_a ; (A)→R_a

取 A+1, R_b ; (A+1)→R_b

存 R_a, B ; R_a→(B)

存 R_b, B+1 ; R_b→(B+1)

则这 4 条指令均可流水，使之每隔一个机器周期解释完一条指令，速度提高了近一倍。

设计高质量的编译程序，有效地提高机器性能是 RISC 系统设计的关键之一。

4. RISC 技术的发展

采用 RISC 技术的好处主要有以下几方面：

（1）简化了指令系统设计，适合 VLSI 实现。由于指令数少，寻址方式简单，指令格式规整划一，与 CISC 结构相比，控制器的译码和执行硬件相对简单，因此 VLSI 片中用于实现控制器的这部分面积所占比例显著减少，从而可以腾出来增设或扩大 Cache、主存、I/O

端口，也可以扩大寄存器数来改进 CPU 的吞吐率和直接支持高级语言实现，增强片子的规整性，降低设计成本，利于实现单片 CPU。

（2）提高了机器的执行速度和效率。指令系统的精简可以加快指令的译码。控制器的简化可以缩短指令的执行延迟。访存次数的大大减少可以提高程序的执行速度。采用大量寄存器构成的多窗口重叠技术减少和避免了程序调用过程中大量参数的保存和传递。指令字长相同，且都在一个机器周期里完成，非常适合于流水处理。以上这些都可以提高机器的速度。

（3）降低了设计成本，提高了系统的可靠性。采用相对精简的控制器，缩短了设计周期，减少了设计错误和产品设计中被作废的可能性，这些均会降低设计成本，提高系统的可靠性。此外，指令简化、格式单一、字长固定后，指令不会跨主存字边界存放，也不会出现指令跨存储器的页面存放，减轻了虚拟存储器设计的难度。

（4）可直接支持高级语言的实现，简化编译程序的设计。指令总数的减少，缩小了编译过程中对功能类似的机器指令进行选择的范围，减轻了对各种寻址方式的选择、分析和变换的负担，不用进行指令格式的变换，易于更换或取消指令。指令均是等长，且在一个机器周期内完成，使编译程序易于调整指令顺序，以提高程序的运行速度，这些都有利于进行有效的代码优化，简化编译，缩短编译程序的长度。主要操作在寄存器之间进行和寄存器窗口的采用，直接支持了子程序和过程调用的高级语言处理。

因此，精简指令系统在计算机结构设计中已成为一种非常重要的思路。

表 2 - 9 列出了几种典型 RISC 机器的主要参数，其中后 8 种曾是商品机。

表 2 - 9　典型 RISC 机器的主要参数

机　器	指令数	寻址方式数	指令格式数	单周期执行*	仅存/取指令访存	用户可用寄存器数	硬联控制	支持高级语言
RISC Ⅱ	39	2	2	是	是	138	是	是
MIPS	31	2	4	是	是	16	是	是
IBM 801	120	3	2	是	是	32	是	是
MIRIS	64	2	4	是	是	2048	否	是
Pyramid 90X	128	16	3	否	是	528	否	是
Ridge 32	128	2	3	否	是	16	否	是
Acom ARM	44	2	6	是	是	16	是	是
TRANSPUTER	111	1	1	是	是	6	否	是
IBM 6150RTPC	118	2	2	否	是	16	否	是
HP 3000/930	140	2	1	是	是	32	是	是
MF 1600	70	0	0	否	是	1024	是	是
CLIPPER	101	9	14	是	是	16	是	是

注：*表示单周期执行是对全部指令或多数指令而言。

但是，RISC 也存在着一些问题和不足，主要有：

（1）由于指令少，使原在 CISC 上由单一指令完成的某些复杂功能现在要用多条 RISC 指令才能完成，加重了汇编语言程序设计的负担，增加了机器语言程序的长度，占用存储空间多，加大了指令的信息流量。

（2）对浮点运算的执行和虚拟存储器的支持虽有很大加强，但仍显得不足。

（3）RISC 机器的编译程序比 CISC 的难写。

即使如此，RISC 结构仍在继续发展。1986 年已有几十家公司在从事 RISC 型系统的研究或生产。

RISC 结构的定义也在改变。例如，随着高速 VLSI 工艺的发展，至少有 50％的商品化 RISC 都用了微程序控制，而不是早期强调的单纯硬联控制。为支持高级语言实现，增强系统功能和更有效地进行指令的分析与优化编译程序，特别希望用微程序控制。又如，随着 VLSI 集成度的提高，已将主存的更多单元放到 CPU 芯片上。这种在片（On-chip）主存的访问速度非常接近于寄存器或 Cache 的访问速度，使设置大量通用寄存器的优点淡化。如 INMOS 公司的 TRANSPUTER 并未设置大量的通用寄存器，而改用 4 KB 的在片主存，让 CPU 只有 6 个寄存器，而且这 6 个寄存器还不是通用的。

现在设计 RISC 计算机仍在进一步研究如何减少指令系统的指令条数、每条指令执行的平均周期数及缩短程序执行时所需花费的时间，包括采用高效率的编码技术和更优化的算法，提高 CPU 的主频，增大结构内部的操作并行性。例如，将在片 Cache 分成指令 Cache 和数据 Cache；增大 Cache 容量，提高 Cache 的命中率；设置多端口的寄存器组；采用超级流水线，进一步细分流水过程，或采用多相时钟，增大流水级数到 8 级以上；设多条流水线同时执行多种操作或多条指令，等等。

由于 RISC 也存在不足和问题，所以在设计 CPU 时，可以将 RISC 和 CISC 结合，取长补短。例如，MC 68030 虽然是 CISC 结构，但也引进了某些 RISC 的结构特点。

1987 年，美国的 Phil Koopman 在综合了 RISC 和 CISC 的基础上提出了可写指令系统计算机（Writable Instruction Set Computer，WISC）的结构设想，并具体提出了集中 RISC 和 CISC 优点的基本原则。具有 RISC 思想的许多革新的所谓混合机（Hybrid）新产品正在不断涌现。在这种机器中，既有 RISC 部件，又有 CISC 部件。

【例 2 - 13】 VAX 9000、MC 88100、Intel i586、Intel Pentium Pro（也称 P6）等都是代表性的例子，它们将 CISC、RISC、超流水线和超标量设计（超流水线、超标量将在第 5 章中介绍）的优点综合到单片设计上。Pentium Pro 处理器直接执行 X86 CISC 指令，但其芯片分前端和后端两部分。前端部分实现将 X86 CISC 指令码转移成 RISC 类指令，按序并行译码 3 条 X86 指令，转成 5 个类似于 RISC 的微操作。后端部分则以无序方式在 RISC 核心部分执行这 5 个微操作。

表 2 - 10 给出了 4 种有代表性的 RISC 处理机的特征。

在商品化的微处理器（机）中，越来越多的性能特性加到了 RISC 微处理器上，这些性能既有 RISC 类型的，也有 CISC 类型的。美国密西根（Michigan）州立大学将所加入的非 RISC 特性称为后 RISC。

表 2-10 有代表性的 RISC 处理机的特征

特 征	Sun SPARC CY7C601	Intel i860	Motorola MC 88100	AMD 29000
指令数	69 条	82 条	51 条	112 条
指令格式	32 位	32 位	3 种	32 位
数据类型	7 种		7 种	
寻址方式		4 种	4 种	全部寄存器间接
整数部件	32 位	32 位	32 位	32 位
通用寄存器	136 个，分成 8 个窗口	32 个寄存器	32 个寄存器及记分牌	192 个，无窗口
高速缓冲、存储管理部件与存储器组织	片外高速缓存/存储管理部件，转换后援缓冲器有 64 个单元	4 KB 指令、8 KB 数据、片内存储管理部件，页式，每页 4 KB	片外 MC 88200 高速缓冲/存储管理部件，段页式 16 KB 高速缓冲	片内存储管理部件、转换后援缓冲器有 32 个单元，4 字预取缓冲器及 512 B 转移目标 Cache
浮点部件、寄存器与功能部件	片外 FPU CY7C602、32 个寄存器，64 位流水线	片内 64 位浮乘器、32 个浮点寄存器的浮加器、三维图形部件	片内浮点器、32 个浮点寄存器的乘法器和 64 位算术部件	片外浮点部件在 AMD 29027 上，带 AMD 29050 的片内浮点部件
工艺	0.8 μmCMOS Ⅳ	1 μmCHMOS Ⅳ	1 μmHCMOS	1.2 μmCMOS
时钟频率	33 MHz	40 MHz	20 MHz	30 MHz、40 MHz
引出线	207 根	168 根	180 根	169 根
生产年份	1989	1989	1988	1988
操作方式	整数部件和浮点部件并发操作，4 段指令流水	允许双指令及双浮点操作	整数部件和浮点部件并发操作，存储器延迟转移存取	4 段流水线处理
性能	33 MHz 时为 24 MIPS，用 80 MHz ECL 时为 50 MIPS	40 MHz 时可达 40 MIPS 和 60 MFLOPS	20 MHz 时可达 17 MIPS 和 6 MFLOPS	40 MHz 时为 27 MIPS
后续发展	可建立多达 32 个寄存器窗口	1992 年推出了 i860/XP	可配置多达 7 个专用功能部件	1990 年推出 55 MHz 的 AMD 29050

随着芯片面积的增大及集成度的提高，多数微型芯片设计开始加入了如下的功能：

（1）进一步增大工作寄存器数量，并修改 CPU 部分结构，以满足多媒体应用。

（2）增加在片 Cache 的数量并增大其容量，使其工作时钟能与 CPU 一致。

（3）增设不少高速 CISC 类型的指令。

（4）采用附加功能部件执行超标量或 VLIW（超长指令字，第 5 章将提及）。

（5）增加在片加速浮点数操作。

（6）增大流水线深度或增大分段流水线间的缓冲能力。

（7）在前端增加对硬件代码转换的支持。

（8）在转移之前就开始用猜测方式执行。

（9）使用自适应转移预测和恢复。

（10）改用数据驱动，让程序动态非顺序地执行。

近年来具有后 RISC 特点的典型例子有 Digital Alpha 21164、Ultra SPARC 系列、IBM POWER PC 604、MIPS R10000、HP PA－8000 等。

2.5　本 章 小 结

2.5.1　知识点和能力层次要求

（1）领会数据表示与数据结构的关系、自定义数据表示中标志符数据表示的优点、标志符数据表示与数据描述符的差别、向量数据表示（向量处理机）和堆栈数据表示（堆栈计算机）的基本特征。识记在计算机系统中确定和引入数据表示的一般原则。领会浮点数尾数基值大小对哪些方面有影响及影响的趋势。给出浮点机器数各字段位数，在尾数基值取不同值时，定量计算出浮点数的可表示值范围和可表示数据的个数，能达到简单的应用层次。比较和综述四种尾数下溢的处理方法、误差特性、优缺点及适用的场合。查表舍入法填写下溢处理表的原则和具体填表，要达到综合应用层次。

（2）识记指令系统中三种面向的寻址方式及优缺点，寻址方式在指令中的两种指明方式及其优缺点。领会逻辑地址变换成物理地址中所采用的静态再定位和动态再定位及它们的不同，基址寻址和变址寻址的差别，信息在主存中按整数边界存储的含义、编址要求、存在问题和适用场合。

（3）熟练掌握指令操作码采用等长码、哈夫曼码、扩展码的编码方法，求出各种编码方法编码的平均码长，这部分要达到综合应用层次。领会哈夫曼编码和扩展操作码编码中，短码不能是长码的前缀的概念。综述在指令格式优化设计中可用的各种方法，针对具体题目要求，能设计出比较优化的指令格式，这部分内容要达到综合应用的层次。

（4）领会并能综述出沿着增强指令功能的途径，分别按目标程序、高级语言、操作系统三个不同的面向，优化实现、发展和改进指令系统所要达到的目标，所采取的思路和方法。领会"高级语言计算机"的定义，它的两种形式，以及高级语言计算机目前难以发展的原因。

（5）识记 CISC 的问题和 RISC 的优点。能概述出设计 RISC 机器的一般原则及基本技术。领会为什么要将 CISC 和 RISC 相结合。

2.5.2　重点和难点

1. 重点

自定义数据表示；浮点数尾数的基值选择；数的下溢处理方法；寻址方式中的再定位技术；信息在存储器中按整数边界存储的概念；操作码和指令字格式的优化；CISC 指令系统的改进途径综述；RISC 概念及所采用的基本技术等。

2. 难点

浮点数尾数基值的选择；操作码指令字格式的优化设计。

习　题　2

2-1　数据结构和机器的数据表示之间是什么关系？确定和引入数据表示的基本原则是什么？

2-2　标志符数据表示与描述符数据表示有何区别？描述符数据表示与向量数据表示对向量数据结构所提供的支持有什么不同？

2-3　堆栈型机器与通用寄存器型机器的主要区别是什么？堆栈型机器系统结构为程序调用的哪些操作提供了支持？

2-4　设某机器阶值 6 位、尾数 48 位，阶符和数符不在其内，当尾数分别以 2、8、16 为基时，在非负阶、正尾数、规格化情况下，求出其最小阶、最大阶、阶的个数、最小尾数值、最大尾数值、可表示的最小值和最大值及可表示数的个数。

2-5　浮点数系统使用的阶基 $r_p=2$，阶值位数 $p=2$，尾数基值 $r_m=10$，以 r_m 为基的尾数位数 $m'=1$。

(1) 试计算在非负阶、正尾数、规格化情况下的最小尾数值、最大尾数值、最大阶值、可表示的最小值和最大值及可表示数的个数；

(2) 对于 $r_p=2$，$p=2$，$r_m=4$，$m'=2$，重复以上计算。

2-6　由 4 位数(其中最低位为下溢处理的附加位)经 ROM 查表舍入法，下溢处理成 3 位结果，设计使下溢处理平均误差接近于 0 的 ROM 表，列出 ROM 编码表的地址与内容的对应关系。

2-7　变址寻址和基址寻址各适合于何种场合？设计一种只用 6 位地址码就可以指向一个大地址空间中任意 64 个地址之一的寻址机构。

2-8　指令中常用下列寻址方式来得到操作数：立即操作数、间接寻址、直接寻址、寄存器寻址、自相对寻址。请分别说明这些寻址方式的原理，并对它们在如下四个方面进行比较：可表示操作数的范围大小；除取指外，为获得操作数所需访主存的最少次数；为指明该操作数所占用指令中的信息位数的多少；寻址复杂度。

2-9　经统计，某机器 14 条指令的使用频度分别为 0.01，0.15，0.12，0.03，0.02，0.04，0.02，0.04，0.01，0.13，0.15，0.14，0.11，0.03。分别求出用等长码、哈夫曼码、只有两种码长的扩展操作码等 3 种编码方式的操作码平均码长。

2-10　电文由 A～J 及空格字符组成，其字符出现频度依次为 0.17，0.05，0.20，

0.06，0.08，0.03，0.01，0.08，0.13，0.08，0.11。

(1) 各字符用等长二进码编码，传送 10^3 个字符时，共需传送多少个二进制码码位？

(2) 构造哈夫曼树，写出各字符的二进制码码位数，计算字符的二进制位平均码长。

(3) 用哈夫曼码传送 10^3 个字符，比定长码传送可减少传送的二进制码码位数是多少？

2－11 用于文字处理的某专用机，每个文字符用 4 位十进制数字(0～9)编码表示，空格则用⌴表示，在对传送的文字符号和空格进行统计后，得出数字和空格的出现频度分别为

⌴：20％	0：17％	1：6％
2：8％	3：11％	4：8％
5：5％	6：8％	7：13％
8：3％	9：1％	

(1) 若上述数字和空格均用二进制编码，试设计二进制信息位平均长度最短的编码。

(2) 若传送 10^6 个文字符号(每个文字符号后均跟一个空格)，按最短的编码，共需传送多少个二进制位？

(3) 若十进制数字和空格均用 4 位二进制码表示，共需传送多少个二进制位？

2－12 某机器指令字长 16 位，设有单地址指令和双地址指令两类。若每个地址字段为 6 位，且双地址指令有 x 条，则单地址指令最多可以有多少条？

2－13 何谓指令格式的优化？简要列举包括操作码和地址码两部分的指令格式优化可采用的各种途径和思路。

2－14 什么叫高级语言机器？一般有哪两种实现方式？高级语言机器难以发展的主要原因是什么？

2－15 设计 RISC 机器的一般原则及可采用的基本技术有哪些？

2－16 简要比较 CISC 机器和 RISC 机器各自的结构特点，说明它们分别存在哪些不足和问题。为什么说今后的发展应是 CISC 和 RISC 的结合？

第 3 章　存储、中断、总线与输入/输出系统

本章讲述存储、中断、总线与输入/输出系统的组织、频宽(流量)性能以及软件、硬件的功能分配。

3.1　存储系统的基本要求和并行主存系统

3.1.1　存储系统的基本要求

对存储系统的基本要求是大容量、高速度和低价格。存储器容量 $S_M = W \times l \times m$。$W$ 为存储体的字长(单位是位或字节),l 为存储体的字数,m 为并行工作的存储体数。存储器的速度可用访问时间 T_A、存储周期 T_M 和频宽(也称带宽)B_m 描述。T_A 是存储器从接收访存读申请至信息被读到数据总线上的时间,是处理机启动访存后必须等待的时间,它是确定处理机与存储器时间关系的一个重要参数。T_M 是连续启动一个存储体所需要的间隔时间,它一般总比 T_A 大。存储器频宽 B_m 是存储器可提供的数据传送速率,用每秒传送的信息位数或字节数衡量,又有最大频宽(或极限频宽)和实际频宽之分。最大频宽 B_m 是存储器连续访问时的频宽。单体的 $B_m = W/T_M$。m 个存储体并行的最大频宽 $B_m = W \times m/T_M$。由于存储器不一定能满负荷工作,因此,实际频宽往往低于最大频宽。存储器价格包含了存储体及为该存储器操作所必需的外围电路的价格,可用总价格 C 和每位价格 c 来表示。有 S_M 位的存储器每位价格 $c = C/S_M$。

计算机系统总希望存储器速度能和 CPU 匹配,使 CPU 的高速性能得以发挥,容量上能放下所有系统软件及多个用户软件。同时,存储器的价格又只能占整个计算机系统硬件价格中一个较小而合理的比例。然而,存储器价格、速度和容量的要求是互相冲突的。在存储器所用器件一定的条件下,容量越大,会因延迟增大而使速度越低;容量越大,存储器总价格会越高;存储器速度越高,价格也越高。

为满足系统对存储器性能的要求,人们一直在研究如何改进工艺、提高技术、降低成本,生产出价格低廉而速度更快的存储器件。但即使如此也无法做到仅靠采用单一工艺的存储器能同时满足容量、速度和价格的要求。因此,系统中必须使用由多种不同工艺存储器组成的存储器系统(Memory System),使所有信息以各种方式分布于不同的存储器上。例如,至少应有主存和辅存。采取事先将不能全部放入主存的大程序分成有重叠的块,确定好这些块在辅存中的位置并装入辅存。然后,根据算题的需要,把当前要用到的块依次调入主存指定的位置中,覆盖或替换掉那些已在主存而现在已不用的段。称这种主存和辅

存之间并不能构成完整的整体的系统为存储器系统。它不是第 4 章要介绍的存储体系。采用程序覆盖的方法虽然可以使应用程序员在小容量主存中运行较大的程序，但程序在主存、辅存之间的调进/调出完全需要应用程序员考虑安排，既增大了用户编程的难度和负担，拉长了程序的运行时间，也难以用上更好的算法。

由于主存速度的改进跟不上 CPU 速度的提高，从 20 世纪 70 年代起，在合理的成本下，足够容量的主存其存储周期已比 CPU 拍宽宽度大了一个数量级。为了弥补 CPU 与存储器在速度上的差距，一条途径是在组成上引入并行和重叠技术，构成并行主存系统，在保持每位价格基本不变的情况下，使主存的频宽得到较大的提高。然而，在 3.1.2 节将着重说明单靠采用这种并行主存的方法来提高频宽是有限的，因此从系统上改进，发展第 4 章要介绍的存储体系(Memory Hierarchy)就是非常必要的了。

3.1.2 并行主存系统

图 3-1 是一个字长为 W 位的单体主存，一次可访问一个存储器字，所以主存最大频宽 $B_{\mathrm{m}} = W/T_{\mathrm{M}}$。假设，此存储器字长 W 与 CPU 所要访问的字(数据字或指令字，简称 CPU 字)的字长 W 相同，则 CPU 从主存获得信息的速度就为 W/T_{M}。我们称这种主存是单体单字存储器。

要想提高主存频宽 B_{m}，使之与 CPU 速度相匹配，在同样的器件条件(即同样的 T_{M})下，只有设法提高存储器的字长 W。例如，改用图 3-2 的方式组成，这样，主存在一个存储周期内就可读出 4 个 CPU 字，相当于 CPU 从主存中获得信息的最大速率提高为原来的 4 倍，即 $B_{\mathrm{m}} = W \times 4/T_{\mathrm{M}}$。我们称这种主存为单体多字存储器。

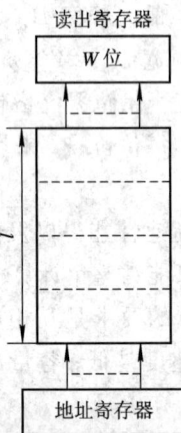

图 3-1 单体单字存储器   图 3-2 单体多字(m=4)存储器

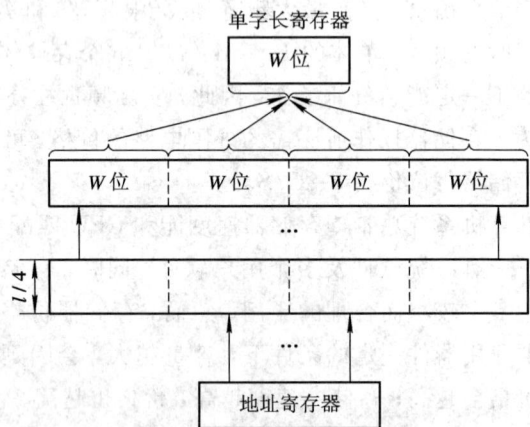

一个大容量的半导体主存往往是由许多容量较小、字长较短的存储器片子搭配而成的，每个存储片子都有其自己的地址译码、读/写驱动等外围电路。因此，可采用图 3-3 所示的多体单字交叉存储器。

CPU 字在主存中可按模 m 交叉编址，根据应用特点，这种交叉又有低位交叉和高位交叉两种(将在 7.1.2 节多处理机硬件结构中介绍)。现以低位交叉为例。在单体多字方式

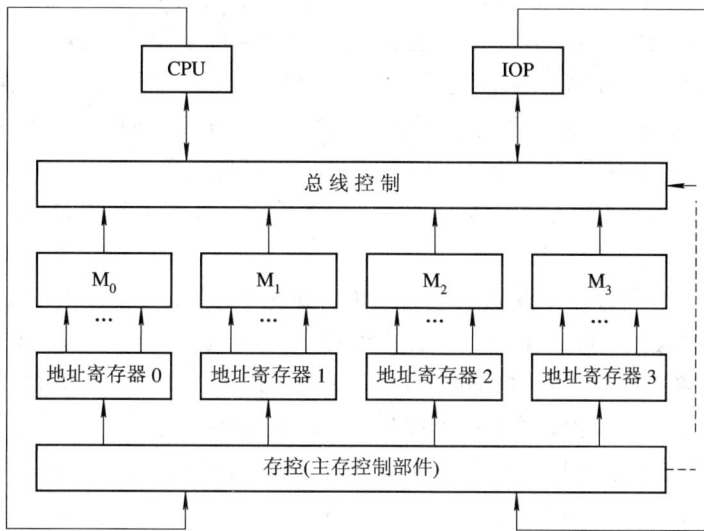

图 3 - 3 多体单字($m=4$)交叉存储器

中，m 为一个主存字所包含的 CPU 字数，在多体单字方式中则为分体体数。以多体单字交叉为例，单体容量为 l 的 m 个分体，其 M_j 体的编址模式为 $m \times i + j$，其中，$i = 0, 1, 2,$ $\cdots, l-1, j = 0, 1, 2, \cdots, m-1$。表 3 - 1 列出了图 3 - 3 中各分体的编址序列。

表 3 - 1 地址的模 4 低位交叉编址

模 体	地址编址序列	对应二进制地址码最末两位的状态
M_0	$0, 4, 8, 12, \cdots, 4i+0, \cdots$	0 0
M_1	$1, 5, 9, 13, \cdots, 4i+1, \cdots$	0 1
M_2	$2, 6, 10, 14, \cdots, 4i+2, \cdots$	1 0
M_3	$3, 7, 11, 15, \cdots, 4i+3, \cdots$	1 1

各分体可以采用同时启动或如图 3 - 4 所示的分时启动方式工作。相对而言，分时启动方式所用的硬件较节省。

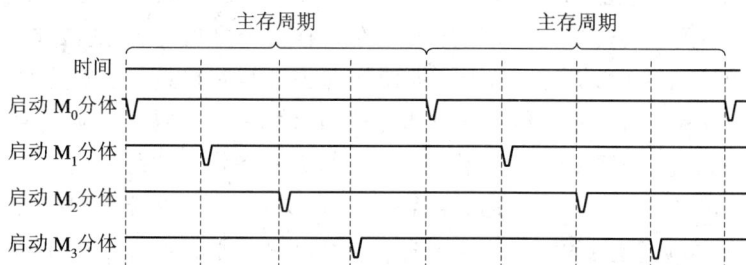

图 3 - 4 4 个分体分时启动的时间关系

主存采用多分体单字方式组成，其器件和总价格不比用单体多字方式组成的多多少，但其实际频宽却可以比较高。这是因为前者只要 m 个地址不发生分体冲突（即没有发生两个以上地址同属于一个分体），哪怕地址之间不是顺序的，仍可并行读出；而后者要求可并行读出的 m 个字必须是地址顺序且处于同一主存单元。当然，还可以将多分体并行存取与单体多字相结合，构成多体多字交叉存储器来进一步提高频宽。

称能并行读出多个 CPU 字的单体多字和多体单字、多体多字的交叉访问主存系统为并行主存系统。

提高模 m 值，是能提高主存系统的最大频宽的，但主存实际频宽并不随 m 值的增大而线性提高，也就是说其实际效率并不像所希望的那么高。例如，标量计算机主存采用模 32 低位交叉的实际频宽不到最大频宽的 1/3。原因在于以下两点。一是系统效率的问题。对模 m 交叉，若都是顺序取指，效率可提高到 m 倍。但实际程序中指令不总是顺序执行的，一旦出现转移，效率就会下降。转移的频度越高，并行主存系统效率的下降就越大。而数据的顺序性比指令的差，实际的频宽还可能要低一些。二是在工程实现上由于模 m 越高，存储器数据总线越长，总线上并联的负载越重，有时还不得不增加门的级数，这些都会使传输延迟增加。

对有 m 个独立分体的主存系统，设处理机发出的是一串地址为 A_1，A_2，$\cdots$，A_q 的访存申请队。在每一个主存周期到来之前，这个申请队被扫描，并截取从队头起的 A_1，A_2，$\cdots$，A_k 序列作为申请序列。申请序列是在要求访存申请的 k 个地址中没有两个或两个以上的地址处在同一分体中的最长序列。就是说，申请序列 $A_1 \sim A_k$ 不一定是顺序编址，只要它们之间不出现分体冲突即可。显然，k 是随机变量，最大可以为 m，但由于会发生分体冲突，往往小于 m。截取的这个长度为 k 的申请序列可以同时访问 k 个分体，因此，这个系统的效率取决于 k 的平均值。k 越接近于 m，效率就会越高。

设 $P(k)$ 表示申请序列长度为 k 的概率，其中 $k=1$，2，$\cdots$，m。k 的平均值用 B 表示，则

$$B = \sum_{k=1}^{m} kP(k)$$

它实际上就是每个主存周期所能访问到的平均字数，正比于主存实际频宽，只差一个常数比值 T_M/W。$P(k)$ 与程序密切相关。如果访存申请队都是指令的话，那么影响最大的是转移概率 λ，它定义为给定指令的下条指令地址为非顺序地址的概率。指令在程序中一般是顺序执行的，但遇到成功转移，则申请序列中在转移指令之后的、与它在同一存储周期读出的其他顺序单元内容就没用了。而且，即使转向去址与转移指令不产生分体冲突，也由于处理机响应时间来不及，不可能与转移指令安排在同一个存储周期内访存。因此，申请序列中如果第一条就是转移指令且转移成功，则与第一条指令并行读出的其他 $m-1$ 条指令就是没用的，相当于 $k=1$，所以 $P(1)=\lambda=(1-\lambda)^0\lambda$；$k=2$ 的概率自然是第一条指令没有转移（其概率为 $1-\lambda$），第二条是转移指令且转移成功的情况，所以，$P(2)=(1-P(1))\lambda=(1-\lambda)^1\lambda$；同理，$P(3)=(1-P(1)-P(2))\lambda=(1-\lambda)^2\lambda$。如此类推，$P(k)=(1-\lambda)^{k-1}\lambda$，其中 $1\leqslant k<m$。如果前 $m-1$ 条指令均不转移，则不管第 m 条指令是否转移，k 都等于 m，故 $P(m)=(1-\lambda)^{m-1}$。这样

$$B = \sum_{k=1}^{m} kP(k) = 1\lambda + 2(1-\lambda)\lambda + 3(1-\lambda)^2\lambda$$
$$+ \cdots + (m-1)(1-\lambda)^{m-2}\lambda + m(1-\lambda)^{m-1}$$

经数学归纳法化简可得

$$B = \sum_{i=0}^{m-1} (1-\lambda)^i$$

它是一个等比级数，因此

$$B = \frac{1-(1-\lambda)^m}{\lambda} \qquad .$$

由此式可见，若每条指令都是转移指令且转移成功($\lambda=1$)，则 $B=1$，就是说使用并行多体交叉存取的实际频宽低到和使用单体单字的一样。若所有指令都不转移($\lambda=0$)，则 $B=m$，即此时使用多体交叉存储的效率最高。

图 3-5 画出 m 为 4、8、16 时 B 与 λ 的关系曲线。不难看出，如果转移概率 $\lambda>0.3$，$m=4,8,16$ 的 B 差别不大，即此时模 m 取值再大，对系统效率也不会带来多大的好处。而在 $\lambda<0.1$ 时，m 值的大小对 B 的改进会有显著影响。至于数据，由于其顺序性更差，增大模 m 值对提高主存频宽的影响程度就更差一些。若机器主要是运行标量运算的程序，一般取 $m\leqslant8$，很少采用 $m=16$ 的。但如果是向量处理机，由于数据的顺序性好，加上向量指令的使用大大减少了循环的次数，也就减少了转移概率，因此其 m 值可以取大些。

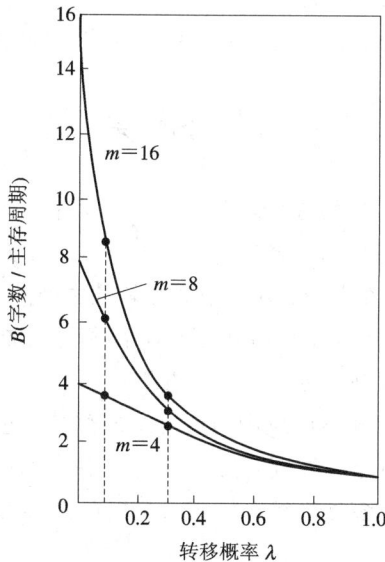

图 3-5 m 个分体并行存取的 $B=f(\lambda)$ 曲线

【例 3-1】 设访存申请队的转移概率 λ 为 25%，比较在模 32 和模 16 的多体单字交叉存储器中，每个周期能访问到的平均字数。

每个存储周期能访问到的平均字数为

$$B = \frac{1-(1-\lambda)^m}{\lambda}$$

将 $\lambda=25\%$，$m=32$ 代入上式，可求得

$$B = \frac{1 - 0.75^{32}}{0.25} = 4$$

即每个存储周期平均能访问到 4 个字。

将 $\lambda = 25\%$，$m = 16$ 代入上式，可求得

$$B = \frac{1 - 0.75^{16}}{0.25} = 3.96$$

即每个存储周期平均能访问到 3.96 个字。

可见，当转移概率 λ 为 25%，比较大时，采用模 32 与模 16 的每个存储周期能访问到的平均字数非常接近。就是说，此时提高模数 m 对提高主存实际频宽的影响已不显著了。实际上，模数 m 的进一步增大，会因工程实现上的问题，导致实际性能反而可能比模 16 的还要低，且价格更高，所以，模数 m 不宜太大。对于 $\lambda = 25\%$ 的情况，可以计算出 $m = 8$ 时，其 B 值已经接近于 3.6 了。

从最不利的情况考虑，设所有申请（包括指令和数据）都是全随机的，用单来单服务、先来先服务的排队论模型进行模拟，可得出随 m 的提高，主存频宽只是以近似 $\sqrt{m}$ 的关系得到改善。当然，指令流不会是完全随机的，就是数据流也不会是全随机的，例如阵列、表格等就会是顺序存取。因此，总的来看，B 的值总是会比 $\sqrt{m}$ 的值要大。

正是因为程序的转移概率不会很低，数据分布的离散性较大，所以单纯靠增大 m 来提高并行主存系统的频宽是有限的，而且性能价格比还会随 m 的增大而下降。如果采用并行主存系统仍不能满足速度上的要求，就必须从系统结构上进行改进，采用存储体系。

3.2 中 断 系 统

CPU 中止正在执行的程序，转去处理随机提出的请求，待处理完后，再回到原先被打断的程序继续恢复执行的过程称为中断。响应和处理各种中断的软、硬件总体称为中断系统。在计算机中，中断可分内部中断、外部中断和软件中断三类。内部中断由 CPU 内的异常引起；外部中断由中断信号引起；软件中断由自陷指令引起，用于操作系统服务。外部中断又分可屏蔽中断和不可屏蔽中断。

中断系统是整个计算机系统不可缺少的重要组成部分。它对程序的监视和跟踪、人机联系、故障处理、多道程序和分时处理、实时处理、目态程序（用户程序）和操作系统的联系、输入/输出(I/O)处理以及多处理机系统中各机的联系等都起着重要的作用。

3.2.1 中断的分类和分级

引起中断的各种事件称为中断源。中断源向中断系统发出请求中断的申请，称为中断请求。同时可能有多个中断请求，这时，中断系统需按事先确定的中断响应优先次序对优先级高的中断请求予以响应。中断响应就是允许中断 CPU 现行程序的运行，转去对该请求进行预处理，包括保存好断点及其现场，调出有关处理该中断的中断服务程序，准备运行。这部分工作在多数机器上都用交换新旧程序状态字 PSW 来实现。为了某种需要，中断系统也可对中断请求进行屏蔽，使之暂时得不到响应。

1. 中断的分类

为处理一个中断请求，要调出相应的中断处理程序。如果中断源数比较少，通过中断系统硬件就可对每个中断源直接形成相应的中断服务程序入口。但对中、大型多用途机器，中断源数多达数十至数百个。如果为每个中断源单独形成入口，不仅硬件实现难、代价大，就是在中断处理上也没有这种必要。因为不少中断源的性质比较接近，可以将它们归成几类。对每一类给定一个中断服务程序入口，再由软件分支转入相应的中断处理部分，这可以大大简化中断处理程序入口地址形成硬件。

【例 3-2】 IBM 370 系统就将中断分成机器校验、管理程序调用（访管）、程序性、外部、输入/输出和重新启动 6 类。它们的旧 PSW 和新 PSW 所在存储单元地址各不相同。每类的具体中断源可由旧 PSW 中的中断码进一步指明，或由中断期间放于指定内存单元中的附加信息指明。

机器校验中断是告诉程序发生了设备故障。可用 64 位机器校验中断码指明故障原因和严重性，更为详细的中断原因和故障位置可由机器校验保存区内容提供。这里包含有电源故障、运算电路的误动作、主存出错、通道动作故障、处理器的各种硬件故障等。

访管中断是在用户程序需要操作系统介入时，通过执行"访管"指令发生的，访管原因由"访管"指令中的 8 位码指明。

程序性中断包括指令和数据的格式错、程序执行中出现异常（非法指令、目态下使用管态指令、主存访问方式保护、寻址超过主存容量、各种溢出、除数为 0、有效位为 0 等）以及程序的事件记录、监督程序对事件的检测引起的中断等。

外部中断来自机器外部，它包括各种定时器中断、外部信号中断及中断键中断。各种定时器中断用以计时、计费、控制等。外部信号中断主要用于与其他机器和系统的联系。中断键则用于操作员对机器的干预。这些外部中断又可再分成两类：一类是若未被响应，则继续保留；另一类是如不响应，则不再保留。

I/O 中断是 CPU 与 I/O 设备及通道联系的工具，在 I/O 操作完成或 I/O 通道或设备产生故障时发出。

程序性、外部、I/O 这 3 类的中断码均为 16 位。

重新启动中断是为操作员或另一台 CPU 要启动一个程序所用。CPU 不能禁止这种中断。

不少计算机还把中断现行进程的事件进一步细分成中断（Interrupt）和异常（Exception）两类，以便根据其不同的特点给予不同的控制和处理。由执行现行指令引起的暂停事件，如运算结果溢出、页面失效等属于异常，一般不能屏蔽，应予立即响应和处理。中断则专指那些与当前进程运行无关的请求暂停的事件，如机器故障中断请求、外设中断请求、定时器中断请求等。中断可以被屏蔽，未被响应的中断源保留在中断字寄存器中，直至屏蔽解除后仍可得到响应和处理。

2. 中断的分级

由于中断源相互独立而随机地发出中断请求，因此常常会同时发生多个中断请求。同一类中的各中断请求的响应和处理的优先次序，一般不是由中断系统的硬件而是由其软件或通道来管理的。而不同类的中断就要根据中断的性质、紧迫性、重要性以及软件处理的方便性把它们分成不同的级别。中断系统按中断源的级别高低来响应。通常优先级最高的中断定为 1 级，其次是 2 级，再次是 3 级 …… 优先级高、低的划分，不同机器有所差异。通常机器校验为第 1 级，程序性和管理程序调用为第 2 级，外部为第 3 级，输入/输出为第 4 级，重新启动为最低级。

机器校验列为第 1 级是因为掉电、地址错、数据错、通路错等必须及时处理，否则系统无法正常工作。但对只影响局部的某些故障，优先级可以低一些，例如可将通道或外设的故障放在输入/输出那一级。IBM 370 把机器校验分成紧急的和可抑制的两种，分属于不同的优先级。

程序性中断和管理程序调用一般列为第 2 级。因为若程序性中断级别低于外部中断和输入/输出中断，那么在同时出现这三类中断时就会先响应外部中断或输入/输出中断，而如果在处理这些中断的管理程序中又出现新的程序性错误，则产生的程序性中断就可能与原先的程序性中断源混在一起。因此，应优先响应程序性中断，然后再响应外部中断和输入/输出中断，这样不会导致混乱。

外部中断级别高于输入/输出。因为它涉及多机联系、人机干预等控制操作，而输入/输出中断只是某台外设的请求，属于局部性的，而且还可由各通道管理，推后中断响应也不致丢失信息和带来太大的影响。

重新启动中断级别一般最低，因为重新启动的时间并不紧迫，但当 CPU 处于停止状态时，重新启动就应具有比挂起的输入/输出、外部或可抑制的机器校验中断都要高的优先级。

访管中断是在现行程序中安排一条"访管"指令自愿进入的中断。之所以将它放在第 2 级是因为机器在执行"访管"指令时发生了紧急的机器故障和错误，只有先去处理，之后才能根据"访管"指令功能，进入管理程序。"访管"中断不受中断级屏蔽的控制，使各级中断的管理程序中都可用"访管"指令，以嵌套进入相应的管理程序，为系统程序的编制带来方便。

在有的计算机系统中，还有第 0 级中断，即当机器因故障重叠发生或无法排除，完全不能正常工作时，由中断系统硬设备发出的机器告急。它或者向操作员报警，请求直接干预，或者向其他机器求援，进行机器间的任务切换。这种告急不是真正的中断级，不参加中断级排队，中断后也无法自行恢复。

例如，IBM 370 中断响应的优先次序为：紧急的机器校验、管理程序调用和程序性、可抑制的机器校验、外部、输入/输出、重新启动。

3.2.2　中断的响应次序与处理次序

中断的响应次序是在同时发生多个不同中断类的中断请求时，中断响应硬件中的排队器所决定的响应次序。然而，中断的处理要由中断处理程序来完成，而中断处理程序在执行前或执行中是可以被中断的。这样，中断处理完的次序（下面简称中断处理次序）就可以不同于中断的响应次序。

一般在处理某级中的某个中断请求时，是不能被与它同级的或比它低一级的中断请求所中断的。只有比它高一级的中断请求才能中断其处理，等响应和处理完后再继续处理原先的那个中断请求。

中断响应的次序用排队器硬件实现，次序是由高到低固定的。为了能根据需要，由操作系统灵活改变实际的中断处理次序，很多机器都设置了中断级屏蔽位寄存器，以决定某级中断请求能否进入中断响应排队器。只要能进入的，总是让高级别的优先得到响应。程序状态字中包含有中断级屏蔽位字段。操作系统只要将每一类中断处理程序的现行程序状态字中的中断级屏蔽位设置成不同状态，就可以实现所希望的中断处理次序。

图 3－6 给出了一个中断响应硬件部分的原理简图。

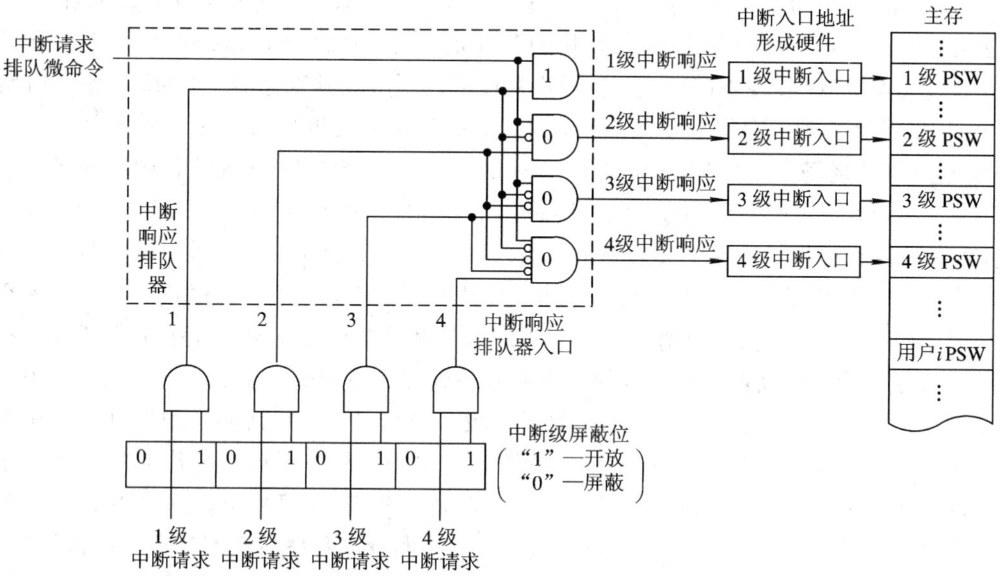

图 3－6　中断响应硬件部分原理简图

【例 3－3】　假设某系统有 4 个中断级，相应地每一级中断处理程序的现行 PSW 中都有 4 位中断级屏蔽位。如果中断级屏蔽位为"1"，则表示对该级中断开放，允许其进入中断响应排队器；如果中断级屏蔽位为"0"，则对该级中断屏蔽，不让其进入中断响应排队器。那么，要让各级中断处理次序和各级中断响应次序都一样，都是 1→2→3→4，就只需按表3－2 设置好各级中断处理程序现行程序状态字中的中断级屏蔽位即可。

表 3－2　中断级屏蔽位设置（中断处理次序和中断响应次序一样）

中断处理 程序级别	中断级屏蔽位			
	1 级	2 级	3 级	4 级
第 1 级	0	0	0	0
第 2 级	1	0	0	0
第 3 级	1	1	0	0
第 4 级	1	1	1	0

这里，应注意的是有关中断级屏蔽位"0"、"1"是"屏蔽"还是"开放"中断，不同机器有着不同的定义。在设置中断级屏蔽位时，应遵守正在执行某级中断处理程序时，现行 PSW 中应屏蔽同级和低级的中断请求。为保证中断嵌套时从哪儿来回哪儿去，应设置一个返回

地址堆栈，中断时将断点地址用硬件的方法自动压入栈顶保存，等中断返回时，再用硬件的方法将断点地址从当前栈顶弹回到程序计数器，利用堆栈的后进先出，实现正确的返回。另外，用户程序(目态程序)是不能屏蔽任何中断的，即用户程序的现行 PSW 中的中断级屏蔽位对各级中断都应当是开放的。

现假定运行用户程序的过程中先后出现了如图 3 - 7 所示的中断请求。执行用户程序时其现行 PSW 的中断级屏蔽位(放置于中断级屏蔽位寄存器中)均为"1"。当 2、3 级中断请求同时到来时，均进入排队器，中断请求排队微命令到来时，优先响应 2 级中断请求(此时去除相应的 2 级中断请求源)，中断用户程序的执行，中断断点地址被压入返回地址堆栈，通过交换 PSW 实现程序切换。将用户程序所用到的关键寄存器、中断码、断点等现状作为旧 PSW 保存到内存指定单元，再从内存另一指定单元取出对应 2 级中断处理程序的 PSW 建立起新现场。由于 2 级中断处理程序的中断级屏蔽位 1000 被放置到中断级屏蔽位寄存器，尽管 3 级中断请求还在，但被屏蔽掉不予响应，开始执行 2 级中断处理程序。即使 2 级中断处理程序执行过程中又遇到了 4 级中断请求也不予理睬，直到 2 级中断处理程序执行完后，交换 PSW，又返回到被中断前的用户程序。此时，用户程序状态字的中断级屏蔽位全为"1"，使 3、4 级中断请求才又同时进入排队器。在优先响应 3 级中断请求并进行处理后又返回到被中断前的用户程序，再响应并处理 4 级中断请求。待处理完后又返回被中断的用户程序继续执行。后来，又发生了 2 级中断请求，在对其响应和处理过程中又发生了 1 级中断请求。因为 2 级中断处理程序 PSW 中的 1 级中断级屏蔽位为"1"，所以让 1 级中断请求进入排队器，从而转去响应 1 级中断请求并进行处理。由于 1 级中断处理程序的中断级屏蔽位为全"0"，因此只有等运行完 1 级中断处理程序后返回到上一次被打断的 2 级中断程序才能继续处理完，再依次返回到再前一次的断点，即用户程序继续执行。由此例可见其实际的中断处理(完)的次序为 1→2→3→4。

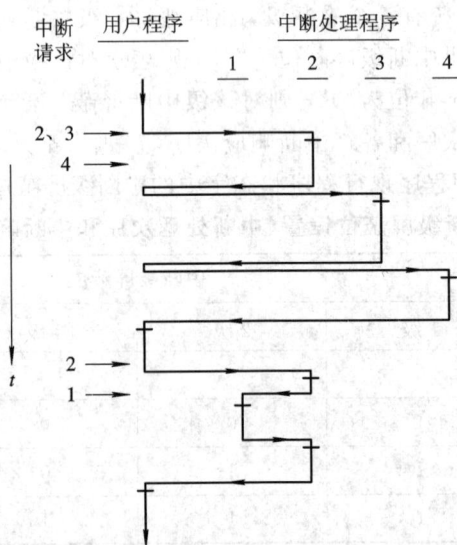

图 3 - 7 中断处理次序为 1→2→3→4 的例子

如果想把中断处理次序改为 1→4→3→2，那么只需由操作系统将各中断级处理程序的中断级屏蔽位设置成如表 3 - 3 所示的值即可。

表 3 - 3　中断级屏蔽位设置(中断处理次序和中断响应次序不一样)

中断处理	中断级屏蔽位			
程序级别	1 级	2 级	3 级	4 级
第 1 级	0	0	0	0
第 2 级	1	0	1	1
第 3 级	1	0	0	1
第 4 级	1	0	0	0

现按上述假设发出中断请求,则其程序运行过程如图 3 - 8 所示。可以看出,此时各级中断处理完的先后顺序变成了 1→4→3→2。

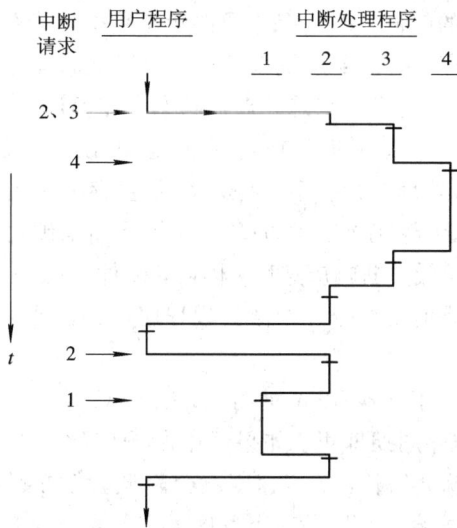

图 3 - 8　中断处理次序为 1→4→3→2 的例子

由以上分析可以看出,只要操作系统根据需要用软的方法,改变各级中断处理程序的中断级屏蔽位状态,就可以改变实际的中断处理(完)的先后顺序。这就是中断系统采用软、硬件结合的好处。中断响应用排队器硬件实现可以加快响应和断点现场的保存,中断处理采用软的技术可以提供很大的灵活性。因此,中断系统的软、硬件功能的实质是中断处理程序软件和中断响应硬件的功能分配。但为了改善性能,用软件实现的功能,可以部分改用硬件来实现。

3.2.3　中断系统的软、硬件功能分配

中断系统的功能包括中断请求的保存和清除、优先级的确定、中断断点及现场的保存、对中断请求的分析和处理以及中断返回等。中断系统主要是考虑要有高的中断响应速度,即从发出中断请求到进入中断处理程序的中断响应时间要短;其次是考虑中断处理的灵活性。因此,中断系统的软、硬件功能分配实质上是中断处理程序软件和中断响应硬件的功能分配。随着硬件、器件的发展,其价格在不断下降,为了改善性能,加快中断的处理,也可以在软件实现的功能上不断增加硬件的支持。

最初，为了简化硬件、降低成本，中断系统的大部分功能都是由软件完成的，从而使中断响应和中断处理的时间都很长。后来，中断响应及其次序由程序查询软件的方法改为用中断响应排队器硬件实现，中断源的分析也由程序查询改为硬件编码，直接或经中断向量表间接形成各中断处理程序的入口地址，进而发展成对每级中断经中断响应硬件形成该级中断程序状态字地址的入口，再把中断源的状况以中断码的形式经旧程序状态字告知中断处理程序。

中断现场包括软件状态(如作业名称和级别，上、下界值，各种软件状态和标志等)和硬件状态(如现行指令地址，条件码等状态信息，各种控制寄存器及通用寄存器内容)。软件状态因为本来就在主存中，同时其数量随操作系统的发展在扩大，所以宜于经中断处理程序保存。硬件状态随机器的日益复杂而越来越多，如果都由中断处理程序保存，会延缓转入真正处理该中断请求的时间；而且有些硬件状态是机器指令访问不到的，若为各种硬件状态都设置专门指令保存，则指令系统太复杂。所以通常采取把分散于 CPU 各部分的硬件状态组成程序状态字(有的机器则是处理器状态字或换道区)，然后由中断响应硬件通过存程序状态字(处理器状态字、换道区)到主存指定单元或区域的方式来保存。再把新的程序或进程的程序状态字(处理器状态字、换道区)从主存另一指定单元或区域取来传送到有关寄存器中，建立起运行新程序或进程的环境。但是如果硬件状态很多，要让它们全部经中断响应硬件保存，会降低中断响应速度，因此，硬件状态是全部经中断响应硬件保存，还是部分经中断响应硬件保存、部分经中断处理程序保存，要视具体机器的规模和使用场合做不同的选择。

中断响应时间主要取决于交换 PSW 的时间，以 IBM 370 为例，PSW 为 64 位，因而交换 PSW 只需写、读两个访存周期即可。如果经中断响应硬件保存的硬件状态太多，PSW 就很长，访存次数和时间就会增长，响应速度就会降低。考虑到不是所有的中断处理都需要保存全部通用寄存器的内容，如果是整个程序才需要保存全部通用寄存器内容，如果是某道程序调用某个管理程序，可能只需部分保存甚至不需要保存通用寄存器的内容。因此，大多数机器的通用寄存器组的内容是由中断处理程序按切换需要用软件保存的。这既提高了中断响应的速度，又使系统具有较大的灵活性。当然，如果主存字宽度很宽，一个主存周期可并行访问多个字时，也可以全部由中断响应硬件来保存。

为减少中断处理程序保存通用寄存器内容所耗费的时间，设置通用寄存器组与主存或堆栈之间的成组传送指令是必要的，至少可以减少大量的取指令时间。如果采用类似前述的 RISC 的寄存器窗口技术，可以使任务切换时不必切换和保存通用寄存器的内容。就是说，可以考虑为软件实现的功能增加必要的硬件支持。

以上都是针对所有任务均在同一个处理机上实现的集中式处理机系统而言的。如果发展如第 1 章提及的功能分布处理系统，则输入/输出不需要中断中央处理机的用户程序运行，可以从根本上简化任务切换所需要的辅助操作。

3.3 总 线 系 统

总线是用于互连计算机、CPU、存储器、I/O 端口及外部设备、远程通信设备间信息传送通路的集合。总线与其相配合的附属控制电路统称为总线系统。按信息传送功能、性能的不同，总线系统包括数据线、地址线、命令、时序和中断信号等控制/状态线、电源线、地线及备用线等。

　　数据线根数决定同时传送的数据位数，即数据通路宽度。地址线根数决定直接寻址的范围。控制/状态线决定总线的功能和使用能力。备用线用于系统功能的扩充。

　　不同总线的功能、工作方式和性能各有差异。本节着重以 I/O 总线为例，系统讲述总线的设计。

3.3.1　总线的分类

　　总线按在系统中的位置分为芯片级（CPU 芯片内的总线）、板级（连接插件板内的各个组件，也称局部总线或内部总线）和系统级（系统间或主机与 I/O 接口或设备之间的总线）等 3 级。

　　就总线允许信息传送的方向来说，可以有单向传输和双向传输两种。双向传输又有半双向和全双向的不同。半双向可沿相反方向传送，但同时只能向一个方向传送。全双向允许同时向两个方向传送。全双向的速度快，造价高，结构复杂。

　　总线按用法可分为专用和非专用两类。

　　只连接一对物理部件的总线称为专用总线，其优点是：多个部件可以同时收/发信息，不争用总线，系统流量高；通信时不用指明源和目的，控制简单；任何总线的失效只会使连接于该总线的两个部件不能直接通信，但它们仍可通过其他部件间接通信，因而系统可靠。

　　专用总线的缺点是总线数多。如果 N 个部件用双向专用总线在所有可能路径都互连，则需 $N\times(N-1)/2$ 组总线。N 较大时，总线数将与部件数 N 成平方倍关系增加，不仅增多了转接头，难以小型化、集成电路化，而且当总线较长时，成本相当高。此外，专用总线的时间利用率低；专用总线不利于系统模块化，增加一个部件要增加许多新的接口和连线。图 3 - 9 中，实线是 $N=4$ 的情况，虚线表示因增加部件 E 后需要增设的接口和总线。所以，在一般的 I/O 系统中，专用总线只适用于实现某个设备（部件）仅与另一个设备（部件）的连接。

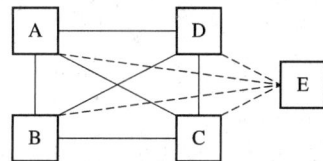

图 3 - 9　所有部件之间用专用总线互连

　　非专用总线可以被多种功能或多个部件所分时共享，同一时间只有一对部件可使用总线进行通信。例如，低性能微、小型机中使用的单总线，既是主存总线又是 I/O 总线；高速中、大型系统为解决 I/O 设备和 CPU、主存间传送速率的差距，使用的主存、I/O 分开的双总线或多总线；多个远程终端共享主机的系统使用的远距离通信总线，多处理机系统互连用的纵横交叉开关等，都是非专用总线。

　　非专用总线的优点是：总线数少，造价低；总线接口标准化、模块性强；可扩充能力强，部件的增加不会使电缆、接口和驱动电路激增；易用多重总线来提高总线的带宽和可靠性，使故障弱化。缺点是系统流量小，经常会出现争用总线的情况，使未获得总线使用权的部件不得不等待而降低效率。如果处理不当，非专用总线有可能成为系统速度性能的"瓶颈"，对单总线结构尤其如此。其次，共享总线失效会导致系统瘫痪。因此，I/O 系统适宜用非专用总线。

3.3.2　总线的控制方式

非专用总线上所挂的多个设备或部件如果同时请求使用总线,就得由总线控制机构按某种优先次序裁决,保证只有一个高优先级的申请者首先取得对总线的使用权。

总线控制机构基本集中在一起,不论是在连接到总线的一个部件中,还是在单独的硬件中,都称为集中式控制。而总线控制逻辑分散在连到总线的各个部件时,就称为分布式总线控制。这里只讲集中式总线控制。

优先次序的确定可以有串行链接、定时查询和独立请求 3 种不同的方式,也可以是它们的结合。采用何种方式取决于控制线数目、总线分配速度、灵活性、可靠性等因素的综合权衡。

图 3 - 10 为集中式串行链接方式。所有部件都经公共的"总线请求"线向总线控制器发出要求使用总线的申请。只有当"总线忙"信号未建立(即总线空闲)时,"总线请求"才被总线控制器响应,送出"总线可用"信号,它串行地通过每个部件。如果某个部件接收到"总线可用"信号,但未发过"总线请求"时,就将该信号继续送往下一个部件;如果该部件接到"总线可用"信号并发出过"总线请求"时,则停止传送"总线可用"信号。该部件建立"总线忙",并去除其"总线请求",意即该部件获得了使用总线的权利,之后即可准备数据的传送。在数据传送期间,"总线忙"维持"总线可用"的建立。完成传送后,部件去除"总线忙"信号,"总线可用"随之去除。其后,当"总线请求"再次建立时,就开始新的总线分配过程。

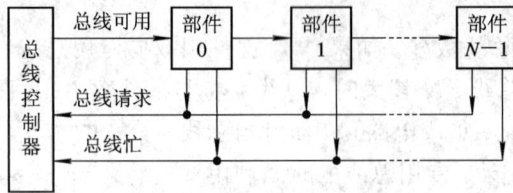

图 3 - 10　集中式串行链接

串行链接方式获得使用总线权的优先次序是由"总线可用"线所接部件的物理位置决定的,离总线控制器越近的部件其优先级越高。

串行链接的优点是:选择算法简单,用于解决总线控制分配的控制线的线数少,只需要 3 根,且不取决于部件的数量;部件的增减容易,只需简单地把它连到总线上或从总线上去掉即可,可扩充性好;由于逻辑简单,容易通过重复设置提高可靠性。缺点是对"总线可用"线及其有关电路的失效敏感,如果部件 i 不能正确传送"总线可用"信号,则 i 之后的所有部件将得不到总线的使用权。由于优先级是线连固定,不能由程序改变,不灵活,如果高优先级的部件频繁要求使用总线,则离总线控制器远的部件就难以得到使用总线的权力。因"总线可用"信号必须顺序脉动地通过各个部件,所以限制了总线的分配速度。同时因受总线长度的限制,故增减或移动部件也受到限制。

图 3 - 11 为集中式定时查询方式。总线上的每个部件通过"总线请求"线发出请求,若总线处于空闲,"总线忙"信号未建立,则总线控制器收到请求后,让计数器开始计数,定时查询各部件以确定是谁发的请求。当查询线上的计数值与发出请求的部件号一致时,该部件就建立"总线忙",使得计数器停止计数,也即控制器中止查询。同时,去除该部件的

"总线请求",让该部件获得总线使用权,准备传送数据,直至该部件完成传送为止。之后去除"总线忙",若"总线请求"线上仍有新的请求,就开始下一个总线分配过程。如果每次总线分配前将计数器清"0",查询从"0"开始,部件优先级的排序就类同串行链接的;如果每次总线分配前计数器不清"0",从中止点继续查询,则是一种循环优先级,为所有部件提供相同的使用总线机会;如果总线分配前将计数器置成某个初值,则可以指定某个部件为最高优先级;如果总线分配前将部件号重新设置一下,则可指定各部件为任意所希望的优先级。

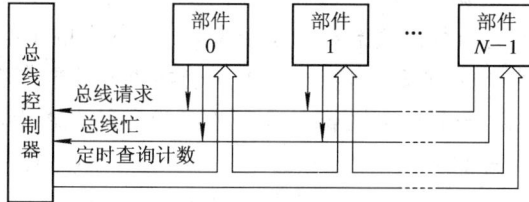

图 3 - 11　集中式定时查询

定时查询的优点是因计数器初值、部件号均可由程序设定,优先次序可用程序控制,灵活性强;不会因某个部件失效而影响其他部件对总线的使用,可靠性高。缺点是:控制线的线数较多,需 $2+\lceil \text{lb } N \rceil$ 根;可以共享总线的部件数受限于定时查询线的线数(编址能力),扩展性稍差;控制较为复杂;总线分配的速度取决于计数信号的频率和部件数,不能很高。

图 3 - 12 为集中式独立请求方式。共享总线的每个部件各自都有一对"总线请求"和"总线准许"线。当部件请求使用总线时,送"总线请求"信号到总线控制器。只要总线闲着("总线已被分配"线无信号),总线控制器就可根据某种算法对同时送来的多个请求进行仲裁,以确定哪个部件可使用总线,并立即通过相应的"总线准许"线送回该部件,去除其请求,建立"总线已被分配",使该部件获得总线使用权,总线分配过程结束。直至数据传送完

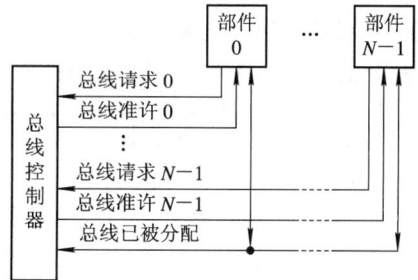

图 3 - 12　集中式独立请求

后,部件去除"总线已被分配",经总线控制器去除"总线准许",并开始新的总线分配。

独立请求方式的优点是:总线分配速度快,所有部件的总线请求同时送到总线控制器,不用查询;控制器可以使用程序可控的预定方式、自适应方式、循环方式或它们的混合方式灵活确定下一个使用总线的部件;能方便地隔离失效部件的请求。缺点是:控制线数量过大,为控制 N 个设备必须有 $2N+1$ 根控制线,而且总线控制器要复杂得多。

集中式控制的 3 种方式各有优、缺点,后两种方式用在高性能的巨、大、中型计算机上,而目前用得最广泛的小、微型机上主要还是采用串行链接方式。因为它简单,便于实现,总线控制器的结构和控制线的数目与所接部件的个数无关,而且各个部件的分配用接口以及对总线的申请和取得使用权的方式都是一样的。至于其各个部件的优先级是线连固定的缺点,可以通过设置具有多根有不同优先级次序的"总线可用"线,根据不同的需要,用软件控制相应的"总线可用"线工作来弥补。

3.3.3 总线的通信技术

当获得了总线的使用权后，还必须给出通信的是"源"还是"目的"部件、传送信息的类型和方向等信息，之后才能开始真正的数据信息的传送。信息在总线上的传送方法基本上可分为同步和异步两种。

1. 同步通信

部件间的信息传送由定宽、定距的系统时标同步。信息的传送速率高，受总线长度的影响小，时钟在总线上的时滞可能会造成同步误差，时钟线上的干扰信号易引起误同步。

为了提高可靠性，希望目的部件对数据是否正确接收能给予回答。一种解决办法是在正常时目的部件不做回答，出错时目的部件在同步时间片过去之后，发回源部件一个出错信号，这样，就不会降低正常时总线的传送速率。但要求源部件必须设置较大容量的缓冲器保留已传送但未经证实和回答过的所有数据，以备重发之用。

2. 异步通信

由于 I/O 总线一般被有不同速度的许多 I/O 设备所共享，因此宜于采用异步通信。异步通信又分单向控制和请求/回答双向控制两种。通信过程只由源或目的部件之一控制的称为单向源控式或单向目控式，而由源和目的部件共同控制的称为请求/回答双向控制。

图 3-13(a)为异步单向源控式通信。源部件将数据放在"数据"总线上，延迟 t_1 后再在控制总线上发"数据准备"信号，作为目的部件接收数据的选通信号用。延迟 t_1 是为了防止"数据准备"信号可能先于"数据"到达目的部件而出错。t_2 是源部件输出寄存器再装入新的待发数据或是总线重新分配所需的时间。

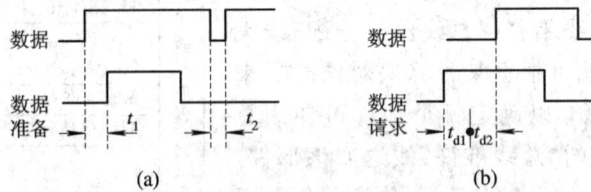

图 3-13 异步单向控制通信
(a) 源控式；(b) 目控式

单向源控式的优点是简单、高速。缺点是：没有来自目的部件指明传送是否有效的回答；不同速度的部件间通信比较困难，部件内需设置缓冲器以缓冲来不及处理的数据；效率低，高速部件难以发挥其效能；要求"数据准备"干扰要小，否则易误认成有效信号。

图 3-13(b)为异步单向目控式通信，可以解决传送有效性校验的问题。由目的部件建立"数据请求"来使源部件把数据放在"数据"线上，即目的部件发出"数据请求"，经二次传送延迟，即 $2t_d$ 后，数据到达目的部件，由其检验数据的有效性。如果有错，目的部件回送"数据出错"代替下一个"数据请求"。显然，总线传送速率随源、目的之间距离的增加而下降。此外，开始时需有辅助操作时间以及目的部件在接收数据后，需再加上错误检验时间才能发出下一个"数据请求"，这些都使传送速率下降。

单向控制的缺点是：不能保证下一数据传送之前让所有数据线和控制线的电平信号恢

复成初始状态，从而可能造成错误，为此可采用异步请求/回答式双向控制。双向控制也有主从关系，下面以源为主来介绍。

图 3-14(a)为非互锁方式。源将数据放在总线上，经 t_1 延迟后发出"数据准备"，目的部件在 t_1+t_{d1} 时刻接收数据后经校验若未发现出错，就发"数据接受"来响应，并返回到源部件，在 $t_1+t_{d1}+t_{d2}$ 时刻去除原数据，而后再经过 t_2 时间把新的数据放在数据线上。如果目的部件发现数据有错，则发出"数据出错"代替"数据接受"。这既提供出错控制，也便于实现不同速度的部件之间的通信。其代价是要降低传送速率，因为要经过二次总线延迟，并增加某些控制逻辑。如果总线传输延迟与通信信号脉宽的比值不合适，就可能出现在下一个"数据准备"到达目的端时，上一个"数据接受"仍处于高电平，这样"数据准备"信号会使"数据接受"线一直维持在高电平上(如图 3-14(a)"数据接受"线上的虚线所示)，从而出错。若使下一个"数据准备"信号只能在上一个"数据接受"信号结束后才发出，就能防止这种出错。图 3-14(b)的互锁方式就能保证这点。

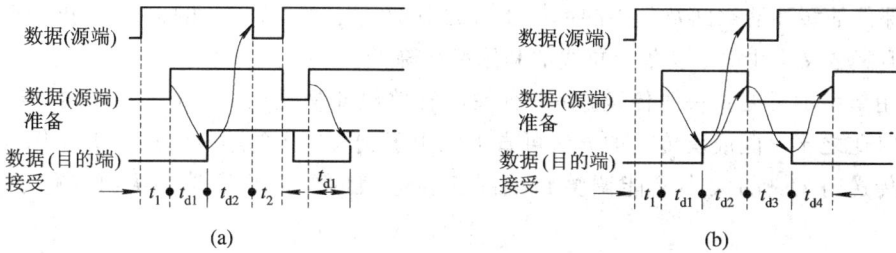

图 3-14　源控式异步双向控制通信

(a) 非互锁方式；(b) 互锁方式

异步双向互锁方式虽增加了信号沿总线来回传送的次数，使控制硬件变得复杂，但它能适应各种不同速度的 I/O 设备，保证数据传送的正确性，且有较高的数据传送速率。因为它总是以所接源和目的部件中相对较低的速率来通信，比同步方式总是以所有部件中最低的速率来通信的效率要高，所以 I/O 总线中最广泛使用的还是异步双向互锁通信方式。

3.3.4　数据宽度与总线线数

1. 数据宽度

数据宽度是 I/O 设备取得 I/O 总线后所传送数据的总量。它不同于前面讲过的数据通路宽度。数据通路宽度是数据总线的物理宽度，即一个时钟周期所传送的信息量。二次分配总线期间所传送的数据宽度可能要经多个时钟周期分次传送来完成。采用何种数据宽度与总线上各设备的特点、所用总线控制方式和通信技术有关。数据宽度有单字(单字节)、定长块、可变长块、单字加定长块和单字加可变长块等。

单字(单字节)宽度适合于输入机、打印机等低速设备。因为这些设备在每次传送一个字(字节)后的访问等待时间很长，在这段时间里让总线释放出来为别的设备服务，可大大提高总线利用率和系统效率。单字(单字节)宽度不适合面向成块信息传送的磁盘、磁带等快速设备。因为这些设备虽然访问等待的时间也很长，但一旦开始传送，信息速率却较高，若每传送一个字(字节)后就重新分配总线，会显著增多访问等待和辅助操作的次数与开销，降低了设备的等效访问速度，也不能充分利用总线带宽。采用单字（单字节）宽度不用指明传送信息的长度，有利于减少辅助开销。

定长块宽度适合于磁盘等高速设备，可以充分利用总线带宽。定长块也不用指明传送信息的长度，简化了控制，同时可按整个信息块进行校验。但由于块的大小固定，当它比要传送的信息块大小小得多时，仍要多次分配总线，而如果大于要传送的信息块时，又会浪费总线的带宽和缓冲器空间，也使得部件不能及时转入别的操作。

可变长块宽度适合于高优先级的中高速磁带、磁盘等设备，灵活性好，可按设备的特点动态地改变传送块的大小，使之与部件的物理或逻辑信息块大小一致，以有效地利用总线的带宽，也使通信的部件能全速工作。但为此要增大缓冲器空间，并增加指明传送信息块大小的辅助开销和控制。

对于挂有速度较低而优先级较高的设备的总线，可以采用单字加定长块传送。这样，定长块的大小就不必选择得过大，信息块超过定长块的部分可用单字处理，从而减少总线带宽、部件的缓冲器空间及部件的可用能力的浪费。当然，若传送的信息块小于定长块的大小，但字数又不少时，设备或总线的利用率会降低。

采用单字加可变长块的传送，是一种灵活有效但却又复杂、开销大的方法。当要求传送单字时比之于只能成块传送的方法可省下原用于成块传送的不少起始辅助操作；而当要求成块传送时，块的大小又能调整到与部件和应用的要求相适应，从而优化了总线的使用。

2. 总线的线数

总线要有发送/接收电路、传输导线或电缆、转接插头和电源等，其成本比逻辑线路的高很多，而且转接器占去了系统中相当大的物理空间，是系统中可靠性较低的部分。总线的线数越多，则成本越高，干扰越大，可靠性越低，占用的空间也越大，当然，传送速度和流量也越高。此外，总线的长度越长，则成本越高，干扰越大，波形畸变越严重，可靠性越低。为此，总线增长，线数就应减少。数据总线的宽度有位、字节、字或双字等。

在满足性能前提下应尽量减少线数。总线线数可通过用线的组合、编码及并/串—串/并转换来减少，但一般会降低总线的流量。

线的组合能减少只按功能和传送方向所需的线数。如性质相似、方向相反且不同时发生的两根单向线可用一根半双向线代替。线的编码通过对少数几根功能线进行编码来取代每种功能都用单线完成的多根单功能线。并/串—串/并转换是在总线两端设并/串、串/并转换器，使用较少的线数，经多次分拆移位传送后再在目的端组装成完整的字。串/并的程度取决于系统成本与性能的权衡。极端的一位串行传送的总线只用于远距离通信。

总线的类型、控制方式、通信技术、数据宽度和总线的线数等确定后，总线的申请、使用方式及相应的规范也就确定了。所谓 I/O 设备或 I/O 控制器的"接口"，除了接口线编号外，还包括能满足 I/O 总线要求的申请、使用规范。因此，I/O 总线接口的标准化非常重要。总线标准一般包括机械、功能、电气及过程（同步）等 4 个方面的标准。如 Nubus（Texes）、Fastbus、Nanobus（Eocorn 计算机）、VME（IEEEP1296）总线、MC68000（IEEE P1014）、MultibusⅡ（Intel）、iPSB 并行系统总线等，有些已用于构造多处理机。1991 年提出的 Futurebus＋标准可作为支持 64 位地址空间和多 RISC 或下一代多处理机所要达到的吞吐率的真正开放式总线标准,可用于 TTL、BTL、CMOS、ECL、GaAs 等任何系列的逻辑实现。又如 IBM PC 上先后发展有 ISA(AT)、EISA(32 位)、PCI(外围部件互连)的总线标准。

I/O 总线的结构设计除了在权衡系统功能和性能要求下制定出上述规范约定外,一个重要的问题是流量的设计。I/O 总线所需的流量取决于该总线所接外设的数量、种类以及传输信息的方式和速率要求。总线的价格一般正比于流量,当流量超过某个范围后价格将会呈指数上升,且 I/O 设备接口的价格也随之上升。因此,系统要求的流量过大时,可以采用多组总线,进行合理的流量分配,并可限制每组总线的长度及所允许加接的 I/O 设备数量。这样,系统的总价格可能比使用高流量的单总线便宜。为使总线上各设备满负荷工作时也不丢失信息,还必须使总线的允许流量不低于所接多台外设的平均流量之和,并设有一定容量的缓冲器。

3.4　输入/输出系统

3.4.1　输入/输出系统概述

输入/输出(I/O)系统包括输入/输出设备、设备控制器与输入/输出操作有关的软、硬件。

低性能单用户计算机的输入/输出操作多数仍由程序员直接安排。I/O 系统的设计主要考虑解决好 CPU、主存和 I/O 设备在速度上的巨大差距。但大多数计算机,包括不少中、高档微型机,配备有较多的 I/O 设备,而且是数个到数十个用户在分享 CPU、主存和外部设备资源。在这类系统上,用户程序的输入/输出不能再由用户自己安排,必须改由用户向系统发送输入/输出请求,经操作系统来调度分配设备并进行具体的 I/O 处理。这样,高级语言源程序中出现的读/写(I/O)语句到读/写操作全部完成需要通过编译程序、操作系统软件和 I/O 总线、设备控制器、设备等硬件来共同完成。输入/输出系统硬件的功能对应用程序员是透明的,输入/输出的功能只反映在高级语言与操作系统的界面上,应用程序员不必具体安排程序是怎样完成输入/输出的。因此,大多数计算机输入/输出系统的设计应是面向操作系统,考虑怎样在操作系统与输入/输出系统之间进行合理的软、硬件功能分配。

输入/输出系统结构设计的好坏会直接影响计算机系统的性能,不仅影响输入/输出速度,各用户从程序输入到运算结果输出的时间,CPU、主存的利用率,还会影响到整个 I/O 系统的兼容性、可扩展性、综合处理能力和性能价格比等。

输入/输出系统的发展经历了 3 个阶段,对应于 3 种方式,即程序控制 I/O(包括全软的、程序查询的、中断驱动的)、直接存储器访问(DMA)及 I/O 处理机方式。它们可分别用于不同的计算机系统,也可用于同一系统。

对于 I/O 处理机方式,又可有通道(Channel)方式和外围处理机方式(PPU)。

在通道方式中,通道可看做是"处理机",它有自己的指令系统(通道指令)和程序(通道程序)。每条通道指令为输入/输出规定一定的动作,对外设进行控制,发出诸如读、写等命令,给出交换信息的主存起始地址及交换的字数等。通过链接标志将多条通道指令构成通道程序存放在主存对应该通道的缓冲区中。通道通过执行通道程序来控制输入/输出，它与CPU可以并行工作。通道还能替CPU对多个设备的信息传输进行分时管理，在主存和外设信息交换过程中实现字与字节之间的装配和拆卸。通道还能向CPU报告设备和设备控制器的状态，并能对输入/输出系统出现的某些情况进行处理。

然而通道指令的功能较简单，使用面窄，一般只具有面向外设控制和数据传送的指令。通道程序又是存在主存中的，通道内部只有小容量存储器用于缓冲数据。所以，通道并不是独立的处理机。外围处理机则是一种独立性、通用性和功能都较强的处理机。

随着微处理机(器)的迅速发展，出现了由多台处理机共享大数据库的分布处理计算机系统。各处理机可对由主数据库调来的信息按用户需要进行交互式处理。这将使I/O系统向着多微处理器分布处理(包括智能终端、智能外设)的方向发展。

输入/输出设备分外存和传输设备两大类。外存有磁盘、磁带、光盘等。传输设备有键盘、鼠标、光笔、显示器、各种打印/印字机、声音输入/输出设备、图形扫描器、网络驱动器等。

磁盘系统近20年在盘密度、成本、速度上有了显著的改进，同时，发展出采用冗余磁盘阵列的技术，将并行处理原理引入到磁盘系统中。它将多台低成本的小型温彻斯特磁盘(简称温盘)组成同步化的磁盘阵列，数据被分布存放到各台磁盘上；使用缓冲器让数据访问同步，以类似于存储器中的多体并行交叉访问技术来提高数据传输的带宽，以冗余来提高可靠性。磁盘阵列的数据并行访问对主处理机是完全透明的，只受磁盘阵列控制器控制。冗余磁盘阵列技术是20世纪80年代由美国加州大学伯克利分校的D. Patterson等人提出的，分成带镜像磁盘的(每一数据库不断被复制到镜像盘上，库的有效容量降低一半，适用于高可靠性应用场合)、带海明码纠错的(冗余量较少，具有一位纠错能力，适用于大量顺序数据的访问)、带奇偶校验的(只能检错，不能纠错，冗余度很小，适合于大量顺序数据的访问)、独立传送的(采用数据块交叉布放，适用于小块数据的高速访问)等多种。

光盘技术与磁盘技术相结合，发展出光磁盘等新型存储介质和技术，其道密度和位密度与硬盘相当，可以大大提高软磁盘的容量和寻道速度。

3.4.2 通道处理机的工作原理和流量设计

通道处理机是IBM公司首先提出来的一种I/O处理机方式，曾被广泛用于IBM 360/370等系列机上。

1. 通道处理机的工作原理

前面已介绍过大多数计算机系统不再由用户直接安排输入/输出的原因，其实这也是出于对防止用户窃取系统中不该让其读出的内容及防止用户可以自行输入而破坏其他用户程序和系统程序的考虑。因此，中央处理机用来控制外部设备操作用的输入/输出指令被定义成管态指令，用户在目态程序中不能使用这些指令。用户只能在目态程序中安排要求输入/输出的广义指令，然后进入相应管理程序执行这些输入/输出管态指令。广义指令由访管指令和若干参数组成，它的操作码实质上是对应此广义指令的管理程序入口。访管指令是目态指令，当目态程序执行到要求输入/输出的访管指令后，产生自愿访管中断，如图3-15和图3-16所示。CPU响应此中断请求后，转向该管理程序入口，进入管态。

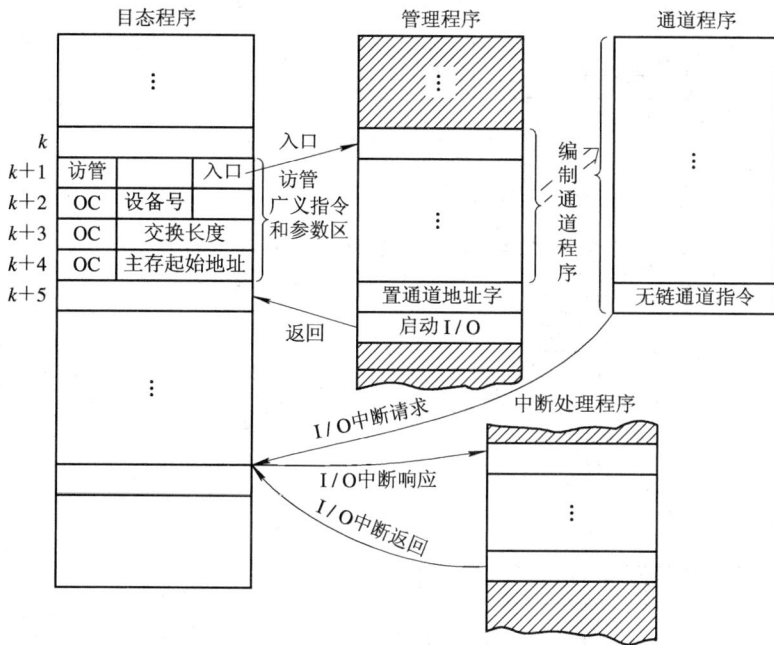

图 3 - 15 通道处理机输入/输出的主要过程

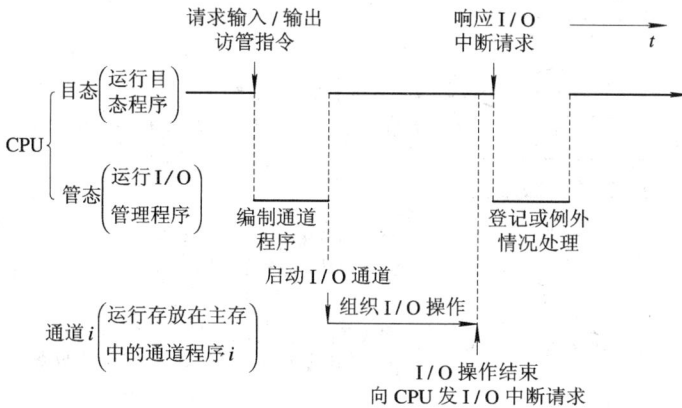

图 3 - 16 通道处理机输入/输出主要过程的时间关系示意图

管理程序根据广义指令中所提供的参数,如设备号、交换信息的主存起始地址、要交换的信息长度等编制通道程序。通道程序能完成 CPU 一条输入/输出指令所要求执行的许多操作。编制好的通道程序存在主存对应该通道的通道缓冲区中,通道程序的入口地址被置入主存中通道地址字单元,并由管理程序指明操作方式。之后,管理程序就执行"启动I/O"指令,进入通道开始选择设备期。

"启动I/O"指令是主要的输入/输出指令,属管态指令,其操作流程如图 3 - 17 所示。先选择指定的通道、子通道,如它被连通且空闲时,就从主存中取出通道地址字,按通道地址字给出的通道程序首地址,从主存通道缓冲区中取出第一条通道指令。经校验,其格式无误后,再选择相应设备控制器和设备。如该设备是被连着的,就向设备发启动命令。如果设备启动成功,即用全"0"字节回答通道,则结束通道开始选择设备期。

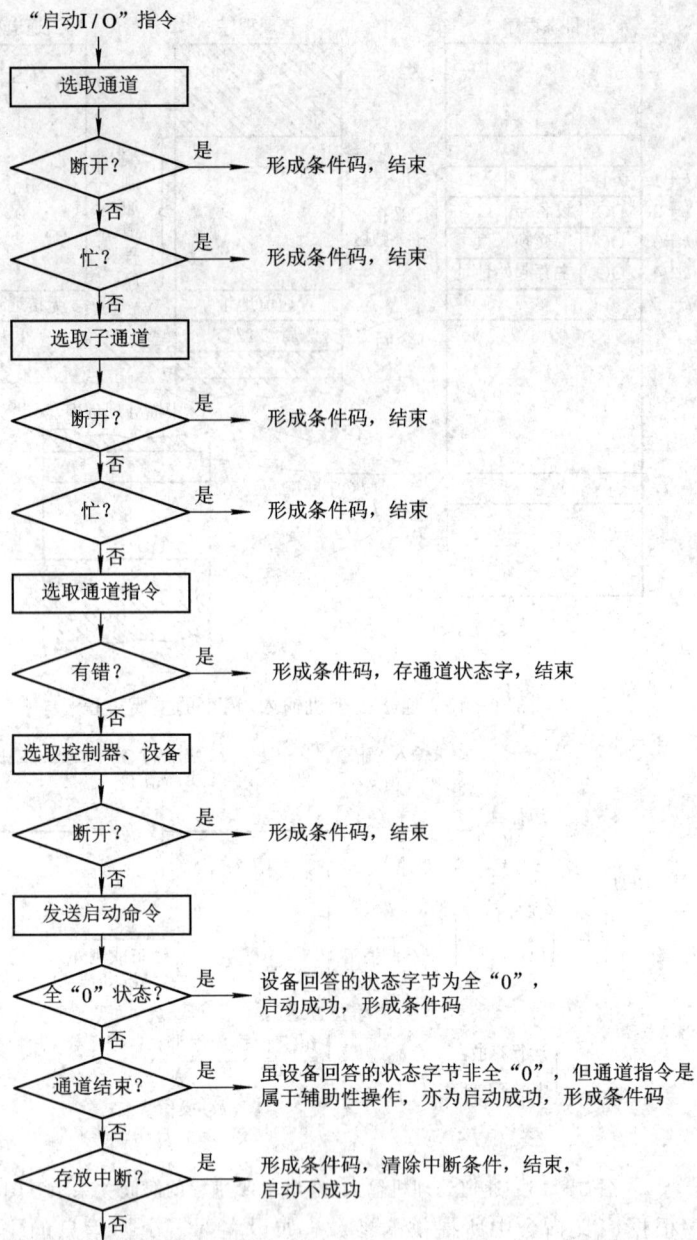

"启动 I/O"指令

↓

选取通道

断开？ —是→ 形成条件码，结束
↓否

忙？ —是→ 形成条件码，结束
↓否

选取子通道

断开？ —是→ 形成条件码，结束
↓否

忙？ —是→ 形成条件码，结束
↓否

选取通道指令

有错？ —是→ 形成条件码，存通道状态字，结束
↓否

选取控制器、设备

断开？ —是→ 形成条件码，结束
↓否

发送启动命令

全"0"状态？ —是→ 设备回答的状态字节为全"0"，启动成功，形成条件码
↓否

通道结束？ —是→ 虽设备回答的状态字节非全"0"，但通道指令是属于辅助性操作，亦为启动成功，形成条件码
↓否

存放中断？ —是→ 形成条件码，清除中断条件，结束，启动不成功
↓否

形成条件码，启动不成功，结束

注：这里的"结束"表示释放通道。

图 3 - 17 "启动 I/O"指令流程

通道被启动后，CPU 退出管态，继续运行目态程序。而通道进入通道数据传送期，执行通道程序，组织 I/O 操作，开始通道与设备间的数据传送。当通道程序执行完无链通道指令后，传送完成，转入通道数据传送结束期，向 CPU 发出 I/O 中断请求。当然。如果出现故障、错误等异常时也向 CPU 发出 I/O 中断请求。CPU 响应此中断请求后，第二次转管态，调出相应管理程序对中断请求进行处理。如属正常结束，就进行登记计费；如属故障、错误，则进行处理。之后，再返回目态，继续目态程序的运行。这样，每完成一次输入/输出

只需两次进管,大大减少了对目态程序的干扰,显著提高了 CPU 运算和外设操作的重叠度。系统中多个通道各自的通道程序可以同时运行,使多种、多台设备可以并行工作。

通道在通道数据传送期里,当所连接的多台设备同时要求交换信息,或者是通道的数据宽度与要传送的信息宽度不等时,还要多次选择当前要传送信息的是哪台设备。即每传送一个数据宽度就要重新选择设备。

根据通道数据传送期中信息传送方式的不同,分为字节多路、数组多路和选择 3 类通道。

字节多路通道适用于连接大量的像光电机那样的字符类低速设备。它们传送一个字符(字节)的时间很短,但字符(字节)间的等待时间很长。因此,通道数据宽度为单字节,以字节交叉方式轮流为多台低速设备服务,以提高效率。字节多路通道又可有多个子通道,各子通道能独立执行通道指令,并行地操作,以字节宽度分时进出通道。接在每个子通道上的多台设备也能分时使用子通道。

数组多路通道适合于连接多台像磁盘那样的高速设备。这些设备的传送速率很高,但传送开始前的寻址辅助操作时间很长。为了充分利用并尽可能重叠各台高速设备的辅助操作时间,不让通道空闲等待,采用成组交叉方式工作。其数据宽度为定长块,传送完 K 个字节数据后就重新选择下个设备。它可有多个子通道,同时执行多个通道程序。所有子通道能分时共享输入/输出通道,但它是以成组交叉方式传送的,既具有多路并行操作的能力,又具有很高的数据传送速率。

选择通道适合于连接优先级高的磁盘等高速设备,让它独占通道,只能执行一道通道程序。数据传送以不定长块方式进行,相当于数据宽度为可变长块,一次对 N 个字节全部传送完。所以,在数据传送期内只选择一次设备。

IBM 370 的通道系统如图 3-18 所示,它是 CPU/主存—通道—设备控制器—外设 4级结构。其三类通道与各种速度的外设相连,形成数据流量平衡的 I/O 系统。

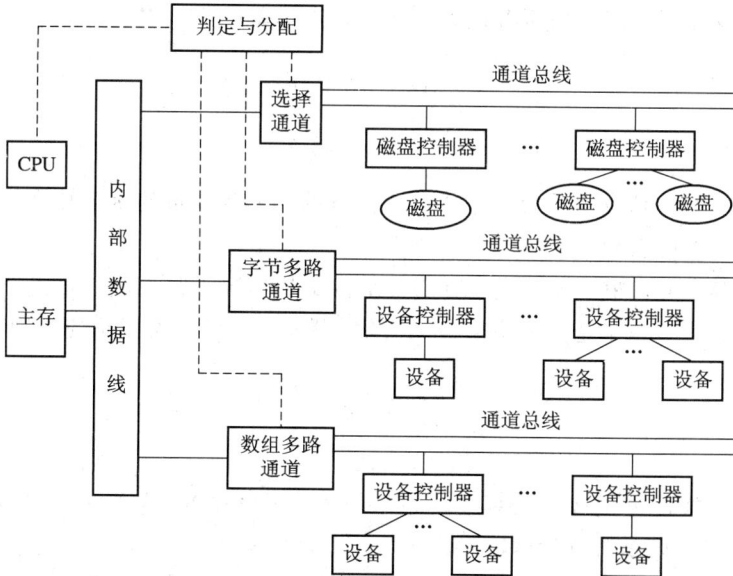

图 3-18　IBM 370 的 I/O 结构

2. 通道流量的设计

通道流量是通道在数据传送期内，单位时间内传送的字节数。它能达到的最大流量称为通道极限流量。通道的极限流量与其工作方式、数据传送期内选择一次设备的时间 T_S 和传送一个字节的时间 T_D 的长短有关。

字节多路通道每选择一台设备只传送一个字节，其通道极限流量为

$$f_{\max \cdot \text{byte}} = \frac{1}{T_S + T_D}$$

数组多路通道每选择一台设备就能传送完 K 个字节。如果要传送 N 个字节，就得分 $\lceil N/K \rceil$ 次传送才行，每次传送都要选一次设备，通道极限流量为

$$f_{\max \cdot \text{block}} = \frac{K}{T_S + KT_D} = \frac{1}{\dfrac{T_S}{K} + T_D}$$

选择通道每选择一台设备就把 N 个字节全部传送完，通道极限流量为

$$f_{\max \cdot \text{select}} = \frac{N}{T_S + NT_D} = \frac{1}{\dfrac{T_S}{N} + T_D}$$

显然，若通道的 T_S、T_D 一定，且 $N > K$ 时，字节多路方式的极限流量最小，数组多路方式的居中，选择方式的最大。

由通道工作原理可知，当挂上设备后，设备要求通道的实际最大流量与三种通道工作方式有关。以字节多路方式工作的应是该通道所接各设备的字节传送速率之和，即

$$f_{\text{byte} \cdot j} = \sum_{i=1}^{p_j} f_{i \cdot j}$$

数组多路和选择方式的应是所接各设备的字节传送速率中之最大者，即

$$f_{\text{block} \cdot j} = \max_{i=1}^{p_j} f_{i \cdot j}$$

$$f_{\text{select} \cdot j} = \max_{i=1}^{p_j} f_{i \cdot j}$$

式中，j 为通道的编号，$f_{i \cdot j}$ 为第 j 号通道上所挂的第 i 台设备的字节传送速率，p_j 为第 j 号通道中所接设备的台数。

为了保证第 j 号通道上所挂设备在满负荷的最坏情况下都不丢失信息，必须使设备要求通道的实际最大流量不超过通道的极限流量，因此，上述三类通道应分别满足

$$f_{\text{byte} \cdot j} \leqslant f_{\max \cdot \text{byte} \cdot j}$$

$$f_{\text{block} \cdot j} \leqslant f_{\max \cdot \text{block} \cdot j}$$

$$f_{\text{select} \cdot j} \leqslant f_{\max \cdot \text{select} \cdot j}$$

如果 I/O 系统有 m 个通道，其中 1 至 m_1 为字节多路，m_1+1 至 m_2 为数组多路，m_2+1 至 m 为选择，则 I/O 系统的极限流量为

$$f_{\max} = \sum_{j=1}^{m_1} f_{\max \cdot \text{byte} \cdot j} + \sum_{j=m_1+1}^{m_2} f_{\max \cdot \text{block} \cdot j} + \sum_{j=m_2+1}^{m} f_{\max \cdot \text{select} \cdot j}$$

必然会满足

$$f_{\max} \geqslant \sum_{j=1}^{m_1} \sum_{i=1}^{p_j} f_{i\cdot j} + \sum_{j=m_1+1}^{m_2} \max_{i=1}^{p_j} f_{i\cdot j} + \sum_{j=m_2+1}^{m} \max_{i=1}^{p_j} f_{i\cdot j}$$

可以用不等式左右两边的差值衡量 I/O 系统流量的利用率。差值越小，其利用率越高，设计越合理。

$f_{\max}$ 也是 I/O 系统对主存频宽 B_m 的要求。除 I/O 系统外，CPU 也要使用主存。从保持计算机系统各部分频带平衡出发，由 $f_{\max}$ 根据一定比例可大致估算出主存应达到的频带宽度 B_m。I/O 系统占主存频宽 B_m 中的比例与机器的用途有很大关系。

【例 3－4】 如果通道在数据传送期中，选择设备需 $9.8~\mu s$，传送一个字节数据需 $0.2~\mu s$。某低速设备每隔 $500~\mu s$ 发出一个字节数据请求，那么至多可接几台这种低速设备？对于如下 A～F 6 种高速设备，一次通信传送的字节数不少于 1024 个字节，则哪些设备可挂，哪些不能挂？其中，A～F 设备每发一个字节数据传送请求的时间间隔分别如表 3－4 所示。

表 3－4　A～F 设备发请求间隔时间

设备	A	B	C	D	E	F
发请求间隔时间/μs	0.2	0.25	0.5	0.19	0.4	0.21

通道在数据传送期中，低速设备每隔 $500~\mu s$ 发出一个字节数据传送请求，不难得出，挂低速设备的通道应该是按字节多路通道方式工作的。那么，由于字节多路通道的通道极限流量是

$$f_{\max\cdot byte} = \frac{1}{T_S + T_D}$$

所以，在各设备均被启动后，满负荷的最坏情况下，要想在宏观上不丢失设备的信息，通道极限流量就应大于或等于设备对通道要求的流量 f_{byte}，即应满足

$$f_{\max\cdot byte} \geqslant f_{byte}$$

而在字节多路通道上，设备对通道要求的流量应是所挂全部设备的速率之和。如果字节多路通道上所挂设备台数为 m，设备的速率 f_i 实际上就是设备发出字节传送请求的间隔时间的倒数。m 台相同设备，其速率之和为 mf_i，这样，为不丢失信息，就应满足

$$\frac{1}{T_S + T_D} \geqslant mf_i$$

于是可求得在字节多路通道上能挂的设备台数 m 应满足

$$m \leqslant \frac{1}{(T_S + T_D) \cdot f_i}$$

这样，$m \leqslant \dfrac{1}{(T_S + T_D)f_i} = \dfrac{500~\mu s}{(9.8+0.2)~\mu s} = 50$ 台。所以，至多可挂 50 台设备。

对于第 2 个问题，A～F 属高速设备，一次通信传送的字节数 n 不少于 1024 个字节，意味着此通道是选择通道。如果通道上挂 m 台设备，则选择通道的极限流量为

$$f_{\max\cdot select} = \frac{n}{T_S + nT_D} = \frac{1}{\dfrac{T_S}{n} + T_D} = \frac{1~B}{\dfrac{9.8~\mu s}{n~B} + 0.2~\mu s/B}$$

所以，限制通道上所挂的设备速率

$$f_i \leqslant \cfrac{1}{\cfrac{9.8}{n}+0.2}\mathrm{B}\cdot\mu\mathrm{s}^{-1}, \quad n \geqslant 1024$$

才行，根据所给出的各台设备每发一个字节数据传送请求的间隔时间，可得各台设备的速率如表 3-5 所示。

表 3-5　A~F 各台设备的速率

设备	A	B	C	D	E	F
设备速率 $f_i/\mathrm{B}\cdot\mu\mathrm{s}^{-1}$	$\dfrac{1}{0.2}$	$\dfrac{1}{0.25}$	$\dfrac{1}{0.5}$	$\dfrac{1}{0.19}$	$\dfrac{1}{0.4}$	$\dfrac{1}{0.21}$

这样，能满足上述 f_i 不等式要求，只能挂 B、C、E、F 4 台设备，A 和 D 因为超过了 $f_{\max\cdot\mathrm{byte}}$，所以不能挂。

【例 3-5】　假设有一个字节多路通道，它有 3 个子通道："0"号、"1"号高速印字机各占一个子通道；"0"号打印机、"1"号打印机和"0"号光电输入机合用一个子通道。假定数据传送期内高速印字机每隔 25 $\mu\mathrm{s}$ 发送一个字节请求，低速打印机每隔 150 $\mu\mathrm{s}$ 发送一个字节请求，光电输入机每隔 800 $\mu\mathrm{s}$ 发送一个字节请求，则这 5 台设备要求通道的流量为

$$f_{\mathrm{byte}\cdot j}=\sum_{i=1}^{5}f_{i\cdot j}=\frac{1}{25}+\frac{1}{25}+\left(\frac{1}{150}+\frac{1}{150}+\frac{1}{800}\right)\approx 0.095\ \mathrm{MB/s}$$

根据流量设计的基本要求，该通道的极限流量可设计成 0.1 MB/s，即所设计的通道工作周期 $T_\mathrm{S}+T_\mathrm{D}=10\ \mu\mathrm{s}$，这样各设备的请求就都能及时得到响应和处理，不会丢失信息。

通常，高速设备请求的响应优先级也高。让各设备请求得到响应的优先次序定为："0"号高速印字机→"1"号高速印字机→"0"号低速打印机→"1"号低速打印机→"0"号光电输入机。如果各设备要求传送字节数据的请求时刻如图 3-19 中的"↑"所示，则由图可见，每台设备都是在发出下一个申请之前或最多是同时就处理完了上次的申请，不会丢码，但各设备处理完每个字节请求的间隔时间并不相等。

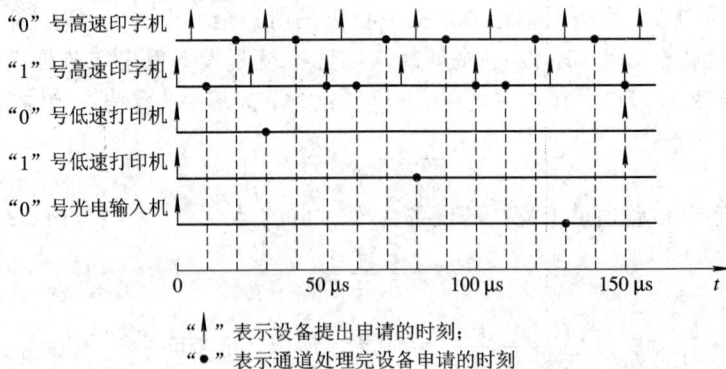

"↑"表示设备提出申请的时刻；
"●"表示通道处理完设备申请的时刻

图 3-19　字节多路通道响应和处理各设备请求的时间

注意：上述流量设计的基本条件只保证了宏观上不丢失设备信息，并不能保证微观上每一个局部时刻都不丢失信息。特别是当设备要求通道的实际最大流量非常接近于通道极限流量时，由于高速设备频繁发出请求并总是优先得到响应和处理，速率较低的设备就可

能长期得不到通道而丢失信息。为此，可在设备或设备控制器中设置一定容量的缓冲器以缓冲一时来不及处理的信息，或是通过动态提高低速设备的响应优先级来保证从微观上也不丢失信息。但很明显，上述流量设计的基本条件如果得不到满足，则无论设置多大容量的缓冲器或无论怎样改变通道响应设备请求的优先次序也还是要丢失信息的。

3.4.3 外围处理机

通道处理机实际上不能看成是独立的处理机，因为其指令（通道指令）的功能简单，只具有面向外设控制和数据传送的功能，又没有大容量的存储器。就是在输入/输出的过程中，也还需要 CPU 承担以下工作：输入/输出的前处理和后处理，设备或通道出现错误、异常后的处理，对所传送数据信息的代码和格式转换，数据块整体的正确性校验及像文件管理、设备管理等操作系统的工作。另外，为使 CPU 能高速运行所采用的流水等组成技术常会因为遇到输入/输出中断而发挥不了作用，速度严重下降。通道处理机那种每调用一次输入/输出设备就得经"访管"中断转入输入/输出管理程序的做法，不仅妨碍了CPU 资源的合理利用，也利用不上 CPU 本来具有的高速性能。为此发展了外围处理机（PPU），希望让 CPU 进一步摆脱对输入/输出操作的控制，以便更好地集中精力专注于自己的事情。

这种外围处理机很接近于一般的处理机，有时干脆就采用一般的通用机。由于它具有较丰富的指令，功能也较强，因此还有利于简化设备控制器，甚至于还可进一步承担起诊断、维修、显示系统工作情况及改善人机界面的功能。

外围处理机基本上是独立于主处理机异步工作的。它可以与主处理机共享主存，也可以不共享主存。像 CDC‐CYBER、ASC、B6700 等系统都采用共享主存的连接方式。这种方式的外围处理机存储器（局存）容量较小，外围处理机要执行的例行程序一般放在主存中，为各台 PPU 共享，只有当需要用到时才通过加载或更换覆盖等形式把它调入相应PPU 的主存储器中。在这种共享主存的连接方式中，有的系统，如 B6700，各 PPU 具有独立的运算部件与主存相连。而另外的系统，像 CDC‐CYBER 和 ASC 则是让各 PPU 合用同一运算部件和指令处理部件，并通过公用部件与主存通信，这可以降低外围处理机子系统的造价，但控制较复杂。STAR‐100 则属于不共享主存的连接方式，各 PPU 具有更强的独立性，但却需要有很大容量的内存。

采用外围处理机方式，可以自由选择通道和设备进行通信。主存、PPU、通道和设备控制器相互独立，可以视需要用程序动态地控制它们之间的连接，具有比通道处理机方式强得多的灵活性。由于 PPU 是独立的处理机，具有一定的运算功能，可以承担一般的外围运算处理和操作控制任务，还可以让各台外设不必通过主存就可以直接交换信息，这些都进一步提高了整个计算机系统的工作效率。

I/O 处理机功能的进一步扩展已超出单纯进行输入/输出设备管理和数据传送的范围，出现了各种前端机（如网络、远程终端控制前端机）以及后台机（如数据库机器等）。

外围处理机方式就其硬件利用率和成本来讲，不如通道处理机方式好，但随着微处理器和微处理机的迅速发展，不仅功能不断提高和加强，而且成本也在迅速下降。在设计 I/O 系统时，这种硬件的利用率和成本已不再是着重强调的问题，而是应当考虑怎样才能进一步减少 CPU 对 I/O 系统的介入，充分提高整个系统的功能和性能。为此，进一步增强输入/输出设备与设备控制器的"智能化"，发展智能外设，让管理、控制操作尽可能在端点完成，使调用外部设备的过程变成是在 I/O 系统中各微处理器之间及各缓冲存储器之间的信息传送过程，这些都将会继续提高 I/O 系统的数据吞吐率并减轻 CPU 输入/输出控制管理负担。

3.5 本章小结

3.5.1 知识点和能力层次要求

（1）领会并行主存系统的组织形式、极限频宽和实际频宽的关系。领会通过使用并行主存的组成技术提高主存实际频宽的可能性、局限性和发展存储体系的必要性。

（2）领会为什么要将中断源分成不同的类和级，一般可以将中断源分成哪几类和哪几级。领会设置中断级屏蔽位的作用和中断嵌套的基本原则。熟练掌握按所要求的中断处理（完）的次序来设置各中断处理程序中中断级屏蔽位的状态，并正确画出发生多种中断请求时，CPU 执行程序时的状态转移过程示意图。这部分内容要达到综合应用层次。

（3）识记专用和非专用总线的定义、优缺点及适用的场合。领会非专用总线的 3 种总线控制方式的总线分配过程、优缺点及所需增加的辅助控制总线线数。领会总线采用同步和异步通信方式的通信过程、优缺点及适用场合。领会数据宽度的定义和它与数据通路宽度定义的区别以及 5 种数据宽度的适用场合。识记在满足性能和流量设计要求的前提下，可采取减少总线线数的办法。

（4）领会在高性能多用户的计算机系统中，I/O 系统应当是面向操作系统来设计的概念。识记 I/O 系统的三种方式中 I/O 处理机的两种处理方式。

（5）领会通道方式 I/O 处理机进行输入/输出工作的全过程及通道处理机的工作原理。掌握字节多路、数组多路和选择三类通道各自采用的数据宽度是什么，它们各自适用于什么场合。掌握通道处理机和 I/O 系统的流量计算和分析，字节多路通道流量的计算、通道工作周期的设计。能够画出通道处理机响应和处理完各外设请求的时空示意图。以上这些内容要求达到综合应用层次。

（6）领会外围处理机的工作原理以及它与通道处理机的不同。

3.5.2 重点和难点

1. 重点

中断为什么要分类和分级；中断处理次序的安排和实现；非专用总线的总线控制方式；数据宽度及其分类；通道的工作过程、流量的分析和设计。

2. 难点

如何按中断处理优先次序的要求，设置各中断处理程序中中断级屏蔽位的状态，正确画出中断处理过程示意图；通道的流量设计；画字节多路通道响应和处理完各外部设备请求的时空图。

习 题 3

3-1 程序存放在模 32 单字交叉存储器中，设访存申请队的转移概率 λ 为 25%，求每个存储周期能访问到的平均字数。当模数为 16 呢？由此可得到什么结论？

3-2 设主存每个分体的存取周期为 2 μs，宽度为 4 个字节。采用模 m 多分体交叉存取，但实际频宽只能达到最大频宽的 60%。现要求主存实际频宽为 4 MB/s，问主存模数 m 应取多少方能使两者速度基本适配(m 取 2 的幂)？

3-3 对中断进行分类的根据是什么？这样分类的目的是什么？IBM 370 机把中断分为哪几类？

3-4 为什么要将中断类分成优先级？如何分级？IBM 370 的中断响应优先次序是什么？

3-5 设中断级屏蔽位"1"对应于开放，"0"对应于屏蔽，各级中断处理程序的中断级屏蔽位设置如表 3-6 所示。

表 3-6 习题 3-5 中的中断级屏蔽位设置

中断处理 程序级别	中断级屏蔽位			
	第 1 级	第 2 级	第 3 级	第 4 级
第 1 级	0	0	0	0
第 2 级	1	0	1	1
第 3 级	1	0	0	0
第 4 级	1	0	1	0

(1) 当中断响应优先次序为 1→2→3→4 时，其中断处理次序是什么？

(2) 设所有的中断处理都各需 3 个单位时间，中断响应和中断返回时间相对中断处理时间少得多。当机器正在运行用户程序时，同时发生第 2、3 级中断请求，过两个单位时间后，又同时发生第 1、4 级中断请求，试画出程序运行过程示意图。

3-6 若机器共有 5 级中断，中断响应优先次序为 1→2→3→4→5，现要求其实际的中断处理次序为 1→4→5→2→3，回答下面问题：

(1) 设计各级中断处理程序的中断级屏蔽位(令"1"对应于屏蔽，"0"对应开放)；

(2) 若在运行用户程序时，同时出现第 4、2 级中断请求，而在处理第 2 级中断未完成时，又同时出现第 1、3、5 级中断请求，请画出此程序运行过程示意图。

3-7 总线控制方式有哪三种？各需要增加几根用于总线控制的控制线？总线控制优先级可否由程序改变？

3-8 简要列举出集中式串行链接、定时查询和独立请求三种总线控制方式的优、缺点。同时分析硬件产生故障时通信的可靠性。

3-9 列举在定时查询方式下进行总线分配，用程序控制优先次序的四种方法以及对应可实现什么样的总线使用优先次序。

3-10 简述字节多路、数组多路和选择通道的数据传送方式。

3-11 某字节多路通道连接 6 台外设,其数据传送速率分别如表 3-7 中所列。

表 3-7 设备的数据传送速率

设 备 号	传送速率/(KB/s)
1	50
2	15
3	100
4	25
5	40
6	20

(1) 计算所有设备都工作时的通道实际最大流量。

(2) 设计的通道工作周期使通道极限流量恰好与通道实际最大流量相等,以满足流量设计的基本要求,同时让速率越高的设备被响应的优先级越高。当 6 台设备同时发出请求时,画出此通道在数据传送期内响应和处理各外设请求的时间示意图。由此,能发现什么问题和得出什么结论?

(3) 在问题(2)的基础上,在哪台设备内设置多少个字节的缓冲器就可以避免设备信息丢失?那么,这是否说明书中关于流量设计的基本要求是没有必要的?为什么?

3-12 有 8 台外设,各设备要求传送信息的工作速率分别如表 3-8 所示。

表 3-8 设备要求传送信息的工作速率

设 备	工作速率/(KB/s)
A	500
B	240
C	100
D	75
E	50
F	40
G	14
H	10

现设计的通道在数据传送期,每选择一次设备需 2 μs,每传送一个字节数据也需要 2 μs。

(1) 若用作字节多路通道,通道工作的最高流量是多少?

(2) 作字节多路通道用时,希望同时不少于 4 台设备挂在此通道上,最好多挂一些,且高速设备尽量多挂一些,请问应选哪些设备挂在此通道上?为什么?

(3) 若用作数组多路通道,通道工作的最高流量是多少?设定长块大小取成 512 B。

(4) 作数组多路通道用时,应选哪些设备挂在此通道上?为什么?

3-13 通道型I/O系统由一个字节多路通道A(其中包括两个子通道A_1和A_2)、两个数组多路通道B_1和B_2及一个选择通道C构成,各通道所接设备和设备的数据传送速率如表3-9所示。

表 3-9 通道所接设备和设备的数据传送速率

通 道 号		所接设备的数据传送速率/(KB/s)							
字节多路通道	子通道 A_1	50	35	20	20	50	35	20	20
	子通道 A_2	50	35	20	20	50	35	20	20
数组多路通道 B_1		500		400		350		250	
数组多路通道 B_2		500		400		350		250	
选择通道 C		500		400		350		250	

(1) 分别求出各通道应具有多大设计流量才不丢失信息;

(2) 设I/O系统流量占主存流量的1/2时才算流量平衡,则主存流量应达到多少?

第4章 存储体系

本章着重讲述存储体系的基本概念，介绍虚拟存储器和 Cache 存储器的原理、虚实地址的映像和变换、替换算法及其实现、影响性能的因素，分析有关软、硬件功能分配中的某些问题，最后讲述存储器的存储保护。

4.1 基本概念

4.1.1 存储体系及其分支

前面已经讲过，为了同时满足存储系统的大容量、高速度和低价格，需要将多种不同工艺的存储器组织在一起。但是，如果不能从逻辑上构成一个完整的整体，充其量只能是一个存储系统，不是我们这里所要介绍的存储体系。

存储体系（即存储层次）是在构成存储系统的几种不同的存储器（$M_1 \sim M_n$）之间，配上辅助软、硬件或辅助硬件，使之从应用程序员来看，在逻辑上是一个整体。存储层次的等效访问速度是接近于 M_1 的，容量是 M_n 的，每位价格是接近于 M_n 的。基本的二级存储体系是虚拟存储器和 Cache 存储器，这是存储体系的两个不同的分支。

虚拟存储器是因为主存容量满足不了要求而提出来的。在主存和辅存之间，增设辅助的软、硬件设备，让它们构成一个整体，所以也称之为主存－辅存存储层次，如图 4-1 所示。从 CPU 看，速度是接近于主存的，容量是辅存的，每位价格是接近于辅存的。从速度上看，主存

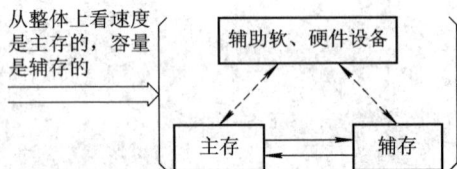

图 4-1 主存－辅存存储层次

的访问时间约为磁盘的访问时间的 10^{-5}，即快 10 万倍。从价格上看，主存的每位价格约为磁盘的每位价格的 10^3，即贵 1000 倍。如果存储层次能以接近辅存的每位价格去构成等于辅存容量的快速主存，就会大大提高存储系统的性能价格比。应用程序员可用机器指令的地址对整个程序统一编址，称该地址为虚地址（程序地址），而把实际主存地址称为实地址（实存地址）。当虚存空间（程序空间）远远大于实地址空间（实存空间）时，只需将程序空间分割成较小的段或页，由系统程序按需要调入物理主存，并用辅助映像表建立其虚、实地址空间的对应关系即可。在用虚地址访问主存时，由系统硬件查看这个虚地址所对应单元的内容是否已装入主存。如果该单元已在主存内，就将虚地址变换成主存实地址去访问主存；如果不在主存内，就经辅助软、硬件将包含所要访问的单元在内的那个段（或页）的程序块由辅存调入主存，建立好映像关系，再进行访问。这样，不论是虚、实地址的变换还是

程序由辅存调入主存都不必由应用程序员安排，即这些操作和辅助软、硬件对应用程序员来讲都是透明的。事实上，只要是存储层次，这些都必须对应用程序员是透明的。

因主存速度满足不了要求而引出了Cache 存储器。在 CPU 和主存之间增设高速、小容量、每位价格较高的 Cache，用辅助硬件将其和主存构成整体，如图 4 - 2 所示，称之为 Cache 存储器（或称为 Cache－主存存储层次）。从 CPU 看，其速度接近于 Cache 的，容量是主存的，每位价格接近于主存的。由于 CPU 与主存的速度只差一个数量级，信息在 Cache 与主存之间的传送就只能全部用辅助硬件实现，因此，Cache 存储器不仅对应用程序员是透明的，而且对系统程序员也是透明的。

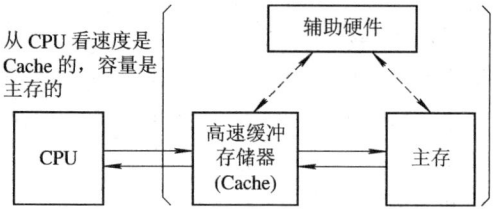

图 4 - 2   Cache－主存存储层次

由二级存储层次可组合成如图 4 - 3 所示的多级存储层次。从 CPU 看，它是一个整体，有接近于最高层 M_1 的速度，最低层 M_n 的容量，并有接近于最低层 M_n 的每位价格。

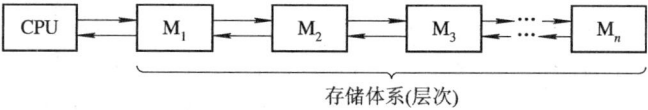

图 4 - 3   多级存储层次

4.1.2   存储体系的构成依据

为了使存储体系能有效地工作，当 CPU 要用到某个地址的内容时，总希望它已在速度最快的 M_1 中，这就要求未来被访问信息的地址能预知，这对存储体系的构成是非常关键的。这种预知的可能性基于计算机程序具有局部性，它包括时间上的局部性和空间上的局部性。前者指的是在最近的未来要用到的信息很可能是现在正在使用的信息，这是因为程序存在循环。后者指的是在最近的未来要用到的信息很可能与现在正在使用的信息在程序空间上是邻近的，这是因为指令通常是顺序存放、顺序执行，数据通常是以向量、阵列、树形、表格等形式簇聚地存放的。所以，程序执行时所用到的指令和数据是相对簇聚成自然的块或页（存储器中较小的连续单元区）。这样，层次的 M_1 级不必存入整个程序，只需将近期用过的块或页（根据时间局部性）存入即可。在从 M_2 级取所要访问的字送 M_1 时，一并把该字所在的块或页整个取来（根据空间的局部性），就能使要用的信息已在 M_1 的概率显著增大。这是存储层次构成的主要依据。

预知的准确性是存储层次设计好坏的主要标志，很大程度取决于所用算法和地址映像变换的方式。一旦被访问信息不在 M_1 中，原先申请访存的程序就暂停执行或被挂起，直到所需信息被调到 M_1 为止。这指的是虚拟存储器。若 M_1 为 Cache，则不将程序挂起，只是暂停执行，等待信息调入 M_1。同时为缩短 CPU 的空等时间，还让 CPU 不只与 Cache，也和主存有直接通路。就是说，虚拟存储器只适用于多道程序（多用户）环境，而 Cache 存储器既可以用于单用户环境也可以用于多用户环境。

4.1.3 存储体系的性能参数

为简单起见，以图 4-4 所示的二级存储体系（M_1，M_2）为例来分析。设 c_i 为 M_i 的每位价格，S_{M_i} 为 M_i 的以位计算的存储容量，T_{A_i} 为 CPU 访问到 M_i 中的信息所需的时间。为评价存储层次性能，引入存储层次的每位价格 c、命中率 H 和等效访问时间 T_A。

存储层次的每位价格为

$$c = \frac{c_1 \cdot S_{M_1} + c_2 \cdot S_{M_2}}{S_{M_1} + S_{M_2}}$$

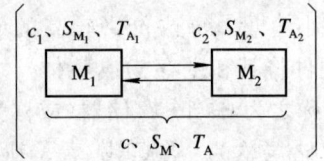

图 4-4 二级存储体系的评价

总希望存储层次的每位价格能接近于 c_2，为此应使 $S_{M_1} \ll S_{M_2}$。同时，上式中并未把采用存储体系所增加的辅助软、硬件价格计算在内，所以要使 c 接近于 c_2，还应限制所增加的这部分辅助软、硬件价格只能是总价格中一个很小的部分，否则将显著降低存储体系的性能价格比。

命中率 H 定义为 CPU 产生的逻辑地址能在 M_1 中访问到（命中到）的概率。命中率可用实验或模拟方法求得，即执行或模拟一组有代表性的程序，若逻辑地址流的信息能在 M_1 中访问到的次数为 R_1，当时在 M_2 中还未调到 M_1 的次数为 R_2，则命中率 $H = R_1/(R_1 + R_2)$。显然命中率 H 与程序的地址流、所采用的地址预判算法及 M_1 的容量都有很大关系。我们总希望 H 越大越好，即 H 越接近于 1 越好。相应地，不命中率或失效率是指由 CPU 产生的逻辑地址在 M_1 中访问不到的概率。对二级存储层次，失效率为 $1-H$。

存储层次的等效访问时间 $T_A = HT_{A_1} + (1-H)T_{A_2}$。希望 T_A 越接近于 T_{A_1}，即存储层次的访问效率 $e = T_{A_1}/T_A$ 越接近于 1 越好。

设 CPU 对存储层次相邻二级的访问时间比 $r = T_{A_2}/T_{A_1}$，则

$$e = \frac{T_{A_1}}{T_A} = \frac{T_{A_1}}{HT_{A_1} + (1-H)T_{A_2}} = \frac{1}{H + (1-H)r}$$

据此，可得 $e = f(r, H)$ 的关系如图 4-5 所示。

由图 4-5 可知，要使访问效率 e 趋于 1，在 r 值越大时，就要求命中率 H 越高。例如，$r = 100$ 时，为使 $e > 0.9$，必须使 $H > 0.998$；而当 $r = 2$ 时，只需 $H > 0.889$ 即可。例如主—辅层次的主、辅存速度比达 10^5，要求 H 极高才能有高的访问效率，但 H 很难极高。为了降低对 H 的要求，可以减小相邻二级存储器的访问速度比，还可减小相邻二级存储器的容量比，也能提高 H，但这与为降低每位平均价格而要求容量比要大相矛盾。因此，在主、辅存之间增加一级电子磁盘，使级间 r 值不会过大，有利于降低对 H 的要求，以获得同样的 e。所以要想使存储层次的访问效率 e 趋于 1，就要在选择具有高命中率的算法、相邻二级的容量比和速度比及增加的辅助软、硬件的代价等因素间综合权衡，进行优化设计。

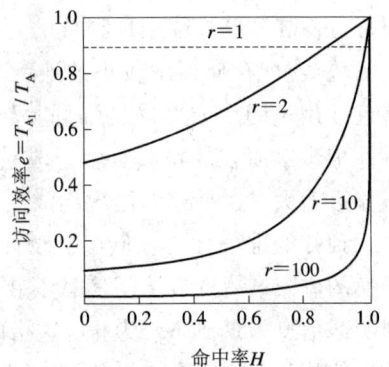

图 4-5 对于不同的 r，命中率 H 与访问效率 e 的关系

4.2 虚拟存储器

4.2.1 虚拟存储器的管理方式

虚拟存储器通过增设地址映像表机构来实现程序在主存中的定位。将程序分割成若干个段或页，用相应的映像表指明该程序的某段或某页是否已装入主存。若已装入，同时指明其在主存中的起始地址；若未装入，就去辅存中调段或调页，将其装入主存后再在映像表中建立好程序空间和实存空间的地址映像关系。这样，程序执行时先查映像表，将程序（虚）地址变换成实（主）存地址后再访主存。

根据存储映像算法的不同，可有多种不同存储管理方式的虚拟存储器，其中主要有段式、页式和段页式三种。

1. 段式管理

程序都有模块性，一个复杂的大程序总可以分解成多个在逻辑上相对独立的模块。这些模块可以是主程序、子程序或过程，也可以是数据块。模块的大小各不相同，有的甚至事先无法确定。每个模块都是一个单独的段，都以该段的起点为 0 相对编址。当某个段由辅存调入主存时，只要系统赋予该段一个基址（即该段存放在主存中的起始地址），就可以由此基址和单元在段内的相对位移形成单元在主存中的实际地址。将主存按段分配的存储管理方式称为段式管理。

为了进行段式管理，每道程序在系统中都有一个段（映像）表来存放该道程序各段装入主存的状况信息。参看图 4-6，段表中的每一项（对应表中的每一行）描述该道程序一个段的基本状况，由若干个字段提供。段名字段用于存放段的名称，段名一般是有其逻辑意义的，也可以转换成用段号指明。由于段号从 0 开始顺序编号，正好与段表中的行号对应，如 2 段必是段表中的第 3 行，这样，段表中就可不设段号（名）字段。装入位字段用来指示该段是否已经调入主存，"1"表示已调入，"0"表示未调入。在程序的执行过程中，各段的装入位随该段是否活跃而动态变化。当装入位为"1"时，地址字段用于表示该段装入主存中的起始（绝对）地址；当装入位为"0"时，则无效（有的机器用它表示该段在辅存中的起始地址）。段长字段指明该段的大小，一般以字数或字节数为单位，取决于所用的编址方式。段长字段是供判断所访问的地址是否越出段界的界限保护检查用的。访问方式字段用来标记该段允许的访问方式，如只读、可写、只能执行等，以提供段的访问方式保护。除此之外，段表中还可以根据需要设置其他的字段。段表本身也是一个段，一般常驻在主存中，也可以存在辅存中，需要时再调入主存。

假设系统在主存中最多可同时有 N 道程序，可设 N 个段表基址寄存器。对应于每道程序，由基号（程序号）指明使用哪个段表基址寄存器。段表基址寄存器中的段表基地址字段指向该道程序的段表在主存中的起始地址。段表长度字段指明该道程序所用段表的行数，即程序的段数。由系统赋予某道程序（用户、进程）一个基号，并在调入/调出过程中对有关段表基址寄存器和段表的内容进行记录和修改，所有这些对用户程序员都是透明的。某道活跃的程序在执行过程中产生的指令或操作数地址只要与基号组合成系统的程序地址，即可通过查表自动转换成主存的物理地址。图4-6示意性地表示了这一地址变换的过程。

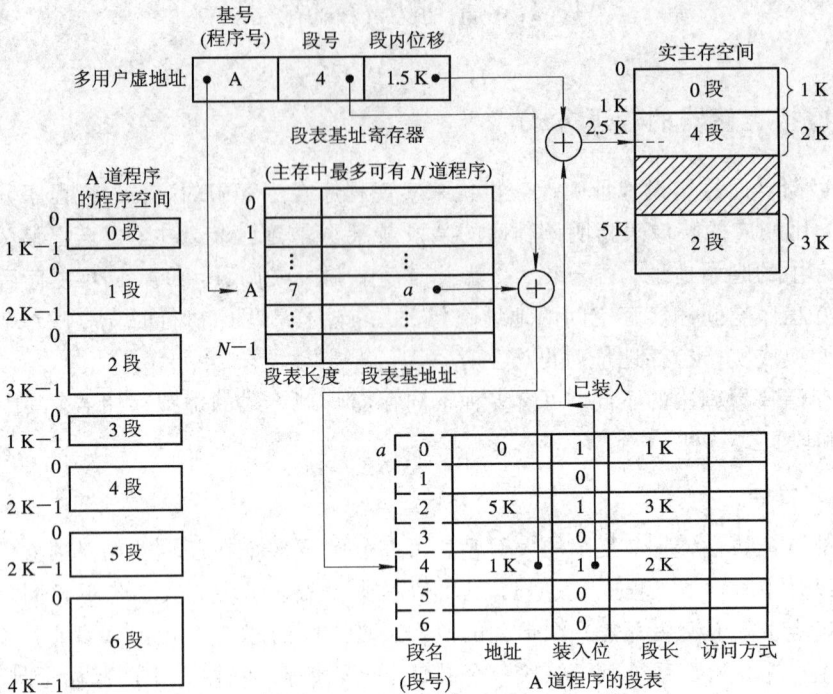

图4-6 段式管理的定位映像机构及地址的变换过程

分段方法能使大程序分模块编制，从而可使多个程序员并行编程，缩短编程时间，在执行或编译过程中对不断变化的可变长段也便于处理。各个段的修改、增添并不影响其他各段的编制，各用户以段的连接形成的程序空间可以与主存的实际容量无关。

分段还便于几道程序共用已在主存内的程序和数据，如编译程序、各种子程序、各种数据和装入程序等，不必在主存中重复存储，只需把它们按段存储，并在几道程序的段表中设置其公用段的名称及同样的基址值即可。

由于各段是按其逻辑特点组合的，因而容易以段为单位实现存储保护。例如，可以安排成常数段只能读不能写；操作数段只能读或写，不能作为指令执行；子程序段只能执行，不能修改；有的过程段只能执行，不能读也不能写，如此等等。一旦违反规定就中断，这对发现程序设计错误和非法使用是很有用的。

段式管理的虚拟存储器由于各个段的长度完全取决于段自身，因此不会恰好如图4-6所示的那样是1K的整数倍，段在主存中的起点也会是随意的，这就给高效地为调入段分配主存区域带来困难。为了进行段式管理，除了系统需要为每道程序分别设置段映像表外，还得由操作系统为整个主存系统建立一个实主存管理表，它包括占用区域表和可用区域表两部分。占用区域表的每一项（行）用来指明主存中哪些区域已被占用，被哪道程序的哪个段占用以及该段在主存的起点和长度。此外，还可以设置标识该段是否进入主存后被改写过的字段，以便决定该段由主存中释放时，是否还要将其写回到辅存中原先的位置来减少辅助操作。可用区域表的每一项（行）则指明每一个未被占用区的基地址和区域大小。当一个段从辅存装入主存时，操作系统就在占用区域表中增加一项，并修改可用区域表。

而当一个段从主存中退出时，就将其在占用区域表的项（行）移入可用区域表中，并进行有关它是否可与其他可用区归并的处理，修改可用区域表。当某道程序全部执行结束或者是被优先级更高的程序所取代时，也应将该道程序的全部段的项从占用区域表移入可用区域表并作相应的处理。

2. 页式管理

段式存储中各段装入主存的起点是随意的，段表中的地址字段很长，必须能表示出主存中任意一个绝对地址，加上各段长度也是随意的，段长字段也很长，这既增加了辅助硬件开销，降低了查表速度，也使主存管理麻烦。段式管理和存储还会带来大的段间零头浪费。例如，主存中已有 A、B、C 三个程序，其大小和位置如图 4-7 所示，现有一长度为 12 KB 的 D 道程序想要调入。段式管理时尽管 D 道程序长度小于主存所有可用区零头总和 16 KB，但没有哪一个零头能装得下它，所以无法装入。于是提出了页式存储。

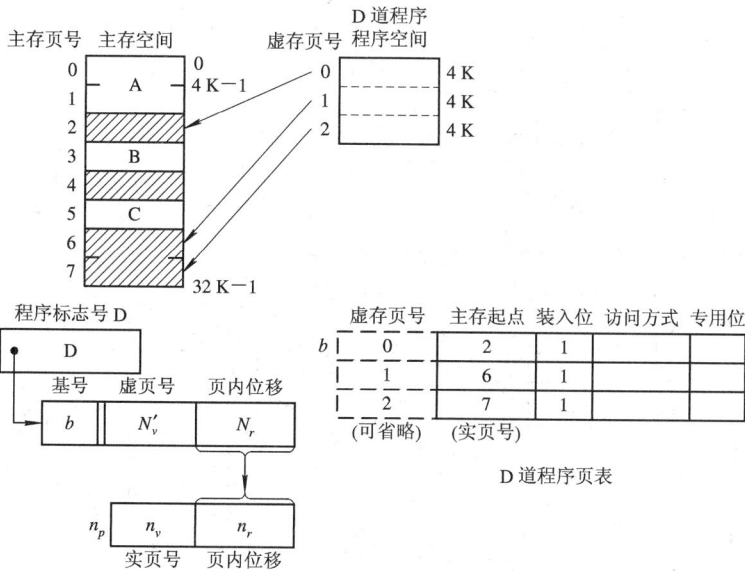

图 4-7　采用页式存储后 D 道程序仍可装入

页式存储是把主存空间和程序空间都机械等分成固定大小的页（页面大小随机器而异，一般在 512 B 到几 KB 之间），按页顺序编号。这样，任一主存单元的地址 n_p 就由实页号 n_v 和页内位移 n_r 两个字段组成。每个独立的程序也有自己的虚页号顺序。如此例中，若页面大小取 4 KB，则独立编址的 D 程序就有 3 页长，页号为 0～2。如果虚存中的每一页均可装入主存中任意的实页位置，如图 4-7 所示，那么 D 程序中各页就可分别装入主存的第 2、6、7 三个实页位置，只要系统设置相应的页（映像）表，保存好虚页装入实页时的页面对应关系，就可由给定的程序（虚）地址查页表，变换成相应的实（主）存地址访存。

由于页式存储中程序的起点必处于一个页面的起点，用户程序中每一个虚地址就由虚页号字段 N_v' 和页内位移字段 N_r 组成。而虚存和实（主）存的页面大小又一样，所以页表中只需记录虚页号 N_v' 和实（主）存页号 n_v 的对应关系，不用保存页内位移。而虚页号与页表的行号是对应的，如虚页号 2 必对应于页表中第 3 行，所以不用专设虚页号字段。页面大小固定，页长字段也省了。所有这些都简化了映像表硬件，也利于加快查表。当然与段表类似，页表也必须设置装入位字段以表示该页是否已装入主存。当装入位为"1"时，实页号字段中的内容才是有效的，否则无效。为便于存储保护，页表中也可设置相应的访问方式字段等。可以看出，对于由虚地址查表变换成实地址过程，段式管理需要较长的加法器进行将段起始地址加上段内位移的操作，而页式管理只需将主存实页号与页内位移拼装在一起即可，大大加快了地址变换的速度，也利于提高形成实地址的可靠性。

假设系统内最多可在主存中容纳 N 道程序，对每道程序都将有一个页表。由用户标识号 u 指明该道程序使用哪个页表基址寄存器，从而可以找到该道程序的页表在主存中的起点。就整个多用户虚拟存储器的虚存空间来说，其虚地址应有用户（进程、程序）标识号 u、虚页号 N_v' 和页内位移 N_r 三个字段。如同段式管理一样，在程序装入和运行过程中，页表基址寄存器和页表的内容全部由存储层次来完成设置和修改，对用户完全是透明的。图 4-8 示意出页式管理的定位映像机构及其虚、实地址的变换过程。

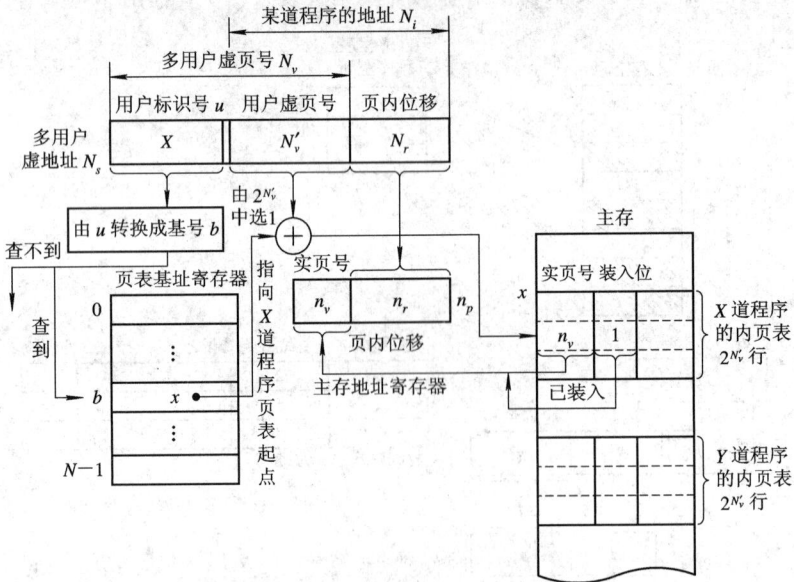

图 4-8　页式管理的定位映像机构及其虚、实地址的变换过程

为了对整个主存空间进行管理，与段式管理类似，页式管理系统中还应设置专门的主存页面管理表，以指明主存中每个页面位置的使用状况及其他信息，关于这一点我们将在下一节介绍。

3. 段页式管理

从以上介绍中可以看出，段式和页式虚拟存储器在许多方面是不同的，因而各有不同的优缺点。页式管理对应用程序员完全透明，所需映像表硬件较少，地址变换的速度快，调入操作简单，这些方面都优于段式管理。但页式管理不能完全消除主存可用区的零头浪费，因为程序的大小不可能恰好就是页面大小的整数倍。产生的页内零头虽然无法利用，但其浪费比段式管理的要小得多，所以在主存空间利用率上，页式管理也优于段式管理。因此，单纯用段式管理的虚拟存储器已很少见到。

然而，相比而言，段式管理也具有页式管理所没有的若干优点，例如：段式管理中每个段独立，有利于程序员灵活实现段的链接、段的扩大/缩小和修改，而不影响到其他的段；每段只包含一种类型的对象，如过程或是数组、堆栈、标量等集合，易于针对其特定类型实现保护；把共享的程序或数据单独构成一个段，易于实现多个用户、进程对共用段的管理，等等。如果采用页式管理，要做到这些就比较困难。因此，为取长补短，提出了将段式管理和页式管理相结合的段页式存储和管理。

段页式存储是把实(主)存机械等分成固定大小的页，程序按模块分段，每个段又分成与实(主)存页面大小相同的页。每道程序通过一个段表和相应的一组页表进行定位。段表中的每一行对应一个段。其中，"装入位"表示该段是否已装入主存。若未装入主存，则访问该段时将引起段失效故障，请求从辅存中调入页表。若已装入主存，则地址字段指出该段的页表在主存中的起始地址。"访问方式"字段指定对该段的控制保护信息。"段长"字段指定该段页表的行数。每一个段都有一个页表。页表中每一行用装入位指明此段该页是否已装入主存。若未装入主存，则访问该页时将引起页面失效故障，需从辅存调页。如果已装入主存，则用地址字段指明该页在主存中的页号。此外，页表中还可以包含一些其他信息。段页式与纯段式的主要差别是段的起点不再是任意的，而必须是主存中页面的起点。

对于多道程序来说，每道程序(用户或进程)都需要有一个用户标志号 u(转换成基号 b)以指明该道程序的段表起点存放在哪个基址寄存器中。这样，多用户虚地址就由用户标志 u、段号 s、页号 p、页内位移 d 四个字段组成。设系统中主存最多可容纳 N 道程序。图 4-9 表示采用段页式管理的定位映像机构及由多用户虚地址变换成主存实地址的过程。不少大、中型机都采用这种段页式存储。

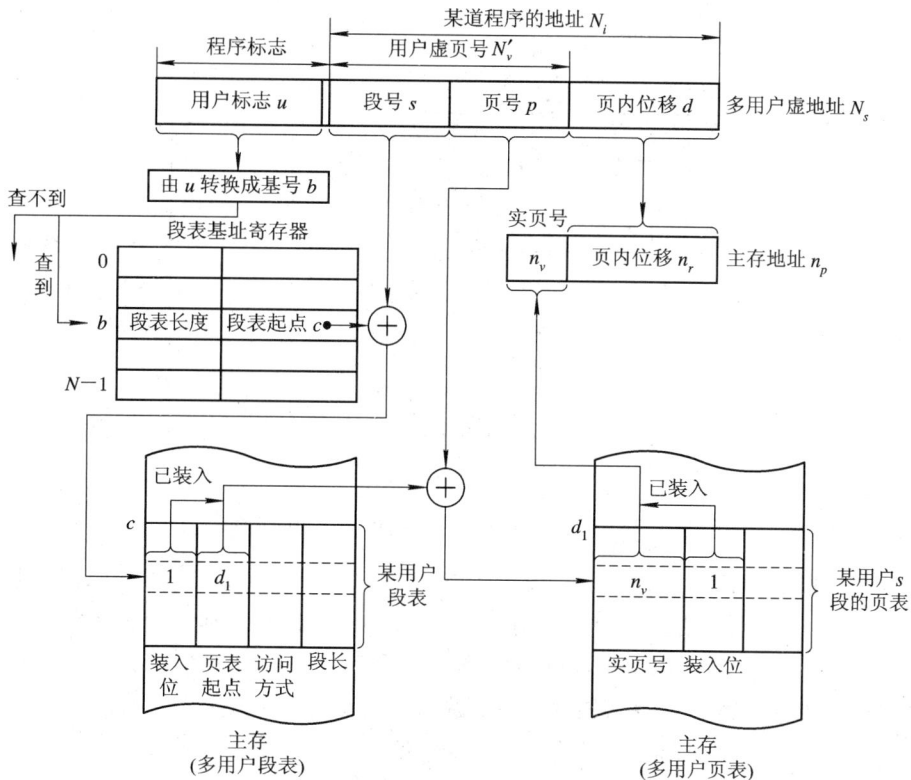

图 4-9 段页式管理的定位映像机构及其地址的变换过程

在虚拟存储器中每访问一次主存都要进行一次程序地址向实(主)存地址的转换。段页式的主要问题是地址变换过程至少需要查表两次，即查段表和页表。因此，要想使虚拟存储器的速度接近于主存，必须在结构上采取措施加快地址转换中查表的速度。

4.2.2 页式虚拟存储器的构成

1. 地址的映像和变换

前面已讲过，页式虚拟存储器是采用页式存储和管理的主存－辅存存储层次。它将主存空间和程序空间都按相同大小机械等分成页，并让程序的起点总是处在页的起点上。程序员用指令地址码 N_i 来编写每道程序，N_i 由用户虚页号 N_v' 和页内地址 N_r 组成。主存地址则分成实页号 n_v 与页内位移 n_r 两部分，其中 n_r 总是与 N_r 一样。大多数虚拟存储器中每个用户的程序空间可比实际主存空间大得多，即一般有 $N_v' > n_v$。这样，虚拟存储器系统总的多用户虚地址 N_s 就由用户标志 u、用户的虚页号 N_v' 及页内地址 N_r 三部分构成，总的虚存空间是 $2^{u+N_v'}$ 个页。可将 u 和 N_v' 合并成多用户虚页号 N_v，这时 $2^{N_v} \gg 2^{n_v}$。它们各部分的地址对应关系如图 4-10 所示。如果主存最多可存 N 道程序，即 N 个用户，则其他用户放在辅存中。因此，虚拟存储器工作过程中总存在着的问题是如何把大的多用户虚存空间压缩装入到小的主存空间，在程序运行时又如何将多用户虚地址 N_s 变换成主存地址 n_p。这就是本小节要讲述的地址映像和变换问题。

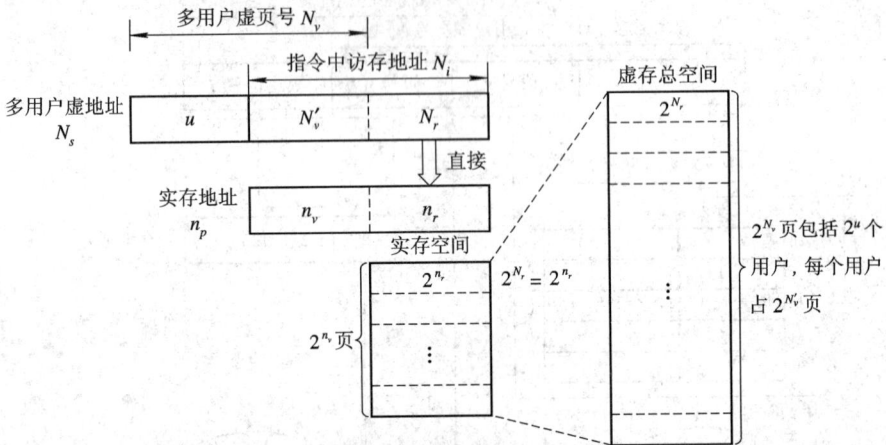

图 4-10 虚、实地址对应关系及空间的压缩

地址的映像是指将每个虚存单元按什么规则(算法)装入(定位于)实(主)存，建立起多用户虚地址 N_s 与实(主)存地址 n_p 之间的对应关系。对页式管理而言，就是指多用户虚页号为 N_v 的页可以装入主存中的哪些页面位置，建立起 N_v 与 n_v 的对应关系。地址的变换是指程序按照这种映像关系装入实存后，在执行中，如何将多用户虚地址 N_s 变换成对应的实地址 n_p。对页式管理而言，就是如何将多用户虚页号 N_v 变换成实页号 n_v。地址的变换与所采用的地址映像规则密切相关，因此结合在一起来讲述。

由于是把大的虚存空间压缩到小的主存空间，因此主存中的每一个页面位置应可对应多个虚页。至于能对应多少个虚页，与采用的映像方式有关。这就可能发生两个以上的虚页想进入主存同一个页面位置的页面争用（或实页冲突）的情形。一旦发生实页冲突，只能在主存中该页面位置先装入其中的一个虚页，待其退出主存后方可再装入，执行效率自然会下降。因此，映像方式的选择应考虑能否尽量减少实页冲突概率，同时应考虑辅助硬件是否少，成本是否低，实现是否方便以及地址变换的速度是否快等。

由于虚存空间远大于实存空间，页式虚拟存储器一般都采用让每道程序的任何虚页可以映像装入到任何实页位置的全相联映像，如图 4-11 所示。如此，仅当一个任务要求同时调入主存的页数超出 2^{n_v} 时，两个虚页才会争用同一个实页位置，这种情况是很少见的。因此，全相联映像的实页冲突概率最低。

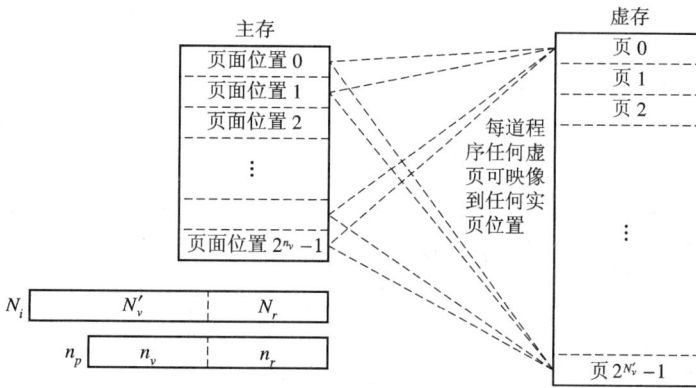

图 4-11　全相联映像

全相联映像的定位机构及其地址的变换过程已在 4.2.1 节中介绍过，这里不再重复。它用页表作为地址映像表，故称之为页表法。

整个多用户虚存空间可对应 2^u 个用户（程序），但主存最多同时只对其中 N 个用户（N 道程序）开放。由基号 b 标识的 N 道程序中的每一道都有一个最大为 $2^{N'_v}$ 行的页表，而主存总共只有 2^{n_v} 个实页位置，因此 N 道程序页表的全部 $N \times 2^{N'_v}$ 行中，装入位为"1"的最多只有 2^{n_v} 行。由于 $N \times 2^{N'_v} \gg 2^{n_v}$，使得页表中绝大部分行中的实页号 n_v 字段及其他字段都成为无用的了，这会大大降低页表的空间利用率。

一种解决办法是将页表中装入位为"0"的行用实页号 n_v 字段存放该程序此虚页在辅存中的实地址，以便调页时实现用户虚页号到辅存实地址的变换。不过当辅存实地址的位数与用户虚页号字段的位数差别大时，就很难利用。

另一种方法是把页表压缩成只存放已装入主存的那些虚页（用基号 b 和 N'_v 标识）与实页位置（n_v）的对应关系，如图 4-12 所示，该表最多为 2^{n_v} 行。我们称这种方法为相联目录表法，简称目录表法。该表采用按内容访问的相联存储器构成。

按内容访问的相联存储器不同于按地址访问的随机存储器。按地址访问的随机存储器是在一个存储周期里只能按给出的一个地址访问其存储单元。相联存储器在一个存储周期中能将给定的 N_v 同时与目录表全部 2^{n_v} 个单元对应的虚页号字段内容进行比较，即进行相

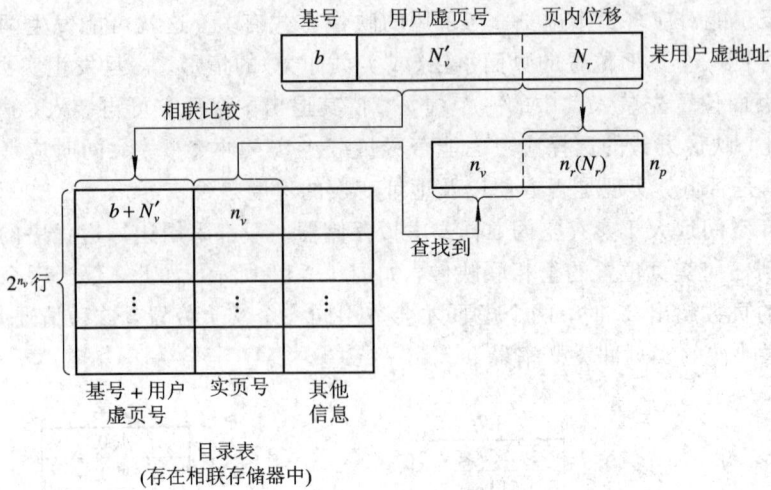

图 4 - 12　目录表法

联查找。如有相符的，即相联查找到了，表示此虚页已被装入主存，该单元中存放的实页号 n_v 就是此虚页所存放的实页位置，将其读出拼接上 N_r 就可形成访存实地址 n_p，该单元其他字段内容可供访问方式保护或其他工作用。如无相符的，即相联查找不到，就表示此虚页未装入主存，则发出页面失效故障，请求从辅存中调页。可见，目录表法不用设置装入位。

尽管目录表的行数为 2^{n_v}，比起页表法的 $N \times 2^{N_v'}$ 行少得多，但主存的页数 2^{n_v} 还是很大，这样的有 2^{n_v} 行的相联存储器不仅造价很高，而且查表速度也较慢。所以，虚拟存储器一般不直接用目录表来存储全部虚页号与实页号的对应关系，但它可以被用来提高地址变换速度。

当给出的多用户虚地址 N_s 所在的虚页未装入主存时都将发生故障。发生故障的原因，可能是出现了一个从未运行过的新程序，此时将进行程序换道；也可能是已在主存中的某程序的虚页未装入主存而发生页面失效，则需到辅存中去调页。现以后者为例来讨论。

要想把该道程序的虚页调入主存，必须给出该页在辅存中的实际地址。为了提高调页效率，辅存一般是按信息块编址的，而且块的大小通常等于页面的大小。以磁盘为例，辅存实(块)地址 N_{v_d} 的格式为

$$N_{v_d} \quad \boxed{\text{磁盘机号} \mid \text{柱面号} \mid \text{磁头号} \mid \text{块号}}$$

这样就需要将多用户虚页号 N_v 变换成辅存实(块)地址 N_{v_d}。用类似页表的方式为每道程序(每个用户)设置一个存放用户虚页号 N_v' 与辅存实(块)地址 N_{v_d} 映像关系的表，作为外部地址变换用，称之为外页表。对应地，将前述映像 N_v' 与 n_v 的关系、用于内部地址变换的页表改称为内页表。显然，每个用户的外页表也是 $2^{N_v'}$ 项(行)，每行中用装入位表示该信息块是否已由海量存储器(如磁带)装入磁盘。当装入位为"1"时，辅存实地址字段内容有效，表示的就是该信息块(页面)在辅存(磁盘)中的实际位置。外页表的内容是在程序装入

辅存时就填好了的。

由于虚拟存储器的页面失效率一般低于 1%，调用外页表进行虚地址到辅存实地址变换的机会很少，加上访辅存调页速度本来就慢，因此，外页表通常存在辅存中，只有当某道程序初始运行时，才把外页表的内容转录到已建立的内页表的实页号地址字段中，这就是前述当内页表装入位为"0"时，可以让实页号地址字段改放该虚页在辅存中的实地址的原因。而且对查找外页表的速度要求也较低，完全可用软件实现以节省硬件成本。因为程序或进程切换所需要的时间要比调页耗费的时间短得多，所以一旦发生页面失效，可以采取程序换道的做法，而不必让处理机空等调页。

图 4-13 为外页表的结构及用软件方法查外页表实现由多用户虚地址 N_s 到辅存实地址 N_{v_d} 的变换过程。

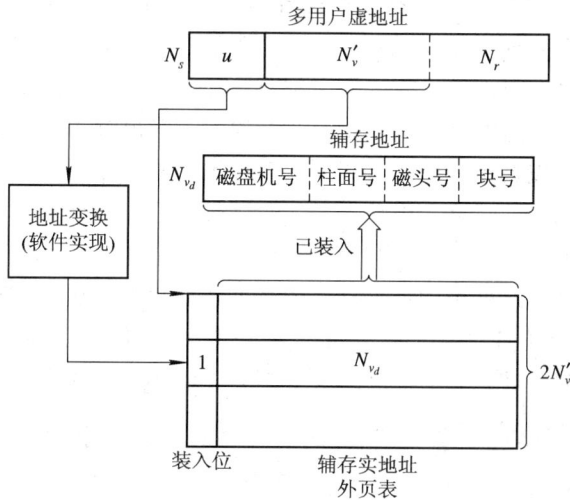

图 4-13　虚地址到辅存实地址的变换

2. 页面替换算法

当处理机要用到的指令或数据不在主存中时，会产生页面失效，须去辅存中将含该指令或数据的一页调入主存。通常虚存空间比主存空间大得多，必然会出现主存已满又发生页面失效的情况，这时将辅存的一页调入主存会发生实页冲突，只有强制腾出主存中某个页才能接纳由辅存中调来的新页。选择主存中哪个页作为被替换的页，就是替换算法要解决的问题。

替换算法的确定主要看主存是否有高的命中率，也要看算法是否便于实现，辅助软、硬件成本是否低。目前已研究过多种替换算法，如随机算法、先进先出算法、近期最少使用（近期最久未用过）算法等。

随机算法（Random，RAND）采用软的或硬的随机数产生器产生主存中要被替换页的页号。这种算法简单，易于实现，但没有利用主存使用的"历史"信息，反映不了程序的局部性，使主存命中率很低，因此已不采用。

先进先出算法（First-In First-Out，FIFO）选择最早装入主存的页作为被替换的页。这种算法实现方便，只要在操作系统为主存管理所设的主存页面表中给每个实页配一个计数器字段(参看图 4 - 14，将其中的使用位字段改成计数器字段)即可。每当一页装入主存时，让该页的计数器清零，其他已装入主存的那些页的计数器都加"1"。需要替换时，计数器值最大的页的页号就是最先进入主存而现在准备替换掉的页号。这种方法虽利用了主存使用的"历史"信息，但不一定能正确地反映出程序的局部性，因为最先进入的页很可能正是现在经常在用的页。

近期最少使用算法(Least Recently Used，LRU)选择近期最少访问的页作为被替换的页。这种算法能比较正确地反映程序的局部性。一般来说，当前最少使用的页，未来也将很少被访问。但完全按此算法实现比较困难，需要为每个实页都配一个字长很长的计数器。所以一般用其变形，即把近期最久未被访问过的页作为被替换页，将"多"和"少"变成"有"和"无"实现就方便多了。

图 4 - 14 是操作系统为实现主存管理设置的主存页面表，其中每一行用来记录主存中各页的使用状况。主存页面表不是前述的页表。页表是用于存储地址映像关系和实现地址变换的，对于用户程序空间而言，每道程序都有一个页表。而主存页面表存于主存，整个系统只有一个。主存页号是顺序的，该字段可以省去，用相对于主存页面表起点的行数表示。占用位表示主存中该页是否已被占用，"0"表示未被占用，"1"表示已被占用。至于被哪个程序的哪个段或哪个页占用，由程序号、段页号字段指明。为实现近期最久未用过算法，给表中每个主存页配一位"使用位"标志。开始时，所有页的使用位全为"0"。只要某个实页的任何单元被访问过，就由硬件自动将该页使用位置为"1"。由于是全相联映像，调入页可装入主存页面表中任何占用位为"0"的实页位置，一旦装入就将该实页之占用位置为"1"。只有当占用位都是"1"，又发生页面失效时，才有页面替换，此时只需替换使用位为"0"的页即可。

(计数器)

主存页号	占用位	程序号	段页号	使用位	程序优先位	H_s	其他信息
0							
1							
⋮							
2^n-1							

图 4 - 14　主存页面表

显然，使用位不能出现全为"1"，否则无法确定哪一页被替换。为避免出现这种状况，一种办法是一旦使用位要变为全"1"时立即由硬件强制全部使用位都为"0"。从概念上看，近期最少使用的"期"是从上次使用位为全"0"到这次使用位为全"0"的这段时期。此"期"的长短是随机的，故称为随机期法。另一种办法是定期置全部使用位为"0"。给每个实页再配一个"未使用过计数器"H_s(或称历史位)，定期地每隔 Δt 时间扫视所有使用位，凡使用位为"0"的将其 H_s 加"1"，并让使用位仍为"0"；而使用位为"1"的将其 H_s 和使用位均"清0"。这样，H_s 值最大的页就是最久未用的页，将被替换。可见，使用位反映一个 Δt 期内的页面使用情况，H_s 则反映了多个 Δt 期内的页面使用状况。这种方法比近期最少使用法所耗费的计数器硬件要少得多。由于页面失效后调页时间长，加上程序换道，因此主存页面表的修改可软、硬件结合地实现。在主存页面表中还可增设修改位以记录该页进入主存后是否被修改过，如未被修改过，替换时就可不必写回辅存；否则，需先将其写回辅存原先的位置，然后才能替换。

近期最少使用和近期最久未用两种算法都是 LRU 法，与 FIFO 法一样，都是根据页面使用的"历史"情况来预估未来的页面使用状况的。如果能根据未来实际使用情况将未来的近期里不用的页替换出去，一定会有最高的主存命中率，这种算法称为优化替换算法（Optimal，OPT）。它是在时刻 t 找出主存中每个页将要用到的时刻 t_i，然后选择其中 $t_i + t$ 最大的那一页作为替换页。显然，这只有让程序运行过一遍，才能得到各页未来的使用情况信息，所以要实现它是不现实的。优化替换算法是一种理想算法，可以被用来作为评价其他替换算法好坏的标准，即看哪种替换算法的主存命中率最接近于优化替换算法的主存命中率。

替换算法一般是通过用典型的页地址流模拟其替换过程，再根据所得到的命中率的高低来评价其好坏的。影响命中率的因素除替换算法外，还有地址流、页面大小、主存容量等。

【例 4-1】 设有一道程序，有 1～5 页，执行时的页地址流（即依次用到的程序页页号）为

$$2,3,2,1,5,2,4,5,3,2,5,2$$

若分配给该道程序的主存有 3 页，则图 4-15 表示 FIFO、LRU、OPT 这 3 种替换算法对这 3 页的使用和替换过程。其中用 * 号标记出按所用算法选出的下次应被替换的页号。由图 4-15 可知，FIFO 算法的页命中率最低，LRU 算法的页命中率非常接近于 OPT 算法的页命中率。

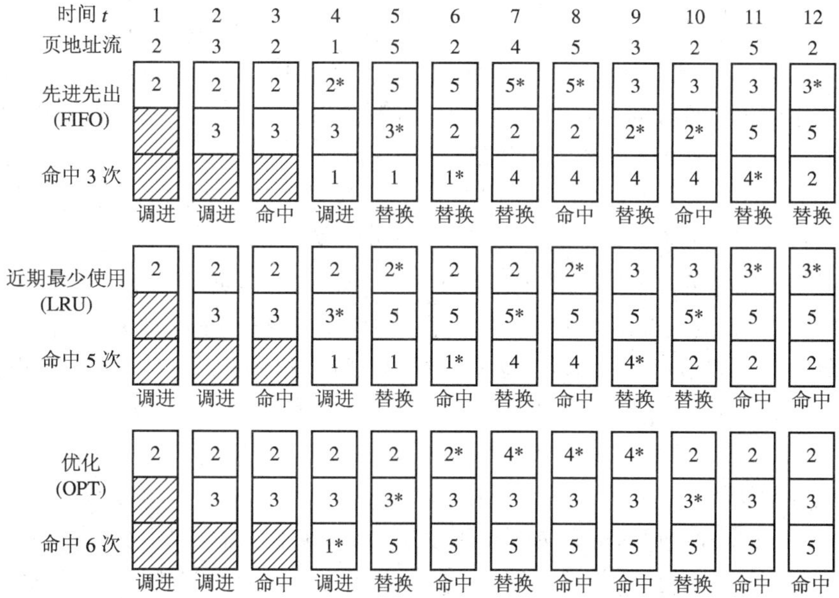

时间 t	1	2	3	4	5	6	7	8	9	10	11	12
页地址流	2	3	2	1	5	2	4	5	3	2	5	2
先进先出 (FIFO) 命中 3 次	2	2	2	2*	5	5	5*	5*	3	3	3	3*
		3	3	3	3*	2	2	2*	2*	5	5	5
			1	1	1*	4	4	4	4	4*	2	2
	调进	调进	命中	调进	替换	替换	替换	命中	替换	命中	替换	替换
近期最少使用 (LRU) 命中 5 次	2	2	2	2	2*	2	2	2*	3	3	3*	3*
		3	3	3*	5	5	5*	5	5	5*	5	5
			1	1	1*	4	4	4*	2	2	2	
	调进	调进	命中	调进	替换	命中	替换	命中	替换	替换	命中	命中
优化 (OPT) 命中 6 次	2	2	2	2	2	2*	4*	4*	4*	2	2	2
		3	3	3	3*	3	3	3	3	3*	3*	3
			1*	5	5	5	5	5	5	5		
	调进	调进	命中	调进	替换	命中	替换	命中	替换	命中	命中	命中

图 4-15　3 种替换算法对同一页地址流的替换过程

结论 1 命中率与所选用替换算法有关。LRU 算法要优于 FIFO 算法。命中率也与页地址流有关。

【例 4 - 2】 一个循环程序当所需页数大于分配给它的主存页数时，无论是 FIFO 算法还是 LRU 算法的命中率都明显低于 OPT 算法的命中率。图 4 - 16 就表明了这种情况。但只要将实页数增加一页，就能使这 3 种算法的命中次数都增大到 4 次。

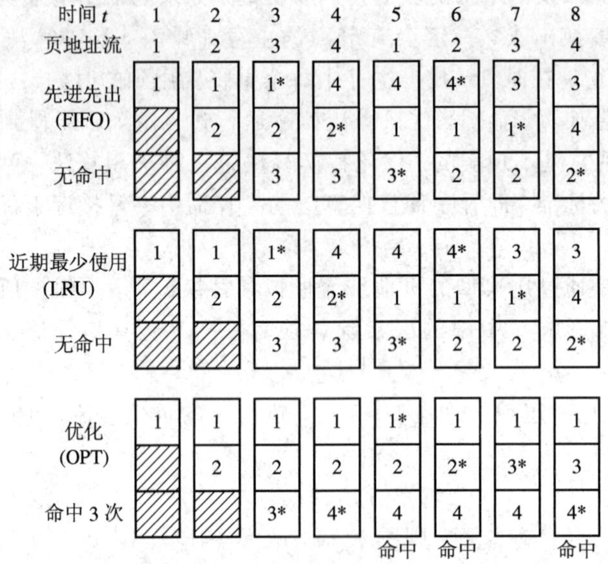

图 4 - 16　命中率与页地址流有关

结论 2 命中率与分配给程序的主存页数有关。

一般来说，分配给程序的主存页数越多，虚页装入主存的机会越多，命中率也就可能越高，但能否提高还和替换算法有关。FIFO 算法就不一定。由图 4 - 17 可知，主存页数由 3 页增至 4 页时，命中率反而由 3/12 降低到 2/12。而 LPU 算法则不会发生这种情况，随着分配给程序的主存页数的增加，其命中率一般都能提高，至少不会下降。因此，从衡量替换算法好坏的命中率高低来考虑，如果对影响命中率的主存页数 n 取不同值的情况都模拟一次，则工作量是非常大的。于是提出了使用堆栈处理技术处理的分析模型，它适用于采用堆栈型替换算法的系统，可以大大减少模拟的工作量。

什么是堆栈型替换算法呢？设 A 是长度为 L 的任意一个页地址流，t 为已处理过 $t-1$ 个页面的时间点，n 为分配给该地址流的主存页数，$B_t(n)$ 表示在 t 时间点、在 n 页的主存中的页面集合，L_t 表示到 t 时间点已遇到过的地址流中相异页的页数。如果替换算法满足

$$n < L_t \text{ 时}, B_t(n) \subset B_t(n+1)$$
$$n \geqslant L_t \text{ 时}, B_t(n) = B_t(n+1)$$

则属堆栈型的替换算法。

LRU 算法在主存中保留的是 n 个最近使用的页，它们又总是被包含在 $n+1$ 个最近使用的页中，所以 LRU 算法是堆栈型算法。显然，OPT 算法也是堆栈型算法，而 FIFO 算法则不是。因为从图 4 - 17 可以看出，FIFO 算法不具有任何时刻都能满足上述包含性质的特征。例如，$B_7(3) = \{1, 2, 5\}$，而 $B_7(4) = \{2, 3, 4, 5\}$，所以，$B_7(3) \not\subset B_7(4)$。由于堆栈

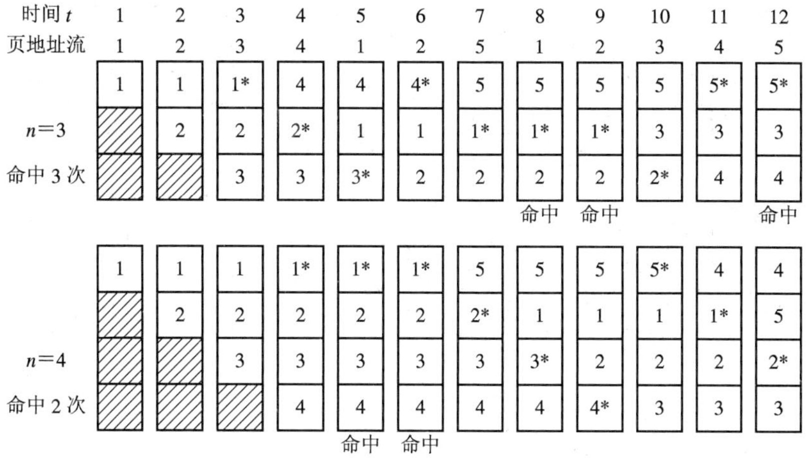

时间 t 1 2 3 4 5 6 7 8 9 10 11 12
页地址流 1 2 3 4 1 2 5 1 2 3 4 5

$n=3$
1	1	1*	4	4	4*	5	5	5	5	5*	5*
	2	2	2*	1	1	1*	1*	1*	3	3	3
		3	3	3*	2	2	2	2	2*	4	4

命中 3 次   命中 命中   命中

$n=4$
1	1	1	1*	1*	1*	5	5	5	5*	4	4
	2	2	2	2	2	2*	1	1	1	1*	5
		3	3	3	3	3	3*	2	2	2	2*
			4	4	4	4	4	4*	3	2	3

命中 2 次   命中 命中

图 4-17 FIFO 算法的实页数增加，命中率反而有可能下降

型替换算法具有上述包含性质，因此命中率随主存页数的增加只有可能提高，至少不会下降。只要是堆栈型替换算法，只要采用堆栈处理技术对地址流模拟一次，即可同时求得对此地址流在不同主存页数时的命中率。

用堆栈模拟时，主存在 t 时间点的状况用堆栈 S_t 表示，S_t 是 L_t 个不同页面号在堆栈中的有序集，$S_t(1)$ 是 t 时间点的 S_t 的栈顶项，$S_t(2)$ 是 t 时间点的 S_t 的次栈顶项，依次类推。由于堆栈型算法的包含性，必有

$$n < L_t \text{ 时}，B_t(n) = \{S_t(1)，S_t(2)，\cdots，S_t(n)\}$$
$$n \geqslant L_t \text{ 时}，B_t(n) = \{S_t(1)，S_t(2)，\cdots，S_t(L_t)\}$$

这样，容量为 n 页的主存中，页地址流 A 在 t 时间点的 A_t 页是否命中，只需看 S_{t-1} 的前 n 项中是否有 A_t，若有则命中。所以，经过一次模拟处理获得 $S_t(1)，S_t(2)，\cdots，S_t(L_t)$ 之后，就能同时知道不同 n 值时的命中率，从而为该道程序确定所分配的主存页数提供依据。

不同的堆栈型替换算法，其 S_t 各项的改变过程不同。LRU 算法是把主存中刚被访问过的页号置于栈顶，而把最久未被访问过的页号置于栈底。设 t 时间点被访问的页为 A_t，若 $A_t \notin S_{t-1}$，则把 A_t 压入栈顶使之成为 $S_t(1)$，S_{t-1} 各项都下推一个位置；若 $A_t \in S_{t-1}$，则将它由 S_{t-1} 中取出压入栈顶成为 $S_t(1)$，在 A_t 之下的各项位置不动，而 A_t 之上的各项都下推一个位置。

【例 4-3】 图 4-18 是图 4-15 页地址流采用 LRU 算法进行堆栈处理的 S_t 变化过程。

由图 4-18 的 S_t 可确定对应这个页地址流，主存页数 n 取不同值时的命中率。只要取栈顶的前 n 项，若 $A_t \in S_{t-1}$ 则为命中，若 $A \notin S_{t-1}$ 则为不命中。例如，对 $n=4$，其 $S_5 = \{5，1，2，3\}$，因为 $A_6 = 2 \in S_5$，所以命中；但对 $n=2$，其 $S_5 = \{5，1\}$，因为 $A_6 = 2 \notin S_5$，所以不命中。这样就可算出各个 n 值的命中率 H^*，如表 4-1 所示。可见，LRU 算法的命中率随分配给该道程序的主存页数 n 的增加而单调上升，至少不会下降，这是堆栈型算法所共有的特点。而 FIFO 这种非堆栈型算法由图 4-17 可知，不具备这一特点。虽然虚页在主存的机会多了，命中率总趋势应随 n 的增加而增大，但从某个局部看，n 的增加有时会使命中率降低。

时间 t	1	2	3	4	5	6	7	8	9	10	11	12
页地址流 A	2	3	2	1	5	2	4	5	3	2	5	2
$S_t(1)$	2	3	2	1	5	2	4	5	3	2	5	2
$S_t(2)$		2	3	2	1	5	2	4	5	3	2	5
$S_t(3)$				3	2	1	5	2	4	5	3	3
$S_t(4)$					3	3	1	1	2	4	4	4
$S_t(5)$							3	3	1	1	1	1
$S_t(6)$												
$n=1$												
$n=2$			命中									命中
$n=3$			命中			命中		命中			命中	命中
$n=4$			命中			命中		命中		命中	命中	命中
$n=5$			命中			命中		命中	命中	命中	命中	命中

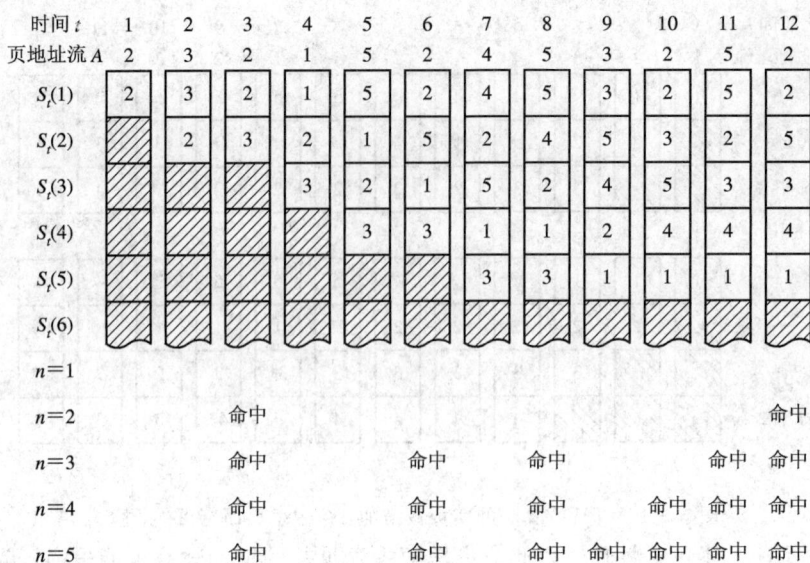

图 4－18　图 4－15 页地址流使用 LRU 算法进行堆栈处理的 S_t 变化过程

表 4－1　不同实页数 n 的命中率 H^*

n	1	2	3	4	5	>5
H^*	0	0.17	0.42	0.50	0.58	0.58

结论：由于堆栈型替换算法有随分配给该道程序的实页数 n 的增加，命中率 H 会单调上升这一特点，因此可对 LRU 算法加以改进，提出使系统性能更优的动态算法。即根据各道程序运行中的主存页面失效率，由操作系统动态调节分配给各道程序的实页数。当主存页面失效率超过某个值时就自动增加分配给该道程序的主存页数以提高其命中率；而当主存页面失效率低于某个值时就自动减少分配给该道程序的主存页数，以便释放出这部分主存页面位置供给其他程序用，从而使整个系统总的主存命中率和主存利用率得到提高。我们称此算法为页面失效频率(PFF)算法。显然它是立足于主存页数增加一定会使命中率单调上升，至少不下降这一基本点上的。

3. 虚拟存储器工作的全过程

参看图 4－19，在页式虚拟存储器中每当用户用虚地址访问主存时，都必须查找内页表，将多用户虚地址变换成主存的实地址①、②。在查找内页表时，如果对应该虚页的装入位为"1"，就取出其主存页号 n_v，拼接上页内位移 N_r，形成主存实地址 n_p 后访主存③。如果对应该虚页的装入位为"0"，表示该虚页未在主存中，就产生页面失效④，程序换道，经异常处理从辅存中调页。这时需查找外页表，完成外部地址变换⑤。在查找外页表时，若该虚页的装入位为"0"，表示该虚页尚未装入辅存，则产生辅存缺页故障(异常)，由海量存储器调入⑧；若查找外页表时，该虚页的装入位为"1"，就将多用户虚地址变换成辅存中的实块号 N_{v_d}，告诉 I/O 处理机到辅存中去调页⑥，而后经 I/O 处理机送入主存⑦。在多道程序机器中，CPU 的运行与 I/O 处理机的调页是并行进行的。

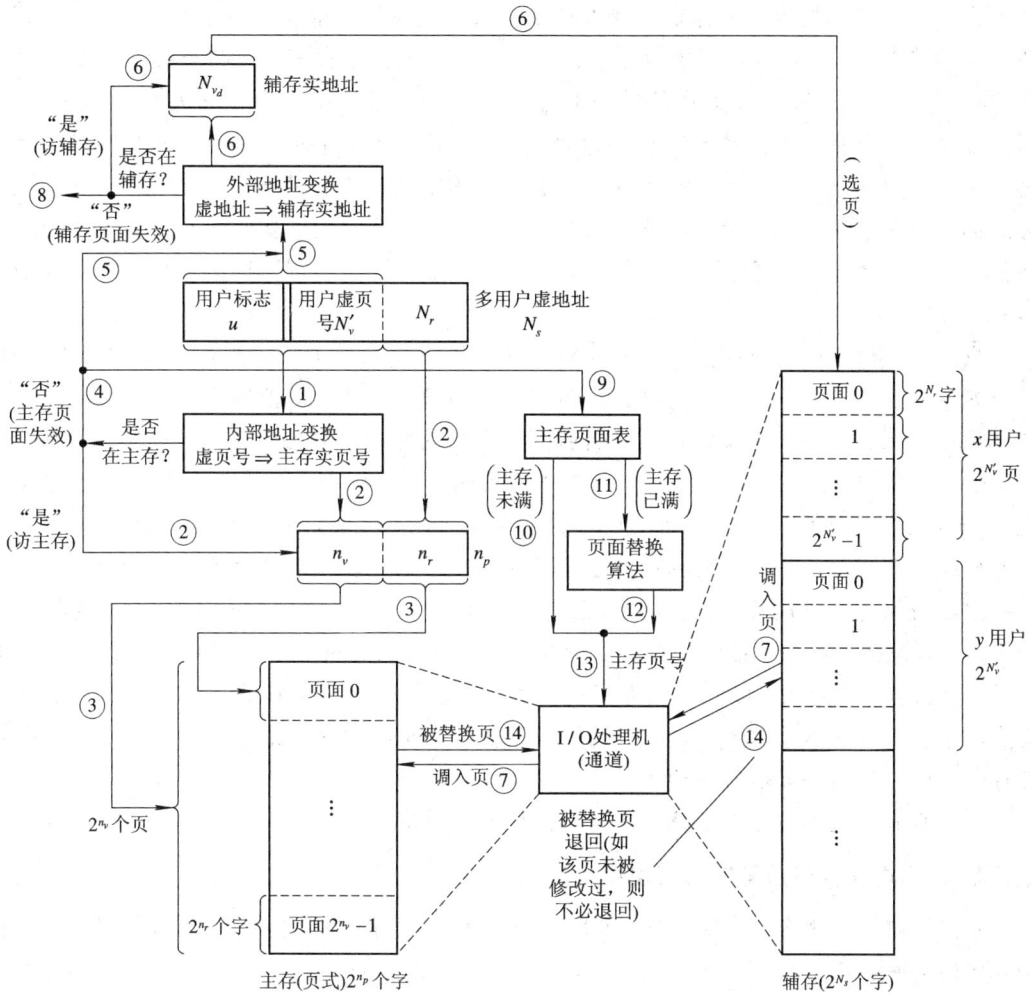

图 4 - 19 页式虚拟存储器工作的全过程

一旦发生页面失效，还需要确定调入页应进入主存中哪一页位置，这就需要操作系统查找主存页面表⑨。若占用位为"0"，表示主存未装满，因为是全相联映像，所以此时只需找到任何占用位为"0"的一个页面位置即可⑩。若占用位全为"1"，表示主存已装满，就需要通过替换算法寻找替换页⑪、⑫。不管是哪种情况，均将确定好的主存页号送入 I/O 处理机⑬，由 I/O 处理机完成页的调入⑦。在页面替换时，如果被替换的页调入主存后一直未经改写，则不需送回辅存；如果已被修改，则需先将它送回辅存原处⑭，再把调入页装入主存⑦。装入主存的页是否改写过可用主存页面表中的修改位来指明。每次调入一页或访问过一页，应记录或修改有关页表和主存页面表的内容。

4.2.3　页式虚拟存储器实现中的问题

1. 页面失效的处理

对页面失效的处理是设计好页式虚拟存储器的关键之一。

前面已讲过，页面的划分只是对程序和主存空间进行机械等分。对于按字节编址的存储器完全可能出现指令或操作数横跨在两页上存储的情况。特别是对于字符串数据、操作数多重间接寻址，这种跨页现象更为严重。如果当前页在主存中，而跨页存放的那一页不在主存中，就会在取指令、取操作数或间接寻址等访存过程中发生页面失效。就是说，页面失效会在一条指令的分析或执行的过程中产生。一般地，中断都是在每条指令执行的末尾安排有访中断微操作，检验系统中有无未屏蔽的中断请求，以便对其响应和处理。页面失效如果也用这种办法就会造成死机，因为不调页，指令就无法执行到访中断微操作，从而就不可能对页面失效给予响应和处理。因此，页面失效不能按一般的中断对待，应看作是一种故障，必须立即响应和处理。

页面失效后还应解决如何保存好故障点现场以及故障处理完后如何恢复故障点现场，以便能继续执行这条指令。目前多数机器都采用后援寄存器法，把发生页面失效时指令的全部现场都保存下来。待调页后再取出后援寄存器内容恢复故障点现场，以便继续执行完该指令。也有的机器同时采用一些预判技术。例如，在执行字符串指令前预判字符数据首尾字符所在页是否都在主存中，如果是，才执行，否则，发页面失效请求，等到调页完成后才开始执行此指令。替换算法的选择也是很重要的。不应发生让指令或操作数跨页存放的那些页轮流从主存中被替换出去的"颠簸"现象。因此，给一道程序分配的主存页数应有某个下限。假设指令和两个操作数都跨页存储，那这条指令的执行至少需分配 6 个主存页面。另外，页面也不能过大，以使多道程序的道数、每道程序所分配到的主存页数都能在一个适当的范围内。页面过大会使主存中的页数过少，从而出现大量的页面失效，严重降低虚拟存储器的访问效率和等效速度。

应认真解决页面失效的处理，这是操作系统和系统结构设计共同需要解决的问题。

2. 提高虚拟存储器等效访问速度的措施

要想使虚拟存储器的等效访问速度提高到接近于主存的访问速度并不容易。从存储层次的等效访问速度公式可以看出，要达到这样的目标既要有很高的主存命中率，又要有尽可能短的访主存时间。高的主存命中率受很多因素影响，包括页地址流、页面调度策略、替换算法、页面大小、分配给程序的页数（主存容量）等，有些前面已提过了，后面将对影响虚拟存储器性能的某些因素作进一步分析。这里先就缩短访主存时间讲述结构设计中可采取的措施。

由虚拟存储器工作的全过程可以看出，每次访主存时，都要进行内部地址变换，其概率是 100%。从缩短访主存的时间看，只有内部地址变换快到使整个访存速度非常接近于不用虚拟存储器时，虚拟存储器才能真正实用。

页式虚拟存储器的内部地址变换靠页表进行，页表容量很大，只能放在主存中，每访主存一次，就要加访一次主存查表。如果采用段页式，查表还需加访主存两次。这样，为存、取一个字，需经 2 次或 3 次访主存才能完成，其等效访问速度只能是不用虚拟存储器的1/2 或 1/3。有的小机器可用单独的小容量快速随机存储器或寄存器组成存放页表。如 Xerox Sigma7 处理机的虚拟存储空间容量为 2^{17} 个字，页面大小为 2^9 个字，用 2^8 个字、每个字为 9 位的寄存器组来存放页表，一定程度缩短了内部地址变换的时间。在大多数规模较大的机器上，是靠硬件上增设"快表"来解决的。

由于程序存在局部性，因此对页表内各行的使用不是随机的。在一段时间里实际可能只用到表中很少的几行。这样，用快速硬件构成比全表小得多，例如（8～16）行的部分目录表存放当前正用的虚实地址映像关系，那么其相联查找的速度将会很快。我们称这个部分目录表为快表。将原先存放全部虚、实地址映像关系的表称为慢表。快表只是慢表中很小一部分副本。这样，从虚地址到主存实地址的变换可以用图 4-20 的办法来实现。

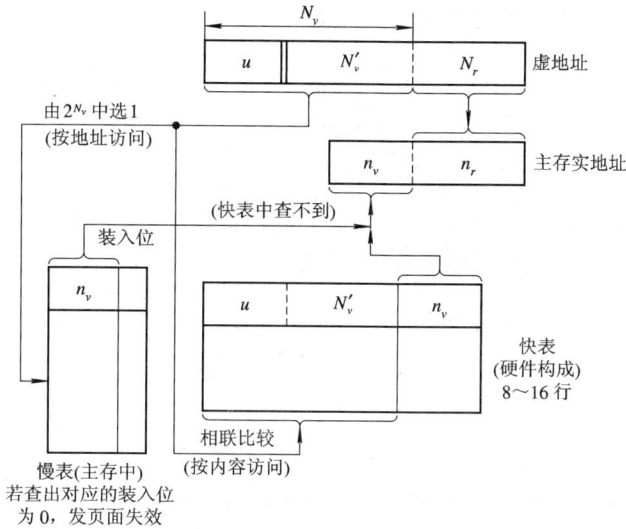

图 4-20　经快表与慢表实现内部地址变换

查表时，由虚页号 $u + N_v'$（即 N_v）同时去查快表和慢表。当快表中有此虚页号时，就能很快找到对应的实页号 n_v，将其送入主存地址寄存器访存，并立即使慢表的查找中止，这时访主存的速度几乎未下降。如果在快表中查不到，则经一个访主存时间，从慢表中查到的实页号 n_v 就会送入主存地址寄存器并访存，同时将此虚页号与实页号的对应关系送入快表。这里，也需要用替换算法去替换快表中已不用的内容。

如果快表的命中率不高，系统效率就会显著下降。快表如果用堆栈型替换算法，则快表容量越大，其命中率就会越高。但容量越大，会使相联查找的速度越低，所以快表的命中率和查表速度有矛盾。若快表取 8～16 行，每页容量为 1～4 K 字，则快表容量可反映主存中 8～64 K 个单元，其命中率应该是较高的。于是快表和慢表实际构成了一个两级层次，其所用的替换算法一般也是 LRU 算法。

为了提高快表的命中率和查表速度，可以用高速按地址访问的存储器来构成更大容量的快表，并用散列（Hashing）方法实现按内容查找。散列方法的基本思想是让内容 N_v 与存放该内容的地址 A 之间有某种散列函数关系，即让快表的地址 $A = H(N_v)$。参看图4-21，当需要将虚、实地址 N_v 与 n_v 的映像关系存入快表存储器中时，只需将 N_v 对应的 n_v 等内容存入快表存储器的 $A = H(N_v)$ 单元中。查找时按现给的 N_v 经同样的散列函数变换成 A 后，再按地址 A 访问快表存储器，就可能找到存放该 N_v 所对应的 n_v 及其余内容。散列函数变换必须采用硬化实现才能保证必要的速度。在快表中增设 N_v 字段是为解决多个不同的 N_v 可能散列到同一个 A 的散列冲突。在快表的 A 单元中除了存入当时的 n_v，也存入当时的 N_v。这样在地址变换时用现行 N_v 经散列函数求得 A、查 n_v 并访主存的同时，再将同行中原保存的 N_v 读出与现行虚地址中的 N_v 作比较。若相等，就让按 n_v 形成的主存实地址进行的访存继续下去；若不等，就表明出现了散列冲突，即 A 地址单元中的 n_v 不是现行虚地址对应的实页号，这时就让刚才按 n_v 形成的主存实地址进行的访存中止，经过一个主存周期，用从慢表中读得的 n_v 再去访存。可以看出，这种按地址访问构成的快表，其容量可比前述使用相联存储器片子构成的快表容量 8～16 行要大，例如可以是 64～128 行，这不仅提高了快表的命中率，而且仍具有很高的查表速度。加上这种判相等与访主存是同时并行的，还可以进一步缩短地址变换所需的时间。

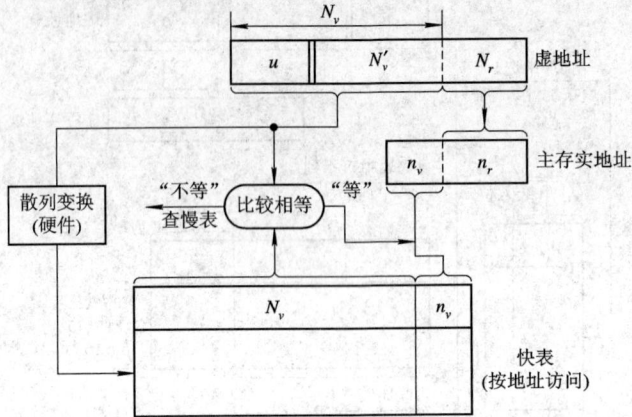

图 4 - 21　快表中增加 N_v 比较以解决散列冲突引起的查错

若在快表的每个地址 A 单元中存放多对虚页号与实页号的映像关系，则还可进一步降低散列冲突引起的不命中率。例如图 4 - 22 所示的 IBM 370/168 虚拟存储器的快表，每一行用的是两对虚、实地址映像关系。用两套外部的相等比较电路比较，看哪一个相符就送哪一个的 n_v。只有当 A 单元的两个虚页号都不相符时，才是不命中，才需经慢表途径获得 n_v。

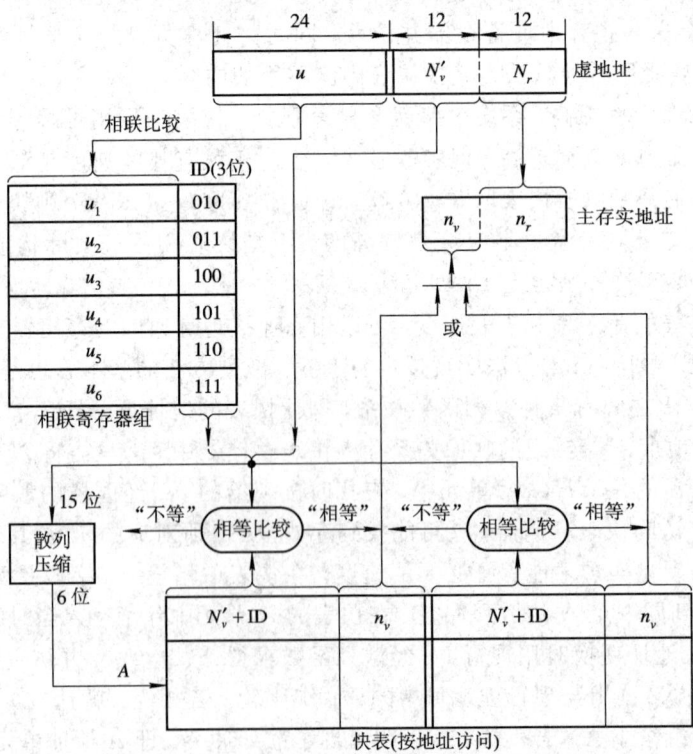

图 4 - 22　IBM 370/168 虚拟存储器快表示意图

此外，散列变换(压缩)的入、出位数差愈小，散列冲突的概率就愈低。因此，可以考虑缩短被变换的虚地址位数，但如简单去掉 u 字段是不行的，需采取其他措施。

【例 4-4】 IBM 370/168 的设计者考虑到 24 位的 u 可对应 2^{24} 个任务，但实际在较长一段时间只有几个任务在运行，远比 2^{24} 小得多，即 u 的变化概率要比 N'_v 的变化概率低得多。因此，只需把这几个 u 值存在几个(如 6 个)相联寄存器中，从而只要 3 位 ID 就可区分。相当于只用 6 行高速相联寄存器组就把 24 位 u 压缩成 3 位的 ID 了。地址变换时，先用虚地址中的 u 到相联寄存器组中查找，找到相同的 ID 值(3 位)后，再与 N'_v(12 位)拼接，使得需相联比较的位数由 $u+N'_v=36$ 位缩短成 $ID+N'_v=15$ 位，从而既能缩短相联比较的位数，缩小散列变换的入、出位数差，又仍能达到在任务切换时不会出错的目的。这样，在快表内可以同时存有多达 6 个任务的部分页表，而且在任务切换时，操作系统不用作废整个快表或某行内容，使快表对操作系统和系统程序员是透明的。只有当某个 u 值与 6 行相联寄存器组的哪一行都不相等时，才发现已切换到这 6 个任务之外的新任务，这时才按前述替换算法选择一个 ID 标志分配给此新任务。随着新任务的执行，被替换掉的任务在快表中的各行也被新任务逐渐取代。只要替换算法选择得好，常用任务(或主任务)的那部分页表内容被替换掉的概率便会很低，避免了因快表内容不适当的作废引起的虚、实地址变换速度的下降。现在不少机器的虚拟存储器所用的快表结构与 IBM 370/168 的基本相同。

上述查相联寄存器组、散列压缩、查快表等都用硬件实现。因此，用于虚拟存储器的内部地址映像和变换的快、慢表对应用程序员和系统程序员都是透明的。

3. 影响主存命中率和 CPU 效率的某些因素

命中率是评价存储体系性能的重要指标。程序地址流、替换算法以及分配给程序的实页数不同都会影响命中率。

论点 1 页面大小 S_p、分配给某道程序的主存容量 S_1 与命中率 H 的关系如图 4-23 所示。当 S_1 一定时，随着 S_p 的增大，命中率 H 先逐渐增大，到达某个最大值后又减小。若增大 S_1，可普遍提高命中率，达到最高命中率时的页面大小 S_p 也可以增大一些。

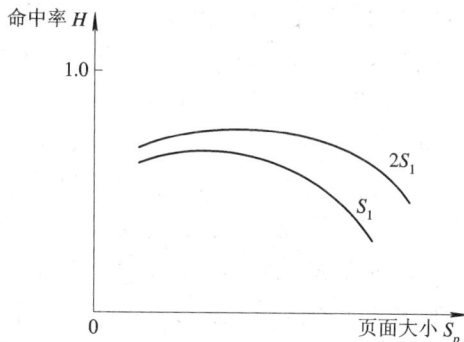

图 4-23 页面小大 S_p、容量 S_1 与命中率 H 的关系

对上述现象可作如下分析。假设程序执行过程中，相邻两次访存的逻辑地址间距为 d_r，若 d_r 比 S_p 小，随着 S_p 的增大，相邻两次访存的地址处于同一页内的概率将会增加，从这点看，H 随 S_p 的增大而上升；而若 d_r 比 S_p 大，两个地址肯定不会在同一页。如果该地址所在页也在主存，则也会命中。从这点看，H 会随分配给该道程序的实页数的增加而

上升。这对采用堆栈型替换算法是必然的。若分配给该道程序的主存容量固定，那么增大页面必使总页数减少。这样，虽然同页内的访问命中率会上升，但对于两个地址分属不同页的情况，就会使命中率下降。程序运行时是两种情况的综合。当 S_p 较小时，增大 S_p 的过程中，前一种因素起主要作用。因此，综合来看，H 随 S_p 的增大而上升。当达到某个最大值后，随着页数的显著减少，后一种因素起主要作用，这就导致增大 S_p 反而使 H 下降，而且偶然性访问某些页的页面失效率也会上升。当然，如果分配给该道程序的容量 S_1 增大，则可延缓后一种因素使 H 下降的情况发生。

论点 2 分配给某道程序的容量 S_1 的增大也只是在开始时对 H 提高有明显作用。

图 4 - 24 的实线反映了用堆栈型替换算法时 H 与 S_1 的关系。由图可知，一开始随 S_1 的增大，H 明显上升，但到一定程度后，H 的提高就渐趋平缓，而且最高也不会到 1。当 S_1 过分增大时，主存空间的利用率会因程序的不活跃部分所占比例增大而下降。如果采用 FIFO 算法替换，由于它不是堆栈型算法，随着 S_1 的增大，H 总的趋势也是上升的，但是从某个局部看，可能会有下降，如图 4 - 24 中虚线所示。这种现象同样会体现在 S_p、S_1 与 H 的关系上。

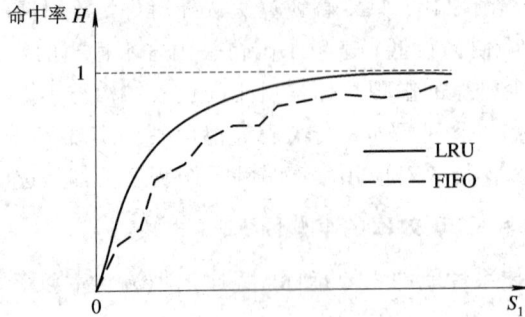

图 4 - 24 H 与 S_1 的关系

由以上分析得出结论，不要让 S_1 过大。S_p 和 S_1 的选择应折中权衡，只要 H 高到不会再明显增大时就可以了。目前多数机器取 1～4 KB 的页面大小。尽管页面取大会使页内零头浪费增大，降低主存的空间利用率，但页表行数的减小又缓解了主存空间利用率的下降。同时，页面取大有利于提高辅存的调页效率，减小操作系统为页面替换所花的辅助开销，还可降低指令、操作数和字符串的跨页存储概率。

主存命中率也与所用的页面调度策略有关。大多数虚拟存储器都采用请求式调页，仅当页面失效时才把所需页调入主存。针对程序存在的局部性，可改用预取工作区调度策略。所谓工作区，是指在时间 t 之前一段时间 Δt 内已访问过的页面集合。程序的局部性使工作区随时间 t 缓慢变化。可以在启动某道程序重新运行之前，先将该程序上次运行时所用的虚页集合调入主存。这种预取工作区的方法可以免除在程序启动后出现大量的页面失效，使命中率有所提高。但应看到这种调度策略不见得一定比请求式的页面调度策略好，因为可能会把许多不用的虚页也调入主存，所以是否采用应根据具体情况决定。

以上主要是围绕某道程序讨论的，如果要讨论如何提高多道程序运行时 CPU 的效率，则还要考虑一些其他因素。

例如，对分时系统，分配给每道程序的 CPU 时间片大小会影响对虚拟存储器的使用。如果分配给 CPU 的时间片较小，就应尽量减少页面失效的次数，不然所给时间的大部分就会消耗在调页上。但此时对 S_1 的要求却可降低，因为在短的 CPU 时间内，来得及使用的主存容量会较少。同理，页面也不能选得过大，不然会出现连一页也没用完，就得换道了。

又如，多道程序的道数取多少，也会影响到 CPU 的效率。道数太少，由于调页时 CPU 可能没有可以运行的程序而不得不停下来等待，使效率降低；反之当道数太多时，每道程序占有的主存页数太少，会产生频繁的页面失效。为此提出了多种多道程序系统优化 CPU 效率的调页模型。下面列举三种。一种认为应遵循所谓 50% 准则，即如果调页操作能使辅存约有一半时间在忙着的，CPU 的利用率视为最大。另一种认为当调页时间近似等于页面失效间隔的平均时间时，CPU 的利用率最高。第三种认为每道程序的页面分配量应选择成能使页面失效间隔的平均时间达到最大值。按照这些见解可以提出调整道数（并行作业数）的算法以及使系统吞吐量最大的存储管理策略。

4.3 高速缓冲存储器

4.3.1 工作原理和基本结构

高速缓冲(Cache)存储器是指为弥补主存速度的不足，在处理机和主存之间设置一个高速、小容量的 Cache，构成 Cache—主存存储层次，使之从 CPU 来看，速度接近于 Cache，容量却是主存的。

Cache 存储器的基本结构如图 4 - 25 所示。

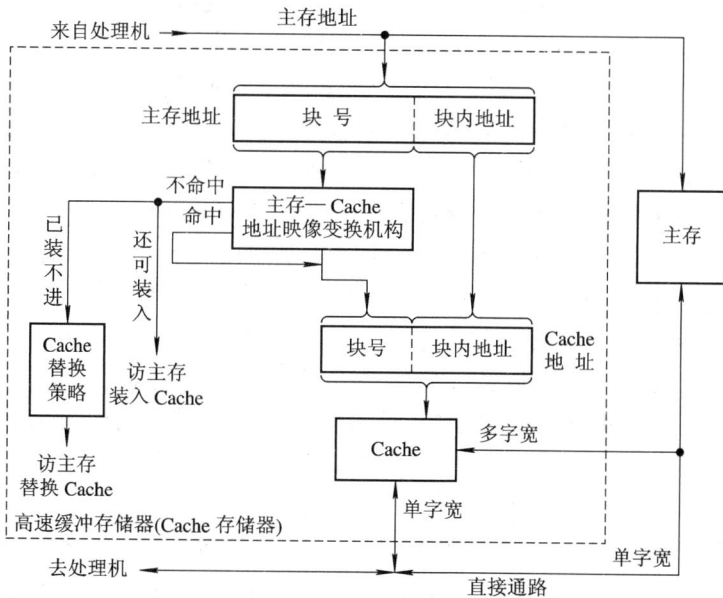

图 4 - 25　Cache 存储器的基本结构

将 Cache 和主存机械等分成相同大小的块（或行）。每一块由若干个字（或字节）组成。从存储层次原理上讲，Cache 存储器中的块和虚拟存储器中的页具有相同的地位，但块的大小要比页的大小小得多，一般只是页的几十分之一或几百分之一。每当给出一个主存字地址进行访存时，都必须通过主存—Cache 地址映像变换机构判定该访问字所在的块是否已在 Cache 中。如果在 Cache 中(Cache 命中)，主存地址经地址映像变换机构变换成 Cache 地址去访 Cache，Cache 与处理机之间进行单字信息传送；如果不在 Cache 中(Cache 不命中)，产生 Cache 块失效，这时就需要从访存的通路中把包含该字的一块信息通过多字宽通路调入 Cache，同时将被访问字直接从单字通路送往处理机。如果 Cache 已装不进了，发生了块冲突，就要将该块替换掉被选上的块，并修改地址映像表中有关的地址映像关系及 Cache 各块的使用状态标志等信息。

目前，访 Cache 的时间一般是访主存时间的 $1/4 \sim 1/10$，只要 Cache 的命中率足够高，就能以接近于 Cache 的速度来访问大容量主存。

可见，Cache 存储器和虚拟存储器在原理上是类似的，所以虚拟存储器中使用的地址映像变换及替换算法基本上也适用于 Cache 存储器。只是由于对 Cache 存储器的速度要求更高，因此在构成、实现以及透明性等问题上有其自己的特点。

前面已讲过，Cache 与主存的速度差不到 $1/10$，比主存与辅存之间的速度差小两个数量级，加上 Cache 存储器的速度要比虚拟存储器的高得多，希望能与 CPU 的速度相匹配，为此 Cache 本身一般采用与 CPU 同类型的半导体工艺制成。此外，Cache—主存间的地址映像和变换，以及替换、调度算法全得用专门的硬件实现。这样，Cache 存储器不仅对应用程序员是透明的，就是对系统程序员也是透明的，结构设计时必须解决好因为这种透明带来的问题。

由图 4-25 可知，从送入主存地址到 Cache 的读出或写入完成实际包括查表地址变换和访 Cache 两部分工作，这两部分工作所花费的时间基本相近，例如都是 30 ns。那么，可以让前一地址的访 Cache 和后一地址的查表变换在时间上重叠，流水地进行(见第 5、6 章)。虽然从送入主存地址到访 Cache 完成需要 60 ns，是处理机拍宽 30 ns 的 2 倍，但经流水后，CPU 仍可每隔 30 ns 完成一次对 Cache 的访问。实际上，访问一次 Cache 存储器往往要经过很多子过程。多个请求源同时访问 Cache 存储器时，首先要经优先级排队，然后访目录表进行地址变换，接着访 Cache，从 Cache 中选择所需的字和字节，修改 Cache 中块(行)的使用状态标志等，这些子过程流水地处理使 Cache 存储器能在一个周期为多条指令和数据服务，进一步提高 Cache 存储器的吞吐率。像 Amdahl470 V/7 和 IBM 3033 的 Cache 存储器都采用了流水技术。而且，IBM 3033 还采用异步流水。当某次访问 Cache 失效时，可以保存其请求，并让之后的其他访问 Cache 的请求继续进行，从而使各请求对 Cache 访问的完成次序可不同于它们进入的次序。

为了能更好地发挥 Cache 的高速性，减少 CPU 与 Cache 之间的传输延迟，应让 Cache 在物理位置上尽量靠近处理机或者就放在处理机中。对共用主存的多处理机系统，如果每个处理机都有它自己的 Cache，让处理机主要与 Cache 交换，就能大大减少使用主存的冲突，提高整个系统的吞吐量。

在处理机和 Cache、主存的联系上也不同于虚拟存储器的处理机和主存、辅存之间的联系方式。在虚拟存储器中，处理机和辅存之间没有直接的通路，因为辅存的速度相对主存的差距很大。一旦发生页面失效，由辅存调页的时间是毫秒级。为使处理机在这段时间内不致于白等，一般采用切换到其他程序的办法。但当 Cache 存储器发生 Cache 块失效时，由于主存调块的时间是微秒级，显然不能采用程序换道。为了减少处理机的空等时间，除了 Cache 到处理机的通路外，在主存和处理机之间还设有直接的通路，如图 4-25 所示。这样，Cache 块失效时，就不必等主存把整块调入 Cache 后，再由 Cache 把所需的字送入处理机，而是让 Cache 调块与处理机访主存取所需的字重叠地进行，这就是通过直接通路实现读直达；同样，也可以实现 CPU 直接写入主存的写直达。这样，Cache 既是 Cache 存储器中的一级，又是处理机和主存间的一个旁视存储器。

为了加速调块，一般让每块的大小等于在一个主存周期内由主存所能访问到的字数，因此在有 Cache 存储器的主存系统都采用多体交叉存储器。

【例 4-5】 IBM 370/168 的主存是模 4 交叉，每个分体是 8 B 宽，所以 Cache 的每块为 32 B；CRAY-1 的主存是模 16 交叉，每个分体是单字宽，所以其指令 Cache(专门存放指令的 Cache)的块容量为 16 个字。

另外，主存是被机器的多个部件所共用的，应把 Cache 的访主存优先级尽量提高，一般应高于通道的访主存级别，这样在采用 Cache 存储器的系统中，访存申请响应的优先顺序通常安排成 Cache、通道、写数、读数、取指。因为 Cache 的调块时间只占用 1～2 个主存周期，所以这样做不会对外设访主存带来太大的影响。

4.3.2 地址的映像与变换

对 Cache 存储器而言，地址的映像就是将每个主存块按什么规则装入 Cache 中；地址的变换就是每次访 Cache 时怎样将主存地址变换成 Cache 地址。

映像规则的选择除了看所用的地址映像和变换硬件是否速度高、价格低和实现方便外，还要看块冲突概率是否低、Cache 空间利用率是否高。

所谓块冲突，是指出现了主存块要进入 Cache 中的块位置已被其他主存块占用了。

1. 全相联映像和变换

主存中任意一块都可映像装入到 Cache 中任意一块位置，如图 4-26 所示。

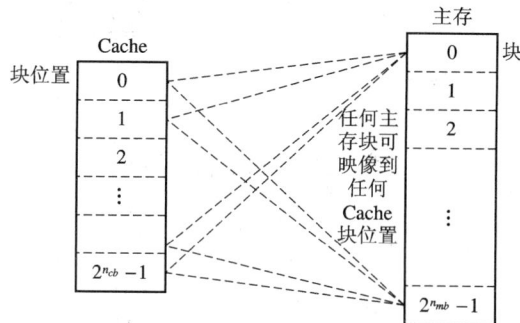

图 4-26 全相联映像规则图

为加快主存—Cache 地址的变换，不宜用类似虚拟存储器的(虚)页表法来存放主存—Cache 的地址映像关系，因为(虚)块表要用容量达 $2^{n_{mb}}$ 项的随机访问存储器，代价大，速度慢，所以都采用类似图 4-12 所示的目录表硬件方式实现。

全相联映像的主存—Cache 地址变换过程如图 4-27 所示。给出主存地址 n_m 访存时，将其主存块号 n_{mb} 与目录表中所有各项的 n_{mb} 字段同时相联比较。若有相同的，就将对应行的 Cache 块号 n_{cb} 取出，拼接上块内地址 n_{mr} 形成 Cache 地址 n_c，访 Cache；若没有相同的，表示该主存块未装入 Cache，发生 Cache 块失效，由硬件调块。

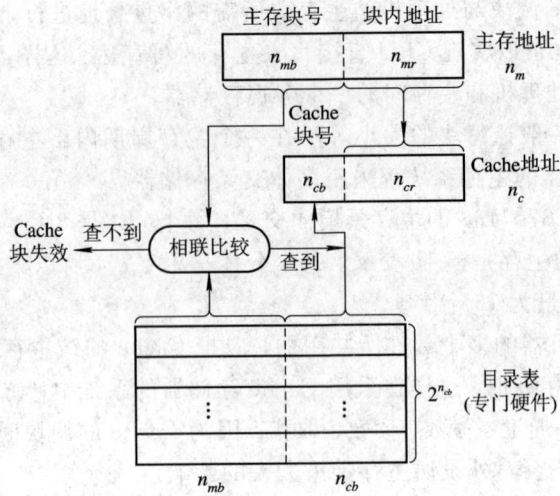

图 4 - 27 全相联映像的地址变换过程

全相联映像法的优点是块冲突概率最低，只有当 Cache 全部装满才可能出现块冲突，所以 Cache 的空间利用率最高。但要构成容量为 $2^{n_{cb}}$ 项的相联存储器，其代价太大，而且 Cache 容量很大时，其查表速度很难提高。那么，能否缩小和简化映像表机构，以加快相联查找呢？为此提出了直接映像规则。

2. 直接映像及其变换

把主存空间按 Cache 大小等分成区，每区内的各块只能按位置一一对应到 Cache 的相应块位置上，即主存第 i 块只能唯一映像到 $i \bmod 2^{n_{cb}}$ 块位置上，如图 4 - 28 所示。

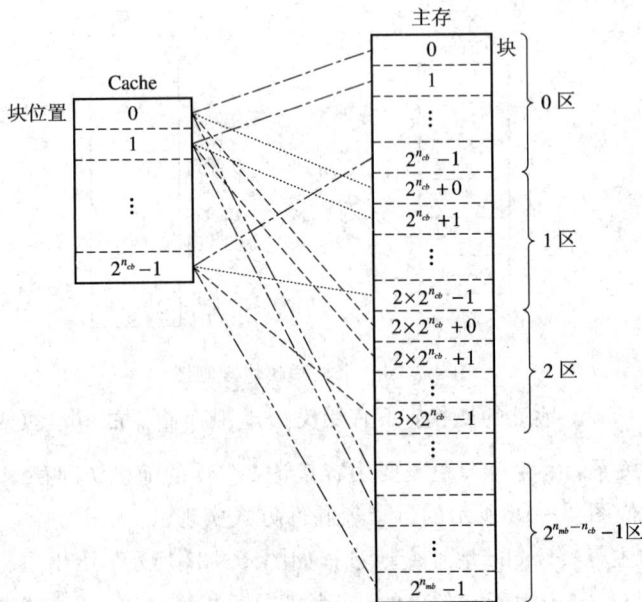

图 4 - 28 直接映像规则

按直接映像的规则，装入 Cache 中某块位置的主存块可以来自主存不同的区。为了区分装入 Cache 中的块是哪一个主存区的，需用一个按地址访问的表存储器来存放 Cache 中每一块位置目前是被主存中哪个区的块所占用的区号。因此，表存储器为 $2^{n_{cb}}$ 项，每项的区号标志字段为 $n_{mb} - n_{cb}$ 位宽，相当于可表示主存中 $2^{n_{mb} - n_{cb}}$ 个不同的区号。所以，当主存中第 i 块信息按直接映像规则装入 Cache 中第 j 块时，应将第 i 块在主存中的区号装入第 j 块对应的区号标志字段中。

直接映像的主存－Cache 地址变换过程如图 4 - 29 所示。处理机给出主存地址 n_m。访主存时，截取与 n_c 对应的部分作为 Cache 地址访 Cache，同时取 n_{cb} 部分作为地址访问区号标志表存储器，读出原先所存的区号标志与主存地址对应的区号部分进行比较。若比较相等，表示 Cache 命中，让 Cache 的访问继续进行，并中止访主存；如比较不等，表示 Cache 块失效，此时让 Cache 的访问中止，而让主存的访问继续进行，并由硬件自动将主存中该块调入 Cache。

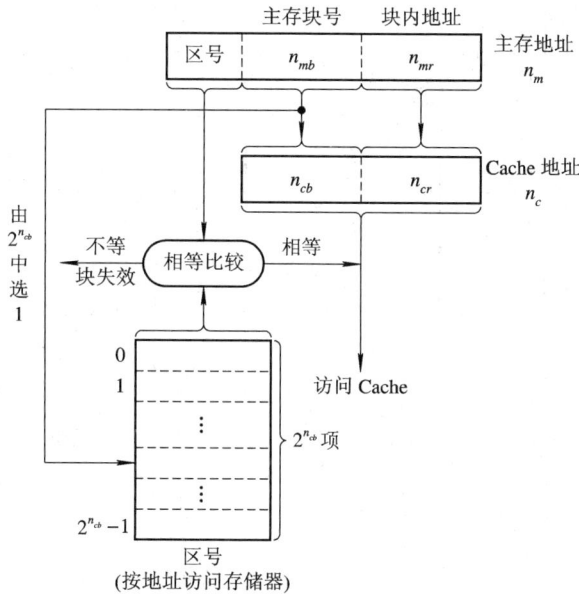

图 4 - 29 直接映像的地址变换过程

直接映像法的优点是节省所需硬件，只需容量较小的按地址访问的区号标志表存储器和少量外比较电路，成本很低。访问 Cache 与访问区号表、比较区号是否相符的操作是同时进行的，当 Cache 命中时意味着省去了地址变换的时间。其致命缺点是 Cache 的块冲突概率很高。只要有两个或两个以上经常使用的块恰好被映像到 Cache 同一块位置，就会使 Cache 命中率急剧下降，即使此时 Cache 中有大量空闲块也无法利用，所以 Cache 的空间利用率很低。因此，目前已很少使用直接映像规则了。

3. 组相联映像及其变换

全相联映像和直接映像的优、缺点正好相反，那么能否将两者结合，采用一种映像规则，既能减少块冲突概率，提高 Cache 空间利用率，又能使地址映像机构及地址变换速度比全相联的简单和快速呢？组相联映像就是其中的一种。

用简例来说明这种规则。如图 4 - 30 所示，将 Cache 空间和主存空间都分成组，每组为 S 块（$S=2^s$）。Cache 共有 $2^{n_{cb}}$ 个块，分成 Q 组（$Q=2^q$），整个 Cache 是一区。主存分成与 Cache 同样大小的 2^{n_d} 个区，其地址按区号、组号、组内块号、块内地址分成对应的 4 个字段。主存地址的组号、组内块号分别用 q、s' 字段表示，它们的宽度和位置与 Cache 地址的 q、s 是一致的。

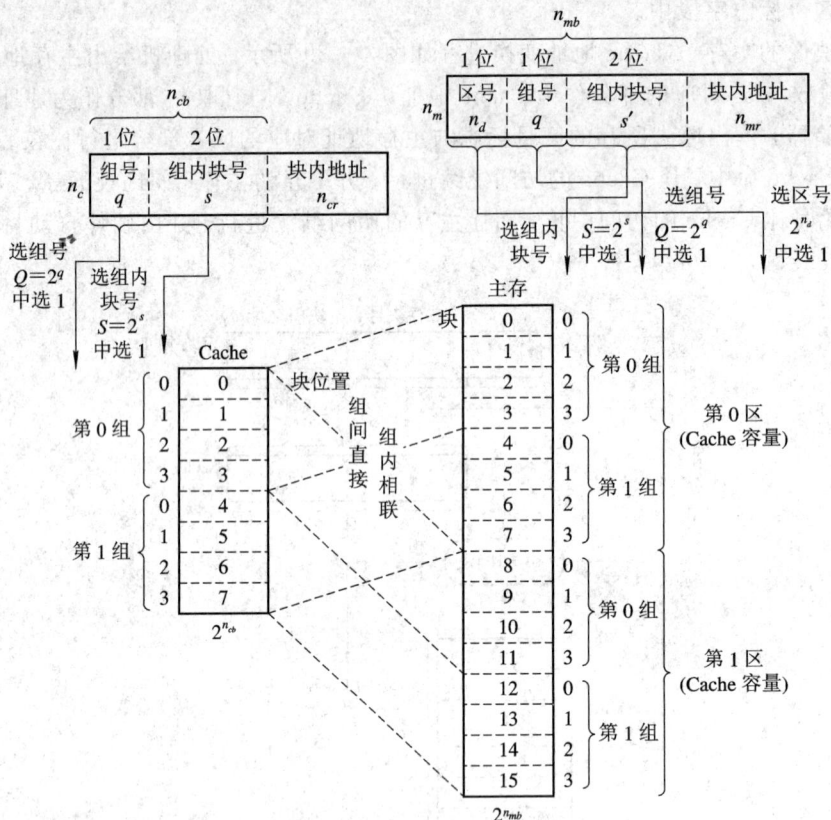

图 4 - 30　组相联映像规则

组相联映像指的是各组之间是直接映像，而组内各块之间是全相联映像。图中，n_d、q 都是 1 位，s 是 2 位，即主存的第 0 组只能进入 Cache 的 0 组，第 1 组只能进入 Cache 的 1 组。组内的各个块，如主存的 0，1，2，3 及 8，9，10，11 块可进入 Cache 的第 0，1，2，3 中任意一块，但不能进入 Cache 的 4，5，6，7 块。从图中看出，组相联映像是介于全相联映像与直接映像之间的。它的 Cache 块冲突概率要比直接映像的低得多。例如，当主存 0 块已在 Cache 的 0 块中，若要调入主存第 8 块，则对直接映像来说就要发生块冲突，而对组相联映像来说，第 8 块仍可进入 Cache 的 1、2、3 块中的任意一块位置。只有当 Cache 中第 0 组各块都被占用时，才出现块冲突，即使第 1 组中有空块也无用。显然，Cache 中第 0 组各块都被占用的概率要小得多，因此，大大降低了块冲突概率，同时也就大大提高了 Cache 空间的利用率。S 值越大，Cache 块冲突概率越低，当然仍比全相联的要高。

当组相联映像的 S 值大到等于 Cache 的块数（即 $s=n_{cb}$）时就成了全相联映像，而当 S 值小到只有 1 块（即无 s 字段）时就变成了直接映像。因此全相联映像和直接映像只是组相联映像的两个极端。在 Cache 空间大小及块的大小都已定的情况下，Cache 的总块数就定了，但结构设计时仍可对 S 和 Q 值进行选择。Q 和 S 的选取主要依据于对块冲突概率、块失效率、映像表复杂性和成本、查表速度等的折中权衡。组内块数 S 愈多，块冲突概率和块失效率愈低，映像表越复杂，成本越高，查表速度越慢，所以通常通过在典型工作负荷下进行模拟来确定。

组相联映像比全相联映像在成本上要低得多，而性能上仍可接近于全相联映像，所以获得了广泛应用。

【例 4-6】 Intel i860 的数据 Cache 和 Motorola 88110 的指令 Cache 均采用 128 组，每组 2 块；Amdahl 470 V/6 采用 256 组，每组 2 块；VAX-11/780 采用 512 组，每组 2 块；Intel 80486 和 Honeywell 66/60 均采用 128 组，每组 4 块；Amdahl 470 V/8 采用 512 组，每组 4 块；而 Amdahl 470 V/7 和 IBM 370/168-3 均采用 128 组，每组 8 块；IBM 3033 则采用 64 组，每组 16 块。

前面在全相联中讲过的目录表法同样可用于实现组内的全相联，此时目录表的行数可从全相联的 $2^{n_{cb}}$ 减少到 2^s。因为各组间是直接映像，所以组号 q 可照搬而不参与相联比较。实现时对应每一组都有一个目录表，共有 2^q 个目录表。每个目录表只需 2^s 行、$n_d + 2s$ 位宽，其中参与相联比较的位数为 $n_d + s$，它们比全相联目录表的 $2^{n_{cb}}$ 行、$n_{mb} + n_{cb}$ 位宽、n_{mb} 位参与相联比较的位数都要小得多，这均使查表速度得到提高。

组相联的地址变换原理如图 4-31 所示。先由 q 在 2^q 组中选出一组，对该组再用 $n_d + s'$ 进行相联查找，若在 2^s 行中查不到相符的，表示主存该块不在 Cache 中；如果查到有相符的，则将表中相应的 s 拼上 q 和 n_{mr} 就是 Cache 地址 n_c。

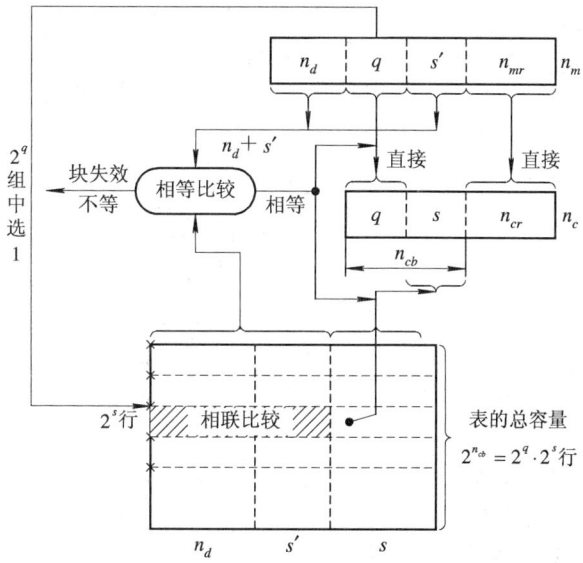

图 4-31 组相联地址变换原理

组相联地址映像机构也可以采用按地址访问与按内容访问混合的存储器实现，其存储总容量应为 $2^{n_{cb}}$ 行。办法之一是使用 3.1.2 节中讲过的单体多字并行存储器，如图 4-32 所示。先由 q 从 2^q 中选出一个单元，由该单元同时读出 2^s 个字，分别通过 S 套外比较电路

与主存地址的 $n_d + s'$ 同时比较。将其中比较符合的 s 取出拼上 q 和 n_{mr} 即为 Cache 地址 n_c。如果都不相符，表示该块不在 Cache 中，出现块失效。显然，这种方法的 S 值不能很大（如图 4-32 中 S 为 4）。

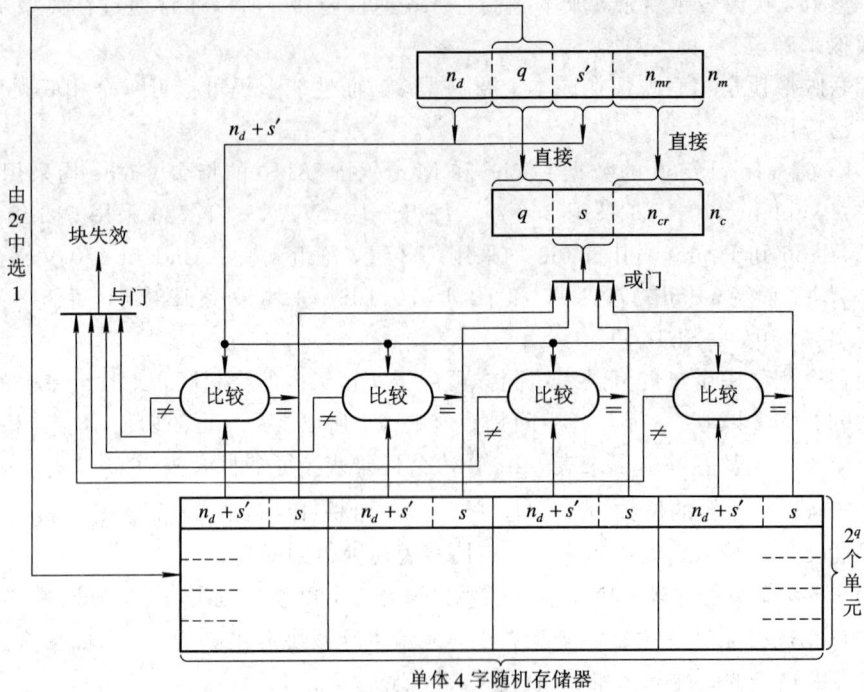

图 4-32　组相联地址变换的一种实现方式

应当强调的是，采用组相联并不是操作系统或存储层次的要求，只是在全相联的速度满足不了要求时才不得已而采用的，以便于实现，尽管这样做会增加一些 Cache 块冲突概率和降低一些 Cache 空间利用率。随着半导体集成电路技术的发展，组内块数 S 还可增大，以进一步降低 Cache 块冲突概率。

在全相联、直接、组相联映像的基础上还可以有各种变形，段相联就是一例。段相联实质上是组相联的特例。它采用组间全相联、组内直接映像。为了与组相联映像加以区别，将这种映像方式称为段相联。就是说，段相联映像是把主存和 Cache 分成具有相同的 Z 块的若干段，段与段之间采用全相联映像，而段内各块之间却采用直接映像。如图 4-33 所示，主存中段 0、段 1、…、段 $(2^{n_{mb}}/Z)-1$ 中的第 i 块可以映

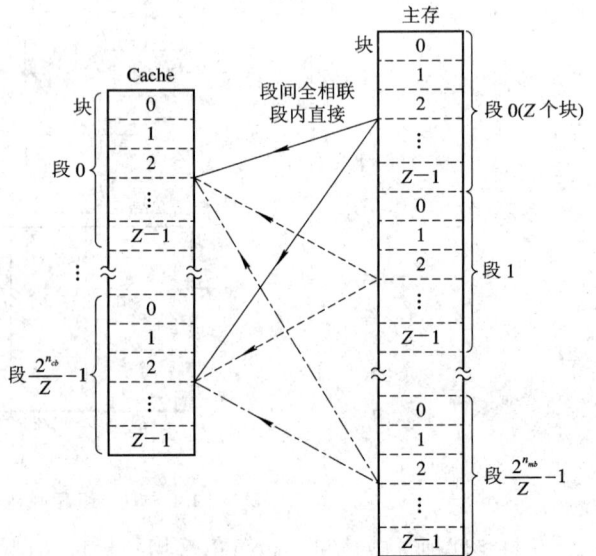

图 4-33　具有每段 Z 个块的段相联映像

像装入 Cache 中段 0、段 1、……、段 $(2^{n_{cb}}/Z)-1$ 中的第 i 块位置。

显然，采用段相联映像的目的也和采用组相联映像的目的一样，主要是减小相联目录表的容量，降低成本，提高地址变换的速度。相联目录表由 Z 个组成，每个目录表的行数由 $2^{n_{cb}}$ 行减为 $2^{n_{cb}}/Z$。当然，其 Cache 块冲突概率将比全相联的高。

4.3.3　Cache 存储器的 LRU 替换算法的硬件实现

当因 Cache 块失效而将主存块装入 Cache 又出现 Cache 块冲突时，就必须按某种替换策略选择 Cache 中的一块替换出去。Cache 存储器的替换算法与虚拟存储器的一样，也是用 FIFO 算法或 LRU 算法，其中 LRU 算法最为常用。

在 4.3.1 节中已讲过，Cache 的调块时间是微秒级的，不能采用程序换道。为了减少处理机空等的时间，Cache 存储器中的替换算法只能由全硬件实现。本节介绍 LRU 算法的比较对法。

比较对法的基本思路是让组内各块成对组合，用一个触发器的状态表示该比较对内两块访问的远近次序，再经门电路就可找到 LRU 块。如有 A、B、C 3 块，组成 AB、AC、BC 3 对。各对内块的访问顺序分别用"对触发器"T_{AB}、T_{AC}、T_{BC} 表示。T_{AB} 为"1"，表示 A 比 B 更近被访问过；T_{AB} 为"0"，表示 B 比 A 更近被访问过。T_{AC}、T_{BC} 也有类似定义。这样，若访问过的次序为 ABC，即最近被访问过的为 A，最久未被访问的是 C，则这三个触发器状态是 $T_{AB}=1$，$T_{AC}=1$，$T_{BC}=1$。如果访问过的次序是 BAC，C 为最久未被访问过，则有 $T_{AB}=0$、$T_{AC}=1$、$T_{BC}=1$。因此 C 作为最久未被访问过的替换块的话，用布尔代数式表示必有

$$C_{LRU} = T_{AB} T_{AC} T_{BC} + \overline{T_{AB}} T_{AC} T_{BC} = T_{AC} T_{BC}$$

同理可得

$$B_{LRU} = T_{AB} \overline{T_{BC}}$$

$$A_{LRU} = \overline{T_{AB}} \ \overline{T_{AC}}$$

因此，LRU 算法完全可用与门、触发器等硬件组合实现，如图 4-34 所示。

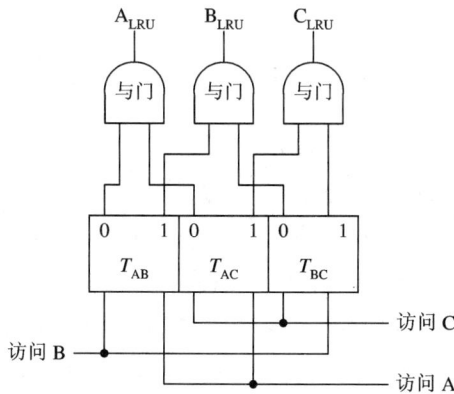

图 4-34　用比较对法实现 LRU 算法

每次访问某块时，应改变与该块有关的比较对触发器的状态。以上述 A、B、C 3 块为例，每次访问 A 后需改变与 A 有关的比较对触发器的状态，置 T_{AB}、T_{AC} 为"1"，以反映 A

比 B 更近、A 比 C 更近访问过；同理，访问 B 后，置 T_{AB} 为"0"、T_{BC} 为"1"；访问 C 后，置 T_{AC}、T_{BC} 为"0"。据此可定出各比较对触发器的输入控制逻辑如图 4-34 所示。

现在来分析比较对法所用的硬件。由于每块均可能作为 LRU 块，其信号需用与门产生，所以有多少块，就得有多少个与门；每个与门接收与它有关的比较对触发器来的输入，例如 A_{LRU} 与门要有从 T_{AB}、T_{AC} 来的输入，B_{LRU} 要有从 T_{AB}、T_{BC} 来的输入，而与每块有关的比较对触发器数为块数减 1，所以与门的输入端数是块数减 1。若 P 为块数，两两组合，则比较对触发器数为 $C_P^2 = P(P-1)/2$。表 4-2 列出了比较对法块数 P 与门数、门的输入端数及比较对触发器数的关系。

表 4-2　比较对触发器数、门数、门的输入端数与块数的关系

块数	3	4	8	16	64	256	⋯	P
比较对触发器数	3	6	28	120	2016	32 640	⋯	$\dfrac{P(P-1)}{2}$
门数	3	4	8	16	64	256	⋯	P
门的输入端数	2	3	7	15	63	255	⋯	$P-1$

从表 4-2 可以看出，比较对触发器的个数会随块数的增多以极快的速度增加，门的输入端数也线性增加，这在工程实现上会带来麻烦，所以比较对法只适用于组内块数较少的组相联映像 Cache 存储器中。在块数少时，它比较容易实现。若组内块数超过 8，则所需比较对触发器个数就多得不能承受了。不过这时也还可以用多级状态位技术来减少所用的比较对触发器个数。

【例 4-7】 IBM 3033，组内块数为 16，可分成群、对、行 3 级。先分成 4 群，选 LRU 群需 6 个比较对触发器。每群再分成两对，由一位触发器的状态选 LRU 对，这样 4 个群需 4 位。而每对中的 LRU 行又需用一位触发器的状态指示，这又要 8 位。所以，全部触发器数就成了 6(选群)+4(选对)+8(选行)，共 18 个，比单级的 120 个比较对触发器要少得多，但这是以牺牲速度为代价的。就是在组内块数为 8 时，若采用对、行二级，也能使触发器数由 28 个减少到 6+4 共 10 个，IBM 370/168-3 就是如此。

4.3.4　Cache 存储器的透明性及性能分析

1. Cache 存储器的透明性分析及解决办法

由于 Cache 存储器的地址变换和块替换算法是由全硬件实现的，因此 Cache 存储器对应用程序员和系统程序员都是透明的，而且 Cache 对处理机和主存之间的信息交往也是透明的。对于 Cache 透明所带来的问题和影响必须仔细分析，并采取相应的办法来妥善解决。

虽然 Cache 是主存的一部分副本，主存中某单元的内容却可能在一段时期里与 Cache 中对应单元的内容不一致。例如，中央处理机写 Cache，修改了 Cache 中某单元的内容，但主存中对应此单元的内容没有改变。这时如果 CPU、I/O 处理机和其他处理机要经主存交换信息，那么这种主存内容跟不上 Cache 对应内容变化的不一致就会造成错误。同样，I/O 处理机或其他处理机把新的内容送入主存某个区域，而 Cache 中对应此区域的副本内容却仍是原来的。这时，如果 CPU 要从 Cache 中读取信息，也会因这种 Cache 内容跟不上主存

对应内容变化的不一致而造成错误。因此，必须采取措施解决好由于读/写过程中产生的Cache和主存对应内容不一致的问题。

解决因中央处理机写Cache使主存内容跟不上Cache对应内容变化造成不一致问题的关键是选择好更新主存内容的算法。一般可有写回法和写直达法两种。写回法也称为抵触修改法。它是在CPU执行写操作时，只将信息写入Cache，仅当需要替换时，才将改写过的Cache块先写回主存，然后再调入新块。因此，在主存—Cache的地址映像表中需为Cache中每个块设置一个"修改位"，作为该块装入Cache后是否被修改过的标志。只要修改过，就将该标志位置成"1"。这样在块替换时，根据该块的修改位是否为"1"，就可以决定替换时是否需要先将该块存回主存。写直达法也称存直达法。它利用Cache存储器在处理机和主存之间的直接通路，每当处理机写入Cache的同时，也通过此通路直接写入主存。这样在块替换时，不必先写回主存就可调入新块。写回法把开销花在每次要替换的时候，写直达法则把开销花在每次写Cache时都要增加一个比写Cache时间长得多的写主存时间。

写回法和写直达法都需要有少量缓冲器。写回法中缓冲器用于暂存将要写回的块，使之不必等待被替换块写回主存后才开始进行Cache取。写直达法中则用于缓冲由写Cache所要求的要写回主存的内容，使CPU不必等待这些写主存完成就能往下运行。缓冲器由要存的数据和要存入的目标地址组成。在写直达系统中容量为4的缓冲器就可以显著改进其性能，IBM 3033就是这样用的。需要注意的是，这些缓冲器对Cache和主存是"透明"的。在设计时，要处理好可能由它们所引起的错误（如另一个处理机要访问的主存单元的内容正好仍在缓冲器中）。

据对典型程序的统计，在所有访存中约有10％～34％，甚至更多的是写操作。虽然写回法是写回整个块，不是只写回一个字或两个字，但写回法几乎总是使主存的通信量比写直达法的要小得多。例如，设Cache不命中率为3％，块的大小为32个字节，主存模块宽8个字节，写操作占16％，且所有Cache块的30％需要写回操作，则写主存次数与总的访主存次数之比，写直达法为16％，而写回法仅为3.6％（0.03×0.30×32/8）。处理机的不少写入是暂存中间结果，采用写回法有利于省去许多将中间结果写入主存的无谓开销。但是，写回法增加了Cache的复杂性，需要设置修改位以确定是否需要写回以及控制先写回后才调入的执行顺序。而且写回法在块替换前，仍然会存在主存内容与Cache内容的不一致。

从可靠性上讲，写回法不如写直达法好。写直达法在Cache出错时可以由主存来纠正，因此Cache中只需有一位奇偶校验位。写回法则由于有效的块只在Cache中，因此需要在Cache中采用纠错码，即需要在Cache中增加更多的冗余信息位来提高其内容的可靠性。

很难对写直达法和写回法进行明确的选择。写直达法需要花费大量缓冲器和其他辅助逻辑来减少CPU为等待写主存完成所耗费的时间，而写回法的实现成本要低得多。目前，采用写回法的有Amdahl的所有机器、IBM 3081；采用写直达法的有IBM 370/168、IBM 3033、PDP-11/70、VAX-11/780、Honeywell 66/60及66/80等。

采用写回法还是写直达法与系统应用有关。单处理机系统的Cache存储器，多数用写回法以节省成本。共享主存的多处理机系统，为保证各处理机经主存交换信息时不出错，则多用写直达法。

如果由多个处理机共享主存交换信息改成共享 Cache 交换信息，信息的一致性就能得到保证，但目前多个中央处理机共享 Cache 尚有不少困难。一是要求 Cache 的容量必须大大增加才行；二是要让共享 Cache 在物理位置上与多个 CPU 都靠得很近来减少其间的延时也很困难，这都会降低 Cache 的速度。此外，Cache 的频宽尚难以支持两个以上 CPU 的同时访问。因此，共享 Cache 的办法目前只限于用在单 CPU、多 I/O 处理机系统上。例如，Amdahl 470 机的 CPU 与 I/O 处理机就是共用的同一个 Cache，让 Cache 在物理位置上靠近 CPU，而与其他 I/O 处理机距离较远，虽然这会使访问延迟增大，但由于是输入/输出数据的传送，延迟大些影响并不大。

对于共享主存的多 CPU 系统，绝大多数还是使各个 CPU 都有自己的 Cache。在这样的系统中由于 Cache 的透明性，仅靠采用写直达法并不能保证同一主存单元在各 Cache 中的对应内容都一致。例如，处理机 A 和处理机 B 通过各自的 Cache a 和 Cache b 共享主存，如图 4 - 35 所示。当处理机 A 写入 Cache a 的同时，采用写直达法也写入了主存，如果恰好 Cache b 中也有此单元，则其内容并未改变，此时若处理机 B 也访问此单元时读到的就会是原先的内容而出错。因此，还需要采取措施保证让各个 Cache 有此单元的内容都一致才行。

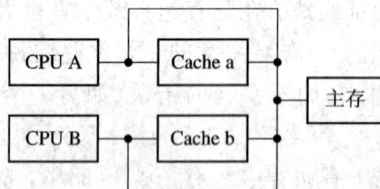

图 4 - 35　每个处理机都有 Cache 的共享主存多处理机系统

一种解决办法就是采用播写法。所谓播写法，是指任何处理机要写入 Cache 时，不仅写入自己 Cache 的目标块和主存中，还把信息或者播写到所有 Cache 有此单元的地方，或者让所有 Cache 有此单元的块作废（以便下次访问时按缺块处理，从主存中调入）。采用作废的办法可以减少播送的信息量，IBM 370/168、IBM 3033 都采用的是这种办法。

另一种办法是控制某些共享信息（如信号灯或作业队等）不得进入 Cache。还有一种办法是目录表法，即在 CPU 读、写 Cache 不命中时，先得查在主存中的目录表，以判定目标块是否在别的 Cache 内，以及是否正在被修改等，然后再决定如何读、写此块。

Cache 内容跟不上主存内容变化问题的一种解决办法是，当 I/O 处理机未经 Cache 往主存写入新内容的同时，由操作系统经专用指令清除整个 Cache。这种办法的缺点是 Cache 存储器对操作系统和系统程序员不透明了，因此并不好。另一种解决办法是当 I/O 处理机往主存某个区域写入新内容时，由专用硬件自动地将 Cache 内对应此区域的副本作废，从而保持了 Cache 的透明性。CPU、I/O 处理机共享同一 Cache 也是一种解决办法。

总之，结构设计必须解决好 Cache 存储器的透明性带来的问题。

2. Cache 的取算法

由于 Cache 的命中率对机器速度影响很大，采用什么样的取算法可以提高命中率是 Cache 存储器设计中的重要问题。

Cache 所用的取算法基本上是按需取进法，即在 Cache 块失效时才将要访问的字所在块取进。适当选择好 Cache 的容量、块的大小、组相联的组数和组内块数，是可以保证有较高的命中率的。如再采用在信息块要用之前就预取进 Cache 的预取算法，还可能进一步提高命中率。

为了便于硬件实现，通常在访问主存第 i 块（不论是否已取进 Cache）时，只预取顺序的第 $i+1$ 块。至于何时取进该块，可有恒预取和不命中时预取两种方法。恒预取是只要访问到主存第 i 块，不论 Cache 是否命中，恒预取第 $i+1$ 块。不命中时预取则是只当访问主存第 i 块在 Cache 不命中时，才预取主存中第 $i+1$ 块。Amdahl 470 V/8 采用的就是不命中时预取。

采用预取法并非一定能提高命中率，它还和块的小大及预取开销的大小有关。若块太小，预取的效果会不明显。从预取需要出发，希望块尽量大。但若块太大就会预取进不用的信息，因 Cache 容量有限，反而将正用或近期就要用的信息给挤出去，使命中率降低。模拟结果表明，块的大小不宜超过 256 个字节。要预取就要有访主存、将其取进 Cache 的访 Cache、被替换块写回主存等的预取开销，它们将增加主存和 Cache 的负担，干扰和延缓程序的执行。所以预取法的效果不能只从命中率的提高来衡量，还应考虑为此所花费的开销是否值得。

模拟的结果是恒预取可使不命中率降低 75％～80％，而不命中时预取的不命中率只降低 30％～40％。但前者在 Cache、主存间增加的传输量要比后者大得多。

3. Cache 存储器的性能分析

和虚拟存储器中类似，评价 Cache 存储器的性能主要是看命中率的高低，而命中率与块的大小、块的总数（即 Cache 的总容量）、采用组相联时组的大小（组内块数）、替换算法和地址流的簇聚性等有关。

不命中率与 Cache 的容量、组的大小和块的大小的关系如图 4 - 36 所示。块的大小、组的大小及 Cache 容量增大时都能提高命中率。Cache 的容量在不断增大，现已达几百 KB 到几 MB。但 Cache 的块不可能太大，否则调块时 CPU 空等的时间太长。块的大小一般取成是多体交叉主存的总的宽度，使调块可在一个主存周期内完成。这样，Cache 的块数极多，不会出现如虚拟存储器中主存命中率随页面大小增大先升高而后降低的现象，也就是说，随着块的增大，Cache 不命中率总是呈下降趋势。

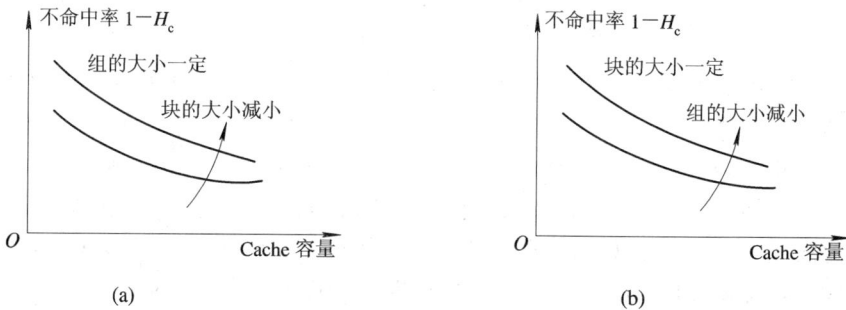

图 4 - 36　块的大小、组的大小与 Cache 容量对 Cache 命中率的影响

至于替换算法及程序的不同对命中率的影响与虚拟存储器的情况类似，绝大多数 Cache 存储器都采用 LRU 算法替换。

下面分析 Cache 存储器的等效访问速度与命中率的关系。

设 t_c 为 Cache 的访问时间，t_m 为主存周期，H_c 为访 Cache 的命中率，则 Cache 存储器的等效存储周期 $t_a = H_c t_c + (1 - H_c) t_m$。与虚拟存储器不同的是，一旦 Cache 不命中，主存与 CPU 经直接通路传送，所以 CPU 对第二级的访问时间是 t_m，而不是调块时间再加一个访 Cache 的时间。这样，采用 Cache 存储器比之于处理机直接访问主存的等效访问速度提高的倍数为

$$\rho = \frac{t_m}{t_a} = \frac{t_m}{H_c t_c + (1 - H_c) t_m} = \frac{1}{1 - (1 - t_c/t_m) H_c}$$

因为 H_c 总小于 1，可令 $H_c = \alpha/(\alpha+1)$，代入上式得

$$\rho = \frac{1}{1 - \left(1 - \dfrac{t_c}{t_m}\right) \dfrac{\alpha}{\alpha+1}} = (\alpha+1) \frac{t_m}{t_m + \alpha t_c} < \alpha+1$$

就是说，不管 Cache 本身的速度有多高，只要 Cache 的命中率有限，那么采用 Cache 存储器后，等效访问速度能提高的最大值是有限的，不会超过 $\alpha+1$ 倍。

例如，$H_c = 0.5$，相当于 $\alpha = 1$，则不论其 Cache 速度有多高，其 ρ 的最大值一定比 2 小；$H_c = 0.75$，相当于 $\alpha = 3$，则 ρ 的最大值一定比 4 小；$H_c = 1$，$\rho = \rho_{max} = t_m/t_c$，这是 ρ 可能的最大值。由此可得出 ρ 的期望值与命中率 H_c 的关系如图 4-37 所示。

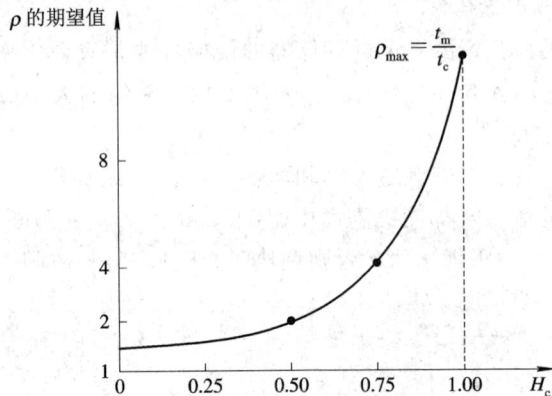

图 4-37　ρ 的期望值与 H_c 的关系

由于 Cache 的命中率一般比 0.9 大得多，可达 0.996，因此采用 Cache 存储器能使 ρ 接近所期望的 t_m/t_c。

结论：Cache 本身的速度与容量都会影响 Cache 存储器的等效访问速度。如果对 Cache 存储器的等效访问速度不满意，需要改进的话，就要作具体分析，看现在 Cache 存储器的等效访问速度是否已接近于 Cache 本身的速度。如果差得较远，说明 Cache 的命中率低，这时就不应该用更高速的 Cache 片子来替换现有的 Cache 片子，而应该从提高 Cache 命中率着手，包括调整组的大小、块的大小、替换算法以及增大 Cache 容量等，否则速度是无法提高的。相反，如果 Cache 存储器的等效访问速度已经非常接近于 Cache 本身的速度却还不能满足速度要求，就只有更换成更高速的 Cache 片子。否则，任何其他途径也是不会

有什么效果的。因此，不能盲目设计和改进，否则花了很大代价，反而降低了 Cache 存储器的性能价格比。

4.4 三级存储体系

目前，多数的计算机系统既有虚拟存储器又有 Cache 存储器。程序用虚地址访存，要求速度接近于 Cache，容量是辅存的。这种三级存储体系，可以有 3 种形式。

4.4.1 物理地址 Cache

它是由"Cache－主存"和"主存－辅存"两个独立的存储层次组成的。图 4-38 就是这种形式。

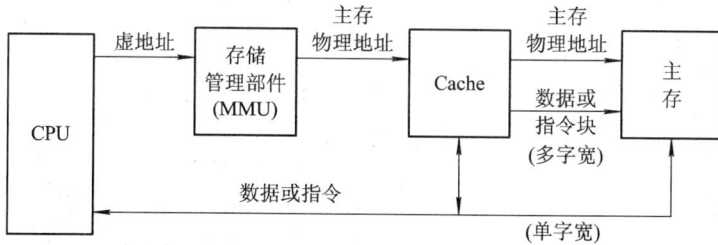

图 4-38 物理地址 Cache 的组成

CPU 用程序虚地址访存，经存储管理部件（Memory Management Unit，MMU）中的地址变换部件变换成主存物理地址访 Cache。如果命中 Cache，就访 Cache，如不命中 Cache，就将该主存物理地址的字和该字的主存一个块与 Cache 某相应块交换，而所访问的字直接与 CPU 交换。Intel 公司的 i486 和 DEC 公司的 VAX 8600 等机器都采用这种方式。

这种方式需要将主存物理地址变换成 Cache 地址才能访 Cache，这将增大访 Cache 的时间，至少要增加一个查主存快表的时间。为弥补这个不足，许多系统就改为直接用虚地址访 Cache，这就是虚地址 Cache 形式。

4.4.2 虚地址 Cache

虚地址 Cache 将 Cache－主存－辅存直接构成三级存储层次，其组成形式如图 4-39所示。

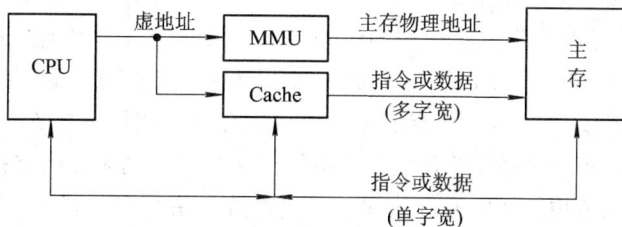

图 4-39 虚地址 Cache 的组成

CPU 访存时，直接将虚地址送存储管理部件 MMU 和 Cache。如果 Cache 命中，数据、指令就直接与 CPU 交换。如果 Cache 不命中，就由存储管理部件将虚地址变换成主存物理地址访主存，将含该地址的数据块或指令块与 Cache 交换的同时，将单个指令和数据与 CPU 交换。Intel 公司的 i860 就采用这种形式。

用虚地址直接访 Cache 的方法其地址变换过程如图 4 - 40 所示。

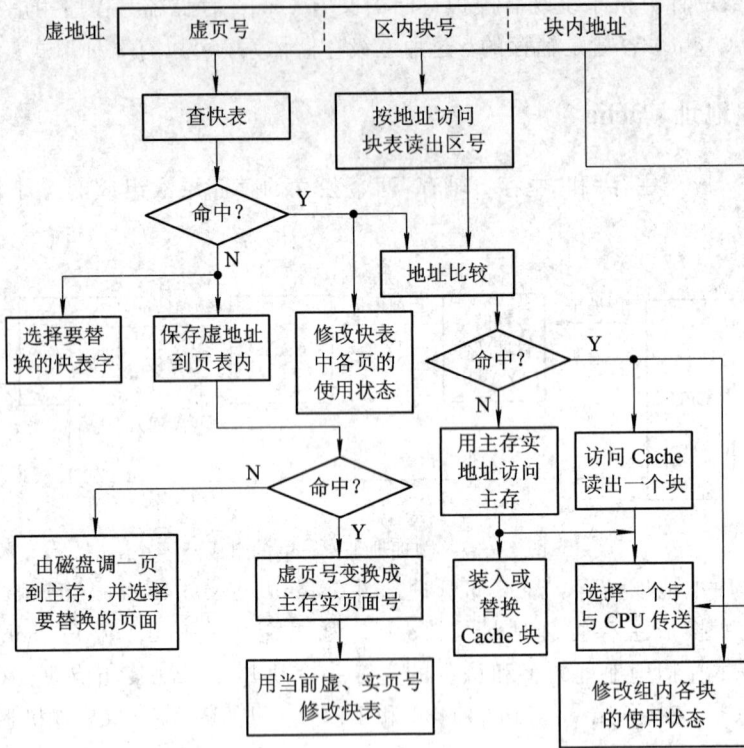

图 4 - 40　一种虚地址 Cache 的地址变换过程

在图 4 - 40 中，虚存采用位选择组相联映像和地址变换方式。为加快地址变换，可让虚存的一个页恰好是主存的一个区，直接用虚地址的区内块号按地址访问 Cache 的块表，从块表中读出主存的区号和对应的 Cache 块块号。这里，主存的区号就是虚页号。在访问 Cache 块表同时，用虚地址的虚页号访问快表。

如在快表中命中，就将从块表中读出的主存区号与从快表中得到的主存实页号进行全等比较。若比较相等，则 Cache 命中，此时，把虚地址中的区内块号直接作为 Cache 地址中的组号，从快表的相应单元中读出 Cache 的组内块号，把虚地址中的块内地址直接作为 Cache 地址中的块内地址。将上述得到的组号、组内块号、块内地址拼接成 Cache 地址访问 Cache 中的字送往 CPU。若 Cache 不命中，则直接用虚地址作为主存实地址访主存，将访主存的字送往 CPU。同时将含此字的一个块从主存中读出装入到 Cache 中。如果 Cache 已满，还需用某种 Cache 块替换算法，先把不用的一块替换到主存中去。

如果在快表中未命中，则要通过软件去查找存放在主存中的慢表，其后的工作过程与页式虚存或段页式虚存类似。

4.4.3 全 Cache 技术

全 Cache 技术是最近出现的组织形式，尚不成熟，还未商品化。它没有主存，只用 Cache 与辅存中的一部分构成"Cache－辅存"存储系统。

全 Cache 存储系统的等效访问时间要接近于 Cache 的，容量是虚地址空间的容量。图 4－41 是在多处理机中实现的一种方案。

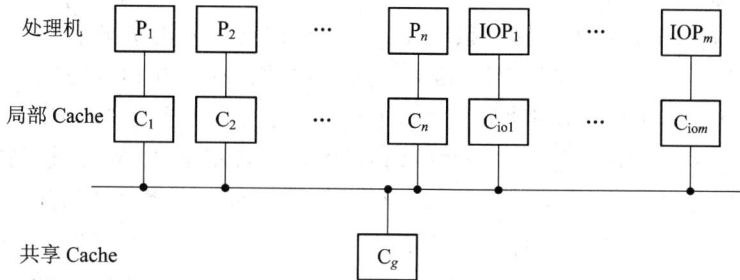

图 4－41　多处理机中的全 Cache 存储系统

由于磁盘辅存基本访问单位是物理块，每块有 512 B，因此，与磁盘存储器连接的局部 Cache 的块容量一般也应是 512 B，其他 Cache 块的容量可以是小于或大于 512 B，但应该是 512 B 的整数倍。

4.5　存储系统的保护

大多数计算机系统都设计成让其资源能被共行的多个用户所共享，就主存来说，就同时存有多个用户的程序和系统软件。为使系统能正常工作，应防止由于一个用户程序出错而破坏主存中其他用户的程序或系统软件，还要防止一个用户程序不合法地访问未分配给它的主存区域，哪怕这种访问不会引起破坏。因此，系统结构需要为主存的使用提供存储保护，它是多道程序和多处理机系统必不可少的。

首先介绍存储区域的保护，然后介绍访问方式的保护。

为实现区域保护，对于不是虚拟存储器的主存系统可采用第 2 章讲过的界限寄存器方式，由系统软件经特权指令置定上、下界寄存器，从而划定每个用户程序的区域，禁止它越界访问。由于用户程序不能改变上、下界的值，因此不论它如何出错，也只能破坏该用户自身的程序，侵犯不到别的用户程序及系统软件。

然而，界限寄存器方式只适用于每个用户程序占用主存一个或几个(当有多对上、下界寄存器时)连续的区域；而对于虚拟存储器系统，由于一个用户的各页能离散地分布于主存内，从而无法使用这种保护方式。对虚拟存储器的主存区域保护就需采用页表保护和键式保护等方式。

(1) 页表保护。每个程序有它自己的页表，其行数等于该程序的虚页数。例如它有 4 页，则只能有 0、1、2、3 这 4 个虚页号。设由操作系统建立的程序页表，这 4 个虚页号分别对应于实页号 4、8、10、14，则不论虚地址如何出错，只能影响主存中分配给该程序的第 4、8、10、14 号实页。假设虚页号错成"5"，肯定不可能在该程序的页表中找到，也就访问不了主存，当然也就不会影响主存中其他程序的区域。这正是虚拟存储器系统本身固有的保护机能，也是它的一大优点。为了更便于实现这种保护，还可在段表中的每行内不仅设置页表起点，还设置段长(页数)项。若出现该段内的虚页号大于段长，则可发越界中断。

这种页表保护是在没形成主存实地址前进行的保护，使之无法形成侵犯别的程序区域的主存地址。然而，若地址形成环节由于软、硬件方面的故障而形成了不属于本程序区域的错误主存地址，则上述这种保护就无能为力了。因此，还应采取进一步的保护措施，键方式是其中成功的一种。

(2) 键式保护。键式保护由操作系统按当时主存的使用分配状况给主存的每页配一个键，称为存储键，它相当于一把"锁"。所有页的存储键存在主存相应的快速寄存器内，每个用户(任务)的各实页的存储键都相同。为了打开这把锁，需要有把"钥匙"，称为访问键。每个用户的访问键由操作系统给定，存在处理机的程序状态字(PSW)或控制寄存器中。程序每次访问主存前，要核对主存地址所在页的存储键是否与该程序的访问键相符，只有相符，才准访问。这样，就是错误地形成了侵犯别的程序的主存地址，也因为这种键保护而仍然不允许访问。例如保护键设成 4 位，就可以表示已调入主存的 16 个活跃的程序。其中"0000"访问键是操作系统的，对这个访问键不论是否和存储键相符都可访问，这是操作系统应能访问到主存整个区域所要求的。

上面讲的是保护别的程序区域不被侵犯，但不是保护正在执行的程序本身不被破坏。如何实现对正在执行的程序的重要关键部分的保护也是存储保护的一部分，可以有各种办法，环式保护是其中的一种。

这种保护把系统程序和用户程序按其重要性及对整个系统能否正常工作的影响程度分层，如图 4-42 所示。设 0、1、2 三层是系统程序的，之外的各层是同一用户程序的分层。环号大小表示保护的级别，环号愈大，等级愈低。在现行程序运行前，先由操作系统定好程序各页的环号，并置入页表。而后把该道程序的开始环号送入处理机内的现行环号寄存器，并且把操作系统规定给该程序的上限环号(规定该程序所能进入的最内层环号)也置入相应的寄存器。

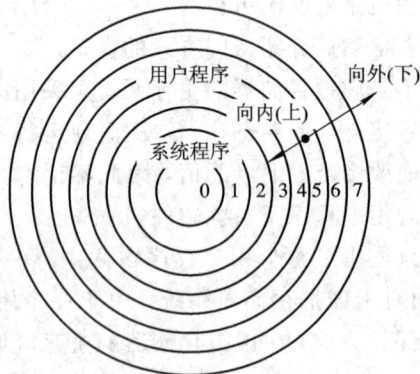

图 4-42 环式保护的分层

若 P_i 是在某一个时候属 i 层各页的集合，则当进程执行 $P \in P_i$ 页内的程序时，允许访问 $F \in P_j$ 页，这里对应的是 $j \geqslant i$。但是如果是 $j < i$，则需由操作系统环控制例行程序判定这个内向访问是否允许和是否正确之后才能访问，否则就是出错，进入保护处理。但 j 值

肯定不能小于给定的上限环号。只要 $j\neq i$，就进入中断，若允许访问，则需经特权指令把现行环号寄存器的值由 i 改为 j。

这种环式保护既能保证由于用户程序的出错不至侵犯系统程序，也能保证由于同一用户程序内的低级（环号大）部分的出错而不至破坏其高级（环号小）部分。这种环式保护对系统程序的研究和调试运行特别有利，因为可以做到能修改系统程序的某些部分而不必担心会影响到系统程序已设计好并调好的核心部分。

至于如何控制 $j\neq i$ 的跨层访问，有的机器规定只能由规定的转移指令执行，且对 $j>i$ 和 $j<i$ 分别只能用不同的转移指令。

上述种种区域保护，如判越界、判键相符、判环号相符、判不超出段长等，当然都是经硬件实现的，因此速度可以是很快的。

区域保护是指对允许访问的区域可以进行任何形式的访问，而在允许区域之外，则任何形式的访问都不允许。但在实际中，只有这种限制往往适应不了各种应用的要求，因此还得加上访问方式的限制（保护）。

对主存信息的使用可以有读（R）、写（W）和执行（E）三种方式。"执行"指的是作为指令来用。相应地就有 R、W 和 E 访问方式保护。这三者的逻辑组合可以反映出各种应用要求。例如：

$\overline{R\vee W\vee E}$——不允许进行任何访问（如专用的系统表格）；

$R\vee W\vee E$——可以进行任何访问；

$R\wedge\overline{W\vee E}$——只能进行读访问（如对各个用户都用到的表格常数）；

$(R\vee W)\wedge\overline{E}$——只能按数据进行读、写（例如阵列数据当然不能作为指令执行）；

$\overline{R\vee W}\wedge E$——只能执行，不能作为数据使用（如某个专门的程序）；

$\overline{R\vee E}\wedge W$——只能进行写访问（如用户对操作系统缓冲器的写入）；

$(R\vee E)\wedge\overline{W}$——不准写访问。

对前面讲过的各种区域保护，都可以加上相应的访问方式位以实现这种访问限制。

例如，对界限寄存器方式，可以在下界寄存器加一位访问方式位。它为"0"，表明该区域可读、可写；它为"1"时，表明只能读、不准写。又如，对键方式，也可以加上访问方式位。有时，它的作用还需和访问键与存储键是否相符一起来考虑。如有的机器就设计成当"读"保护位为"0"时，不论是否键相符，恒可进行读访问；当"读"保护位为"1"时，只有键相符时才能进行读访问；但对写访问均只有键相符时才能进行。这里，对于写访问因保护而被禁止时，被保护页的内容保持不变；对于读访问因保护而被禁止时，被保护页的内容既不能取到寄存器，也不传送到其他页或 I/O 设备。显然，这样一来，只需使读保护位为"0"，就可实现主存对只准读的部分的共享。

至于环式保护和页表保护，可以把 R、W、E 等访问方式位设在各个程序的段、页表的各行内，使得同一环内或同一段内的各页可以有上述种种不同的访问保护，以增强灵活性。而且还可以做到各个用户对同一共享页的访问方式不同。例如有的用户只能读访问，而有的用户则是读、写访问都允许。对于环式保护，还可做到使访问保护不仅取决于 R、W、E 的组合，还取决于 j 与 i 相比是大、是小、还是相等。

上述通过访问方式位的组合以及键相符、环号比较等，来决定允许进行何种访问也是由硬件实现的。

除了以上这些保护外，在某些应用中，我们既要求能实现多个用户可读、写访问共享的数据，又要保证只当一个用户访问完该数据后，别的用户才可访问，以防止在一个用户还未把某个共享文件写好之前，别的用户却能把它读了去。利用第 2 章讲过的"测试与置定"和"比较与交换"指令能实现这点。所以这也是一种保护的办法。

4.6 本 章 小 结

4.6.1 知识点和能力层次要求

（1）识记存储体系的两个分支、构成依据和性能参数。

（2）领会段式、页式、段页式三种不同的虚拟存储管理方式的工作原理，其地址映像规则、映像表机构、虚实地址变换的过程要达到综合应用层次。识记三种虚存管理方式各自的优点和问题。

（3）给出段页式虚拟存储器的虚实地址映像表的内容，能由程序虚地址判断出是否发生段失效、页失效或保护失效。如果没有段失效、页失效，则要能够计算出主存的实地址。熟悉页式虚拟存储器的虚、实地址字段对应关系和地址映像规则，会由虚地址查映像表判断出是否发生页失效；如果无页失效，则应会计算出实主存的实地址。以上内容均须达到综合应用层次。

（4）熟练掌握在页式虚拟存储器中，通过给出分配给程序的实页数、程序页地址流，分别采用 FIFO、LRU、OPT 法，模拟页面替换时的程序页面装入和替换过程、LRU 替换算法的堆栈模拟过程，计算不同实页数时各自的命中率。以上内容要达到综合应用层次。领会替换算法属堆栈型的定义，以及 PFF 替换算法的思想。给出各道程序的页地址流，经 LRU 堆栈模拟后，如何分配给各道程序的实主存页数，使系统效率达到最高，对此要达到综合应用层次。

（5）领会在虚拟存储器中对页面失效的处理及内部地址映像表中的快慢表机构的作用，页面大小 S_p、分配给程序的主存容量 S_1 与主存命中率 H 的变化关系，改进虚拟存储器等效访问速度的办法。

（6）领会 Cache 存储器的组成、工作原理，并能与虚拟存储器进行对比。对于 Cache 存储器中的全相联、直接、组相联三种地址映像规则，相应的映像表机构和虚、实地址变换过程要达到综合应用层次。领会比较对法实现 Cache 块替换的机构和原理。对于用比较对法进行块替换时所用的比较对触发器个数要达到简单应用层次。

（7）给出主存的块地址流，采用组相联或直接映像、LRU 或 FIFO 替换算法时，画出各主存块装入 Cache 和其被替换的过程示意图，并计算出 Cache 块的命中率，对此要达到综合应用层次。

（8）领会为解决 Cache 存储器透明性问题所提出的各种算法以及为提高 Cache 块命中率的各种预取算法。能分析影响 Cache 性能的因素及其变化规律。正确理解和分析 Cache 存储器的等效访问速度与物理 Cache 速度及 Cache 容量、Cache 命中率等的关系。

（9）一般了解存储系统中使用的各种保护方式。

4.6.2 重点和难点

1. 重点

段页式和页式虚拟存储器的原理；页式虚拟存储器的地址映像，用 LRU、FIFO、OPT 替换算法进行页面替换的过程模拟；用 LRU 替换算法对页地址流的堆栈处理模拟及性能分析；Cache 存储器的直接映像和组相联地址映像；用 LRU 替换算法进行块替换的硬件实现及替换过程模拟；Cache 存储器的性能分析等。

2. 难点

页式和段页式虚拟存储器中，虚、实地址的计算；各种页面替换算法的模拟和页命中率的计算；Cache 组相联映像和块替换算法的模拟。

习题 4

4-1 设二级虚拟存储器的 $T_{A_1} = 10^{-7}$ s、$T_{A_2} = 10^{-2}$ s，为使存储层次的访问效率 e 达到最大值的 80% 以上，命中率 H 至少要求达到多少？实际上这样高的命中率是很难达到的，那么从存储层次上如何改进？

4-2 有一个二级虚拟存储器，CPU 访问主存 M_1 和辅存 M_2 的平均时间分别为 1 μs 和 1 ms。经实测，此虚拟存储器平均访问时间为 100 μs。试定性提出使虚拟存储器平均访问时间能降到 10 μs 的几种方法，并分析这些方法在硬件和软件上的代价。

4-3 由 4.1.3 节所述二级存储层次的每位价格 c 和访问时间 T_A 的表达式，导出 n 级存储层次相应的表达式。

4-4 某虚拟存储器共 8 个页面，每页为 1024 个字，实际主存为 4096 个字，采用页表法进行地址映像。映像表的内容如表 4-3 所示。

表 4-3 映像表的内容

实 页 号	装 入 位
3	1
1	1
2	0
3	0
2	1
1	0
0	1
0	0

(1) 列出会发生页面失效的全部虚页号；

(2) 按以下虚地址计算主存实地址：0，3728，1023，1024，2055，7800，4096，6800。

4-5 有一个段页式虚拟存储器，虚地址有 2 位段号、2 位页号、11 位页内位移(按字编址)，主存容量为 32 K 字。每段可有访问方式保护，其页表和保护位如表 4-4 所示。

表 4 - 4　页表和保护位

段　号	段 0	段 1	段 2	段 3
访问方式	只读	可读/执行	可读/写/执行	可读/写
虚页 0 所在位置	实页 9	在辅存上	页表不在主存内	实页 14
虚页 1 所在位置	实页 3	实页 0		实页 1
虚页 2 所在位置	在辅存上	实页 15		实页 6
虚页 3 所在位置	实页 12	实页 8		在辅存上

（1）此地址空间中共有多少个虚页？

（2）当程序中遇到如表 4 - 5 所示的各种情况时，写出由虚地址计算出的实地址。说明哪个会发生段失效、页失效或保护失效。

表 4 - 5　程序的各种操作情况

方　式	段	页	页内位移
取数	0	1	1
取数	1	1	10
取数	3	3	2047
存数	0	1	4
存数	2	1	2
存数	1	0	14
转移至此	1	3	100
取数	0	2	50
取数	2	0	5
转移至此	3	0	60

4 - 6　设某程序包含 5 个虚页，其页地址流为 4，5，3，2，5，1，3，2，2，5，1，3。当使用 LRU 算法替换时，为获得最高的命中率，至少应分配给该程序几个实页？其可能的最高命中率为多少？

4 - 7　有一个虚拟存储器，主存有 0～3 四页位置，程序有 0～7 八个虚页，采用全相联映像和 FIFO 替换算法。给出如下程序页地址流：2，3，5，2，4，0，1，2，4，6。

（1）假设程序的 2，3，5 页已先后装入主存的第 3，2，0 页位置，请画出上述页地址流工作过程中，主存各页位置上所装程序各页页号的变化过程图，标出命中时刻。

（2）求出此期间虚存总的命中率 H。

4 - 8　采用 LRU 替换算法的页式虚拟存储器共有 9 页空间准备分配给 A、B 两道程序。已知 B 道程序若给其分配 4 页，则命中率为 8/15；而若分配 5 页，则命中率可达 10/15。现给出 A 道程序的页地址流为 2，3，2，1，5，2，4，5，3，2，5，2，1，4，5。

（1）画出用堆栈对 A 道程序页地址流的模拟处理过程图，统计给其分配 4 页和 5 页时的命中率。

（2）根据已知条件和上述统计结果，给 A、B 两道程序各分配多少实页，可使系统效率最高？

4 - 9　采用页式管理的虚拟存储器，分时运行两道程序。其中，程序 X 为

DO 50 I=1,3

B(I)=A(I)−C(I)

IF(B(I)·LE·0) GOTO 40

D(I)=2∗C(I)−A(I)

IF(D(I)·EQ·0) GOTO 50

40　　E(I)=0

50　　CONTINUE

Data：A=(−4，+2，0)

C=(−3，0，+1)

每个数组分别放在不同的页面中；而程序 Y 在运行过程中，其数组将依次用到程序空间的第 3，5，4，2，5，3，1，3，2，5，1，3，1，5，2 页。如果采用 LRU 算法替换，实存却只有 8 页位置可供数组之用。试问为这两道程序的数组分别分配多少个实页最为合理？为什么？

4-10　设一个按位编址的虚拟存储器，它可对应 1 K 个任务，但在一段较长时间内，一般只有 4 个任务在使用，故用容量为 4 行的相联寄存器组硬件来缩短被变换的虚地址中的用户位位数；每个任务的程序空间可达 4096 页，每页为 512 个字节，实主存容量为 2^{20} 位；设快表用按地址访问存储器构成，行数为 32，快表的地址经散列形成；为减少散列冲突，配有两套独立的相等比较器电路。请设计该地址变换机构，内容包括：

(1) 画出其虚、实地址经快表变换之逻辑结构示意图。

(2) 相联寄存器组中每个寄存器的相联比较位数。

(3) 相联寄存器组中每个寄存器的总位数。

(4) 散列变换硬件的输入位数和输出位数。

(5) 每个相等比较器的位数。

(6) 快表的总容量(以位为单位)。

4-11　考虑一个 920 个字的程序，其访问虚存的地址流为 20，22，208，214，146，618，370，490，492，868，916，728。

(1) 若页面大小为 200 字，主存容量为 400 字，采用 FIFO 替换算法，请按访存的各个时刻，写出其虚页地址流，计算主存的命中率。

(2) 若页面大小改为 100 字，再做一遍。

(3) 若页面大小改为 400 字，再做一遍。

(4) 由(1)、(2)、(3)的结果可得出什么结论？

(5) 若把主存容量增加到 800 字，按第(1)小题再做一遍，又可以得到什么结论？

4-12　在一个页式二级虚拟存储器中，采用 FIFO 算法进行页面替换，发现命中率 H 太低,因此有下列建议：

(1) 增大辅存容量；

(2) 增大主存容量(页数)；

(3) 增大主、辅存的页面大小；

(4) FIFO 改为 LRU；

(5) FIFO 改为 LRU，并增大主存容量(页数)；

(6) FIFO 改为 LRU，且增大页面大小。

试分析上述各建议对命中率的影响情况。

4-13 有采用组相联映像的 Cache 存储器，Cache 大小为 1 KB，要求 Cache 的每一块在一个主存周期内能从主存取得。主存模 4 交叉，每个分体宽为 32 位，总容量为 256 KB。用按地址访问存储器构成相联目录表实现主存地址到 Cache 地址的变换，并约定用 4 个外相等比较电路。请设计此相联目录表，求出该表之行数、总位数及每个比较电路的位数。

4-14 有一个 Cache 存储器。主存共分 8 个块(0～7)，Cache 为 4 个块(0～3)，采用组相联映像，组内块数为 2 块，替换算法为近期最久未用过算法(LRU)。

(1) 画出主存、Cache 地址的各字段对应关系(标出位数)图。

(2) 画出主存、Cache 空间块的映像对应关系示意图。

(3) 对于如下主存块地址流：1，2，4，1，3，7，0，1，2，5，4，6，4，7，2，如主存中内容一开始未装入 Cache 中，请列出 Cache 中各块随时间的使用状况。

(4) 对于(3)，指出块失效又发生块争用的时刻。

(5) 对于(3)，求出此期间 Cache 之命中率。

4-15 有 Cache 存储器。主存有 0～7 共 8 块，Cache 有 4 块，采用组相联映像，分 2 组。假设 Cache 已先后访问并预取进了主存的第 5，1，3，7 块，现访存块地址流又为 1，2，4，1，3，7，0，1，2，5，4，6 时：

(1) 若使用 LRU 替换算法，画出 Cache 内各块的实际替换过程图，并标出命中时刻。

(2) 求出在此期间 Cache 的命中率。

4-16 有 Cache 存储器。主存有 0～7 共 8 块，Cache 为 4 块，采用组相联映像，设 Cache 已先后预取进了主存的第 1，5，3，7 块，现访存块地址流又为 1，2，4，1，3，7，0，1，2，5，4，6 时，在 Cache 分 2 组的条件下，

(1) 当使用 FIFO 替换算法时，画出 Cache 内各块的实际替换过程图，并标出命中的时刻。

(2) 求出在此期间 Cache 的命中率。

4-17 采用组相联映像、LRU 替换算法的 Cache 存储器，发现等效访问速度不高，为此提议：

(1) 增大主存容量。

(2) 增大 Cache 中的块数(块的大小不变)。

(3) 增大组相联组的大小(块的大小不变)。

(4) 增大块的大小(组的大小和 Cache 总容量不变)。

(5) 提高 Cache 本身器件的访问速度。

分别采用上述措施后，等效访问速度可能会有什么样的显著变化？其变化趋势如何？如果采取措施后并未能使等效访问速度有明显提高的话，又是什么原因？

4-18 用组相联映像的 Cache 存储器，块的大小为 2^8 个单元，主存容量是 Cache 容量的 4 倍。映像表用单体多字按地址访问存储器构成，已装入的内容如表 4-6 所示。用 4 套外比较电路实现组内相联查找块号。各字段用四进制编码表示。

表 4－6　题 4－18 的映像表

组号q	n_d	s'	s	n_d	s'	s	n_d	s'	s	n_d	s'	s
0	0	0	1	2	0	0	2	2	2	3	2	3
1	0	1	3	0	3	2	3	3	1	0	0	0
2	3	3	0	3	2	1	3	1	2	1	1	3
3	0	2	2	3	1	3	2	1	1	2	0	0

（1）给出以四进制码表示的主存地址 3122203，问主存该单元的内容能否在 Cache 中找到，若能找到，指出相应的 Cache 地址，并用四进制码表示。

（2）给出四进制码表示的主存地址 1210000 及 2310333，回答（1）中的问题。

4－19　假设你对 Cache 存储器的速度不满，于是申请到一批有限的经费，为能发挥其最大经济效益，有人建议你再买一些同样速度的 Cache 片子以扩充其容量；而另有人建议你干脆去买更高速的 Cache 片子将现有低速 Cache 片子全部换掉。你认为哪种建议可取？你如何做决定？为什么？

第 5 章 标量处理机

加快标量处理机的机器语言的解释是计算机组成设计的基本任务，可从两方面实现。一是通过选用更高速的器件，采取更好的运算方法，提高指令内各微操作的并行程度，减少解释过程所需要的拍数等措施来加快每条机器指令的解释。二是通过控制机构同时解释两条、多条以至整段程序的方式来加快整个机器语言程序的解释。重叠和流水是其中常用的方式。本章主要讲述这两种方式的基本原理、实现中要解决的问题和办法以及性能分析，最后讲述指令级高度并行的超标量、超长指令字、超流水和超标量超流水线处理机。

5.1　重　叠　方　式

重叠方式是最简单的流水方式。

5.1.1　重叠原理与一次重叠

指令的重叠解释使机器语言程序的执行速度会比采用顺序解释有较大的提高。顺序解释指的是各条指令之间顺序串行(执行完一条指令后才取下条指令)地进行，每条指令内部的各个微操作也顺序串行地进行。

解释一条机器指令的微操作可归并成取指令、分析和执行三部分，时间关系如图 5-1 所示。取指令是按指令计数器的内容访主存，取出该指令送到指令寄存器。指令的分析是对指令的操作码进行译码，按寻址方式和地址字段形成操作数真地址，并用此真地址去取操作数(可能访主存，也可能访寄存器)，为取下一条指令还要形成下一条指令的地址。指令的执行则是对操作数进行运算、处理，或存储运算结果(可能要访主存)。这样，图 5-2 (a)表示出了指令的顺序解释方式。

取指令	分析	执行

$\longrightarrow t$

图 5-1　对一条机器指令的解释

顺序解释的优点是控制简单，转入下条指令的时间易于控制。但缺点是上一步操作未完成，下一步操作便不能开始，速度上不去，机器各部件的利用率低。例如，取指令和取操作数时，主存忙着但运算器却闲着；在对操作数执行运算时，运算器忙着但主存却闲着。于是提出了重叠解释，即让不同指令在时间上重叠地解释。

指令的重叠解释是在解释第 k 条指令的操作完成之前，就可开始解释第 $k+1$ 条指令。

图 5－2(b)是可能的一种方式。显然，重叠解释虽不能加快一条指令的解释，却能加快相邻两条指令以至整段程序的解释。

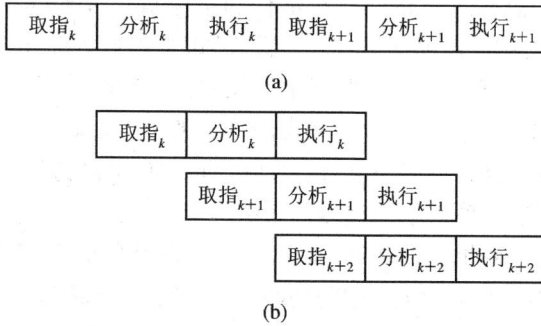

| 取指$_k$ | 分析$_k$ | 执行$_k$ | 取指$_{k+1}$ | 分析$_{k+1}$ | 执行$_{k+1}$ |

(a)

取指$_k$	分析$_k$	执行$_k$
取指$_{k+1}$	分析$_{k+1}$	执行$_{k+1}$
取指$_{k+2}$	分析$_{k+2}$	执行$_{k+2}$

(b)

图 5－2 指令的顺序解释与重叠解释

(a) 顺序解释；(b) 重叠解释的一种方式

实现指令的重叠解释必须在计算机组成上满足以下几点要求：

(1) 要解决访主存的冲突。从图 5－2(b)上看，需要让"取指$_{k+1}$"与"分析$_k$"在时间上重叠，而取指要访存，分析中取操作数也可能要访存。在一般的机器上，操作数和指令混合存储于同一主存内，而且主存同时只能访问一个存储单元。如果不在硬件上花费一定的代价解决好访主存的冲突，就无法实现"取指$_{k+1}$"与"分析$_k$"的重叠。为此，一种办法是让操作数和指令分别存放于两个独立编址且可同时访问的存储器中，这有利于实现指令的保护，但是增加了主存总线控制的复杂性及软件设计的麻烦。另一种办法是仍维持指令和操作数混存，但采用多体交叉主存结构，只要第 k 条指令的操作数与第 $k+1$ 条指令不在同一个体内，仍可在一个主存周期取得，从而实现"分析$_k$"与"取指$_{k+1}$"重叠。然而，这两者若正好共存于一个体内时就无法重叠。因此，仅靠这种解决办法有一定的局限性。第三种办法是增设采用先进先出方式工作的指令缓冲寄存器(简称指缓)。由于大量中间结果只存于通用寄存器中，因此主存并不是满负荷工作的。设置指缓就可趁主存有空时，预取下一条或下几条指令存于指缓中。最多可预取多少条指令取决于指缓的容量。这样，"分析$_k$"与"取指$_{k+1}$"就能重叠了，因为只是前者需访主存取操作数，而后者是从指缓取第 $k+1$ 条指令。如果每次都可以从指缓中取得指令，则"取指$_{k+1}$"的时间很短，就可把这个微操作合并到"分析$_{k+1}$"内，从而由原先的"取指$_{k+2}$"、"分析$_{k+1}$"、"执行$_k$"重叠变成只是"分析$_{k+1}$"与"执行$_k$"的重叠，如图 5－3 所示。

分析$_k$	执行$_k$
分析$_{k+1}$	执行$_{k+1}$
分析$_{k+2}$	执行$_{k+2}$

图 5－3 一次重叠工作方式

(2) 要解决"分析"与"执行"操作的并行。为了实现"执行$_k$"与"分析$_{k+1}$"重叠，硬件上还应有独立的指令分析部件和指令执行部件。以加法器为例，分析部件要有单独的地址加法器用于地址计算，执行部件也要有单独的加法器完成操作数的相加运算。这是以增加某些硬件为代价的。

(3) 要解决"分析"与"执行"操作控制上的同步。实际上"分析"和"执行"所需的时间常不相同，还需在硬件中解决控制上的同步，保证任何时候都只是"执行$_k$"与"分析$_{k+1}$"重叠。

就是说，即使"分析$_{k+1}$"比"执行$_k$"提前结束，"执行$_{k+1}$"也不紧接在"分析$_{k+1}$"之后与"执行$_k$"重叠进行；同样，即使"执行$_k$"比"分析$_{k+1}$"提前结束，"分析$_{k+2}$"也不紧接在"执行$_k$"之后与"分析$_{k+1}$"重叠进行。称这种指令分析部件和指令执行部件任何时候都只有相邻两条指令在重叠解释的方式为"一次重叠"。"一次重叠"解释的好处是节省硬件，机器内指令分析部件和指令执行部件均只需一套，也简化了控制。设计时应适当安排好微操作，使"分析"和"执行"时间尽量等长，重叠方式才能有较高的效率。如果采用多次重叠，不仅要设多套指令分析和执行部件，控制也相当复杂。所以，重叠方式的机器大多数都采用一次重叠，若仍达不到速度要求，宁可采用本章后面要介绍的流水方式。

(4) 要解决指令间各种相关的处理。例如，第 k 条指令是按其执行结果进行转移的条件转移指令，并成功转移到 m 单元，则与"执行$_k$"重叠的"分析$_{k+1}$"需要撤销并从头分析第 m 条指令。若第 m 条指令还没有取到指缓，则在"执行$_k$"之后还需先进行"取指$_m$"才能"分析$_m$"。图 5-4 示意出条件转移时第 k 条指令和第 $k+1$ 条指令的时间关系。可见条件转移成功时，重叠实际变成了顺序。

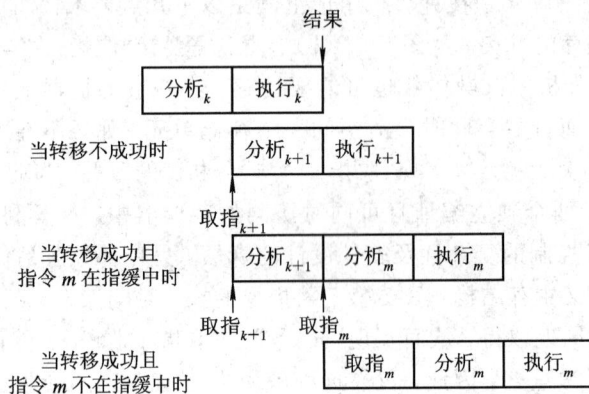

图 5-4　第 k 条指令和第 $k+1$ 条指令的时间关系

控制上还要解决好邻近指令之间有可能出现的某种关联。例如，第 $k+1$ 条指令的源操作数地址 i 正好是第 k 条指令存放运算结果的地址，在进行顺序解释时，由于先由第 k 条指令把运算结果存进主存 i 单元，而后再由第 $k+1$ 条指令从 i 单元取出，当然不会出错；但在"分析$_{k+1}$"与"执行$_k$"重叠解释时，"分析$_{k+1}$"从 i 单元取出的源操作数内容成了"执行$_k$"存进运算结果前的原存内容，并不是第 k 条指令应有的运算结果，这必然要出错。这种因机器语言程序中邻近指令之间出现了关联，为防出错让它们不能同时解释的现象就称为发生了"相关"。上面的例子是在第 k、$k+1$ 条指令的数据地址之间有了关联，称为发生了"数相关"。数相关不只是会发生在主存空间，还会发生在通用寄存器空间。下面将进一步叙述。

既然有"数相关"，就可能还会有"指令相关"。如果采用机器指令可修改的办法经第 k 条指令的执行来形成第 $k+1$ 条指令，如

k：存　通用寄存器，$k+1$；(通用寄存器)$\rightarrow(k+1)$

$k+1$：……

由于在"执行$_k$"的末尾才形成第 $k+1$ 条指令，按照一次重叠的时间关系，"分析$_{k+1}$"所分析

的是早已取进指缓的第 $k+1$ 条指令的旧内容，因此就会出错。为了避免出错，第 k、$k+1$ 条指令就不能同时解释，我们称此时这两条指令之间发生了"指令相关"。当指缓可缓冲存入 n 条指令时，第 k 条指令与已预取进指缓的第 $k+1$ 到 $k+n$ 条指令都有可能发生指令相关。指缓容量越大，或者说指令预处理能力越强的机器发生指令相关的概率就会越高。

无论发生何种相关，或者会使解释出错，或者会使重叠效率显著下降，所以必须加以正确处理。下面就来讲述相关处理的一些办法。

5.1.2 相关处理

1. 转移指令的处理

前面已提到，当程序中遇到条件转移时，一旦条件转移成功，重叠解释实际变成了顺序解释。在第 4 章并行主存系统中已提到，标量计算机中的条件转移概率可达 $10\%\sim30\%$。这样，重叠效率将显著下降。因此，重叠方式的机器在程序中应尽量减少使用条件转移指令。如果要用条件转移指令，可采用 3.3.3 节中介绍过的延迟转移技术，即由编译程序生成目标程序时，将转移指令与条件转移无关的第 $k-1$ 条指令交换一下位置，这样，即使条件转移成功也不会使重叠效率下降。当第 k 条指令是条件转移且转移成功时，传统做法与延迟转移做法的比较如图 5-5 所示。

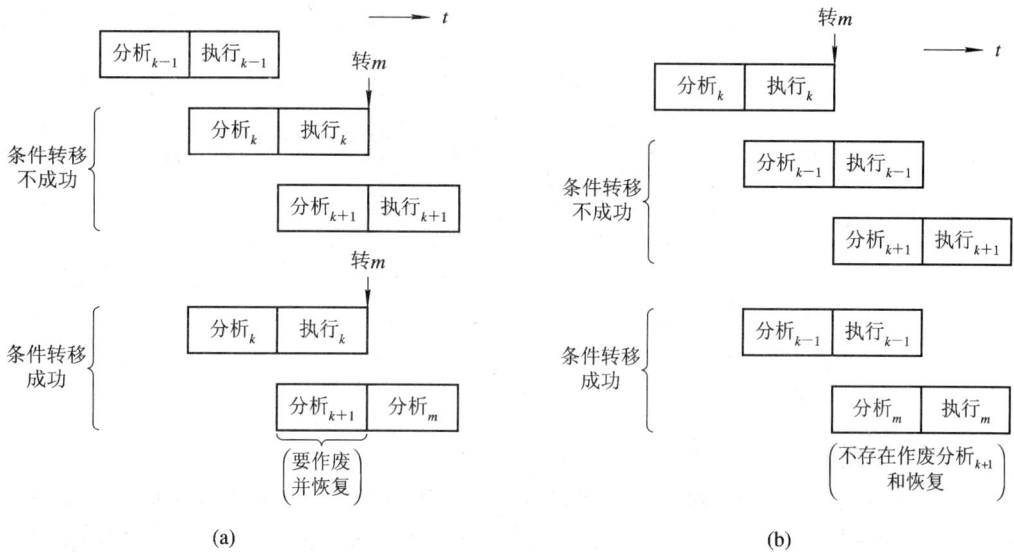

图 5-5　当第 k 条指令是条件转移且转移成功时，传统做法与延迟转移做法的比较

（a）条件转移成功时成了顺序解释；（b）采用延迟转移，条件转移成功时，仍保持重叠

2. 指令相关的处理

由上面的分析可知，对于有指缓的机器，由于指令是提前从主存取进指缓的，为了判定是否发生了指令相关，需要对多条指令地址与多条指令的运算结果地址进行比较，看是否有相同的，这是很复杂的。如果发现有指令相关，还要让已预取进指缓的相关指令作废，重取并更换指缓中的内容。这样做不仅操作控制复杂，也增加了辅助操作时间。特别是要

花一个主存周期去访存重新取指，带来的时间损失很大。

指令相关是因为机器指令允许修改而引出的。如果规定在程序运行过程中不准修改指令，指令相关就不可能发生。不准修改指令还可以实现程序的可再入和程序的递归调用。但是，为满足程序设计灵活性的需要，在程序运行过程中有时希望修改指令，这时可设置一条"执行"指令来解决。"执行"指令最初是在研制 IBM 370 机时专门设计的，其形式为

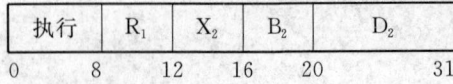

执行	R₁	X₂	B₂	D₂
0	8	12	16 20	31

当执行到"执行"指令时，按第二操作数地址$(X_2)+(B_2)+D_2$取出操作数区中单元的内容作为指令来执行，参见图 5 – 6。所执行的指令的第 8～15 位可与$(R_1)_{24\sim31}$位内容进行逻辑或，以进一步提高指令修改的灵活性。由于被修改的指令是以"执行"指令的操作数形式出现的，将指令相关转化成了数相关，因而只需统一按数相关处理即可。

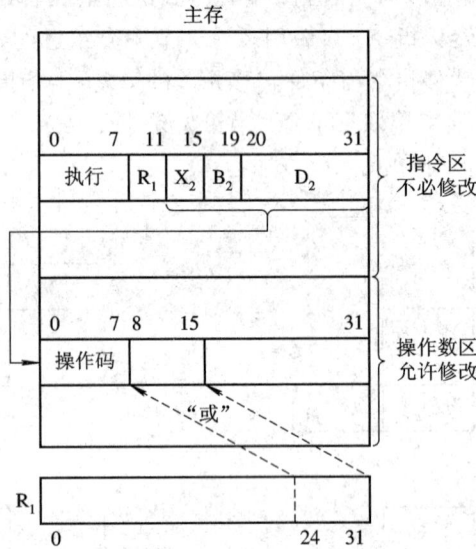

图 5 – 6　IBM 370"执行"指令的执行

3. 主存空间数相关的处理

主存空间数相关是相邻两条指令之间出现对主存同一单元要求先写而后读的关联，如图 5 – 7(a)所示。如果让"执行$_k$"与"分析$_{k+1}$"在时间上重叠，就会使"分析$_{k+1}$"读出的数不是第 k 条指令执行完应写入的结果，因而会出错。要想不出错，只有推后"分析$_{k+1}$"的读。

推后读常见的方法是由存控(存储器控制器)给读数、写数申请安排不同的访存优先级。因为中央处理机和通道都访存，中央处理机的访存可能是取指、读数或写数，通道访存可能是读、写数据，取通道控制字，存通道状态字等。这些访存请求如果同时发出，就会出现访存冲突，因此需由存控在每个主存周期中对发生的各种访存申请排队，优先处理级别高的申请。只要在存控中将写数级别安排成高于读数级别，则当第 k 条和第 $k+1$ 条指令出现主存数相关时，存控就会先去处理"执行$_k$"的写数，而将"分析$_{k+1}$"的读申请推迟到下一个主存周期才处理，自动实现了推后"分析$_{k+1}$"。图 5 – 7(b)表示了此时的时间关系。

写入 m

| 分析$_k$ | 执行$_k$(写数申请) |

需读 m

| 分析$_{k+1}$(读数申请) | 执行$_{k+1}$ |

(a)

写入 m

| 分析$_k$ | 执行$_k$(写数) |

推后一个
主存周期

| 分析$_{k+1}$(读数) | 执行$_{k+1}$ |

读 m

(b)

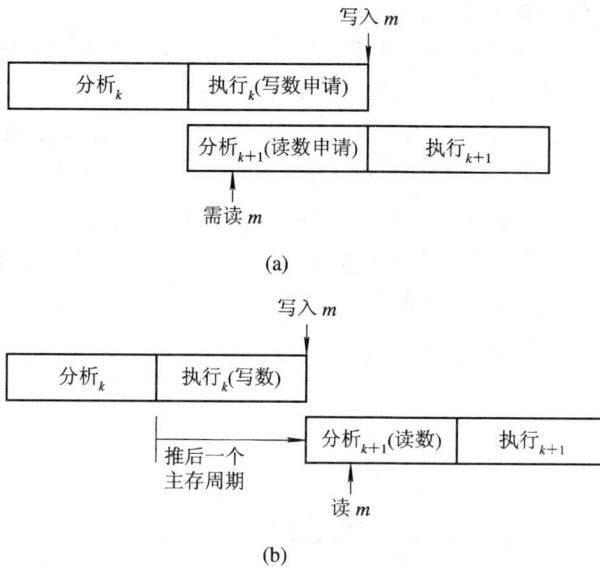

图 5-7 主存空间数相关的处理

(a) 主存数相关的时间关系；(b) 由存控推后"分析$_{k+1}$"的读

4. 通用寄存器组相关的处理

一般的机器中，通用寄存器除了存放源操作数、运算结果外，也可能存放形成访存操作数物理地址的变址值或基址值，因此，通用寄存器组的相关又有操作数的相关和变址值或基址值的相关两种。

假设机器的基本指令格式为

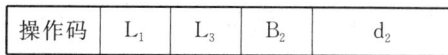

| 操作码 | L$_1$ | L$_3$ | B$_2$ | d$_2$ |

或

| 操作码 | L$_1$ | L$_3$ | | L$_2$ |

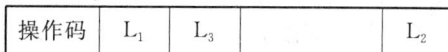

L$_1$、L$_3$ 分别指明存放第一操作数和结果数的通用寄存器号，B$_2$ 为形成第二操作数地址的基址值所在通用寄存器号，d$_2$ 为相对位移量。在指令解释过程中，使用通用寄存器作不同用途所需微操作的时间是不同的。存放于通用寄存器中的基址值或变址值一般是在"分析"周期的前半段取用；操作数是在"分析"周期的后半段取出，到"执行"周期的前半段才用；运算结果是在"执行"周期末尾形成并存入通用寄存器中。图 5-8 示意出它们的时间关系。正因为时间关系不同，所以通用寄存器的数相关和基址值或变址值相关的处理方法不同。

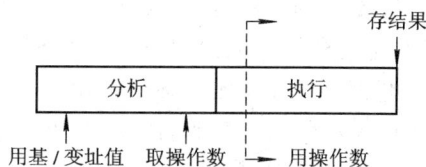

存结果

| 分析 | 执行 |

用基/变址值 取操作数 用操作数

图 5-8 指令解释过程中与通用寄存器内容有关的微操作时间关系

先讨论通用寄存器组数相关的处理。

假设正常情况下，"分析"和"执行"的周期与主存周期一样都是 4 拍。有些指令需要从通用寄存器组中取两个操作数(L_1)和(L_2)，若通用寄存器组做在一个片子上，每次只能读出一个数，则在"分析$_{k+1}$"期间，操作数(L_1)和(L_2)就需要在不同拍时取得，分别送入运算器的 B 和 C 寄存器，以便在"执行$_{k+1}$"时供运算用。这样，"执行$_k$"与"分析$_{k+1}$"访问通用寄存器组的时间关系如图 5-9 所示。当程序执行过程中出现了 $L_{1(k+1)}=L_{3(k)}$ 时就发生了 L_1 相关，而当 $L_{2(k+1)}=L_{3(k)}$ 时就发生了 L_2 相关。一旦发生相关，如果仍维持让"执行$_k$"和"分析$_{k+1}$"一次重叠，从图 5-9 中的时间关系可以看出，"分析$_{k+1}$"取来的(L_1)或(L_2)并不是"执行$_k$"的真正结果，从而会出错。

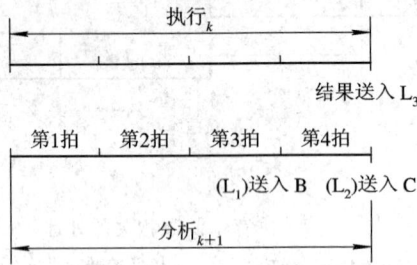

图 5-9 "执行$_k$"、"分析$_{k+1}$"重叠时，访问通用寄存器组的时间关系

显然，要想解决通用寄存器组数相关，一种办法是可以与前述处理主存空间数相关一样，推后"分析$_{k+1}$"的读到"执行$_k$"结束时开始，也可以推后到"执行$_k$"把结果送入 L_3，然后再由"分析$_{k+1}$"在取(L_1)或(L_2)时能取到即可。采用前者，只要发生数相关就使一次重叠变成了完全的顺序串行，速度明显下降；采用后者则发生数相关时，相邻两条指令的解释仍有部分重叠，可以减少速度损失，但控制要复杂一些。这两种办法都是靠推后读，牺牲速度来避免相关时出错。那么能否在不降低速度的情况下仍保证数相关时处理的正确呢？

考虑到多数机器都是把通用寄存器作为累加器使用的，或者是用它来保存中间结果的，因此，本条指令存进去的结果往往在下一条指令又作为操作数取出来使用，并且发生通用寄存器组数相关的概率是很高的。可以分析一下运算器与通用寄存器组之间的数据通路。一般情况下，运算器产生的运算结果可以直接送入通用寄存器组中，而通用寄存器组则需要通过数据总线将数据送入运算器的操作数寄存器 B 或 C 中。这样，一旦发生相关，为保证数据的正确，从第 k 条指令"执行$_k$"末尾将形成的运算结果送入通用寄存器，到第 $k+1$ 条指令再从通用寄存器组中读出该结果，并经数据总线送入运算器的操作数寄存器 B 或 C，直至稳定，就需要将"分析$_{k+1}$"推后很长的一段时间。这种推后"分析$_{k+1}$"读的办法会使重叠效率急剧下降。如果在运算器的输出到 B 或 C 输入之间增设"相关专用通路"，如图 5-10 所示，则在发生 L_1 或 L_2 相关时，接通相应的相关专用通路，"执行$_k$"时就可以在将运算结果送入通用寄存器完成其应有的功能的同时，直接将运算结果回送到 B 或 C 寄存器，从而大大缩短了其间的传送时间，并保证"执行$_{k+1}$"用此操作数时，它已在 B 或 C 寄存器中准备好了。就是说，尽管原先将通用寄存器的旧内容经数据总线分别在"分析$_{k+1}$"的第 3 拍或第 4 拍末送入了操作数寄存器 B 或 C 中，但之后经相关专用通路在"执行$_{k+1}$"真正用它之前，操作数寄存器 B 或 C 重新获得第 k 条指令送来的新结果。这样，既可以保证相关时不用推后"分析$_{k+1}$",使重叠效率不下降,又可以保证指令重叠解释时数据不出错。

推后"分析$_{k+1}$"和设置"相关专用通路"是解决重叠方式相关处理的两种基本方法。前者以降低速度为代价,使设备基本上不增加。后者以增加设备为代价,使重叠效率不下降。

可以看出,若相关的概率低,就不宜采用"相关专用通路"法,这样既节省了设备,也不会使重叠效率有明显下降。因此,尽管概念上只需把图5-10中的通用寄存器组改为主存,"相关专用通路"法就可用于解决前述的主存空间数相关,但由于出现主存数相关的概率要比出现通用寄存器组数相关的概

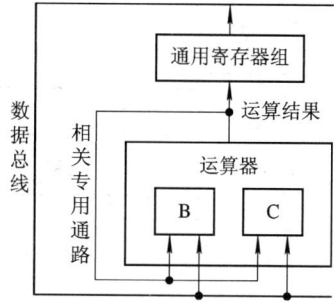

图5-10 用相关专用通路解决通用
寄存器组的数相关

率低得多,因此按哈夫曼(Huffman)思想解决主存数相关时,不用"相关专用通路"法,而采用推后读法。

现在来讨论通用寄存器组基址值或变址值相关的处理。下面只以基址值相关为例来讲述,变址值相关是类似的。

设操作数的有效地址$(X_d)+(B_2)+d_2$是由分析器中的地址加法器形成的。由于多数情况的"分析"周期等于主存周期,因此,从时间上要求,在"分析"周期的前半段就应由通用寄存器输出总线取得(B_2),送入地址加法器。由于运算结果是在"执行"周期的末尾才送入通用寄存器组的,因此它当然不能立即出现在通用寄存器输出总线上。也就是说,在"执行$_k$"得到的、送入通用寄存器的运算结果是来不及为"分析$_{k+2}$"作基址值用,更不用说为"分析$_{k+1}$"作基址值用。因此,一次重叠时,基址值相关(B相关)不仅会出现一次相关,还会出现二次相关。即$B_{(k+1)}=L_{3(k)}$时发生B一次相关,$B_{(k+2)}=L_{3(k)}$时发生B二次相关,如图5-11所示。这里所谓的一次和二次指的是相关指令相隔的指令条数。

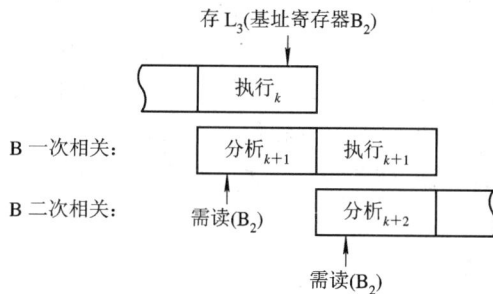

图5-11 B一次相关与二次相关

对于基址值相关,其解决办法同数相关一样,也可有推后分析和设置相关专用通路两种。先讲推后分析的方法。

由图5-11可见,B二次相关时,只需推后"分析$_{k+2}$"的始点到"执行$_k$"送入通用寄存器的运算结果能在"分析$_{k+2}$"开始时出现于通用寄存器输出总线上即可,如图5-12(a)所示。至于推后多少拍,这取决于通用寄存器组译码、读出机构的具体逻辑组成。而对B一次相关,则除此之外,还需再推后一个"执行"周期,如图5-12(b)所示。

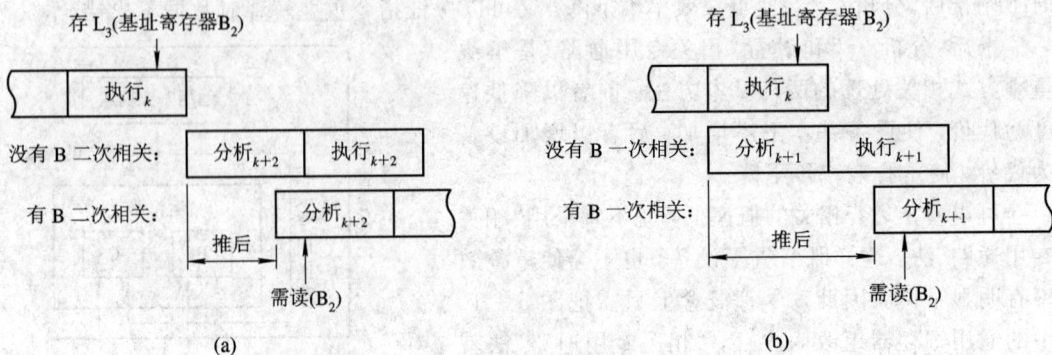

图 5 - 12 B—次与二次相关的推后处理

(a) B 二次相关的推后处理；(b) B 一次相关的推后处理

由于 B 相关的概率并不是很低，增设 B 相关专用通路是值得的，办法如图 5 - 13 所示。在 B 二次相关时，"执行$_k$"得到的运算结果在送入通用寄存器组的同时，也经 B 相关专用通路直接送到访存操作数地址形成机构。因缩短了其间的传送延迟，使得不用推后"分析$_{k+2}$"就能使用正确的基址值。同理，在 B 一次相关时，还需推后"分析$_{k+1}$"到"执行$_k$"后开始。所以同样可以采用类似于延迟转移技术的思想，由

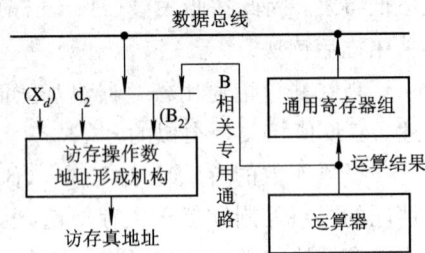

图 5 - 13 B 相关专用通路法

编译程序调整指令生成的顺序，使之尽可能只发生 B 二次相关，不发生 B 一次相关，确保设置 B 相关专用通路后，在 B 相关时，重叠效率不会下降。

为了实现两条指令在时间上的重叠解释，首先需要付出空间代价，如增设数据总线、控制总线、指令缓冲器、地址加法器、相关专用通路，将指令分析部件和指令执行部件功能分开、单独设置，主存采用多体交叉存取，等等。其次，要处理好指令之间可能存在的关联，如转移的处理，指令相关、主存空间数相关、通用寄存器组的数相关或基址值或变址值相关等的处理。操作数相关或基址值或变址值相关处理的办法无非是推后读和设置相关专用通路两种，应根据哈夫曼思想在成本和效率上权衡选用。此外，还应合理调配好机器指令顺序及指令内部微操作的时间关系，并使"分析"和"执行"的时间尽可能相等，以提高重叠的效率。

5.2 流 水 方 式

如果采用一次重叠方式解释指令仍达不到速度要求，可采用同时解释多条指令的流水方式。

5.2.1 基本概念

1. 工作原理

"分析$_{k+1}$"与"执行$_k$"的一次重叠是把指令的解释过程分解成"分析"与"执行"两个子过

程，在独立的分析部件和执行部件上时间重叠地进行。若"分析"与"执行"子过程都需要 Δt_1 的时间，如图 5-14 所示，则一条指令的解释需要 $2\Delta t_1$ 完成，但机器每隔 Δt_1 就能解释完一条指令。就是说，由指令串行解释到一次重叠解释，机器的最大吞吐率（单位时间内机器所能处理的最多指令条数或机器能输出的最多结果数）提高了一倍。

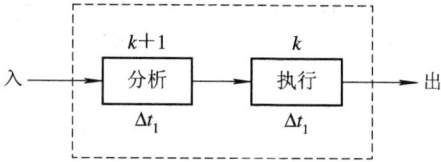

图 5-14　指令分解为"分析"与"执行"子过程

如果把"分析"子过程再细分成"取指令"、"指令译码"和"取操作数"3 个子过程，并改进运算器的结构以加快其"执行"子过程（如图 5-15（a）所示，这 4 个子过程分别由独立的子部件实现），让经过的时间都等于 Δt_2，则指令解释的时（间）空（间）关系如图 5-15（b）所示。图中的 1、2、3、4、5 表示处理机所处理的第 1、2、3、4、5 条指令。

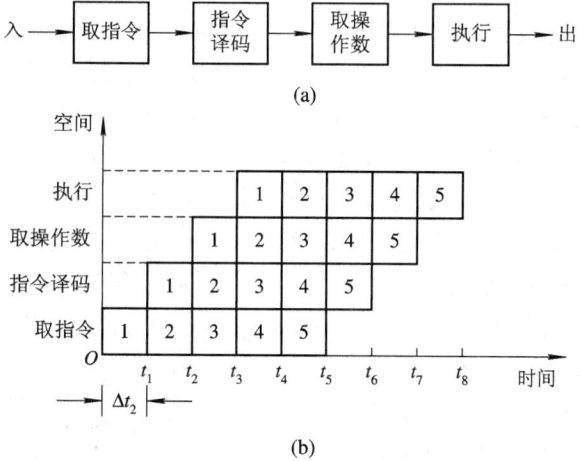

(a)

(b)

图 5-15　流水处理
（a）指令解释的流水处理；（b）流水处理的时（间）空（间）图

如果完成一条指令的时间为 T，对分解为"分析"和"执行"2 个子过程的，其 $T=2\Delta t_1$；而对分解为"取指令"、"指令译码"、"取操作数"和"执行"4 个子过程的，其 $T=4\Delta t_2$。这样，对图 5-14 是每隔 $\Delta t_1 = T/2$ 就可由处理机流出一个结果，吞吐率提高了一倍；而对图 5-15 是每隔 $\Delta t_2 = T/4$ 流出一个结果，吞吐率比顺序方式提高了 3 倍。

流水与重叠在概念上没有什么差别，可以看成是重叠的引申。差别只在于"一次重叠"是把一条指令的解释分为两个子过程，而流水是分为更多个子过程。前者同时解释两条指令，后者如图 5-15 所示可同时解释 4 条指令。显然，如能把一条指令的解释分解成时间相等的 m 个子过程，则每隔 $\Delta t = T/m$ 就可以处理一条指令。因此，流水的最大吞吐率取决于子过程的经过时间 Δt，Δt 越小，流水的最大吞吐率就越高。流水的最大吞吐率是指流水线满负荷每隔 Δt 流出一个结果时所达到的吞吐率。实际上，流水线从开始启动到流出第一个结果，需要经过一段流水线的建立时间 T_0，在这段时间里流水线并未流出任何结果。

所以，实际吞吐率总是低于其最大吞吐率的。

在计算机实际的流水线中，各子部件经过的时间会有所不同。为平滑这些子部件的速度差，一般在它们之间设有锁存器。锁存器都受同一时钟信号控制，用以实现各子部件信息流的同步推进。时钟信号周期不得低于速度最慢子部件的经过时间与锁存器的存取时间之和，还要考虑时钟信号到各锁存器可能存在时延。所以，子过程的细分会因锁存器数增多而增大任务或指令流过流水线的时间，这在一定程度上会抵消子过程细分使吞吐率提高的好处。

2．流水的分类

从不同的角度对流水可进行不同的分类。

依据向下扩展和向上扩展的思路，可对在计算机系统不同等级上使用的流水线进行分类。所谓向下扩展，指的是把子过程进一步地细分，让每个子过程经过的时间都同等程度地减少，吞吐率就会进一步提高。例如，可以把图 5 - 14 的"分析"子过程和"执行"子过程再细分。

"执行"子过程的细分因指令功能和执行时间的不同而不同。如浮点加可进一步细分成"求阶差"、"对阶"、"尾数相加"、"规格化"4 个子过程。子过程的细分是以增加设备为代价的。例如，"求阶差"和"尾数相加"都要用加法器，为此需分别设置阶码加法器和尾数加法器；"对阶"和"规格化"都要用移位器，需设置两套移位器。设备的增加不仅使成本增加，也使控制变得复杂。但与完全靠重复设置多套分析部件和执行部件来提高指令的并行度相比，其设备量的增加要少得多。子过程细分并不是无止境的，因为级间缓冲器的增多会使成本提高、辅助延时增大、控制复杂、电路实现和组装困难，它们抵消了子过程细分的好处。所以，目前计算机功能级流水分割的子过程数很少有超过 10 的。

流水技术也可"向下"应用于对 Cache 存储器和多体并行主存的访问，使存储器频宽得以提高，这在第 4 章已提到过了。

流水的向上扩展可理解为在多个处理机之间流水，如图 5 - 16 所示。多个处理机串行地对数据集进行处理，每个处理机专门完成其中的一个任务。因为各处理机都在同时工

图 5 - 16　处理机间的流水处理

作，所以能流水地对多个不同的数据集进行处理，可较大地提高计算机系统的处理能力。

流水按处理的级别可分为部件级、处理机级和系统级。部件级流水是指构成部件内的各个子部件间的流水，如运算器内浮点加的流水、Cache 内和多体并行主存内的流水。处理机级流水是指构成处理机的各部件之间的流水，如"取指"、"分析"、"执行"间的流水。系统级流水是指构成计算机系统的多个处理机之间的流水，也称为宏流水。

从流水线具有功能的多少来看，可以将流水线分为单功能流水线和多功能流水线。

单功能流水线只能实现单一功能的流水，如只能实现浮点加减的流水线。要完成多种功能的流水可将多个单功能流水线组合。如 CRAY - 1 有 12 条单功能流水线，分别完成地址加、地址乘、标量加、标量移位、标量逻辑运算、标量数"数"、向量加、向量移位、向量逻辑运算、浮点加、浮点乘、浮点迭代求倒数。

多功能流水线指的是同一流水线的各个段之间可以有多种不同的连接方式，以实现多

种不同的运算或功能。例如 TI-ASC 计算机的运算器流水线就是多功能的，它有 8 个可并行工作的独立功能段，如图 5-17(a)所示。当要进行浮点加、减时，连接成如图 5-17(b)所示的形式。当要进行定点乘法运算时，连接成如图 5-17(c)所示的形式。除此之外，它还可以有数十种其他不同的连接，可实现多种其他功能。

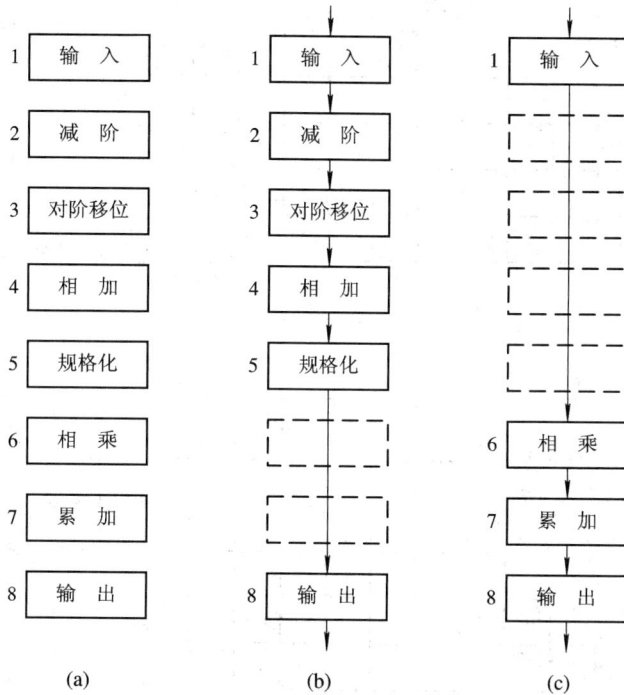

图 5-17 ASC 计算机运算器的流水线

（a）流水线的功能段；（b）浮点加、减法运算时的连接；（c）定点乘法运算时的连接

按多功能流水线的各段能否允许同时用于多种不同功能连接流水，可把流水线分为静态流水线和动态流水线。

静态流水线在某一时间内各段只能按一种功能连接流水，只有等流水线全部流空后，才能按另一种功能连接流水。这样，就指令级流水而言，仅当进入的是一串相同运算的指令时，才能发挥出静态流水线的效能。若进入的是浮加、定乘、浮加、定乘、……相间的一串指令时，静态流水线的效能会降低到比顺序方式的还要差。因此，在静态流水线机器中，要求程序员编制出（或是编译程序生成）的程序应尽可能调整成有更多相同运算的指令串，以提高其流水的效能。

动态流水线的各功能段在同一时间内可按不同运算或功能连接。如图 5-17 中所示各功能段在同一时间里，某些段按浮点加减连接流水，而另一些段却在按定乘连接流水。这样，就不要求流入流水线的指令串非得有相同的功能，也能提高流水的吞吐率和设备的利用率，但其控制复杂，成本高。图 5-18 画出了静态和动态多功能流水线的时空图，从中可以看出它们在工作方式和性能上的差异。目前大多数高性能流水处理机都采用多功能静态流水，因为其控制和实现比较简便。从软、硬件功能分配的观点上看，静态流水线将功能负担较多地加到软件上，以简化硬件控制；动态流水线则把功能负担较多地加到硬件控制上，以提高流水的效能。

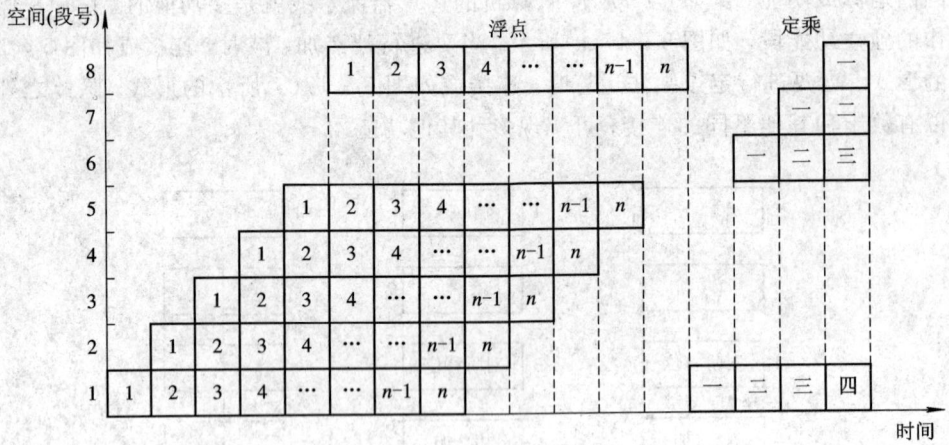

(a)

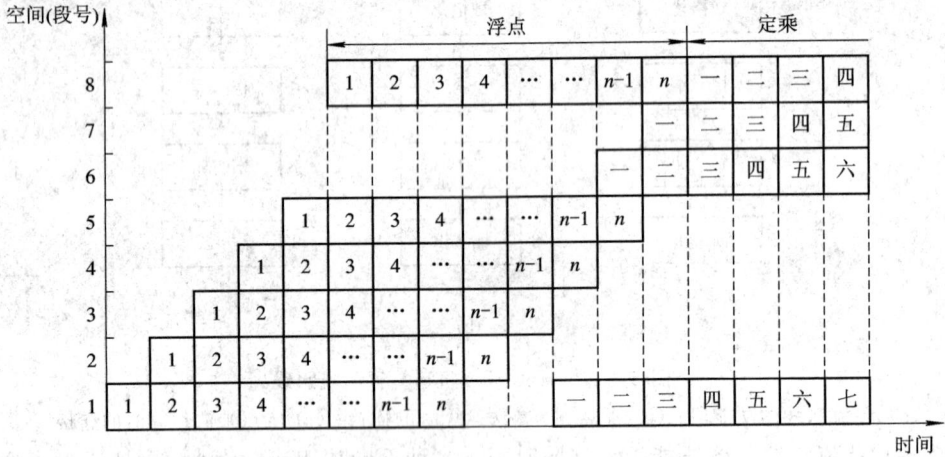

(b)

图 5-18 静、动态多功能流水线时空图

(a) 静态；(b) 动态

从机器所具有的数据表示可以把流水线处理机分为标量流水机和向量流水机。标量流水机没有向量数据表示，只能用标量循环方式来处理向量和数组，如 Amdahl 470 V/6 及后面要介绍的 IBM 360/91。向量流水机指的是机器有向量数据表示，设置有向量指令和向量运算硬件，能流水地处理向量和数组中的各个元素。向量流水机是向量数据表示和流水技术的结合，如后面要介绍的 CRAY-1。

从流水线中各功能段之间是否有反馈回路，可把流水线分为线性流水和非线性流水。流水线各段串行连接，各段只经过一次，没有反馈回路的，称为线性流水线。流水线除有串行连接的通路，还有反馈回路，使任务流经流水线需多次经过某个段或越过某些段，则称为非线性流水线。图 5-19 就是一个非线性流水线，由 4 段组成，经反馈回路和多路开关使某些段如 2 段、3 段或 4 段可能要多次通过，而有些段如 2 段可能被跳过。非线性流水线的一个重要问题是确定新任务什么时候流入流水线，使之不会与先前的任务争用流水段。这将在流水线的调度一节中讨论。

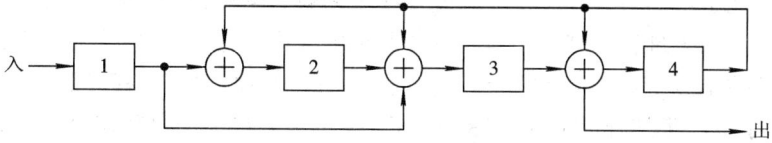

图 5-19 非线性流水线

随着 VLSI 技术的发展,除了简单一维流水外,又发展了复杂的多维流水线,即同时经多个方向流水,称之为脉动阵列流水。

5.2.2 标量流水线的主要性能

标量流水线的性能主要是吞吐率 T_p、加速比 S_p 和效率 η。

1. 吞吐率 T_p 和加速比 S_p

吞吐率是流水线单位时间里能流出的任务数或结果数。

在图 5-15(b)所示的流水线例中,各子过程经过的时间都是 Δt_2,满负荷后流水线每隔 Δt_2 解释完一条指令,其最大吞吐率 $T_{p_{\max}}$ 为 $1/\Delta t_2$。实际上,各个子过程进行的工作不同,所经过的时间也就不一定相同,所以在子过程间设置了接口锁存器,让各锁存器都受同一时钟同步。时钟周期会直接影响流水线的最大吞吐率,总希望它越小越好。如果各个子过程所需的时间分别为 Δt_1、Δt_2、Δt_3、Δt_4,时钟周期应当为 $\max\{\Delta t_1, \Delta t_2, \Delta t_3, \Delta t_4\}$,即流水线的最大吞吐率

$$T_{p_{\max}} = \frac{1}{\max\{\Delta t_1, \Delta t_2, \Delta t_3, \Delta t_4\}}$$

它受限于流水线中最慢子过程经过的时间。流水线中经过时间最长的子过程称为瓶颈子过程。

【例 5-1】 有一个 4 段的指令流水线如图 5-20(a)所示,其中,1、3、4 段的经过时间均为 Δt_0,只有 2 段的经过时间为 $3\Delta t_0$,因此瓶颈在 2 段,使整个流水线的最大吞吐率只有 $1/(3\Delta t_0)$,其时空图如图 5-20(b)所示。即使流水线每隔 Δt_0 流入一条指令,也会因来不及处理被堆积于 2 段,致使流水线仍只能每隔 $3\Delta t_0$ 才流出一条指令。

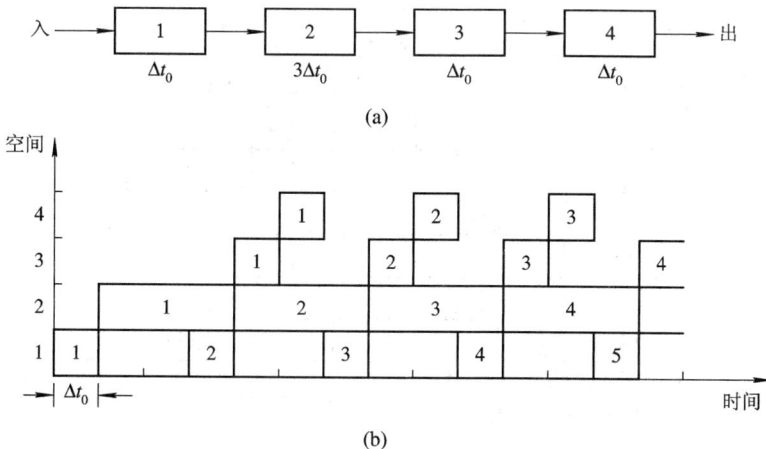

(a)

(b)

图 5-20 最大吞吐率取决于瓶颈段的时间

为了提高流水线的最大吞吐率,首先要找出瓶颈,然后设法消除此瓶颈。消除瓶颈的一种办法是将瓶颈子过程再细分。例如将 2 段再细分成 21、22、23 三个子段,如图 5 - 21 (a)所示。让各子段经过时间都减少到 Δt_0,这样,最大吞吐率就可提高到 $1/\Delta t_0$。图 5 - 21 (b)是将瓶颈子过程再细分后的时空图。然而,并不是所有子过程都能再细分。例如 2 段已不能再细分了,则可以通过重复设置多套(如此例用 3 套)瓶颈段并联,让它们交叉并行,如图 5 - 22(a)所示。每隔 Δt_0 轮流给其中一个瓶颈段分配任务,使它们仍可每隔 Δt_0 解释完一条指令,其时空图见图 5 - 22(b)。这种办法需要解决好在各并行子过程之间的任务分配和同步控制,这比瓶颈子过程再细分控制要复杂、所需设备量要多。

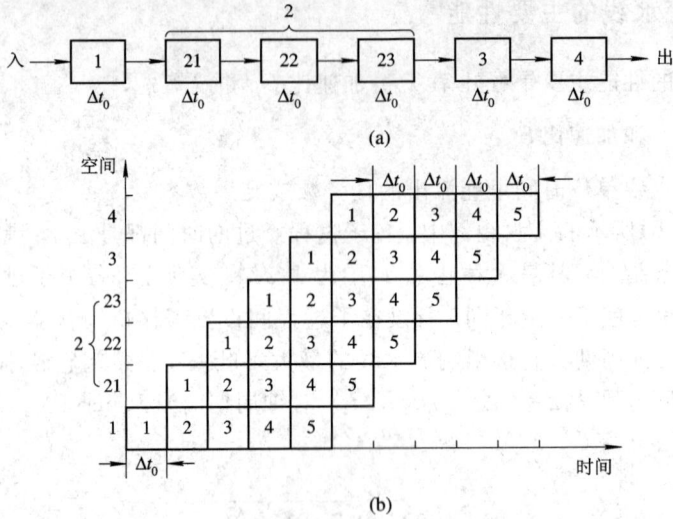

图 5 - 21 瓶颈子过程再细分

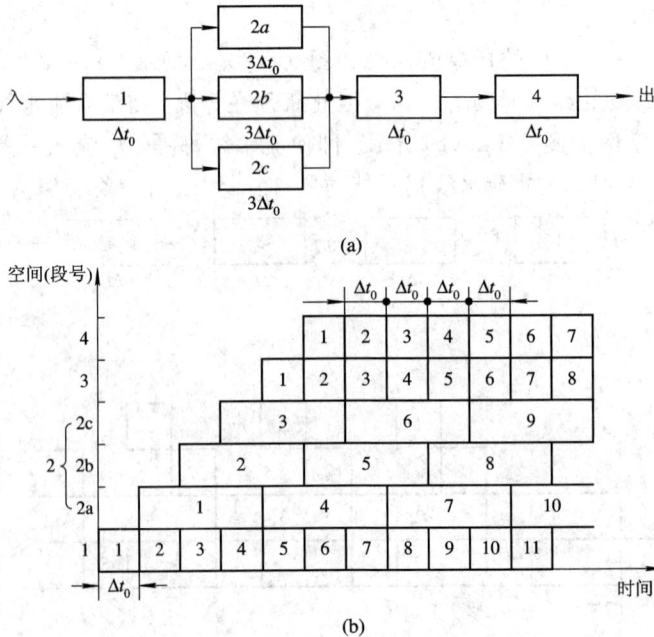

图 5 - 22 瓶颈子过程并联

以上讲的都是流水线连续流动时能达到的最大吞吐率。由于流水开始时总要有一段建立时间，加上各种原因使流水线不能连续流动，经常是流一段时间，停一段时间，因此流水线的实际吞吐率 T_p 总比最大吞吐率 $T_{p_{\max}}$ 要小。

设一 m 段流水线的各段经过时间均为 Δt_0，则第 1 条指令从流入到流出需要 $T_0 = m\Delta t_0$ 的流水建立时间，之后每隔 Δt_0 就可流出一条指令，图 5-23 为其时空图（这里设 $m=4$）。这样，完成 n 个任务的解释共需时间 $T = m\Delta t_0 + (n-1)\Delta t_0$，流水线在这段时间里的实际吞吐率

$$T_p = \frac{n}{m\Delta t_0 + (n-1)\Delta t_0} = \frac{1}{\Delta t_0 \left(1 + \dfrac{m-1}{n}\right)} = \frac{T_{p_{\max}}}{1 + \dfrac{m-1}{n}}$$

可见不仅实际吞吐率总是小于最大吞吐率，而且只有当 $n \gg m$ 时，才能使实际吞吐率接近于最大吞吐率。如果用加速比 S_p 表示流水方式相对于非流水顺序方式速度提高的比值，那么非流水顺序方式连续完成 n 个任务需要 $nm\Delta t_0$ 的时间，因此，流水方式工作的加速比

$$S_p = \frac{nm\Delta t_0}{m\Delta t_0 + (n-1)\Delta t_0} = \frac{m}{1 + \dfrac{m-1}{n}}$$

所以线性流水线各段时间相等时，仅当 $n \gg m$，即连续流入的任务数 n 远多于流水线子过程数 m 时，其加速比才能趋于最大值，为流水线的段数 m。

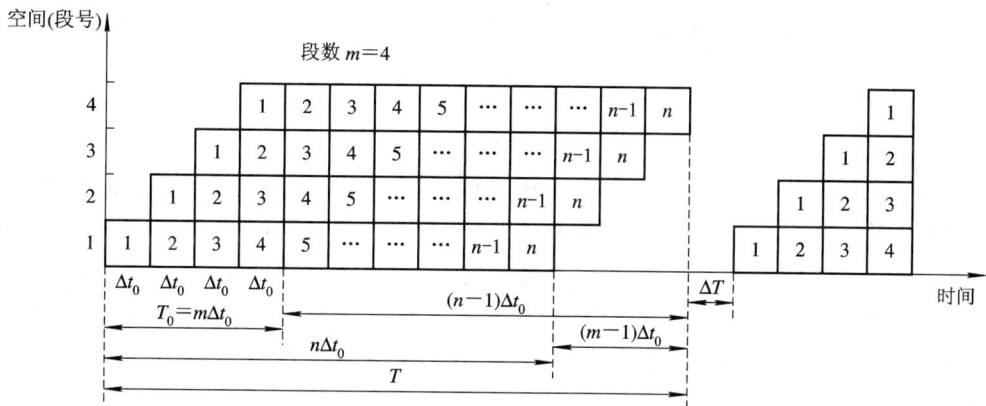

图 5-23　从时空图分析实际的吞吐率

如果只是通过细分子过程，增大 m 来缩短 Δt_0，而未能在软件、算法、语言编译、程序设计上保证连续流动的任务数 n 远远大于子过程数 m，则实际吞吐率将大大低于最大吞吐率。极限情况 $n=1$ 时，由于 m 的增大，锁存器增多，实际增大了任务在流水线上的通过时间，反而使其速度会比顺序串行的还要低。

如果线性流水线每段经过的时间 Δt_i 不等，其中瓶颈段的时间为 Δt_j，则完成 n 个任务所能达到的实际吞吐率

$$T_p = \frac{n}{\displaystyle\sum_{i=1}^{m} \Delta t_i + (n-1)\Delta t_j}$$

其加速比

$$S_p = \cfrac{n \sum\limits_{i=1}^{m} \Delta t_i}{\sum\limits_{i=1}^{m} \Delta t_i + (n-1)\Delta t_j}$$

2. 效率

流水线的效率是指流水线中设备的实际使用时间与整个运行时间之比，也称流水线设备的时间利用率。由于流水线存在建立时间和排空时间（最后一个任务流入到流出的时间），因此在连续完成 n 个任务的时间里，各段并不总是满负荷工作的。

如果是线性流水线、任务间不相关且各段经过的时间相同，如图 5-23 所示那样，则在 T 时间里，流水线各段的效率都相同，均为 η_0，即

$$\eta_1 = \eta_2 = \cdots = \eta_m = \frac{n\Delta t_0}{T} = \frac{n}{m+(n-1)} = \eta_0$$

整个流水线的效率

$$\eta = \frac{\eta_1 + \eta_2 + \cdots + \eta_m}{m} = \frac{m\eta_0}{m} = \eta_0 = \frac{mn\Delta t_0}{mT}$$

式中，分母 mT 是时空图中 m 个段和流水总时间 T 所围成的面积，分子 $mn\Delta t_0$ 是时空图中 n 个任务实际使用的面积。因此，从时空图上看，效率实际上就是 n 个任务占用的时空区面积和 m 个段总的时空区面积之比。显然，只有当 $n \gg m$ 时，η 才趋于 1。同时还可以看出，当为线性流水且每段经过时间相等，任务间无相关时，流水线的效率才正比于吞吐率，即

$$\eta = \frac{n\Delta t_0}{T} = \frac{n}{n+(m-1)} = T_p\Delta t_0$$

当然，当为非线性流水或为线性流水但各段经过的时间不等或任务间有相关时，这种正比的关系就不存在了，此时通过画实际工作的时空图才能求出吞吐率和效率。一般为提高效率、减少时空图中空白区所采取的措施也会为提高吞吐率带来好处。因此，在图 5-18 所示的多功能流水线中，动态流水比起静态流水减少了空白区，从而使流水线吞吐率和效率都得到了提高，但是参照图 5-23，不难得出整个流水线的效率

$$\eta = \frac{n \text{ 个任务实际占用的时空区}}{m \text{ 个段总的时空区}} = \cfrac{n \sum\limits_{i=1}^{m} \Delta t_i}{m \left[\sum\limits_{i=1}^{m} \Delta t_i + (n-1)\Delta t_j \right]}$$

【例 5-2】 设向量 A 和 B 各有 4 个元素，要在图 5-24(a) 所示的静态双功能流水线上计算向量点积 $A \cdot B = \sum\limits_{i=1}^{4} a_i b_i$。其中，1→2→3→5 组成加法流水线，1→4→5 组成乘法流水线。又设每个流水线所经过的时间均为 Δt，流水线输出可直接返回输入或暂存于相应缓冲寄存器中，其延迟时间和功能切换所需的时间都可忽略。试求流水线从开始流入到结果流出这段时间的实际吞吐率 T_p 和效率 η。

先选择适合于静态流水线工作的算法使完成向量点积 $A \cdot B$ 所用的时间最短。本题可先连续计算 a_1b_1、a_2b_2、a_3b_3 和 a_4b_4 4 个乘法，然后切换功能，按 $((a_1b_1+a_2b_2)+(a_3b_3+a_4b_4))$ 经 3 次加法来求得最后的结果。按此算法可画出流水线工作的时空图如图 5-24(b) 所示。

在 15 个 Δt 时间内流出 7 个结果，其实际吞吐率 T_p 为 $7/(15\Delta t)$，而顺序方式所需时间为 $4 \times 3\Delta t + 3 \times 4\Delta t = 24\Delta t$。因此，加速比 $S_p = 24\Delta t/(15\Delta t) = 1.6$。

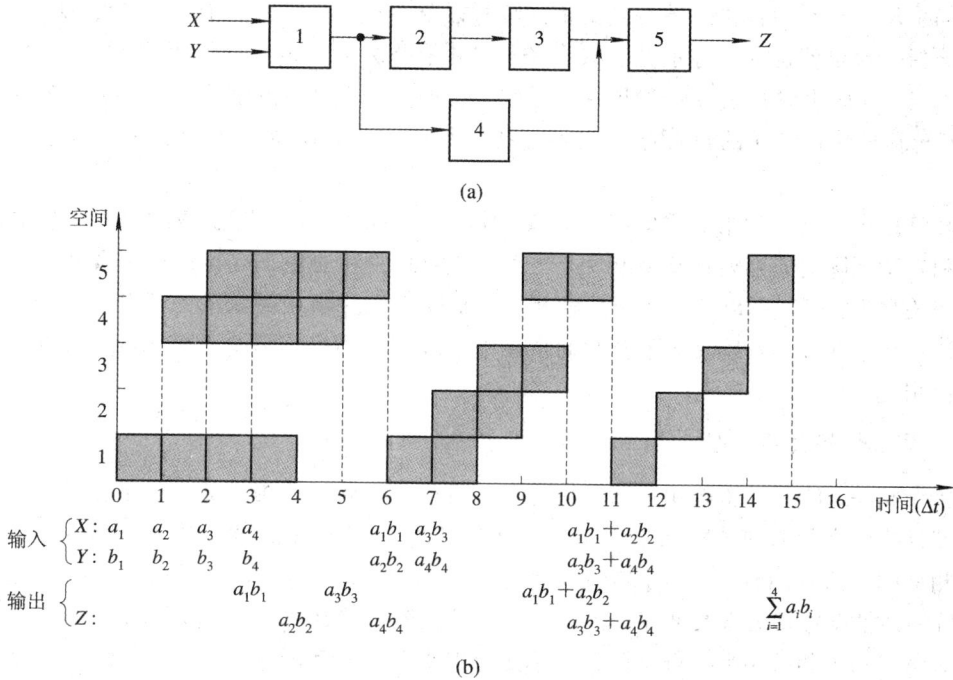

(a)

(b)

图 5-24   流水线工作举例

该流水线的效率可用阴影区面积和全部 5 个段的总时空区面积之比求得，即

$$\eta = \frac{3 \times 4\Delta t + 4 \times 3\Delta t}{5 \times 15\Delta t} = 32\%$$

虽然效率连 1/3 都不到，但解题速度却提高为串行的 1.6 倍，而且如果向量 $\boldsymbol{A}$、$\boldsymbol{B}$ 的元素数增加时，还会使解题速度和效率进一步提高。影响吞吐率和效率提高的因素很多。一是静态多功能流水线按某种功能流水时，总有一些本功能用不到的段处于空闲；二是流水建立时，本功能要用到的某些段也有部分处于空闲；三是功能切换时，增加了前一功能流水的排空时间及后一功能流水的建立时间；四是经常需要等待把上一步计算的结果输出回授到输入，才能开始下一步的计算，这就是下一节要讨论的相关问题。所以，流水线最适合解具有同一操作类型，且输出与输入之间没有任何联系和相关的一串运算。只要能连续给流水线提供输入数据，就能使流水线不间断地流动。当 n 值很大时，流水线的效率就可接近于 1，实际吞吐率就可接近于最大吞吐率——$1/\Delta t$。

5.2.3   标量流水机的相关处理和控制机构

标量流水线只有连续不断地流动，不出现断流，才能获得高效率。造成流水线断流的原因除了编译形成的目标程序不能发挥流水结构的作用，或存储系统供不上为连续流动所需的指令和操作数以外，还可能是由于出现了相关和中断。

在 5.1 节已讲过重叠方式的转移指令引起的相关、指令相关、主存操作数相关、通用寄存器组的数相关及基址值或变址值相关。这些相关同样也会出现在流水机器中。由于流

177

水是同时解释更多条指令，因此相关状况比重叠机器的更复杂、更严重，如果处理不当，就会显著降低流水效率。

如果流水机器的转移条件码是由条件转移指令本身或是由它的前一条指令形成的，则只有该指令流出流水线后才能建立转移条件，并依此决定下条指令的地址。那么从指令进入流水线、译码出它是条件转移指令直至它流出的整个期间，流水线就不能继续流入新指令。若转移成功且转向的目标指令又不在指令缓冲器内，还得要重新从访存取指令开始流动。

转移指令和其后的指令之间存在关联，使之不能同时解释，其造成的对流水机器的吞吐率和效率下降的影响要比指令相关、主存操作数相关和通用寄存器组相关及基址值和变址值相关严重得多，所以被称为全局性相关。而后者只影响相关的两条或几条指令，最多会使流水线某些段工作推后，不会改动指缓中预取到的指令，影响是局部的，所以被称为局部性相关。

1. 局部性相关的处理

指令相关、访存操作数相关和通用寄存器组相关等局部性相关都是由于在机器同时解释的多条指令之间出现了对同一主存单元或寄存器要求"先写后读"。重叠机器处理这些局部性相关的方法有两种。一种是推后后续指令对相关单元的读，直至在先的指令写入完成；另一种是设置相关直接通路，将运算结果经相关直接通路直接送入所需部件，不必先把运算结果写入相关单元，再从此相关单元取出来用，从而省去"写入"和"读出"两个访问周期，减少流水线的停等。由于流水是重叠的引申，因此上述这两种方法同样也适用于流水机器。问题是流水线有多个子过程，多条指令同时处在不同子过程上解释。如何判定流入流水线的多条指令之间是否相关，如何控制推后对相关单元的读，如何设置相关直接通路并控制相关直接通路的连通和断开，这些问题若解决不好，就会使控制机构变得极其复杂。

另外，任务在流水线中流动顺序的安排和控制可以有两种方式。一种是让任务（指令）流出流水线的顺序保持与流入流水线的顺序一致，称为顺序流动方式或同步流动方式。另一种是让流出流水线的任务（指令）顺序可以和流入流水线的顺序不同，称为异步流动方式。例如，有一个8段的流水线，其中第2段为读段，第7段为写段，如图5-25所示。有一串指令 h，i，j，k，l，m，n，…依次流入，当指令 j 的源操作数地址与指令 h 的目的操作数地址相同时，h 和 j 就发生了先写后读的操作数相关。顺序流动时，就要求 j 流到读段时必须停下来等待，直到 h 到达写段并完成写入后，才能继续向前流动，否则 j 将会读出不

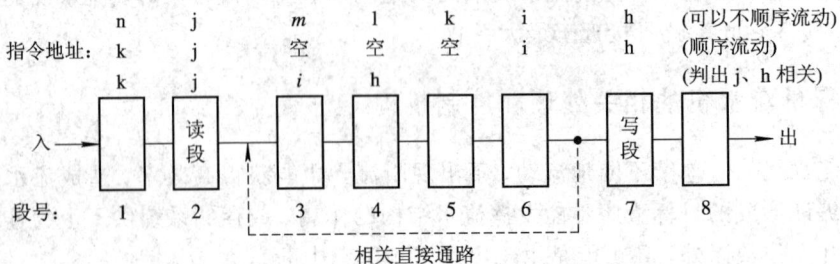

图5-25 顺序流动和异步流动

— 178 —

是 h 写入后的内容而造成错误。这是一种推后对相关单元读的办法。由于 j 停下来，j 之后的指令也被迫停下来，从某个时期看，各功能段的工作情况如图 5 - 25 中"顺序流动"那行所示。采用顺序流动方式的好处是控制比较简单，ASC 机就采用这种方式，但相关后流水线的吞吐率和效率都要下降。

如果让 j 之后的那些指令，如 k，l，m，n 等，只要与 j 没有相关，就越过 j 继续向前流动，使得从某个时间看，指令在流水线内的流动顺序会如图 5 - 25 中"可以不顺序流动"那行所示，那么流水线的吞吐率和效率都未下降，这就是异步流动方式。实际上，产生异步流动还可能是因为某条指令经过的段数少或执行时间短，越过某些需段数多或执行时间长的指令向前流动等情形。

当流水线采用异步流动方式后，会出现顺序流动不会发生的其他相关。例如，若指令 i、k 都有写操作且是写入同一单元，该单元的最后内容本应是指令 k 的写入结果，但由于指令 i 执行时间长或有"先写后读"相关，出现指令 k 先于指令 i 到达"写段"，从而使得该单元的最后内容错为指令 i 的写入结果。我们称这种对同一单元要求在先的指令先写入，要求在后的指令后写入的关联为"写－写"相关。采用异步流动时，应在控制机构上保证，当发生"写－写"相关后，写入的先后顺序不变。另外，若指令 i 的读操作和指令 k 的写操作是对应于同一单元，指令 i 读出的本应是该单元的原存内容，但若指令 k 越过指令 i 向前流，且其写操作在指令 i 的读操作开始前完成，那指令 i 就会错误地读出指令 k 的写入结果。我们称这种对同一单元要求在先的指令先读出，在后的指令后写入的关联为"先读后写"相关。异步流动时，同样应能在控制机构上保证，当发生"先读后写"相关后，读、写的先后顺序不变。"写－写"相关和"先读后写"相关只有在异步流动时才有可能发生，同步流动时是不可能发生的。所以，采用异步流动方式工作，控制机构应能同时处理好这三种相关。

在流水线中同样可以通过设置相关直接通路来减少吞吐率和效率的损失。以"先写后读"相关为例，可以在写段和读段之间设置相关直接通路，如图 5 - 25 中虚线部分所示。一旦判出发生这种相关，就让通路接通，可以节省对相关单元的写入和重新读出这两个子过程时间，指令 j 就可以提前继续流动。但是，流水机器是同时解释多条指令的，并经常采用多个可并行工作的功能部件，如果在各功能部件之间为每种局部性相关都设置单独的相关直接通路，将会使硬件耗费大，控制复杂。因此，一般宜采用分布式控制和管理，并设置公共数据总线，以简化各种相关的判别和实现相关直接通路的连接。

下面介绍 IBM 360/91 浮点执行部件的相关处理控制机构。

IBM 360/91 的中央处理机是由指令处理部件、主存控制部件、定点执行部件和浮点执行部件组成的。指令处理部件以流水方式工作，每拍由主存取出一条指令送入指缓，同时按先进先出方式从指缓不断将指令取到指令寄存器，经预处理后分别送往定点或浮点执行部件的操作站缓冲。指缓最多可预取 8 条双倍字长指令。定点执行部件和浮点执行部件可以并行工作，分别将预处理过的指令从操作站以先进先出方式流水地取出译码和执行。

图 5 - 26 是 IBM 360/91 浮点执行部件的结构框图。浮点操作数缓冲器 FLB 接收和缓冲来自主存的操作数。要写入存储器的信息被送到存储数据缓冲器 SDB 中缓冲。浮点执行部件中的浮点加法器和浮点乘/除法器都是流水线，且能同时并行工作。

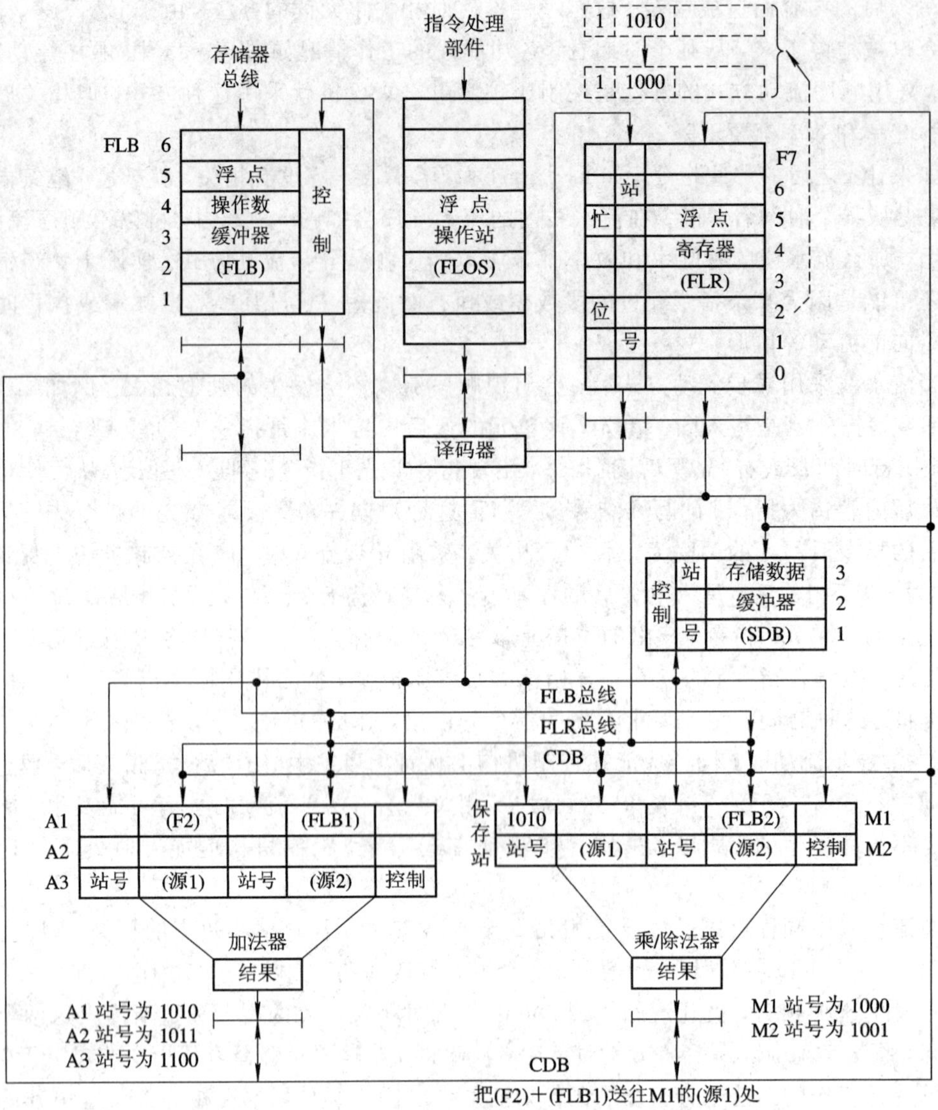

图 5 - 26 IBM 360/91 的浮点执行部件结构

浮点操作站 FLOS(Floating Point Operand Stack)缓冲的浮点操作命令格式为

  操作 源1(目的)，源2

操作可以是浮点加、减、乘、除。源1指明存放源操作数的浮点寄存器 FLR 的号，并兼作存放中间结果的目的寄存器的号。源2指明存放经存储器总线送来的浮点操作数的缓冲器 FLB 的号。它们分别经 FLR 总线和 FLB 总线将数据送入浮点加法流水线或浮点乘/除流水线输入端的保存站。浮点加法器流水线的输入端设有 3 个保存站 A1~A3，浮点乘/除法器流水线的输入端设有两个保存站 M1 和 M2，分别用规定的站号标记。保存站由控制部分控制，只要任意一个保存站的两个源操作数都到齐，且流水段空闲，就可以进入流水线向前流动。因此，它是采用异步流动方式工作的。

  由于操作命令中源1兼作目的，因此，同时进入两条流水线的操作命令之间发生操作数相关的概率是较高的。设 $k+i$ 表示 k 之后同时在流水线流动的第 i 条指令，则只要 $k+i$

的源 1 与 k 的目的一样，就会发生"先写后读"相关；$k+i$ 的目的与 k 的源 1 一样，就会发生"先读后写"相关；$k+i$ 的目的与 k 的目的一样，就会发生"写－写"相关。也就是说，只要同时进入流水线的各个操作命令中使用了同一个浮点寄存器 FLR 的号，就会发生相关。

那么，怎样才能判别出相关呢？如果让进入流水线的各个操作命令将其源 1 和目的地址值逐个比较，分析是否有相关以及属于哪种相关，以便决定是否需要推后以及让谁推后处理，显然是很麻烦的。IBM 360/91 采用给每个浮点寄存器 FLR_i 设置一个"忙位"来判别相关。只要某个浮点寄存器 FLR_i 正在使用，就将其"忙位"置为"1"，一旦使用完，立即将其置成"0"。因此，若某个操作命令需要用 FLR_i 寄存器，就先看其"忙位"是否为"1"，若为"1"就表示发生了相关。通过设置保存站及"站号"字段和在相关后更改站号就可以推后处理及控制相关直接通路的连接。公共数据总线 CDB(Common Data Bus)就是一种总线方式的相关直接通路，可以为多种和多个不同相关所共用，通过给出不同站号来控制其不同连接。

现在，以 FLOS 依次送出

ADD F2，FLB1　　;(F2)＋(FLB1)→F2

MD F2，FLB2　　;(F2)＊(FLB2)→F2

这两条操作命令为例，说明怎样判别出发生相关以及怎样控制推后和相关直接通路的连接。很明显，当这两条命令异步流动时，"先写后读"、"写－写"、"先读后写"这三种相关都会发生。

当 FLOS 送出

ADD F2，FLB1

操作命令时，它控制由 FLR 取得(F2)，由 FLB 取得(FLB1)送往加法器保存站，例如，送往 A1，同时立即将 F2 的"忙位"置"1"，以指明该寄存器的内容已送往保存站等待运算，这样 F2 的内容再不能被其他操作命令作源操作数读出用。由于 F2 这时已成为"目的"寄存器，准备接收由加法器传来的运算结果，因此，将 F2 的"站号"字段置成是 A1 的站号"1010"，以便控制把站号为 1010 的保存站 A1 在加法流水线流出的结果经 CDB 总线送回 F2。一旦结果送回，即将 F2 的"忙位"和站号都置成"0"，以释放出 F2 为别的操作命令所用。

问题是当 F2 的"忙位"为"1"，而加法结果未从加法流水线流出时，FLOS 又送出操作命令

MD F2，FLB2

由译码控制去访问 F2 取源 1 操作数时，由于其"忙位"为"1"，表明出现了 F2 相关，此时就不能直接将 F2 送往乘法器保存站，而改为把原存在 F2 的"站号"字段中的站号 A1(即 1010，指明 F2 应有内容的来源)送往 M1 的"源 1 站号"，并把 F2 内的站号由 A1(1010)改为 M1(1000)，以指明应改为从 M1 接收运算结果。这一过程如图 5－26 右上方虚线所示。这样，当加法器对 A1 站的(源 1)、(源 2)进行相加，经 CDB 送出结果时，就不是送到 F2，而是直接送进 M1 保存站中站号为 A1(1010)的(源 1)部分，相当于接通相关直接通路。而乘法器是在 M1 的(源 1)、(源 2)都有了内容后，才进入乘法流水线的，相当于推后相乘的执行。乘积则经 CDB 送往"站号"为 M1(1000)的 F2 寄存器。

在加法器和乘/除法器输入站设置多个保存站，是为了使这些运算部件可在某个操作

命令或因相关需推后执行，或因执行时间过长而尚未完成时，仍能继续从 FLOS 接收操作命令，因此，它是以异步流动方式工作的。

结论：标量流水机对局部性相关的处理一般采用总线式分布方式控制管理，具体管理包括：一是相关的判断主要靠分布于各寄存器的"忙位"标志来管理；二是在分散于各流水线的入、出端处设置若干保存站来缓存信息；三是用站号控制公共数据总线的连接作相关专用通路，使之可为多个子过程的相关所共用；四是一旦发生相关，用更换站号来推后和控制相关专用通路的连接；五是采用多条流水线，每条流水线入端有多组保存站，以便发生相关后，可以采用异步的流动方式。

采用分布式控制方式大大简化了同时出现多种相关及多重相关的处理。它要比集中式（如 CDC - 6600）灵活，且处理能力强。因此，大多数流水机器都采用类似于 IBM 360/91 的分布式控制方式。

2. 全局性相关的处理

全局性相关指的是已进入流水线的转移指令（尤其是条件转移指令）和其后续指令之间的相关。下面介绍一些常用的处理方法。

（1）使用猜测法。若指令 i 是条件转移指令，有两个分支，如图 5 - 27 所示。一个分支是 $i+1$，$i+2\cdots$，按原来的顺序执行下去，称为转移不成功分支。另一个分支是转向 p，$p+1\cdots$，称为转移成功分支。流水是同时解释多条指令，当指令 i 进入流水线，后面是进入 $i+1$ 还是 p，只有等条件码建立后，即条件转移指令快流出流水线时才能知道。如果此期间让 i 之后的指令停等，流水线就会断流，性能将急剧下降。在标量类机器指令程序中，条件转移指令约占 20%，其中 60% 为转移成功。在指令流足够长时，这种条件转移会使流水性能下降 50%。为了在执行条件转移指令时不断流，可采用猜测法猜取 $i+1$ 和 p 两个分支之一继续向前流动。

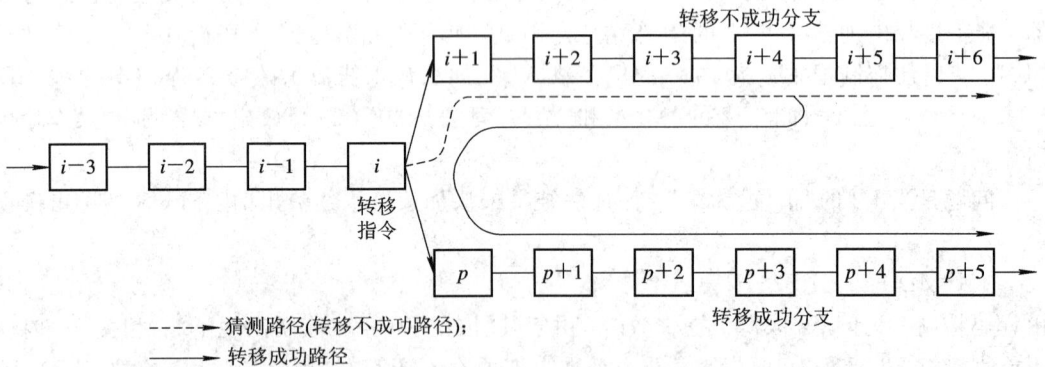

图 5 - 27　用猜测法处理条件转移

那么猜选哪个分支好呢？如果两个分支概率相近，宜选转移不成功分支，因为它已预取进指缓，可以很快从中取出进入流水线而不必等待。如果猜选转移成功分支，指令 p 很可能不在指缓中，需花较长时间访存去取，使流水线实际上断流。IBM 360/91 猜选的就是转移不成功分支。现假设指令 i 所用条件码是在 $i+4$ 流入流水线时才建立的，若条件码对应于转移不成功分支，就猜对了，可继续流下去；若条件码对应于转移成功分支，就猜错了，这时需对 $i+1$，$i+2$，$i+3$，$i+4$ 已有的解释作废，重新回到原分支点，沿转移成功分

支去解释 p，$p+1\cdots$，使流水线的吞吐率和效率都下降。但是，只要猜测法猜对的机会占大多数，流水线的吞吐率和效率就会比不用猜测法的要高得多。因此，当转移的两个分支概率不均等时，宜猜高概率分支。转移概率可以静态地根据转移指令类型或程序执行期间转移的历史状况来预测，但需要事先对大量程序的转移类型和转移概率进行统计，且统计出的概率也不一定能保证较高的猜测准确度。如果采用动态策略，由编译程序根据执行过程中转移的历史记录来动态预测未来的转移选择，可使预测准确度提高到 90%。

采用猜测法时应能保证猜错时可恢复分支点原先的现场，一般有三种办法。例如指令 $i+2$ 的功能是 $(R1)+(N)\rightarrow N$，如果全部解释完，N 的内容被修改，原有现场就需要恢复。因此在机器沿猜测分支解释时，应当与正常情况下的指令解释不同。例如 IBM 360/91 采取对指令只译码和准备好操作数，在转移条件码出现之前不进行运算。另一种是让它运算完但不送回运算结果，有的机器就是如此。然而早期所用的这两种办法不方便，因为若猜对后还要让这些指令继续完成余留的操作。随着器件价格、体积、技术的发展，已经可以让它们和正常情况一样，不加区别地全部解释完。只要把可能被破坏的原始状态都用后援寄存器保存起来，一旦猜错，就取出后援寄存器的内容来恢复分支点的现场即可。这些后援寄存器实际不是单独为流水线设置的，因为在出于提高系统可靠性，实现指令复执、程序卷回目的时，就已设置了这些后援寄存器。一般猜对的概率要高，猜对后既不用恢复，也不用再花时间去完成余留的操作。因此，采用后援寄存器法的实现效率会更高一些。

为了在猜错时能尽快回到原分支处转入另一分支，在沿猜测路径向前流动的同时，还可由存储器预取转移成功分支的头几条指令（IBM 360/91 是预取两条双字长指令字），放在转移目标指令缓冲器中，以便在猜错时不必从访存取 p 开始，减少流水线的等待时间。IBM 3033 机的指令流水线除了设正常指令缓冲器外，还设了两套转移目标指令缓冲器，这样可为相邻近两条条件转移指令所分别使用。

（2）加快和提前形成条件码。尽快、尽早获得条件码，以便提前知道流向哪个分支，会有利于流水机器简化对条件转移的处理。这可以从以下两方面采取措施。

一方面是加快单条指令内部条件码的形成，不等指令执行完就提前形成反映运算结果的条件码。例如，乘、除结果是正、是负还是零的条件码可在运算前形成。只要两个操作数符号位相同就是正，符号位相反就是负。相乘时有一个操作数为零或除法时被除数为零，则结果为零。由于相乘、相除操作时间较长，条件码提前形成对加速条件转移的处理大有好处。Amdahl 470 V/6 就按此思路，在流水运算器输入端设置 LUCK 部件，可以对大多数指令预判出它们的条件码，从而在具体运算前就能将运算结果的条件码送到指令分析部件。

另一方面是在一段程序内提前形成条件码，这特别适合于循环型程序在判断循环是否继续时的转移情况。例如 FORTRAN DO 循环，每当执行到循环终端语句时，总要对循环次数减 1，如果减下来的结果为 0 就跳出循环，否则转回去执行循环体，这通常用减 1 (DEC) 和不等于零条件转移（NE）两条指令来实现。为了使不等于零条件转移指令的条件码能提前形成，可以将减 1 指令提前到与其不相关的其他指令之前，甚至提前到循环体开始时进行。这样，执行到不等于零条件转移指令时，减 1 指令的条件码早已形成，马上就能知道是否需要转移，不致因等待条件码形成而使流水线的吞吐率和效率下降。不过，为此需要在硬件上增设为循环减 1 指令专用的条件码寄存器 CC_s，以便通用的条件码寄存器

CC 仍可为其他指令使用。

（3）采取延迟转移。这是用软件方法进行静态指令调度的技术，不必增加硬件，在编译生成目标指令程序时，将转移指令与其前面不相关的一条或多条指令交换位置，让成功转移总是延迟到在这一条或多条指令执行之后再进行。这样，可使转移造成的流水性能损失减少到 0。

（4）加快短循环程序的处理。采用这种处理，一是可以将长度小于指缓容量的短循环程序整个一次性地放入指缓内，并暂停预取指令，避免执行循环时由于指令预取导致指缓中需循环执行的指令被冲掉，减少主存重复取指的次数；二是由于循环分支概率高，因此，让循环出口端的条件转移指令恒猜循环分支，减少因条件分支造成流水线断流的机会。例如，IBM 360/91 为上述第一点设置了"向后 8 条"检查的硬件，当转向去址往回走且与条件转移指令之间相隔不超过 8 条指令时，将其间的指令全部移入指缓并停止预取新指令；为上述第二点设置了"循环方式"工作状态，使出口端的条件转移指令指向循环程序的始端。采取这些措施后可使循环时流水加快 1/3～3/4。

有的机器还采取顺序执行时，让预取的指令既放入正常使用的指令缓冲器，也放入转移目标指令缓冲器中的做法。一旦检测出是循环，可把转移目标指令缓冲器的内容作为短循环程序控制用，省去了第一次循环时重新从主存中取此短循环程序中指令的操作开销。还有的机器允许将这两种指令缓冲寄存器连接起来使用，使更大的循环程序也能得到加快处理。

3. 流水机器的中断处理

中断会引起流水线断流，但其出现概率比条件转移的概率要低得多，且又是随机发生的。所以，对于流水机器的中断，主要应考虑如何处理好断点现场的保存和恢复，而不是如何缩短流水线的断流时间。

在执行指令 i 时有中断，断点本应是在指令 i 执行结束，指令 $i+1$ 尚未开始执行的地方，但流水机器是同时解释多条指令的，指令 $i+1$，$i+2$，…可能已进入流水线被部分解释。对于异步流动流水线，这些指令中有些可能已流到指令 i 的前面去了。

早期的流水机器，如 IBM 360/91，为简化中断处理采用"不精确断点"法，即不论指令 i 在流水线的哪一段发生中断，未进入流水线的后续指令不再进入，已在流水线的指令仍继续流完，然后才转入中断处理程序。这样，断点就不一定是 i，可能是 $i+1$，$i+2$ 或 $i+3$ …，即断点是不精确的。仅当指令 i 在第 1 段响应中断时，断点才是精确的。"不精确断点"法不利于编程和程序的排错。

后来的流水机器多数采用"精确断点"法，如 Amdahl 470 V/6。不论指令 i 是在流水线中哪一段响应中断，给中断处理程序的现场全都是对应 i 的，i 之后流入流水线的指令的原有现场都能保存和恢复。"精确断点"法需设置很多后援寄存器，以保证流水线内各条指令的原有现场都能被保存和恢复。如前所述，这些寄存器也是"指令复执"所必需的。

4. 非线性流水线的调度

由于线性流水线在执行每个任务（指令、操作）的过程中，各段均只通过一次，因此，每拍都可以将一个新的任务送入流水线，这些任务不会争用同一个流水线。非线性流水线则不同，因为段间设置有反馈回路，一个任务在流水的全过程中，可能会多次通过同一段或越过某些段。这样，如果每拍向流水线送入一个新的任务，将会发生多个任务争用同一功能段的使用冲突现象。要想不发生冲突就得间隔适当的拍数之后再向流水线送入下一个任务。究竟间隔几拍送入下一个任务，才既不发生功能段使用冲突，又能使流水线有较高的吞吐率和效率，是流水线调度要解决的问题。流水线调度对多功能动态流水线同样也是重要的，否则功能切换时也会发生功能部件使用冲突。

现介绍单功能非线性流水线的任务调度。

为了对流水线的任务进行优化调度和控制，1971 年 E. S. Davidson 等人提出使用一个二维的预约表(Reservation Table)。

如果有一个由 K 段组成的单功能非线性流水线，每个任务通过流水线需要 N 拍。利用类似画时空图的方法可以得到该任务使用流水线各段的时间关系表(即预约表)。其中拍号 n 为任务经过流水线的时钟节拍号。如果任务在第 n 拍要用到第 k 段，就在相应第 n 列第 k 行的交点处用 $\checkmark$ 表示。

现设流水线由 5 段组成，段号 k 分别为 1～5，任务经过流水线总共需 9 拍，其预约表如图 5 - 28(a)所示。

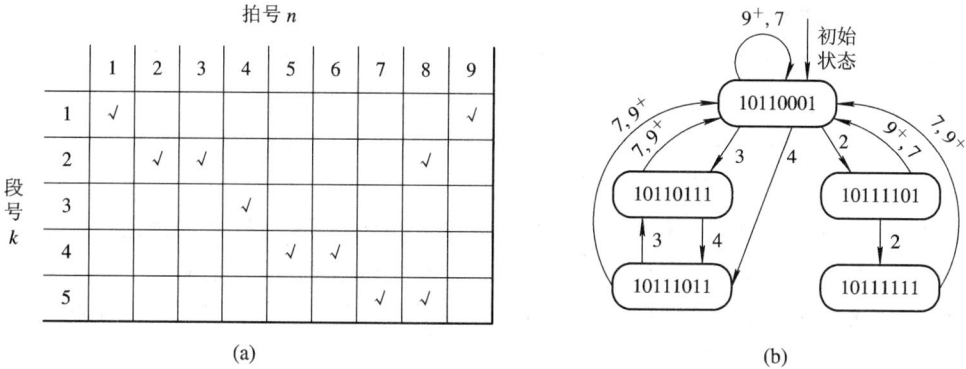

图 5 - 28　流水线预约表及状态图举例

(a) 单功能流水线预约表举例；(b) 单功能流水线的状态转移示意

根据预约表可以很容易地得出一个任务使用各段所需间隔的拍数(也称为延迟)。例如，1 段相隔 8 拍，2 段相隔有 1、5 和 6 拍三种。那么两个任务相隔 8 拍流入流水线必将会争用 1 段，而相隔 1、5 或 6 拍流入流水线必将会争用 2 段。将流水线中所有各段对一个任务流过时会争用同一段的节拍间隔数汇集在一起，便构成一个延迟禁止表 F(Forbidden List)。如本例为{1, 5, 6, 8}。就是说，要想不争用流水线的功能段，相邻两个任务送入流水线的间隔拍数就不能为 1、5、6、8 拍，这些间隔拍数应当禁止使用。可以用一个有 $N-1$ 位的位向量来表示后续新任务间隔各种不同拍数送入流水线时，是否会发生功能段使用的冲突，称此位向量为冲突向量 C(Collison Vector)。冲突向量$(c_{N-1}\cdots c_i\cdots c_2 c_1)$中第 i 位的状态表示与当时相隔 i 拍给流水线送入后续任务是否会发生功能段的使用冲突。如果不会发生冲突，令该位为"0"，表示允许送入；否则让该位为"1"，表示禁止送入。冲突向量取 $N-1$ 位是因为经 N 拍后，该任务已流出流水线，不会与后续的任务争用流水功能段了。

不难看出，输入后续任务还需等待的拍数与前一个任务在流水线已进行了几拍有关。当第一个任务第 1 拍送入流水线时，根据禁止表 $F=\{1, 5, 6, 8\}$，可以形成此时的冲突向

量 **C**(10110001)，称此为刚流入流水线时的初始冲突向量。由于初始冲突向量的 c_2、c_3、c_4、c_7 为 0，因此第二个任务可以距第一个任务 2、3、4 或 7 拍流入流水线。当第二个任务流入流水线后，应当产生新的冲突向量，以便决定第三个任务可以相隔多少拍流入流水线而不会与已进入流水线的前面第一、第二个任务争用功能段。依此顺序类推。显然，随着流水线中第一个任务每拍向前推进一段，原先禁止第二个任务流入流水线的各种间隔拍数均相应减去一拍。这意味着可将初始冲突向量放在一个移位器中，每拍逻辑右移 1 位，让左面移空的位补"0"，以表示如果间隔 8 拍以上流入后续任务时，前一个任务必定已流出流水线，不会发生功能部件使用冲突。因此，随着任务在流水线中的推进，会不断动态地形成当时的冲突向量。

如果选择第二个任务在间隔 2 拍时流入流水线，对第一个任务而言初始冲突向量右移 2 位成了(00101100)。这样，要想使第三个任务流入流水线后，既不与第一个任务发生功能段冲突，也不与第二个任务发生功能段冲突，新的冲突向量就应当是第一个任务当前的冲突向量(00101100)与第二个任务的初始冲突向量(10110001)的按位"或"，其结果为(10111101)。也就是说，第三个任务只能在第二个任务流入流水线后隔 2 拍或 7 拍流入才不会与先前流入流水线的那些任务争用功能段。按此思路选择各种可能的间隔拍数流入新任务，从而又产生新的冲突向量，一直进行到不再产生不同的冲突向量为止。由此可画出用冲突向量表示的流水线状态转移图。图中两个冲突向量之间用有向弧上的数字表示引入后续任务产生新的冲突向量所用的间隔拍数。本例的流水线状态转移图如图 5 - 28(b)所示。图中，9$^+$ 表示大于或等于 9 拍进入后续任务也不会发生冲突。

因此，只要按流水线状态图中由初始状态出发，构成一种调度间隔延迟拍数呈周期性重复的方案来进行流水线的调度，都不会发生功能段使用冲突。要想找出一种最佳的调度方案使流水线的吞吐率最高，只要计算出每种调度方案的平均间隔拍数，从中找出其最小者即可。

表 5 - 1 给出了本例中各种调度方案的平均间隔拍数(平均延迟)。由表 5 - 1 可知，采用先隔 3 拍后隔 4 拍轮流给流水线送入任务的调度方案是最佳的，平均每隔 3.5 拍即可流入一个任务，吞吐率最高。尽管(4，3)调度方案平均间隔拍数也是 3.5 拍，但若实际流入任务数是循环所需任务数的整数倍，则其实际吞吐率相对会低些，所以不作为最佳调度方案。这是一种不等间隔的调度策略，比起相等间隔的调度策略在控制上要复杂一些。

表 5 - 1　各种调度方案的平均间隔拍数的例子

调度方案	平均间隔拍数	调度方案	平均间隔拍数
(2，2，7)	3.67	(3，7)	5.00
(2，7)	4.50	(4，3，7)	4.67
(3，4)	3.50	(4，7)	5.50
(4，3)	3.50	(7)	7.00
(3，4，7)	4.67		

为了简化控制也可以采用相等间隔调度，不过这常会使吞吐率和效率下降。例如本例只有一种相等间隔调度方案，当然应取其中间隔最小的，这样会使吞吐率的下降最少。

【例 5-3】 在一个 4 段的流水线处理机上需经 7 拍才能完成一个任务，其预约表如表 5-2 所示。

表 5-2　7 拍才能完成一个任务的预约表

段 \ 时间	1	2	3	4	5	6	7
S_1	√				√		√
S_2		√		√			
S_3			√				
S_4				√		√	

分别写出延迟禁止表 F、冲突向量 C；画出流水线状态转移图；求出最小平均延迟及流水线的最大吞吐率及其调度时的最佳方案。按此调度方案，输入 6 个任务，求实际的吞吐率。

此例可得延迟禁止表 $F=\{2,4,6\}$。

初始冲突向量 $C=(101010)$。

状态转移图如图 5-29 所示。

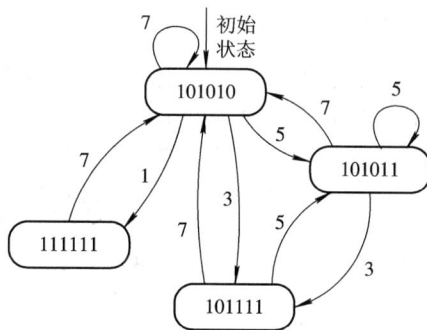

图 5-29　例 5-3 的状态转移示意图

各种调度方案及其相应的平均延迟如表 5-3 所示。

表 5-3　调度方案及其相应的平均延迟

调度方案	平均延迟/拍
(1, 7)	4
(3, 5)	4
(5, 3)	4
(5)	5

由表 5-3 可知，最小平均延迟为 4 拍。

此时流水线的最大吞吐率 $T_{p_{max}}=1/4$（任务/拍）。

最佳调度方案宜选其中按 (1,7) 周期性调度的方案。

按 (1,7) 调度方案输入 6 个任务，全部完成的时间为 $1+7+1+7+1+7=24$（拍），实

际吞吐率 $T_p=6/24$(任务/拍)。

若按(3，5)调度方案输入 6 个任务，全部完成的时间为 $3+5+3+5+3+7=26$(拍)，实际吞吐率 $T_p=6/26$(任务/拍)。

若按(5，3)调度方案输入 6 个任务，全部完成的时间为 $5+3+5+3+5+7=28$(拍)，实际吞吐率 $T_p=6/28$(任务/拍)。

可见，最佳的方案应为(1，7)调度方案，输入 6 个任务的实际吞吐率较之其他方案要更高些。

很容易想到，可以通过找出最小的平均间隔拍数这种思路来优化流水线的性能。因为预约表中打√最多的行是流水线性能的瓶颈，所以其√的个数实际上限定了流水线可达到的最短的平均间隔拍数。如图 5 - 28 所示的预约表中，第二行有 3 个√，其最短的平均间隔拍数应为 3 拍，但按(3，4)方案调度，其平均间隔拍数实际为 3.5 拍，并不是最佳的，可以进行改进。流水线之所以未达到最佳性能是因为发生了功能段争用。如果在流水线中某些段增设延迟线，在满足流水功能前提下，将某些√向右移，移到新的列位置上，修改预约表，从而使初始冲突向量和状态转移图发生变化，就可以产生具有理想的最佳平均间隔拍数的周期性调度方案。虽然增加延迟线会延长每个任务通过流水线的总时间，但调度方案中平均间隔拍数的减少却可使流水线的吞吐率和效率得以改进。

以上只是结合单功能流水线讨论了有关流水线调度的基本思想和方法。在此基础上，不难解决多功能流水线的调度。

对于一个多功能流水线，只需要将对应每种功能的预约表都重叠在一起即可。这里仅举一个二功能动态流水线的例子来简要说明其思路。图 5 - 30(a)为一个 A、B 两种功能重叠的预约表例子。

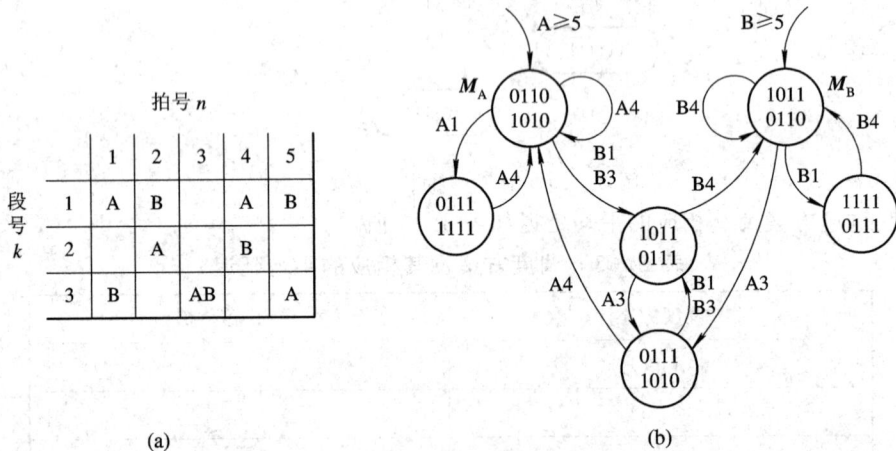

图 5 - 30　多功能流水线预约表及状态图举例
(a) 一个二功能流水线的预约表；(b) 状态图

使用交叉冲突向量(Cross-collision Vector)来反映有 A、B 两种功能的动态流水线各个后继任务流入流水线所禁止使用的间隔拍数。这样，对于本例就应有 4 个交叉冲突向量，即 $\boldsymbol{V}_{AB}=(1011)$，$\boldsymbol{V}_{BA}=(1010)$，$\boldsymbol{V}_{AA}=(0110)$，$\boldsymbol{V}_{BB}=(0110)$。其中，$\boldsymbol{V}_{AA}$ 和 $\boldsymbol{V}_{BB}$ 分别表示都按 A 功能和 B 功能流水时，后继任务流入流水线的冲突向量；而 $\boldsymbol{V}_{AB}$ 表示先前按 B 功能流

水流入的任务与后继按 A 功能流水流入的任务之间的冲突向量，$\boldsymbol{V}_{BA}$ 则表示先前按 A 功能流水流入的任务与后继按 B 功能流水流入的任务之间的冲突向量。

就一般情况而言，一个有 P 个功能的流水线将有 P^2 个交叉冲突向量，它可以分别归类写成 P 个冲突矩阵 $\boldsymbol{M}_p$，其中 p 分别为 1 至 P。冲突矩阵 $\boldsymbol{M}_p$ 表示按 p 功能流水线进入一个任务后与按各种功能流水线流入后继任务所产生的全部冲突向量的集合。对本例来说有两个初始冲突矩阵，分别为

$$\boldsymbol{M}_A = \begin{bmatrix} 0110(AA) \\ 1010(BA) \end{bmatrix}, \quad \boldsymbol{M}_B = \begin{bmatrix} 1011(AB) \\ 0110(BB) \end{bmatrix}$$

其中，$\boldsymbol{M}_A$ 表示按 A 功能流水刚流入一个任务后与按其他功能(本例是 A 功能和 B 功能)流水流入后继任务的所有禁止间隔拍数；$\boldsymbol{M}_B$ 则表示按 B 功能流水刚流入一个任务后与按其他功能(本例是 A 功能和 B 功能)流水流入后继任务的所有禁止间隔拍数。

P 个功能流水线的调度控制同单个功能流水线的基本相似，不同的是用 P 个(本例是两个)移位寄存器分别存放冲突矩阵的各行，让它们每拍同时右移 1 位，左面的移空位补以 0，并与后继任务相应功能的初始冲突矩阵对应行进行按位"或"，形成新的冲突矩阵。同样，可以画出用相应的冲突矩阵表示的流水线状态转移图。本例的流水线状态图如图 5 - 30(b)所示。

例如，按 A 功能刚流入一个任务后，根据 $\boldsymbol{V}_{AA}$ 为 (0110)，知道可隔 1 拍或 4 拍流入一个 A 功能的新任务。将 $\boldsymbol{M}_A$ 初始冲突矩阵各行同时右移 1 位，再与 A 功能的初始冲突矩阵 $\boldsymbol{M}_B$ 对应行按位"或"，形成新的冲突矩阵 $\begin{bmatrix} 0111 \\ 1111 \end{bmatrix}$。根据此时 $\boldsymbol{V}_{AA}$ 的 (0111)，知道只有隔 4 拍流入一个 A 功能的新任务才能不发生冲突，从而形成在此基础上的新的冲突矩阵 $\begin{bmatrix} 0110 \\ 1010 \end{bmatrix}$。

再如，根据初始冲突矩阵中的 $\boldsymbol{V}_{BA}$ 为 (1010)，知道可在第一拍或第三拍进行 B 功能的新任务的送入而不发生冲突，于是将 $\boldsymbol{M}_A$ 初始冲突矩阵均右移 1 位或 3 位，再与 $\boldsymbol{M}_B$ 的初始冲突矩阵对应行按位"或"，形成新的冲突矩阵，它们形成的新冲突矩阵恰好都为 $\begin{bmatrix} 1011 \\ 0111 \end{bmatrix}$。据此可知，或者是隔 3 拍入 A 功能的新任务，或者是隔 4 拍流入 B 功能的新任务，又将分别产生不同的新的冲突矩阵。

在图 5 - 30(b)的状态图中，两个冲突矩阵间的有向弧上的功能标记和数字表示按该种功能(本例中用 A 或 B 标志)送入后续新任务所需间隔的拍数。根据状态图，同样可求得所有各种控制调度策略中平均拍数最小的最佳调度方案。由此可见，多功能流水线的调度实际上是单功能流水线调度的扩展。

5.3 指令级高度并行的超级处理机

自从 20 世纪 80 年代兴起 RISC 之后，出现了指令级高度并行的高性能超级处理机，它使单处理机在每个时钟周期里可解释多条指令。有代表性的例子是超标量(Superscalar)处理机、超长指令字(VLIW)处理机、超流水线(Superpipelining)处理机和超标量超流水线处理机。

5.3.1 超标量处理机

假设一条指令包含取指令、译码、执行、存结果四个子过程，每个子过程经过时间为Δt。常规的标量流水线单处理机是在每个Δt期间解释完一条指令，如图5-31所示。执行完12条指令共需$15\Delta t$。称这种流水机的度$m=1$。

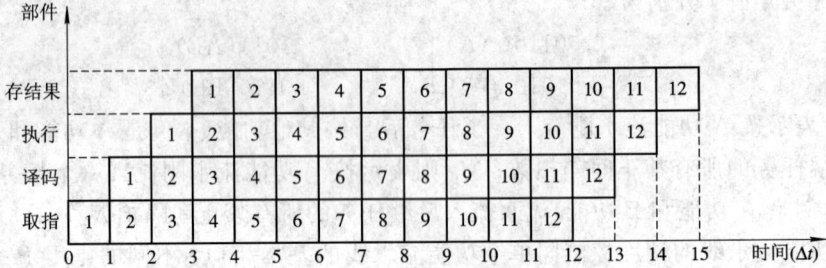

图5-31 常规(度$m=1$)的标量流水机时空图

超标量处理机采用多指令流水线，每个Δt同时流出m条指令(称为度m)。假如度m为3的超标量处理机流水时空图如图5-32所示，每3条指令为一组，执行完12条指令只需$7\Delta t$。

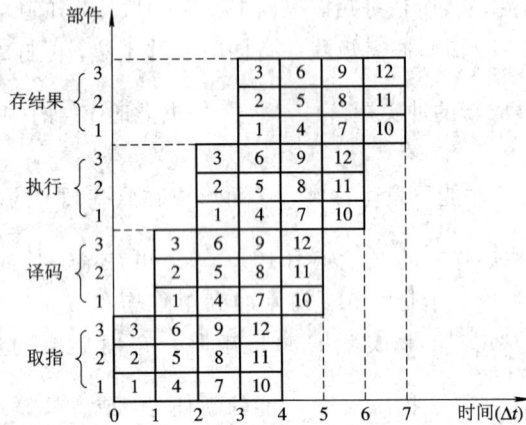

图5-32 度$m=3$的超标量处理机时空图

在超标量流水线处理机中配置有多套功能部件、指令译码电路和多组总线，寄存器也备有多个端口和多组总线。程序运行时由指令译码部件检测顺序取出的指令之间是否存在数据相关和功能部件争用，将可并行的相邻指令送往流水线。若并行度为1，就逐条执行。超标量流水机主要靠编译程序来优化编排指令的执行顺序，将可并行的指令搭配成组，不让硬件调整指令顺序，这样实现起来比较容易些。

超标量流水处理机非常适合于求解像稀疏向量或稀疏矩阵这类标量计算问题，因为它们用向量流水线处理机求解很不方便。

【例5-4】 典型的超标量流水机有 IBM RS/6000、Power PC 601、DEC 21064、Power PC 620、Intel i960CA、Pentium、Tandem Cyclone、SUN Ultra SPAC 和 Motorola MC 88110 等。1986 年的 Intel i960CA 时钟频率为 25 MHz，度$m=3$，有 7 个功能部件可以并发使用。1990 年的 IBM RS/6000 时钟频率为 30 MHz，处理机中有转移处理、定点、浮点

三种功能部件可并行工作，转移处理部件每 Δt 可执行多达 5 条指令，度 $m=4$，性能可达 34 MIPS 和 11 MFLOPS，非常适合于在数值计算密集的科学工程上应用及在多用户商用环境下工作。许多基于 RS/6000 的工作站和服务器都是 IBM 生产的，如 POWER Station 530。1992 年的 DEC 21064 时钟频率为 150 MHz，度 m 为 2，10 段流水线，最高性能可达 300 MIPS 和 150 MFLOPS。Tandem 公司的 Cyclone(旋风)计算机由 4～16 台超标量流水处理机组成，每个处理机的寄存器组有 9 个端口(其中 5 个为读，4 个为写)，有 2 个算术逻辑部件，度 $m=2$。

由于程序中指令并行性的开发有限，因此超标量处理机的度 m 比较低。

5.3.2　超长指令字处理机

超长指令字(VLIW)结构是将水平型微码和超标量处理两者相结合，指令字长可达数百位，多个功能部件并发工作，共享大容量寄存器堆。与超标量处理机不同的是，VLIW 处理机在编译时，编译程序找出指令间潜在的并行性，将多个功能并行执行的不相关或无关的操作先行压缩组合在一起，形成一条有多个操作段的超长指令，运行时不再用软件或硬件来检测其并行性，而直接由这条超长字指令控制机器中多个相互独立的功能部件并行操作。每个操作段控制其中的一个功能部件，相当于同时在执行多条指令。因此其硬件结构和指令系统简单，是一种单指令多操作码多数据的系统结构(SIMOMD)，不同于 SIMD 计算机。图 5-33(a)示意出了典型的 VLIW 处理机的组成和指令格式。图 5-33(b)示意出了度 $m=3$ 时的流水时空图，经过 $7\Delta t$ 后得到 4×3 个结果。这种结构最先是 1983 年美国耶鲁大学 Fisher 教授提出的。

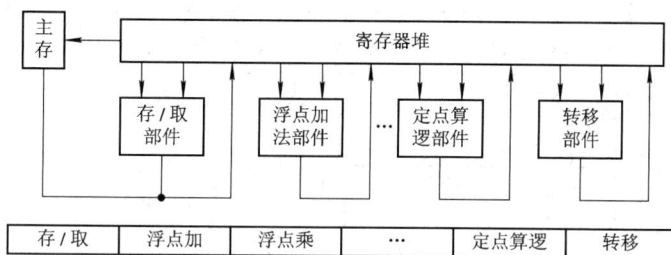

(a)

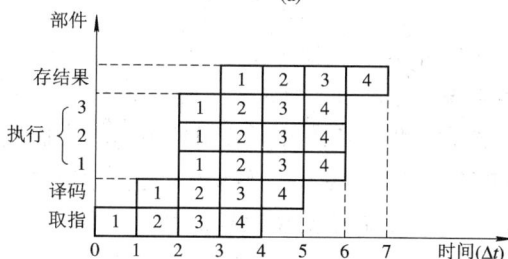

(b)

图 5-33　超长指令字(VLIW)处理机

(a) VLIW 处理机组成和指令格式；(b) 度 $m=3$ 时的流水时空图

超长指令字处理机的优点是每条指令所需拍数比超标量处理机的少，指令译码容易，开发标量操作间的随机并行性更方便，从而可使指令级并行性较高。问题是 VLIW 处理机能否成功，很大程度取决于代码压缩的效率，其结构的目标码与一般的计算机不兼容，而且指令字很长而操作段格式固定，经常使指令字中的许多字段没有操作，白白浪费了存储空间，结构也不如超标量机的紧凑。通常设计计算机时，总是先确定系统结构，再设计编译程序，而对 VLIW 机来说，由于编译程序与系统结构关系非常密切，二者必须同时设计，缺乏对传统硬件和软件的兼容，因而不大适用于一般的应用领域。所以 VLIW 结构的思想是好的，却难以成为计算机的主流。20 世纪 80 年代前半期，VLIW 主要用于附挂式数组处理机上，现在也有用于小、巨型机上的。

典型的超长指令字处理机有 Multiflow 公司的 TARCE 计算机和 Cydrome 公司的 Cydra 5 计算机，每条指令字长为 256 位，可并发执行 7 种操作。

5.3.3　超流水线处理机

超流水线处理机不同于超标量处理机和 VLIW 处理机，每个 $\Delta t'$ 仍只流出一条指令，但它的 $\Delta t'$ 值小，一台度为 m 的超流水线处理机的 $\Delta t'$ 只是基本机器周期 Δt 的 $1/m$。因此，一条指令需花 $km\Delta t'$ 的时间，k 为一条指令所含的基本机器周期数。只要流水线性能得以充分发挥，其并行度就可达 m。图 5-34 给出了度 $m=3$ 的超流水线处理机工作的时空图。

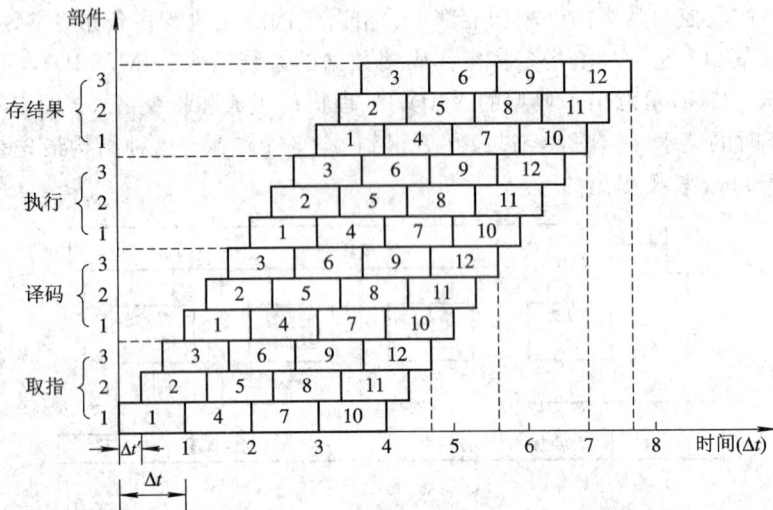

图 5-34　每 $\Delta t'$ 流出一条指令且度 $m=3$ 的超流水线处理机时空图

超标量处理机利用资源重复，设置多个执行部件寄存器堆端口来提高速度。超流水线处理机则着重开发时间并行性，在公共的硬件上采用较短的时钟周期，深度流水来提高速度，需使用多相时钟，时钟频率高达 $100\sim500$ MHz。没有高速时钟机制，超流水线处理机是无法实现的。例如一台有 k 段流水线的 m 度超流水线处理机，执行完 N 条指令的时间为 $\left(k+\dfrac{N-1}{m}\right)\Delta t$，如图 5-34 所示，所需时间为 $\left(4+\dfrac{12-1}{3}\right)\Delta t=7\dfrac{2}{3}\Delta t$，相对常规流水线处理机加速比为

$$S_p = \frac{(k+N-1)\Delta t}{(k+(N-1)/m)\Delta t}$$
$$= \frac{m(k+N-1)}{(mk+N-1)}$$

当 N 趋于无穷大时，加速比 S_p 趋于 m。

超流水线处理机出现较早，如 CRAY-1 的定点加法为 $3\Delta t'$。1991 年 2 月 MIPS 公司的 64 位 RISC 计算机 R4000 的度 $m=3$。

5.3.4 超标量超流水线处理机

超标量超流水线处理机是超标量流水线与超流水线机的结合。它在一个 $\Delta t'$（等于 $\Delta t/n$）时间内发射 k 条指令（超标量），而每次发射时间错开 $\Delta t'$（超流水），相当于每拍 Δt 流出了 nk 条指令，即并行度 $m=kn$。例如 $k=3$，$n=3$，完成 12 个任务时，就只需 $5\Delta t$，其时间关系图如图 5-35 所示，其并行度 $m=9$。

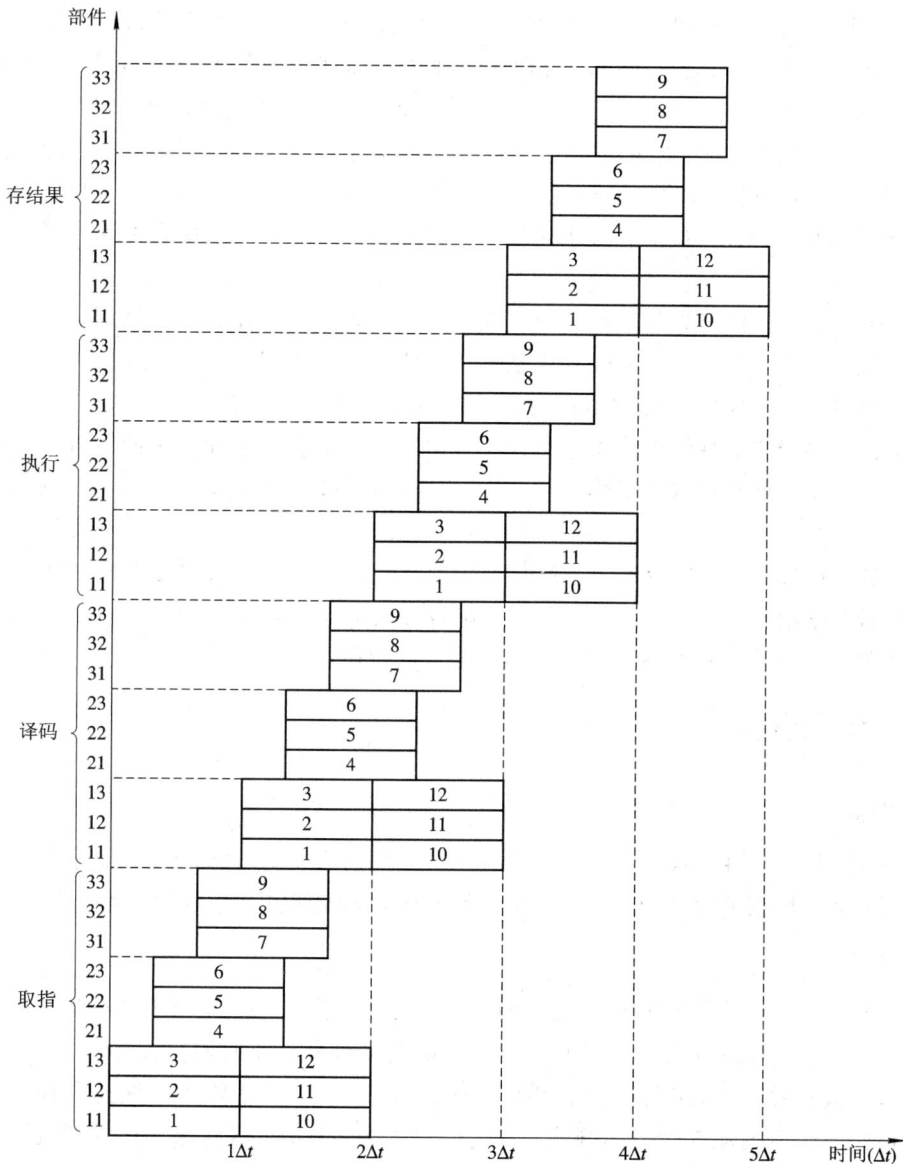

图 5-35 超标量超流水线时空图举例

5.4 本 章 小 结

5.4.1 知识点和能力层次要求

(1) 领会重叠工作方式的原理、它对计算机组成设计的要求、"一次重叠"的定义和优点。领会"一次重叠"时条件转移与后续指令间的相关、指令相关、主存数相关、通用寄存器的数相关、通用寄存器组的变（基）址值相关等的定义与各自的处理办法。领会设置相关专用通路的目的及其适用的场合。在给出了指令之间各种微操作时间重叠关系的要求之后，计算连续执行完 N 条指令所需花费的全部时间，要达到简单应用层次。

(2) 领会流水方式的工作原理。识记流水或流水处理机的各种分类和定义。在给出的流水线上解具体题目时，要会画流水线时空图，计算流水的最大吞吐率、实际吞吐率、效率、加速比等，要达到综合应用层次。领会为消除流水线速度性能瓶颈可用的两种途径、时空图画法、吞吐率和效率的计算；在双功能静态流水线上调整操作的流入顺序，使具体计算有尽可能高的性能，画相应流水时空图，计算实际吞吐率、效率和加速比等。以上均要达到综合应用层次。

(3) 掌握流水机器对局部性相关的处理办法。领会流水线在异步流动时，指令之间发生先写后读、先读后写、写—写相关的定义。以 IBM 360/91 为例，综述在标量流水机上，处理局部性相关、全局性相关、中断等的方法，要达到综合应用层次。

(4) 在单功能非线性流水线上，会找任务最佳调度方案，会计算极限吞吐率；实际调度若干个任务时，会画流水线工作的时空图，对实际吞吐率和效率进行计算。以上均应达到综合应用层次。

(5) 领会超标量、超长指令字、超流水线、超标量超流水线四种处理机在指令级上并行的工作原理。给出指令数和并行的度数，画各自的时空图，计算所需的时间及相对于度为 1 的常规标量流水机的加速比等，要达到综合应用层次。

5.4.2 重点和难点

1. 重点

"一次重叠"方式中，各种相关的处理；流水线的时空图和性能分析；流水的局部性相关的处理；全局性相关的处理和对中断的处理；单功能非线性流水线的调度。

2. 难点

给出指令间微操作的时间重叠关系要求，算出全部指令完成所需要的时间，给出数学计算式；在二功能静态流水线上，为获得尽可能高的性能，如何调整其操作的流入顺序，画出此时的流水时空图，并计算出吞吐率、效率和加速比；为消除流水线速度性能瓶颈所采取的措施及相应的流水时空图画法，吞吐率和效率的计算；优化单功能非线性流水线的调度方案，相应的时空图画法，吞吐率和效率的计算；在超标量处理机、超长指令字处理机、超流水线处理机、超标量超流水线处理机上，给出指令数和并行度数，画出对应的时空图,计算相对于度为 1 的常规标量流水线处理机的加速比。

习 题 5

5-1　假设指令的解释分取指、分析与执行 3 步,每步的时间相应为 $t_{取指}$、$t_{分析}$、$t_{执行}$,

(1) 分别计算下列几种情况下,执行完 100 条指令所需时间的一般关系式:

① 顺序方式;

② 仅"执行$_k$"与"取指$_{k+1}$"重叠;

③ 仅"执行$_k$"、"分析$_{k+1}$"与"取指$_{k+2}$"重叠。

(2) 分别在 $t_{取指} = t_{分析} = 2$,$t_{执行} = 1$ 和 $t_{取指} = t_{执行} = 5$,$t_{分析} = 2$ 两种情况下,计算出上述各结果。

5-2　流水线由 4 个功能部件组成,每个功能部件的延迟时间为 Δt,当输入 10 个数据后间歇 $5\Delta t$ 又输入 10 个数据,如此周期性地工作,求此时流水线的吞吐率,并画出其时空图。

5-3　有一个浮点乘流水线如图 5-36(a)所示,其乘积可直接返回输入端或暂存于相应缓冲寄存器中,画出实现 $A \times B \times C \times D$ 的时空图以及输入端的变化,并求出流水线的吞吐率和效率;当流水线改为图 5-36(b)所示的形式实现同一计算时,求该流水线的效率及吞吐率。

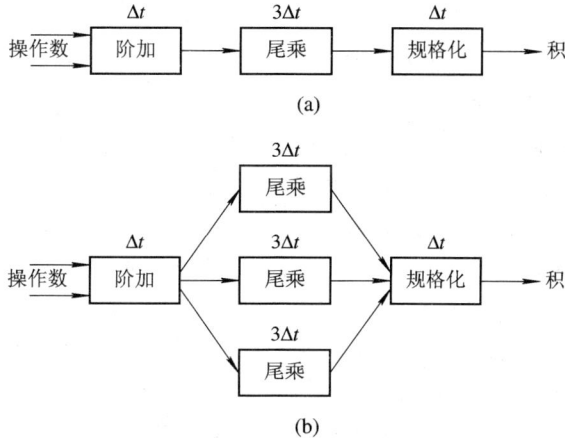

(a)

(b)

图 5-36　习题 5-3 附图

5-4　一个 4 段的双输入端规格化浮点加法流水线,每段经过时间为 10 ns,输出可直接返回输入或将结果暂存于相应缓冲器中,问最少需经多长时间才能求出 $\sum\limits_{i=1}^{10} A_i$,并画出时空图。

5-5　为提高流水线效率可采用哪两种主要途径来克服速度瓶颈?现有 3 段流水线,各段经过时间依次为 Δt、$3\Delta t$、Δt。

(1) 分别计算在连续输入 3 条指令和 30 条指令时的吞吐率和效率。

(2) 按两种途径之一进行改进,画出流水线结构示意图,同时计算连续输入 3 条指令和 30 条指令时的吞吐率和效率。

(3) 通过对(1)、(2)两小题的计算比较可得出什么结论？

5-6　有一个双输入端的加—乘双功能静态流水线，由经过时间为 Δt、$2\Delta t$、$2\Delta t$、Δt 的 1、2、3、4 四个子过程构成。"加"按 $1\to2\to4$ 连接，"乘"按 $1\to3\to4$ 连接，流水线输出设有数据缓冲器，也可将数据直接返回输入。现要执行 $A\times(B+C\times(D+E\times F))+G\times H$ 的运算，请调整计算顺序，画出能获得吞吐率尽量高的流水时空图，标出流水线入、出端数的变化情况，求出完成全部运算的时间及此期间流水线的效率。如对流水线瓶颈子过程再细分，最少需多长时间可完成全部运算？若子过程 3 不能再细分，只能用并联方法改进，则流水线的效率为多少？

5-7　有一个乘—加双功能静态流水线，"乘"由 $1\to2\to3\to4$ 完成，"加"由 $1\to5\to4$ 完成，各段延时均为 Δt，输出可直接返回输入或存入缓冲器缓冲。现要求计算长度均为 8 的 A、B 两个向量逐对元素求和的连乘积

$$S = \prod_{i=1}^{8}(A_i + B_i)$$

(1) 画出流水线完成此运算的时空图。

(2) 完成全部运算所需多少 Δt？此期间流水线的效率是多少？

5-8　带双输入端的加—乘双功能静态流水线有 1、2、3、4 四个子部件，延时分别为 Δt、Δt、$2\Delta t$、Δt，"加"由 $1\to2\to4$ 组成，"乘"由 $1\to3\to4$ 组成，输出可直接返回输入或锁存，现欲执行 $\sum_{i=1}^{4}[(a_i + b_i)\times c_i]$。

(1) 画出此流水时空图，标出流水线入端数据变化情况。

(2) 计算运算全部完成所需时间及在此期间流水线的效率。

(3) 将瓶颈子部件再细分，画出解此题的时空图。

(4) 求出按(3)解此题所需时间及在此期间流水线的效率。

5-9　现有长度为 8 的向量 A 和 B，请分别画出下列 4 种结构的处理器上求点积 $A \cdot B$ 的时空图，并求完成全部结果的最少时钟拍数。设处理器中每个部件的输出均可直接送到任何部件的输入或存入缓冲器中，其间的传送延时不计，指令和源操作数均能连续提供。

(1) 处理器有一个乘法部件和一个加法部件，不能同时工作，部件内也只能以顺序方式工作，完成一次加法或乘法均需 5 拍。

(2) 与(1)基本相同，只是乘法部件和加法部件可并行。

(3) 处理器有一个乘—加双功能静态流水线，乘、加均由 5 个流水段构成，各段经过时间要 1 拍。

(4) 处理器有乘、加两条流水线，可同时工作，各由 5 段构成，每段经过时间为 1 拍。

5-10　试总结 IBM 360/91 解决流水控制的一般方法、途径和特点。

5-11　在一个 5 段的流水线处理机上需经 9 拍才能完成一个任务，其预约表如表 5-4 所示。

分别写出延迟禁止表 F、冲突向量 C；画出流水线状态转移图；求出最小平均延迟及流水线的最大吞吐率及其调度方案。按此流水调度方案输入 6 个任务，求实际吞吐率。

表 5－4　9 拍才能完成一个任务的预约表

段＼时间	t_0	t_1	t_2	t_3	t_4	t_5	t_6	t_7	t_8
S_1	✓								✓
S_2		✓	✓						
S_3				✓			✓	✓	
S_4				✓	✓				
S_5						✓	✓		

5－12　设指令由取指、分析、执行三个子部件组成。每个子部件经过时间为 Δt，连续执行 12 条指令。请分别画出在常规标量流水处理机及度 m 均为 4 的超标量处理机、超长指令字处理机、超流水线处理机上工作的时空图，分别计算它们相对常规标量流水处理机的加速比 S_p。

5－13　什么是超标量超流水线处理机？

第6章 向量处理机

向量处理机是具有向量数据表示的处理机，分为向量流水处理机和阵列处理机两类组织形式。向量流水处理机是以时间重叠途径开发出来的。阵列处理机是以资源重复途径开发出来的，它是将大量重复设置的处理单元（Processing Element，PE）按一定方式互连成阵列，在单一控制部件（Control Unit，CU）的控制下，对各自所分配的不同数据并行执行同一指令规定的操作，是操作级并行的 SIMD 计算机。本章先讲述向量的流水处理、向量流水处理机结构及其性能的优化问题；然后讲述阵列处理机的原理、并行算法、互连网络及并行存储器的无冲突访问等问题；最后简要讲述脉动阵列流水机的原理和通用脉动阵列结构。

6.1 向量的流水处理和向量流水处理机

由于向量内部各元素（分量）很少相关，且一般又是执行同一种操作，容易发挥流水线的效能，因此可将向量数据表示和流水线结合构成向量流水处理机，以提高主要是面向向量数组计算类应用的计算机的速度性能。

6.1.1 向量的处理和向量的流水处理

虽然向量运算比标量运算更易发挥出流水线的效能，但处理方式选择不当也不行。选择使向量运算最能充分发挥出流水效能的处理方式，就是向量的流水处理要研究的问题。它常和所采用计算机的结构有关。不同的向量处理方式会对流水处理机的结构、组成提出不同的要求，而结构和组成不同的向量处理机反过来也会要求采用不同的向量流水处理方式。

【例 6-1】 计算 $D=A\times(B+C)$，其中 A、B、C、D 都是有 N 个元素的向量，应该采用什么方式处理才能充分发挥流水线的效能？

如果采用逐个求 D 向量元素的方法，即访存取 a_i、b_i、c_i 元素求 d_i，再取 a_{i+1}、b_{i+1}、c_{i+1} 求 d_{i+1}，则这种处理方式称为横向（水平）处理方式。横向处理方式宜于在标量处理机上用循环程序实现，但却难以使流水线连续流动，因为每个 d_i 元素的计算需要用到加、乘两条指令，需分别进行 $b_i+c_i\rightarrow k$ 和 $k\times a_i\rightarrow d_i$。尽管整个运算只需用一个单元 k 来存放中间结果，但会频繁出现先写后读的操作数相关，每次只有等加法结果出来才能开始乘法，因而流水的吞吐率会下降。如果在 ASC 多功能静态流水机上实现，则加、乘相间的运算每次都得进行流水线功能切换，那流水线的吞吐率会比顺序执行的还要低。这时只有对整个向量按相同操作都执行完之后再转去执行别的操作，才能较好地发挥流水处理的效能。也就是说，处理方式改为先执行 $b_i + c_i \rightarrow k_i (i=1, \cdots, N)$，然后执行 $k_i \times a_i \rightarrow d_i (i=1, \cdots, N)$，称这种处理方式为纵向（垂直）处理方式。在计算 $B+C$ 时，因为是对向量 B、C 的所有元素都执行相同的加法操作，且无相关，流水线就能连续流动，从而使其效能得以发挥。计算 $k \times A$ 时也是如此，功能切换总共只需进行一次。在 ASC 流水机上，将上述向量运算由横向处理改为纵向处理，就是向量的流水处理，流水线就能每拍流出一个结果元素。

然而，这只有在流水线输入端能每拍取得成对元素的情况下，才能每拍求得一个结果元素。由于 N 值不会过小，早期的向量机只好把向量运算指令的源向量和目的向量都存放在主存中，采用面向存储器—存储器型结构的流水线处理机。在这种机器上，必须显著提高主存与流水处理机之间的信息流量，才能支持流水线连续流动。因此，20 世纪 70 年代初问世的 STAR-100 就把主存设计成 32 个体交叉，且每个体的数据宽度都是 8 个字（字长 64 位），以使其最大信息流量达到 200 兆字每秒。

主存并非单单是为中央处理机所使用的，很多通道也要用。要保证源向量元素连续供应和结果向量元素及时存入主存很不容易。将主存直接连在流水线输入、输出端的做法并不是最好的方案。随着半导体存储器芯片价格的持续下降，20 世纪 70 年代中期问世的 CRAY-1 向量流水处理机改为把流水线输入、输出端连到容量足够大的向量寄存器组，采用面向寄存器—寄存器型结构的流水线处理机。向量寄存器组与主存之间采用成组传送，这样就较好地缓解了主存流量和流水线的处理速率不匹配的矛盾。

若向量的长度 N 太长，超出了向量寄存器组中寄存器的个数，则可以将该向量分割成若干个组，使每组都能装得进向量寄存器组中。这样，每一组内均按纵向方式处理，而组和组之间则采用软件方法编制循环程序的方式依次循环处理。我们称这种处理方式为分组纵横处理方式。采用这种分组纵横处理方式，就可以对向量长度 N 的大小不加限制。CRAY-1 就是采用这种方式来进行向量的流水处理的。

结论：向量横向处理是向量的处理方式，但不是向量的流水处理方式，而向量纵向处理和分组纵横处理是向量的处理方式，也是向量的流水处理方式。

6.1.2　向量流水处理机的结构举例

向量流水处理机的结构因具体机器的不同而不同。下面以 CRAY-1 机为例，介绍面向寄存器—寄存器型向量流水处理的一些结构特点。

CRAY-1 是由中央处理机、诊断维护控制处理机、大容量磁盘存储子系统、前端处理机组成的功能分布异构型多处理机。中央处理机的控制部分含有 256 个 16 位的指令缓冲器，分成 4 组，每组为 64 个。

中央处理机的运算部分有 12 条可并行工作的单功能流水线，可分别流水地进行地址、向量、标量的各种运算。另外，还有可为流水线功能部件直接访问的向量寄存器组 $V_0 \sim V_7$、标量寄存器 $S_0 \sim S_7$ 及地址寄存器 $A_0 \sim A_7$。

图 6-1 只画出了 CRAY-1 中央处理机中有关向量流水处理部分的简图。它为向量运算提供的 6 个流水线单功能部件是整数加、逻辑运算、移位、浮点加、浮点乘和浮点迭代求倒数，其流水经过的时间分别为 3、2、4、6、7 和 14 拍，一拍为 12.5 ns。任何一条流水线，只要满负荷流动，都可以每拍流出一个结果分量。

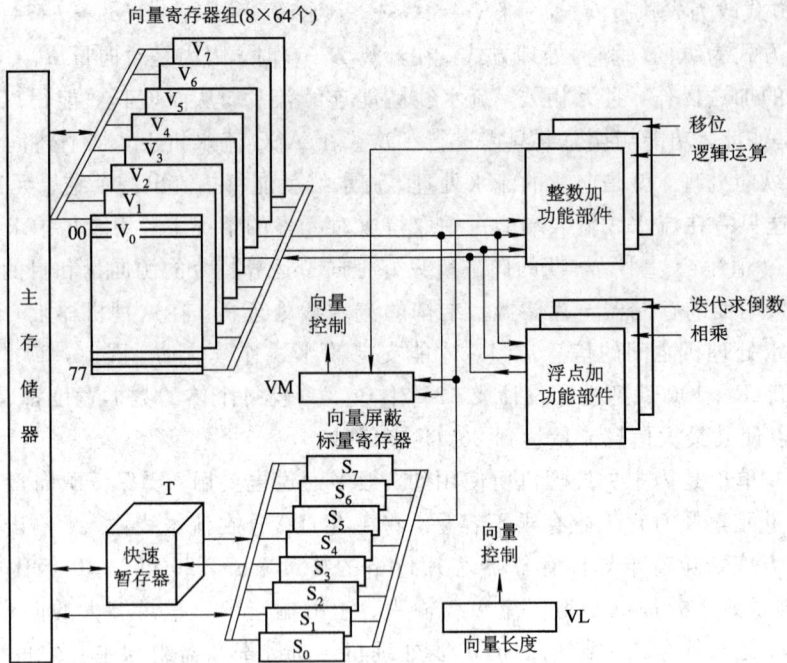

图 6-1 CRAY-1 的向量流水处理部分简图

向量寄存器部分由 512 个 64 位的寄存器组成，分成 8 组，编号为 $V_0 \sim V_7$。每个向量寄存器组 V_i 可存放最多含 64 个分量(元素)的一个向量。因此向量寄存器组部分同时可存放 8 个向量。对于长度超过 64 个分量的长向量，可以由软件加以分段处理，每段 64 个分量。为处理长向量而形成的程序结构称为向量循环。每经一次循环，处理一段。分段中，余下不足 64 个分量的段作为向量循环的首次循环，最先处理。

CRAY-1 有标量类和向量类指令共 128 条，其中有 4 种向量指令如图 6-2 所示。第 I 种源向量分别取自两个向量寄存器组 V_j、V_k，结果送向量寄存器组 V_i。第 II 种与第 I 种的差别只在于它的一个操作数取自标量寄存器 S_j。其中的 n 是流水线功能部件经过的时钟数。第 III、IV 种控制主存与 V_i 向量寄存器组之间成组数据的传送。访存流水线建立时间为 6 拍。

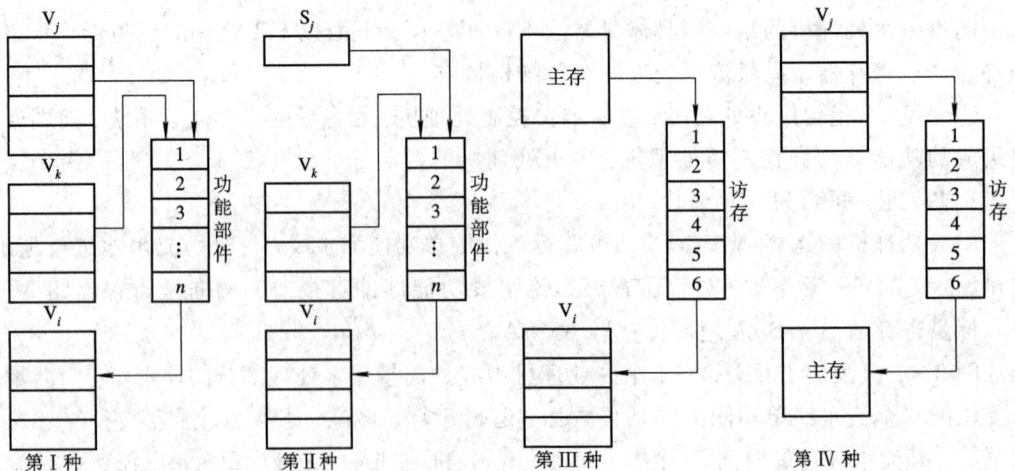

图 6-2 CRAY-1 的四种向量指令

6.1.3 通过并行、链接提高性能

一般可采取让多个流水线功能部件并行、流水线链接、加快条件语句和稀疏矩阵处理、加快向量的归约操作等办法来提高向量流水处理的性能。

前两者主要是加快相邻向量指令的执行，后两者主要是让循环向量化。

以 CRAY-1 的向量流水为例，向量寄存器组 V_i 在同一时钟周期内可接收一个结果分量并为下次操作再提供一个源分量。这种把寄存器组既作为结果寄存器组又作为源寄存器组的做法可实现将两条或多条向量指令链接成一条，以提高向量操作的并行程度和功能部件流水的效能。

每个 V_i 组都有单独的总线连到各功能部件上，而每个功能部件也都有把运算结果送回向量寄存器组的输出总线。只要不出现 V_i 冲突和功能部件冲突，各个 V_i 和功能部件之间都能并行工作，大大加快了向量指令的处理。

所谓 V_i 冲突，指的是并行工作的各向量指令的源向量或结果向量使用了相同的 V_i。除了相关情况外，还有源向量冲突，例如

$$V_4 \leftarrow V_1 + V_2$$
$$V_5 \leftarrow V_1 \wedge V_3$$

这两条向量指令不能同时执行，必须在第一条向量指令执行完释放出 V_1 之后，第二条向量指令才能开始执行。因为这两条向量指令的源向量之一都取自 V_1，但首元素和向量长度可能不同，难以同时由 V_1 来提供。

所谓功能部件冲突，指的是同一个功能部件被要求并行工作的多条向量指令所使用。例如

$$V_4 \leftarrow V_2 * V_3$$
$$V_5 \leftarrow V_1 * V_6$$

这两条向量指令都要用浮点乘流水功能部件，那就需在第一条向量指令执行到计算完最后一个结果分量，释放出功能部件之后，第二条向量指令才能开始执行。

CRAY-1 向量处理的一个显著特点是只要不出现功能部件使用冲突和源向量寄存器使用冲突，通过链接机构可使有数据相关的向量指令仍能在大部分时间并行执行。例如，对前述向量运算

$$D = A \times (B + C)$$

若向量长度 $N \leqslant 64$，向量为浮点数，则在 B、C 取到 V_0、V_1 后就可以用以下 3 条向量指令求解

$V_3 \leftarrow$ 存储器；访存取 A 向量

$V_2 \leftarrow V_0 + V_1$；B 向量和 C 向量浮点加

$V_4 \leftarrow V_2 * V_3$；浮点乘，存 D 向量

第一、二条指令无任何冲突，可以并行执行。第三条指令与第一、二条指令出现 V_i 冲突，存在先写后读数相关，本来是不能并行执行的，但若能把第一、二条指令的结果分量直接链接进第三条指令所用的功能部件，那第三条指令就能与第一、二条指令在大部分时间内并行。它们的链接过程如图 6-3 所示。

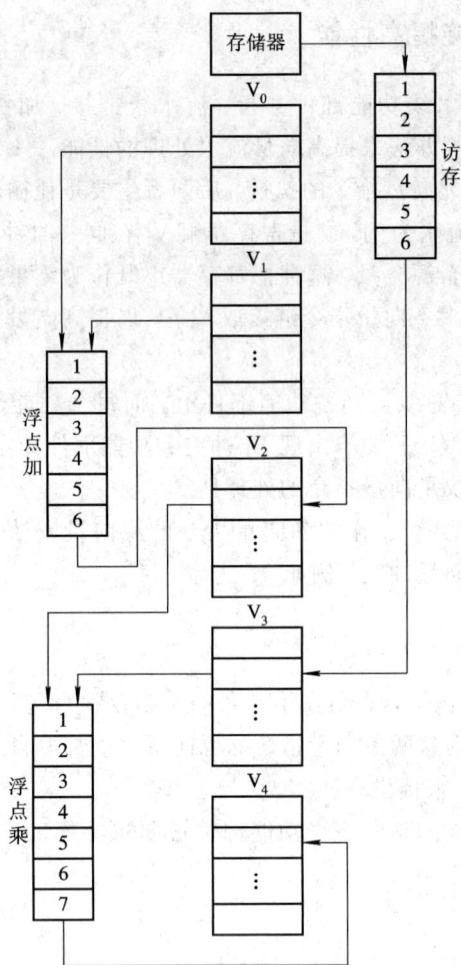

图 6-3 通过链接技术实现向量指令之间大部分时间并行

CRAY-1 启动访存、把元素送往功能部件及把结果存入 V_i 都需要有 1 拍的传送延迟。由于第一、二条指令之间没有冲突，可以同时执行，并且"访存"拍数正好与"浮加"的一样，因此，从访存开始至把第一个结果分量存入 V_4，所需拍数(也称流水线链接的建立时间)为

$$1\left\{\begin{matrix}启动访存\\送浮加部件\end{matrix}\right\}+6\left\{\begin{matrix}访存\\浮加\end{matrix}\right\}+1\left\{\begin{matrix}存\ V_3\\存\ V_2\end{matrix}\right\}+1\left\{\begin{matrix}送浮乘部件\\送浮乘部件\end{matrix}\right\}+7\{浮乘\}+1\{存\ V_4\}=17\ 拍$$

此后，每拍就可取得一个结果分量存入 V_4，一共只需 $17+(N-1)$ 拍就可以执行完这 3 条向量指令，获得全部结果分量。显然这要比第一、二条指令全执行完，所有分量全部存入 V_2、V_3 后，才开始执行第三条指令要快得多，因为后者需 $1+6+1+N-1+1+7+1+N-1=15+2N$ 拍。

CRAY-1 由机器自动检查每一条向量指令是否可以与它前一条向量指令链接。如果满足条件，则在前一条指令的第一个结果分量到达向量寄存器组并可以用作本条向量指令的源操作数时，立即启动本条指令工作而形成链。因此，前后可以有多条指令链接在一起。

这种链接特性实质上是把"相关通路"的思想引入到向量指令的执行过程中。但并不是什么情况下都可以链接的，只有前一条指令的第一个结果分量送入结果向量寄存器组的那一个时钟周期为允许链接时间时才可以。如果后一条指令要链接，则必须提前一拍从指令字寄存器中流出，一旦错过这个时间就无法进行链接。这样的话只有等到前一条向量指令全部执行完毕，释放出向量寄存器组资源之后才能执行后面的指令。

可以链接的后续指令与前一条指令之间可以插入一些其他不相关的指令，只要不错过链接时间，就可提高系统性能。如果后续指令的两个源向量寄存器组恰好分别是先行两条指令的结果向量寄存器组，只要前面这两条指令能设法调整到在同一时钟周期得到第一个分量，就可以与后续指令链接。如果两条向量指令的向量长度不等，则不能链接，否则会导致数据混乱。链接在一起的指令数可不受限制。

CRAY-1 指令可以链接的特点，使它能灵活地组织各流水线功能部件的并行操作，最多能并行处理 6 条向量指令，进一步发挥出流水线功能部件的效能。因此，链接技术是提高机器整体运算速度的一个非常重要的措施。

6.1.4 提高向量流水处理速度的其他办法

1. 条件语言和稀疏矩阵的加速处理

当程序中出现条件语句或进行稀疏向量、矩阵运算时，难以发挥出向量处理的优点。为此，CRAY-1 采用向量屏蔽技术，用向量屏蔽寄存器 VM 来控制让向量中哪些元素不参与运算。VM 的每一位对应于 V_i 向量寄存器的每一个分量。VM 中的屏蔽向量是通过向量测试获得的。利用屏蔽码，就可以将两个稀疏向量改成稠密向量存放，通过对两个屏蔽码的与、或操作，可控制对两个稀疏向量的聚合和散射，加快对稀疏矩阵的处理。

2. 向量递归操作的加速处理

CRAY-1 的向量指令还可以通过让源向量和结果向量使用同一个向量寄存器组，并控制分量计数器值的修改，来实现递归操作。

CRAY-1 的每个向量寄存器组 V_i 都有一个相应的分量计数器。当一条向量指令开始执行时，它的源向量寄存器和结果向量寄存器相应的分量计数器均置成"0"。每次从源向量寄存器组送一个分量到功能部件时，与其相应的分量计数器就加"1"，因而计数器总是指向下一次要用到的源分量。同样，每次从功能部件送一个结果分量到结果向量寄存器组时，相应的分量计数器也加 1。

一般情况下，向量指令使用的源向量寄存器组 V_j 和 V_k 与结果向量寄存器组 V_i 都不相同。如果想实现向量的递归操作，则可以让向量指令中的一个源向量寄存器组兼作为结果向量寄存器组，并让该寄存器组相对应的分量计数器在向量指令开始执行时保持为 0，直到第一个结果分量从功能部件送到该向量寄存器组为止。也就是说，让此向量寄存器组的分量计数器按结果向量寄存器组的方式工作。假设一个功能部件通过的时钟数为 n，则在指令开始执行后的头[1(入)+n+1(出)]个时钟周期中，这一分量计数器始终保持为 0。因此，在这段时间内，每次总是重复地将其零分量的内容送往功能部件，直至 $n+2$ 个时钟，该寄存器组第一次接收运算所得的结果分量后，相应的分量计数器才开始每个时钟周期加 1。另一个源向量寄存器组的分量计数器则从一开始就按常规，每个时钟周期加 1，逐次将 0、1、2 等分量的内容发送到功能部件。这样，在源/结果向量寄存器组的第一部分（每部分为 $n+2$ 个分量）分量中，就包括了源/结果向量寄存器组零分量的内容和另一源向量寄存器组相继分量的计算结果。然后，这部分分量又作为源操作数去计算下部分分量，依此类推，直到执行完指令，产生最后一部分结果分量为止。

下面以向量浮点加为例，说明递归向量和的运算过程。图 6-4 画出了其部分时间关系示意图。设源/结果向量寄存器组用 V0，另一源向量寄存器组用 V1。在指令开始执行前，先把 V0 的零分量（$V0_0$）置"0"。V1 置入需要运算的全部浮点数分量。向量长度寄存器 VL 的内容假定置为 64。

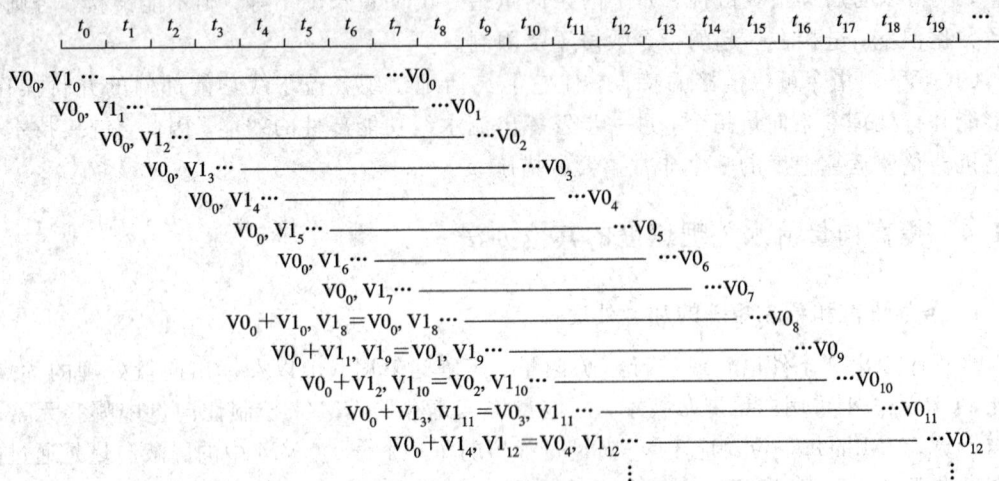

图 6-4 递归向量和的部分时间关系

加法指令在 t_0 时启动，两个源向量的第 0 个分量 $V0_0$ 和 $V1_0$ 被送到浮点加功能部件，等到 t_1 时开始计算 $V0_0+V1_0$。由于 V1 的分量计数器已在 t_0 结束时加"1"，而 V0 的分量计数器仍保持为 0，因此在 t_1 时又将源向量分量 $V0_0$ 和 $V1_1$ 送往功能部件。这样，功能部件在 t_2 时计算 $V0_0+V1_1$，并将 $V0_0$ 和 $V1_2$ 送往功能部件。依此类推，一直继续到 t_8，$V0_0$ 接收 $V0_0+V1_0$ 的运算结果。此后，V0 的分量计数器也开始每周期加 1。t_8 时，送往功能部件的 $V0_0$ 和 $V1_8$ 中的 $V0_0$ 已不是初始的"0"值，而是 $0+V1_0$（即 $V1_0$ 值）了。t_8 以后，由于 V0 的分量计数器产生变化，因此每次送 V0 的下一分量的内容。运算结束后，V0 中各个分量的内容如下：

$$
\left.
\begin{aligned}
(V0_0) &= (V0_0)+(V1_0)=0+(V1_0)\\
(V0_1) &= (V0_0)+(V1_1)=0+(V1_1)\\
(V0_2) &= (V0_0)+(V1_2)=0+(V1_2)\\
(V0_3) &= (V0_0)+(V1_3)=0+(V1_3)\\
(V0_4) &= (V0_0)+(V1_4)=0+(V1_4)\\
(V0_5) &= (V0_0)+(V1_5)=0+(V1_5)\\
(V0_6) &= (V0_0)+(V1_6)=0+(V1_6)\\
(V0_7) &= (V0_0)+(V1_7)=0+(V1_7)
\end{aligned}
\right\} \text{第一部分}
$$

$$(V0_8) = (V0_0) + (V1_8) = (V1_0) + (V1_8)$$
$$(V0_9) = (V0_1) + (V1_9) = (V1_1) + (V1_9)$$
$$(V0_{10}) = (V0_2) + (V1_{10}) = (V1_2) + (V1_{10})$$
$$(V0_{11}) = (V0_3) + (V1_{11}) = (V1_3) + (V1_{11})$$
$$\vdots \qquad\qquad \vdots$$
$$(V0_{15}) = (V0_7) + (V1_{15}) = (V1_7) + (V1_{15})$$

第二部分

$$(V0_{16}) = (V0_8) + (V1_{16}) = (V1_0) + (V1_8) + (V1_{16})$$
$$\vdots \qquad\qquad \vdots$$
$$(V0_{55}) = (V0_{47}) + (V1_{55})$$
$$= (V1_7) + (V1_{15}) + (V1_{23}) + (V1_{31})$$
$$+ (V1_{39}) + (V1_{47}) + (V1_{55})$$

第三至第七部分

$$(V0_{56}) = (V0_{48}) + (V1_{56})$$
$$= (V1_0) + (V1_8) + (V1_{16}) + (V1_{24}) + (V1_{32})$$
$$+ (V1_{40}) + (V1_{48}) + (V1_{56})$$
$$(V0_{57}) = (V0_{49}) + (V1_{57})$$
$$= (V1_1) + (V1_9) + (V1_{17}) + (V1_{25}) + (V1_{33})$$
$$+ (V1_{41}) + (V1_{49}) + (V1_{57})$$
$$(V0_{58}) = (V0_{50}) + (V1_{58})$$
$$= (V1_2) + (V1_{10}) + (V1_{18}) + (V1_{26}) + (V1_{34})$$
$$+ (V1_{42}) + (V1_{50}) + (V1_{58})$$
$$(V0_{59}) = (V0_{51}) + (V1_{59})$$
$$= (V1_3) + (V1_{11}) + (V1_{19}) + (V1_{27}) + (V1_{35})$$
$$+ (V1_{43}) + (V1_{51}) + (V1_{59})$$
$$(V0_{60}) = (V0_{52}) + (V1_{60})$$
$$= (V1_4) + (V1_{12}) + (V1_{20}) + (V1_{28}) + (V1_{36})$$
$$+ (V1_{44}) + (V1_{52}) + (V1_{60})$$
$$(V0_{61}) = (V0_{53}) + (V1_{61})$$
$$= (V1_5) + (V1_{13}) + (V1_{21}) + (V1_{29}) + (V1_{37})$$
$$+ (V1_{45}) + (V1_{53}) + (V1_{61})$$
$$(V0_{62}) = (V0_{54}) + (V1_{62})$$
$$= (V1_6) + (V1_{14}) + (V1_{22}) + (V1_{30}) + (V1_{38})$$
$$+ (V1_{46}) + (V1_{54}) + (V1_{62})$$
$$(V0_{63}) = (V0_{55}) + (V1_{63})$$
$$= (V1_7) + (V1_{15}) + (V1_{23}) + (V1_{31}) + (V1_{39})$$
$$+ (V1_{47}) + (V1_{55}) + (V1_{63})$$

第八部分(结果部分)

可以看出，第八部分(结果部分)$V0_{56} \sim V0_{63}$ 中存放的是 V1 的 64 个分量的 8 个部分和。这种递归向量和的运算是很有用的。对于向量递归的加速可以先将递归操作分解为可向量化部分和不可向量化的递归求和部分，再将递归求和部分用递归折叠技术处理。例如在科学计算中，经常需要计算两个向量 $\boldsymbol{A} = (a_0, a_1, \cdots, a_{N-1})$ 和 $\boldsymbol{B} = (b_0, b_1, \cdots, b_{N-1})$ 的点积

$$\boldsymbol{A} \cdot \boldsymbol{B} = \sum_{n=0}^{N-1} a_n \cdot b_n$$

在 STAR-100 机中，需用专门处理点积的指令来完成，而在 CRAY-1 机上，未专门设置处理点积的指令，只需用一个向量循环和一个标量循环即可。在向量循环中，就可以利用这种递归特性组成一个乘—加链：

      V1←V3 * V4　($\boldsymbol{A}$、$\boldsymbol{B}$ 分别放在 V3、V4 中)

      V0←V0+V1　(递归向量和)

如果向量长度 $N = 64$，则乘—加链执行完毕时，点积的 64 个部分和就已减少成只有 8 个，并存在 $V0_{56} \sim V0_{63}$ 中。这样，下一步的标量循环只需求此 8 个部分和的和。因此，速度有了显著的提高。

向量的递归特性可以用在任何运算中。如果用在浮点乘功能部件中，则只需将源/结果向量寄存器的零分量初始值置为 1 即可。这对多项式求值是有用的。

向量处理机为能发挥出向量处理的高性能，还必须开发相应的向量化编译程序，使之通过检测存在于循环中的并行性，改用相应的向量指令来取代，消除循环。具体内容就不在这里介绍了。

6.2　阵列处理机的原理

6.2.1　阵列处理机的构形和特点

1. 阵列处理机的构形

阵列处理机有两种构形，两者的差别主要在于存储器的组成方式和互连网络的作用不同。

构形 1　图 6-5 是具有分布式存储器的阵列处理机的构形。各处理单元有局部存储器(Processing Element Memory，PEM)用于存放被分布的数据，这些数据只能被本处理单元直接访问。在控制部件内还有一个存放程序和数据的主存储器，整个系统是在控制部件控制下运行用户程序和部分系统程序的。在执行主存储器中的用户程序时，所有指令都在控制部件中进行译码，把只适合串行处理的标量或控制类指令留给控制部件自己执行，而把适合于并行处理的向量类指令"播送"给各个 PE，控制处于"活跃"的那些 PE 并行执行。

为了高速有效地处理向量数据，这种构形要求能把数据合理地预分配到各个处理单元的局部存储器中，使各处理单元 PE_i 主要用自己的局存 PEM_i 中的数据运算。分布于各 PEM 的数据，可以经系统数据总线从外部输入，也可以用控制总线经控制部件播送。在执行向量指令时，可使用屏蔽位向量控制，让某些 PE 不工作(不活跃)。运算中，PE 间可通

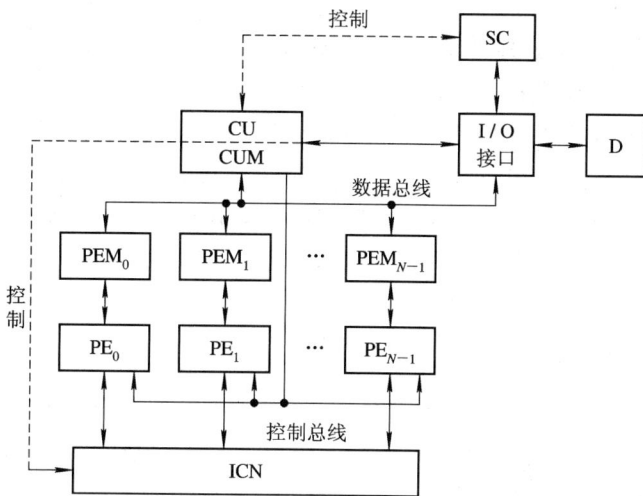

图 6-5 具有分布式存储器的阵列处理机构形

过互连网络(Interconnection Network,ICN)来交换数据。互连网络的连通路径选择也由控制部件统一控制。

处理单元阵列通过控制部件接到管理处理机 SC 上。管理处理机是一种通用机,用于管理系统资源,完成系统维护、输入/输出、用户程序的汇编及向量化编译、作业调度、存储分配、设备管理、文件管理等操作功能。因此包括处理单元阵列、互连网络和控制部件在内的阵列处理部分,可以看成是系统的后端处理机。

采用这种构形的阵列处理机是 SIMD 的主流。典型机器有 ILLIAC IV、MPP、DAP、CM-2、MP-1、DAP600 系列等。

构形 2 图 6-6 是具有集中式共享存储器的阵列处理机构形。系统存储器是由 K 个存储分体($MM_0 \sim MM_{K-1}$)集中组成的,经互连网络 ICN 为全部 N 个处理单元($PE_0 \sim$

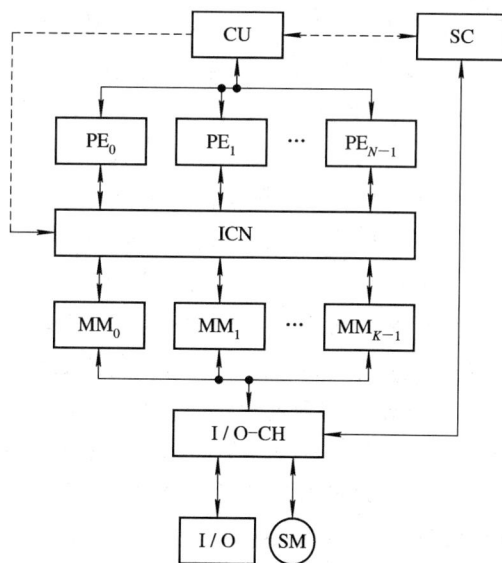

图 6-6 具有集中式共享存储器的阵列处理机构形

PE_{N-1})所共享。为使各处理单元对长度为 N 的向量中各个元素都能同时并行处理，存储分体个数 K 应等于或多于处理单元数 N。各处理单元在访主存时，为避免发生分体冲突，也要求有合适的算法能将数据合理地分配到各个存储分体中。

与分布式存储器构形不同的另一个地方是，集中式共享存储器构形的互连网络 ICN 的作用不同。其互连网络用于在处理单元与存储器分体之间进行转接，构成数据通路，以便各处理单元能高速、灵活、动态地与不同的存储分体相连，使尽可能多的 PE 能无冲突地访问共享的主存模块。因此有的阵列处理机称它为对准网络（Alignment Network）。

采用这种构形的典型机器有 BSP。

2. 阵列处理机的特点

阵列处理机的单指令流多数据流处理方式和由它产生的特殊结构是以诸如有限差分、矩阵、信号处理、线性规划等一系列计算问题为背景发展起来的。这些计算问题利用多个处理单元对向量或数组所包含的各个分量同时计算，从而易于获得很高的处理速度。与同样擅长于向量处理的流水线处理机相比，阵列处理机利用的是资源重复，而不是时间重叠，利用并行性中的同时性，而不是并发性。它的每个处理单元要同等地担负起各种运算功能，但其设备利用率却可能没有多个单功能流水线部件的那样高。因此，只有在硬件价格有了大幅度下降及系统结构有了较大改进的情况下，阵列处理机才能有好的性能价格比。阵列处理机提高速度主要是靠增大处理单元数，比起向量流水处理机（主要靠缩短时钟周期来提高速度），其速度提高的潜力要大得多。

与流水线处理机不同的另一方面是阵列处理机使用简单规整的互连网络来确定处理单元间的连接。互连网络的结构形式限定了阵列处理机可用的解题算法，也会对系统的多种性能指标产生显著影响，因此，互连网络的设计是重点。

阵列处理机在机间互连上比固定结构的单功能流水线灵活，这使其在相当一部分专门问题上的工作性能比流水线处理机高得多，专用性强得多。如果习惯上把流水线处理机归属于通用计算机的话，阵列处理机则被看成是一种专用计算机，它是以一定数量的专门算法为背景的。另一方面，由于总希望阵列处理机解题算法的适应性更强一些，应用面更广一些，因此，与流水线处理机不同，阵列处理机的结构是和采用的并行算法紧密联系在一起的。

如上所述，阵列处理机基本上是一台专用于向量处理的计算机。但并不是所有的运算都可以转化为向量运算，总有不少标量运算。因此，除向量运算速度外，整个系统的等效速度在很大程度上还受标量运算速度和编译开销的大小所影响。如果一台机器的向量处理速度极高，甚至不受限制，而标量速度只是一亿次每秒浮点运算，那么对于标量运算占 10% 的题目来讲，系统总的等效速度最多也不会超过十亿次每秒浮点运算。所以，提高标量的处理能力是很重要的，这就要求阵列处理机系统的控制部件必须是一台具有高性能、强功能的标量处理机，减少标量运算对系统性能的影响。至于编译时间的多少，则不仅与阵列机结构有关，也与机器语言的并行程度有关；如果还想要提高阵列处理机的通用性，建立一个有向量化功能的高级语言编译程序就是非常必要的了。正因为如此，阵列处理机还必须用一台高性能单处理机作为管理计算机来配合工作，运行系统的全部管理程序。所以，阵列处理机实质上是由专门对付数组运算的处理单元阵列组成的处理机、专门从事处理单元阵列的控制及标量处理的处理机和专门从事系统输入/输出及操作系统管理的处理机组成的一个异构型多处理机系统。

6.2.2　ILLIAC Ⅳ 的处理单元阵列结构

由于阵列处理机上的并行算法的研究是与结构紧密联系在一起的，因此，下面先介绍 ILLIAC Ⅳ 阵列机上处理单元的互连结构。ILLIAC Ⅳ 采用如图 6-5 所示的分布存储器构形，其处理单元阵列结构如图 6-7 所示。其中，PU_i 为处理部件，包含 64 位的算术处理单元 PE_i、及其所带的局部存储器 PEM_i 和存储逻辑部件 MLU。64 个处理部件 $PU_0 \sim PU_{63}$ 排列成 8×8 的方阵，任何一个 PU_i 只与其上、下、左、右 4 个近邻 $PU_{i-8}(\bmod 64)$、$PU_{i+8}(\bmod 64)$、$PU_{i-1}(\bmod 64)$ 和 $PU_{i+1}(\bmod 64)$ 直接相连。同一列两端的 PU 连成环，每一行右端的 PU 与下一行左端的 PU 相连，最下面一行右端的 PU 与最上面一行左端的 PU 相连，从而形成一个闭合的螺线形状，所以称其为闭合螺线阵列。在这个阵列中，步距不等于 ± 1 或 ± 8 的任意单元之间可以用软件寻找最短路径进行通信，其最短距离不超过 7 步。例如，信息由 PU_{63} 送 PU_{10}，可经 $PU_{63} \rightarrow PU_7 \rightarrow PU_8 \rightarrow PU_9 \rightarrow PU_{10}$ 4 步实现，信息由 PU_9 送 PU_{45} 可经 $PU_9 \rightarrow PU_1 \rightarrow PU_{57} \rightarrow PU_{56} \rightarrow PU_{48} \rightarrow PU_{47} \rightarrow PU_{46} \rightarrow PU_{45}$ 7 步实现。普遍来讲，$N = \sqrt{N} \times \sqrt{N}$ 个处理单元组成的阵列中，任意两个处理单元之间的最短距离不超过 $\sqrt{N} - 1$ 步。

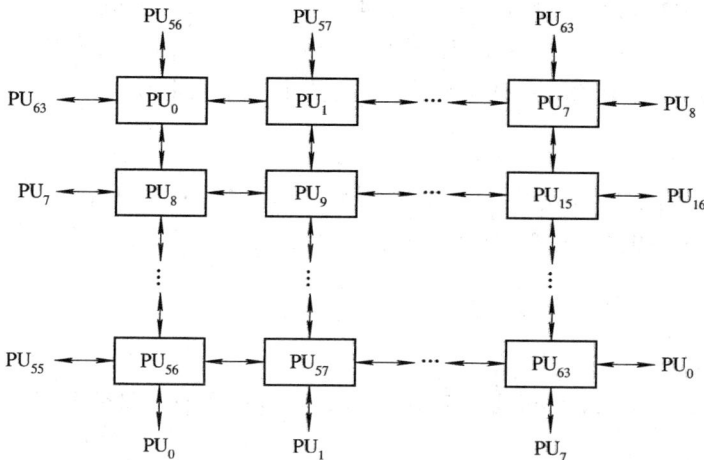

图 6-7　ILLIAC Ⅳ 处理单元的互连结构

ILLIAC Ⅳ 的处理单元是累加器型运算器，它把累加寄存器 RGA 中的数据和存储器中来的数据进行运算，结果保留在累加寄存器 RGA 中。每个处理单元内有一个数据传送寄存器 RGR，用于收发数据，实现数据在处理单元之间的传送；还有一个屏蔽触发器，用来控制是否屏蔽该 PU_i。该 PU_i 如果被屏蔽，则不参与向量指令的操作。

6.2.3　ILLIAC Ⅳ 的并行算法举例

1.　矩阵加

阵列处理机解决矩阵加是最简单的一维情况。两个 8×8 的矩阵 **A**、**B** 相加，所得的结果矩阵 **C** 也是一个 8×8 的矩阵。只需把 **A**、**B**、**C** 居于相应位置的分量存放在同一个 PEM

内，且在全部 64 个 PEM 中，让 A、B 和 C 的各分量地址均对应取相同的地址 α、$\alpha+1$ 和 $\alpha+2$ 即可，如图 6 - 8 所示。这样，实现矩阵加只需用下列三条 ILLIAC IV 汇编指令：

```
LDA       ALPHA        ;全部(a)由 PEMᵢ 送 PEᵢ 的累加器 RGAᵢ
ADRN      ALPHA+1      ;全部(a+1)与(RGAᵢ)浮点加，结果送 RGAᵢ
STA       ALPHA+2      ;全部(RGAᵢ)由 PEᵢ 送 PEMᵢ 的 α+2 单元
```

其中，$0 \leqslant i \leqslant 63$。

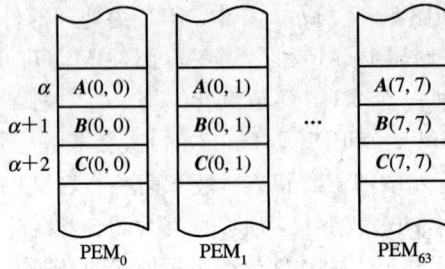

图 6 - 8　矩阵相加的存储器分配举例

从这个例子可以明显看出阵列处理机的单指令流（3 条指令顺序执行）多数据流（64 个元素并行相加）以及数组并行中的"全并行"工作特点。由于是全部 64 个处理单元在并行操作，速度就提高为顺序处理的 64 倍。同时也可看出，对于具有分布式存储器的阵列处理机，能否发挥其并行性与信息在存储器中的分布密切相关，而信息分布算法又与系统结构及所解题目直接相关。因此，存储单元分配算法的设计比较麻烦。

2. 矩阵乘

矩阵乘是二维数组运算，比矩阵加要复杂。设 A、B 和 C 为 3 个 8×8 的二维矩阵，给定 A 和 B，计算 $C = A \times B$ 的 64 个分量的公式为

$$c_{ij} = \sum_{k=1}^{7} a_{ik} b_{kj}$$

其中，$0 \leqslant i \leqslant 7$ 且 $0 \leqslant j \leqslant 7$。

在 SISD 计算机上求解，可执行 FORTRAN 语言编写的下列程序：

```
          DO   10   J=0,7
          DO   10   J=0,7
          C(I,J)=0
          DO   10   K=0,7
10        C(I,J)=C(I,J)+A(I,K)*B(K,J)
```

需经 I、J、K 三重循环完成。每重循环执行 8 次，共需 512 次乘、加的时间，且每次还要包括执行循环控制判别等其他操作所需的时间。如果在 SIMD 阵列处理机上运算，则可用 8 个处理单元并行计算矩阵 $C(I,J)$ 的某一行或一列，即将 J 循环或 I 循环转化成一维的向量处理，从而消去了一重循环。以消去 J 循环为例，可执行用 FORTRAN 语言编写的下列程序：

```
          DO   10   I=0,7
          C(I,J)=0
```

DO 10 K＝0,7
10   C(I,J)＝C(I,J)＋A(I,K)＊B(K,J)

让 $J＝0\sim7$ 各部分同时在 $PE_0\sim PE_7$ 上运算，这样只需 K、I 二重循环，速度可提高为原来的 8 倍，即只需 64 次乘、加时间。其程序流程图如图 6－9 所示。

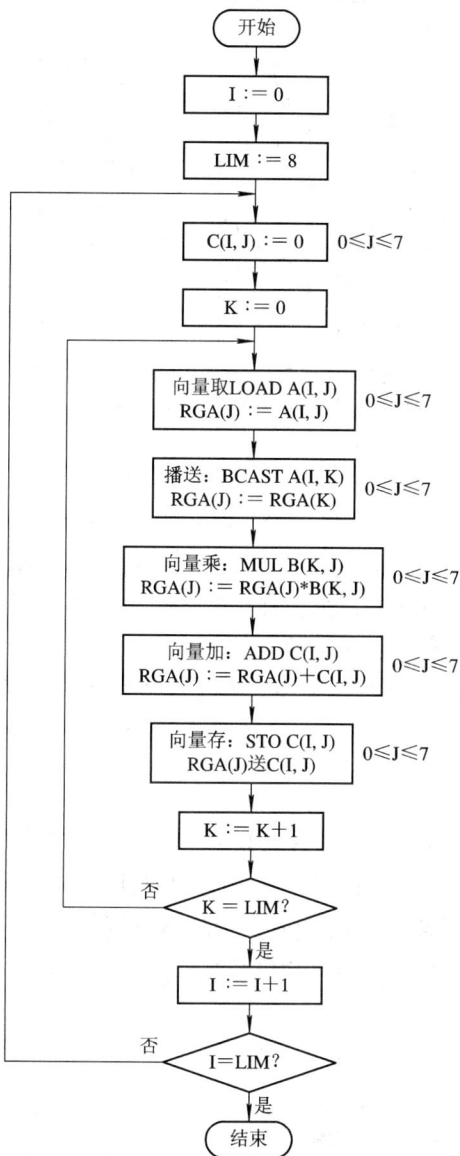

图 6－9 矩阵乘程序执行流程图

需要说明的是，其执行过程虽与 SISD 的类似，但实际的解决方式是不同的。每次控制部件执行的 PE 类指令表面上是标量指令，实际上已等效于向量指令，如向量取、向量存、向量加、向量乘等，是 8 个 PE 并行地执行同一条指令。每次播送时，利用阵列处理机的播送功能将处理单元 PE_K 中累加寄存器 RGA_K 的内容经控制部件(CU)播送到全部 8 个处理单元的 RGA 中去。

然而为了让各个处理单元 PE_i 尽可能只访问所带局部存储器 PEM_i，以保证高速处理，

就必须要求对矩阵 A、B、C 各分量在局部存储器中的分布采用如图 6-10 所示的方案。

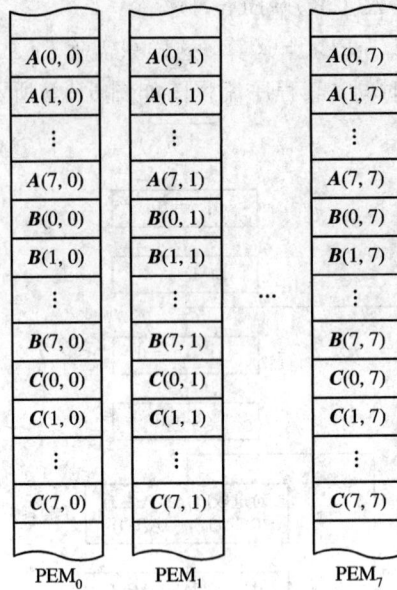

$A(0, 0)$	$A(0, 1)$	$A(0, 7)$
$A(1, 0)$	$A(1, 1)$	$A(1, 7)$
$\vdots$	$\vdots$	$\vdots$
$A(7, 0)$	$A(7, 1)$	$A(7, 7)$
$B(0, 0)$	$B(0, 1)$	$B(0, 7)$
$B(1, 0)$	$B(1, 1)$	$B(1, 7)$
$\vdots$	$\vdots$	$\vdots$
$B(7, 0)$	$B(7, 1)$	$B(7, 7)$
$C(0, 0)$	$C(0, 1)$	$C(0, 7)$
$C(1, 0)$	$C(1, 1)$	$C(1, 7)$
$\vdots$	$\vdots$	$\vdots$
$C(7, 0)$	$C(7, 1)$	$C(7, 7)$

PEM$_0$ PEM$_1$ ... PEM$_7$

图 6-10 矩阵乘的存储器分配举例

如果把 ILLIAC Ⅳ 的 64 个处理单元全部利用起来并行运算，即把 K 循环的运算也改为并行，则还可进一步提高速度，但需要在阵列存储器中重新恰当地分配数据。同时还要使 8 个中间积 $A(I, K) \times B(K, J)$ 能够并行相加（其中 $0 \leqslant K \leqslant 7$），这就要用到下面的累加和并行算法。即使如此，就 K 的并行性来说，速度的提高也不是原来的 8 倍，而只是 8/lb8，即接近于原来的 2.7 倍。

3. 累加和

这是一个将 N 个数的顺序相加转为并行相加的问题。为得到各项累加的部分和与最后的总和，要用到处理单元中的活跃标志位。只有处于活跃状态的处理单元才能执行相应的操作。为叙述方便起见，取 $N=8$，即有 8 个数 $A(I)$ 顺序累加，其中 $0 \leqslant I \leqslant 7$。

在 SISD 计算机上可以写成下列 FORTRAN 程序：

```
      C=0
      DO   10   I=0,7
10    C=C+A(I)
```

这是一个串行程序，需要 8 次加法时间。

在阵列处理机上用成对递归相加算法，只需 lb8＝3 次加法时间即可。首先，原始数据 $A(I)$ 分别存放在 8 个 PEM 的 α 单元中，其中，$0 \leqslant I \leqslant 7$。然后，按下面的步骤求累加和：

(1) 置全部 PE$_i$ 为活跃状态，$0 \leqslant i \leqslant 7$。

(2) 全部 $A(I)$ 从 PEM$_i$ 的 α 单元读到相应 PE$_i$ 的累加寄存器 RGA$_i$ 中，$0 \leqslant i \leqslant 7$。

(3) 令 $K=0$。

(4) 将全部 PE$_i$ 的（RGA$_i$）转送到传送寄存器 RGR$_i$，$0 \leqslant i \leqslant 7$。

(5) 将全部 PE$_i$ 的（RGR$_i$）经过互连网络向下传送 2^K 步距，$0 \leqslant i \leqslant 7$。

(6) 令 $j=2^K-1$。

(7) 置 $PE_0 \sim PE_j$ 为不活跃状态。

(8) 处于活跃状态的所有 PE_i 执行 $(RGA_i):=(RGA_i)+(RGR_i)$，$j<i\leqslant 7$。

(9) $K:=K+1$。

(10) 如果 $K<3$，则转回(4)，否则往下继续执行。

(11) 置全部 PE_i 为活跃状态，$0\leqslant i\leqslant 7$。

(12) 将全部 PE_i 的累加寄存器内容 (RGA_i) 存入相应 PEM_i 的 $\alpha+1$ 单元中，$0\leqslant i\leqslant 7$。

图 6-11 描绘了阵列处理机上累加和的计算过程。最后一列框中的数字表明各处理单元每次循环后相加的结果。图中用数字 0~7 分别代表 $A(0) \sim A(7)$。画有阴影线的处理单元表示此时不活跃。另外，图中对上述第(5)步中 PE 的 (RGR_i) 在下移时超出 PE_7 的内容没有表示出来，这是因为若下移步距为 $2^K (\bmod 8)$，则应移入 $PE_0 \sim PE_j$，而这些 PE 在第(7)步将要置为不活跃，所以无论它的 RGR 接受什么内容，都不会对执行结果有影响。

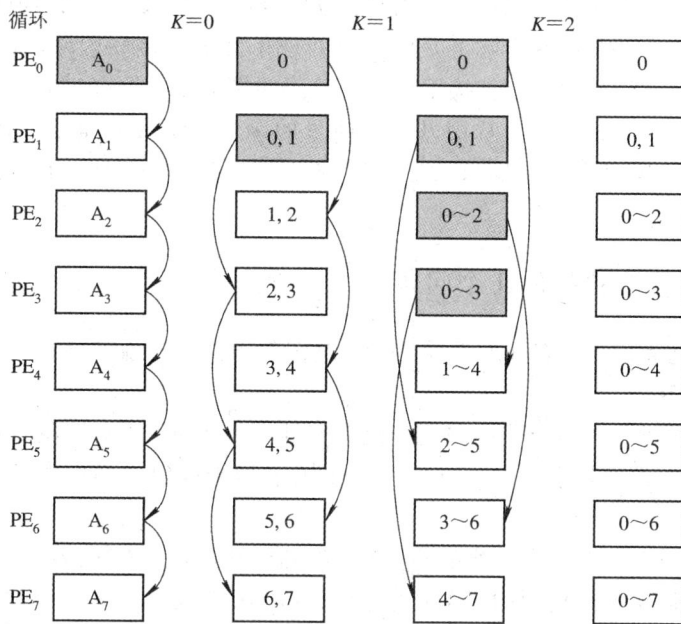

图 6-11 阵列处理机上累加和的计算过程

上面的例子表明，虽然经过变换，在 ILLIAC Ⅳ 上可以实现累加和的并行运算，但由于屏蔽了部分处理单元，降低了它们的利用率，因此速度不是提高为原来的 N 倍，而只是提高为原来的 $N/\mathrm{lb}N$ 倍。

6.3 SIMD 计算机的互连网络

6.3.1 互连网络的设计目标与互连函数

在 SIMD 计算机中，无论是处理单元之间，还是处理单元与存储分体之间，都要通过互连网络进行信息交换。在大规模集成电路和微处理器飞速发展的今天，建造多达

$2^{14} \sim 2^{16}$ 个处理单元的阵列处理机已成为现实,但如果要求任意两个处理单元之间都有直接的通路,则互连网络的连线将多得无法实现。因此,一般让相邻的处理单元之间只有有限的几种直连方式,经过一步或少量几步传送即可实现任何两个处理单元间为完成解题算法所需的信息传送。

SIMD 系统的互连网络的设计目标是:结构不要过分复杂,以降低成本;互连要灵活,以满足算法和应用的需要;处理单元间信息交换所需传送步数要尽可能少,以提高速度性能;能用规整单一的基本构件组合而成,或者经多次通过或者经多级连接来实现复杂的互连,使模块性好,以便于用 LSI 实现并满足系统的可扩充性。

下面均以处理单元间的互连为对象进行讨论。

为反映互连特性,每种互连网络可用一组互连函数定义。如果把互连网络的 N 个入端和 N 个出端($N=2^n$)各自用 0、1、$\cdots$、$N-1$ 的整数编号代表,则互连函数就表示互连网络的出端号和入端号的一一对应关系。定义互连网络的互连函数为对于所有的入端 0,1,$\cdots$,j,$\cdots$,$N-1$,同时存在入端 j 连至出端 $f(j)$ 的函数对应关系。在实现处理单元间的互连时,互连网络的入端和出端实际上是同一组处理单元的出端和入端,对互连网络来说,就是同一个结点。互连函数可以直接用结点间的连线图表示,但有时显得繁琐,也难以体现出连接上的内在规律。因此,常用另一种简单的函数式表示,即把所有入端 x 和出端 $f(x)$ 都用二进制编码表示,从两者的二进制编码上找出其函数规律。下面将看到这种表示的例子。

6.3.2 互连网络应抉择的几个问题

在确定 PE 之间通信的互连网络时,需要对操作方式、控制策略、交换方法和网络的拓扑结构作出抉择。

操作方式有同步、异步及同步与异步组合三种。现有的阵列处理机根据其 SIMD 性质均采用同步操作方式,让所有 PE 按时钟同步操作。异步或组合操作方式一般多用于多处理机。

典型的互连网络是由许多开关单元和互连线路组成的,互连通路的路径选择是通过置定开关单元的工作状态来控制的,这种置定可以有集中和分布两种控制策略。多数现有的 SIMD 互连网络采用由集中控制部件对全部开关单元执行集中控制的策略。

交换方法主要有线路交换、包交换及线路与包交换组合三种。线路交换是在源和目的间建立实际的连接通路,一般适合于大批数据传输。包交换是将数据置于包内传送,不用建立实际的连接通路,对短数据信息传送特别有效。SIMD 互连网络多采用硬连的线路交换,包交换则多用于多处理机和计算机网络中。

网络的拓扑结构指的是互连网络入、出端可以连接的模式,有静态和动态两种。在静态拓扑结构中,两个 PE 之间的链是固定的,总线不能重新配置成与其他 PE 相连。而在动态拓扑结构中,两个 PE 之间的链通过置定网络的开关单元状态可以重新配置。静态拓扑有一维的线型、二维的环型、星型、树型、胖树型、网络型、脉动阵列型、三维的弦环型、立方体型、环立方体型,以及其他复杂的连接形式。由于静态网络灵活性、适应性差,很少使用,因此只讨论动态网络。

动态网络有单级和多级两类。动态单级网络只有有限的几种连接,必须经循环多次通过，才能实现任意两个处理单元之间的信息传送，故称此动态单级网络为循环网络。动态多级网络是由多个单级网络串联组成的，可实现任意两个处理单元之间的连接。将多级互连网络循环使用，可实现复杂的互连，称这种互连网络为循环多级网络或多级循环网络。

循环互连网络的模型如图 6 - 12 所示。入端传送寄存器 DTR_i 和出端传送寄存器 DTR_o 除了各自与处理单元 $PE_0 \sim PE_{N-1}$ 相连，分别接收和送出数据外，在不同的循环中还可以通过多路开关 MUX 向单级互连网络送入 DTR_i 数据，或送入在上一循环中 DTR_o 从单级互连网络接收的数据，经单级互连网络转送再送回各自有关的 DTR_o，作为下一次循环的输入。循环互连网络比多级互连网络节省设备，但通过时间长，并对网络控制要求较高。

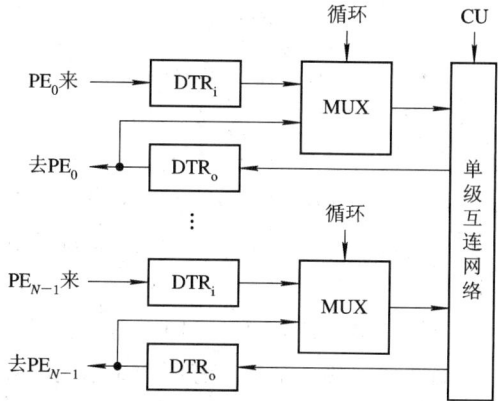

图 6 - 12　循环互连网络的模型

多级互连网络虽增加了设备和成本，但缩短了通过时间，使速度提高，而且利用不同的单级互连网络组合，可产生有不同特性和连接模式的多级互连网络，灵活性好。目前由于器件价格已有明显下降，绝大多数阵列处理机都采用多级互连网络或多级循环互连网络。

6.3.3　基本的单级互连网络

这里只介绍 4 种基本的单级互连网络，它们是立方体、PM2I、混洗交换和蝶形单级网络。

1. 立方体单级网络

立方体单级网络(Cube)的名称来源于图 6 - 13 所示的三维立方体结构。立方体的每个顶点(网络的结点)代表一个处理单元，共有 8 个处理单元，用 zyx 三位二进制码编号。它所能实现的入、出端连接如同立方体各顶点间能实现的互连一样，即每个处理单元只能直接连到其二进制编号的某一位取反的其他 3 个处理单元上。如 010 只能连到 000、011、110，不能直接连到对角线上的 001、100、101、

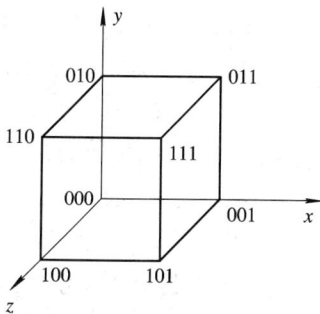

图 6 - 13　三维立方体结构

111。所以，三维的立方体单级网络有 3 种互连函数：$Cube_0$、$Cube_1$ 和 $Cube_2$，其连接方式如图 6-14 中的实线所示。$Cube_i$ 函数表示相连的入端和出端的二进制编号只在右起第 i 位（$i=0,1,2$）上 0、1 互反，其余各位代码都相同。

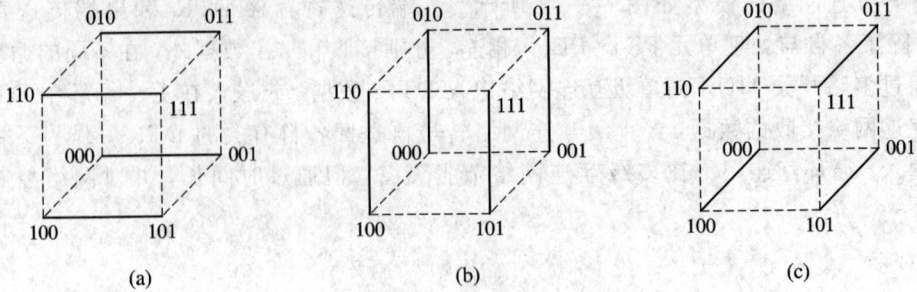

图 6-14　立方体单级网络连接示意
(a) $Cube_0$；(b) $Cube_1$；(c) $Cube_2$

推广到 n 维时，N 个结点的立方体单级网络共有 $n=lbN$ 种互连函数，即

$$Cube_i(P_{n-1}\cdots P_i\cdots P_1 P_0) = P_{n-1}\cdots \overline{P}_i\cdots P_1 P_0$$

式中，P_i 为入端标号二进制码的第 i 位，且 $0\leqslant i\leqslant n-1$。当维数 $n>3$ 时，称此时的网络为超立方体（Hype Cube）网络。

显而易见，单级立方体网络的最大距离为 n，即反复使用单级网络，最多经 n 次传送就可以实现任意一对入、出端间的连接。而且任意两个结点之间至少有 n 条不同的路径可走，容错性强，只是距离小于 n 的两个结点之间各条路径的长度可能不等。

2. PM2I 单级网络

PM2I 单级网络是"加减 2^i"（Plus-Minus 2^i）单级网络的简称。能实现与 j 号处理单元直接相连的是 $j\pm2^i$ 号处理单元，即

$$\begin{cases} PM2_{+i}(j) = j + 2^i \bmod N \\ PM2_{-i}(j) = j - 2^i \bmod N \end{cases}$$

式中，$0\leqslant j\leqslant N-1$，$0\leqslant i\leqslant n-1$，$n=lbN$。它共有 $2n$ 个互连函数。由于 $PM2_{+(n-1)}=PM2_{-(n-1)}$，因此 PM2I 互连网络只有 $2n-1$ 种互连函数是不同的。对于 $N=8$ 的三维 PM2I 互连网络的互连函数，有 $PM2_{+0}$、$PM2_{-0}$、$PM2_{+1}$、$PM2_{-1}$、$PM2_{\pm2}$ 共 5 种不同的互连函数，它们分别为

$PM2_{+0}$：（0 1 2 3 4 5 6 7）

$PM2_{-0}$：（7 6 5 4 3 2 1 0）

$PM2_{+1}$：（0 2 4 6）（1 3 5 7）

$PM2_{-1}$：（6 4 2 0）（7 5 3 1）

$PM2_{\pm2}$：（0 4）（1 5）（2 6）（3 7）

其中，（0 1 2 3 4 5 6 7）表示 0 连到 1，与此同时，1 连到 2，2 连到 3，……，7 连到 0。图 6-15 只画出了其中 3 种互连函数的情况。$PM2_{-0}$ 和 $PM2_{-1}$ 的连接与 $PM2_{+0}$ 和 $PM2_{+1}$ 的差别只是连接的箭头方向相反而已。可见在 PM2I 中，0 可以直接连到 1,2,4,6,7 上，比立方体单级网络只能直接连到 1,2,4 的要灵活。

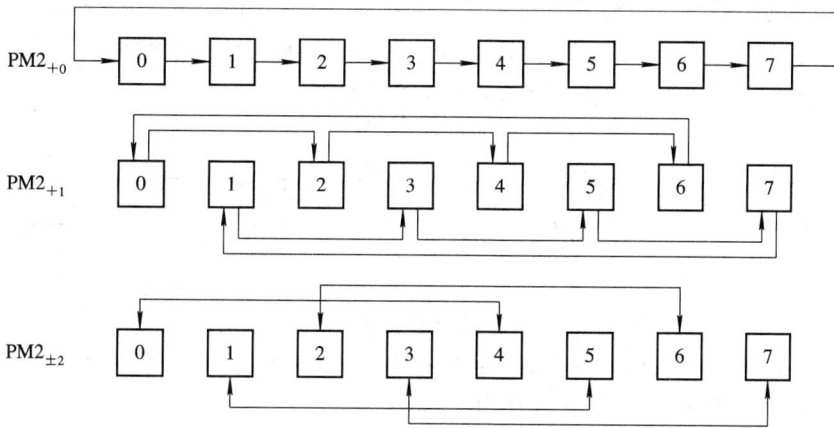

图 6-15 PM2I 互连网络的部分连接图

处理器间用单向环网或双向环网互连，是 PM2I 网络的特例，采用了 $PM2_{+0}$、$PM2_{-0}$ 或 $PM2_{\pm0}$ 互连函数。ILLIAC Ⅳ 处理单元的互连也是 PM2I 的特例，采用了其中的 $PM2_{\pm0}$ 和 $PM2_{\pm\frac{n}{2}}$（即 $PM2_{\pm3}$）4 种互连函数。

PM2I 单级网络的最大距离为 $\lceil N/2\rceil$。由三维 PM2I 互连网络可以看出，最多只要两次使用，即可实现任意一对入、出端号间的连接。

3. 混洗交换单级网络

混洗交换单级网络(Shuffle-Exchange)包含两个互连函数，一个是全混(Perfect Shuffle)，另一个是交换(Exchange)。图 6-16 表示 8 个处理单元间的全混连接。可以看出，其连接规律是把全部按编码顺序排列的处理单元从当中分为数目相等的两半，前一半和后一半在连接至出端时正好一一隔开。正像洗扑克牌时先把整副牌分为两半，再通过洗牌达到"全混"，这也是"混洗"这个名词的由来。全混互连函数表示为

$$\text{Shuffle}(P_{n-1}P_{n-2}\cdots P_1P_0)=P_{n-2}\cdots P_1P_0P_{n-1}$$

式中，$n=\text{lb}N$，$P_{n-1}P_{n-2}\cdots P_1P_0$ 为入端编号的二进制码。

与 Cube 不同的是，Shuffle 函数不是可逆函数。如果把出端当作入端，入端当作出端，则原网络变为另一个互连网络，此网络是原网络的逆网络，这相当于图 6-16 中把箭头逆转的情况。

Shuffle 函数还有一个重要特性。如果把它再作一次 Shuffle 函数变换，则得到的是一组新的代码，即 $P_{n-3}\cdots P_0P_{n-1}P_{n-2}$。这样每全混一次，新的最高位就被移至最低位。当经过 n 次全混后，全部 N 个处理单元便又恢复到最初的排列次序。在多次全混的过程中，除了编号为全"0"和全"1"的处理单元外，各个处理单元都遇到了与其他多个处理单元连接的机会。

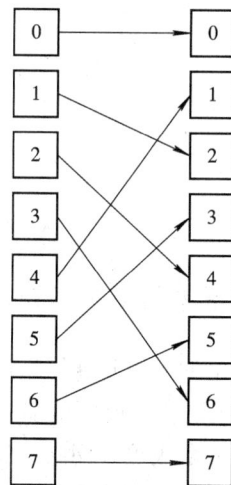

图 6-16 8 个处理单元的全混连接

由于单纯的全混互连网络不能实现二进制编号为全"0"和全"1"的处理单元与其他处理单元的连接，因此还需增加 $Cube_0$ 交换函数。这就是全混交换单级网络，其 $N=8$ 的连接如图 6-17 所示。其中，实线表示交换，虚线表示全混。

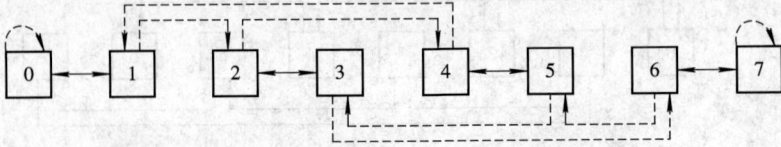

图 6-17　$N=8$ 时全混交换互连网络连接图

在混洗交换网络中，最远的两个入、出端号是全"0"和全"1"，它们的连接需要 n 次交换和 $n-1$ 次混洗，所以其最大距离为 $2n-1$。

4. 蝶形单级网络

蝶形单级网络(Butterfly)的互连函数为

$$\text{Butterfly}(P_{n-1}P_{n-2}\cdots P_1P_0) = P_0P_{n-2}\cdots P_1P_{n-1}$$

即将二进制地址的最高位和最低位相互交换位置。

图 6-18 为 $N=8$ 个处理单元之间用蝶形单级互连网络互连的情况。它实现的是 $0\rightarrow0$，$1\rightarrow4$，$2\rightarrow2$，$3\rightarrow6$，$4\rightarrow1$，$5\rightarrow5$，$6\rightarrow3$，$7\rightarrow7$ 的同时连接。

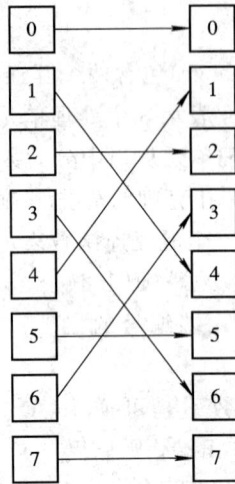

图 6-18　8 个处理单元的蝶形单级互连

6.3.4　基本的多级互连网络

最基本的多级互连网络就是与上述前 3 种单级互连网络相对应组成的多级立方体互连网络、多级混洗交换网络和多级 PM2I 网络。此外，本节还将介绍一下基准网络、多级交叉开关网络和多级蝶式网络。

不同的多级互连网络，在所用的交换开关、拓扑结构和控制方式上各有不同。

交换开关是具有两个入端和两个出端的交换单元，用作各种多级互连网络的基本构件。不论入端或出端，如果令居于上方的都用 i 表示，居于下方的都用 j 表示，则可以定义下列 4 种开关状态或连接方式：

(1) 直连，即 $i_入$ 连 $i_出$，$j_入$ 连 $j_出$。

(2) 交换，即 $i_入$ 连 $j_出$，$j_入$ 连 $i_出$。

(3) 上播，即 $i_入$ 连 $i_出$ 和 $j_出$、$j_入$ 悬空。

(4) 下播，即 $j_入$ 连 $i_出$ 和 $j_出$、$i_入$ 悬空。

只有前两种功能的称为二功能交换单元，有全部四种功能的称为四功能交换单元。两个入端同时连到一个出端会发生信息传送的冲突，是不允许的。此外，还可以有第五种开关状态，即 $i_入$ 连 $j_入$，$i_出$ 连 $j_出$，称此为返回。它可用来实现入端与入端相连，出端与出端相连，从而将 N 个入端和 N 个出端的网络变为 $2N$ 个处理单元的互连网络。

拓扑结构是各级间出端与入端互连的模式。上述前 3 种单级互连网络的连接模式均可用来组合构成不同的多级互连网络。

控制方式是对各个交换开关进行控制的方式。以多级立方体网络为例，它可以有 3 种控制方式：

(1) 级控制——同一级的所有开关只用一个控制信号控制，同时只能处于同一种状态。

(2) 单元控制——每一个开关都用自己独立的控制信号控制，可各自处于不同的状态。

(3) 部分级控制——第 i 级的所有开关分别用 $i+1$ 个信号控制，$0 \leqslant i \leqslant n-1$，$n$ 为级数。

利用上述交换开关、拓扑结构和控制方式 3 个参量，可以描述各种多级互连网络的结构。

1. 多级立方体互连网络

多级立方体互连网络有 STARAN 网络、间接二进制 n 方体网络等。以 8 个处理单元为例，其普遍结构如图 6-19 所示。它们的共同特点是：第 i 级($0 \leqslant i \leqslant n-1$)交换单元处于交换状态时，实现的是 $Cube_i$ 互连函数，且都采用二功能交换单元。两者的差别仅在于控制方式上：STARAN 网络采用级控制(称交换网络)和部分级控制(其中可实现移数功能的称移数网络)，而间接二进制 n 方体网络采用单元控制。因此，后者具有更大的连接灵活性。

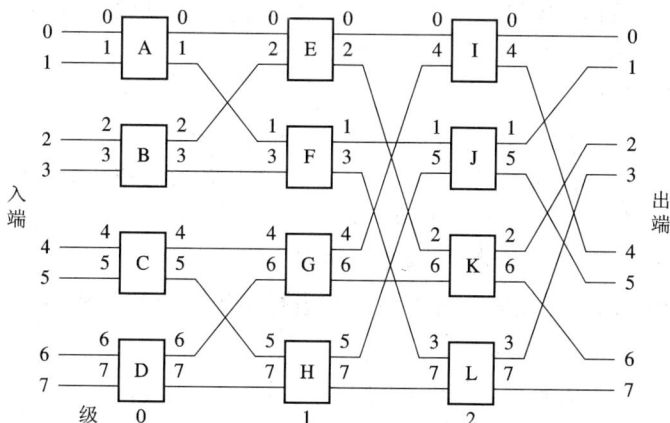

图 6-19 $N=8$ 的多级立方体互连网络

STARAN 网络用作交换网络时，采用级控制，实现的是交换函数。交换（Flip）函数的功能就是将一组元素首尾对称地进行交换。如果一组元素有 2^s 个，则交换函数的作用就是将所有第 k 个元素都与第 $(2^s-(k+1))$ 个元素相交换。表 6-1 列出了三级交换网络在级控制信号采用各种不同组合情况下所实现的入、出端的连接。

表 6-1 三级 STARAN 交换网络实现的入、出端连接及所执行的交换函数功能（k_i 为第 i 级控制信号）

| | | 级控制信号($k_2 k_1 k_0$) | | | | | | | |
		000	001	010	011	100	101	110	111
入端号	0	0	1	2	3	4	5	6	7
	1	1	0	3	2	5	4	7	6
	2	2	3	0	1	6	7	4	5
	3	3	2	1	0	7	6	5	4
	4	4	5	6	7	0	1	2	3
	5	5	4	7	6	1	0	3	2
	6	6	7	4	5	2	3	0	1
	7	7	6	5	4	3	2	1	0
执行的交换函数功能		恒等	4组2元	4组2元 + 2组4元	2组4元	2组4元 + 1组8元	4组2元 + 2组4元 + 1组8元	4组2元 + 1组8元	1组8元
		i	$Cube_0$	$Cube_1$	$Cube_0$ + $Cube_1$	$Cube_2$	$Cube_0$ + $Cube_2$	$Cube_1$ + $Cube_2$	$Cube_0$ + $Cube_1$ + $Cube_2$

从表 6-1 可以看出，控制信号为 111 时，实现全交换，也称镜像交换，完成对这 8 个处理单元（元素）的 1 组 8 元交换，其变换图像如下：

入端排列：0 1 2 3 4 5 6 7；

出端排列：7 6 5 4 3 2 1 0；

控制信号为 001 时，完成对这 8 个处理单元（元素）的 4 组 2 元交换，其变换图像如下：

入端排列：0 1：2 3：4 5：6 7；

出端排列：1 0：3 2：5 4：7 6；

控制信号为 010 时，完成的功能相当于在进行 4 组 2 元交换后再进行 2 组 4 元交换，其变换图像如下：

：1 0 3 2：5 4 7 6；

出端排列：2 3 0 1：6 7 4 5；

而控制信号为 101 时，相当于实现上述两种交换后再进行 1 组 8 元交换，其变换图像如下：

　　　　　　：2 3 0 1 6 7 4 5：
出端排列：5 4 7 6 1 0 3 2：

总之，不管控制信号是什么状态，实现的都是交换函数功能。从表 6-1 水平方向不难看出，任何输入端只要通过不同的级控制信号，总可以接到任何所需要的输出端上。

当 STARAN 网络用作移数网络时，采用部分级控制，控制信号分组和控制结果列在表 6-2 中。可以看出它们都是执行各种不同的移数功能的。

表 6-2　三级移数网络能实现的入、出端连接及移数函数功能

部分级控制信号									
	2 级	K, L	0	0	1	0	0	0	0
		J	0	1	1	0	0	0	0
		I	1	1	1	0	0	0	0
	1 级	F, H	0	1	0	0	1	0	0
		E, G	0	1	0	1	1	0	0
	0 级	A, B, C, D	1	0	0	1	0	1	0
入端号		0	1	2	4	1	2	1	0
		1	2	3	5	2	3	0	1
		2	3	4	6	3	0	3	2
		3	4	5	7	0	1	2	3
		4	5	6	0	5	6	5	4
		5	6	7	1	6	7	4	5
		6	7	0	2	7	4	7	6
		7	0	1	3	4	5	6	7
相当于实现的移数功能			移 1 mod 8	移 2 mod 8	移 4 mod 8	移 1 mod 4	移 2 mod 4	移 1 mod 2	不移全等

STARAN 网络成功地用在巨型相联处理机 STARAN 中的多维相联存储器与处理部件之间，用来对存储器中杂错存放的数据在读出后和写入前进行重新排列，以适应处理部件对数据正常位序的需要。利用交换和移数这两种基本功能，加上对数据位进行屏蔽，还可以实现全混、展开、压缩等多种数据变换函数。

【例 6-2】　Intel iPSC 系统用超立方体将 8～128 个结点进行互连，每个结点有一台 80286 微处理器、一台 80287 浮点协处理器、512 KB～4.5 MB 内存和 7 片 Ethenet 收发器接口芯片（因为每个结点要接 7 个链路，每个链路用 1 片）。iPSC/2 系统结点改用 80386 后性能有所提高。1990 年初 iPSC/860 系统结点改用 i360 微处理器，系统速度可达 480 MFLOPS～7.6 GFLOPS，相当于普通巨型机的性能，而价格却便宜得多。

2. 多级混洗交换网络

多级混洗交换网络又称 omega 网络，如图 6-20 所示。它由 n 级相同的网络组成，每一级都包含一个全混拓扑和随后一列 2^{n-1} 个四功能交换单元，采用单元控制方式。比较图 6-19 和图 6-20 可以发现，omega 网络中各级编号的次序与多级立方体网络正好相反。如果

把 omega 网络的入端和出端位置对调，它就等同于间接二进制 n 方体网络。因此 omega 网络与间接二进制 n 方体网络只有两点差别：前者数据流向是级号 $n-1$，$n-2$，$\cdots$，1，0，用四功能交换单元；后者数据流向相反，是级号 0，1，$\cdots$，$n-1$，用二功能交换单元。

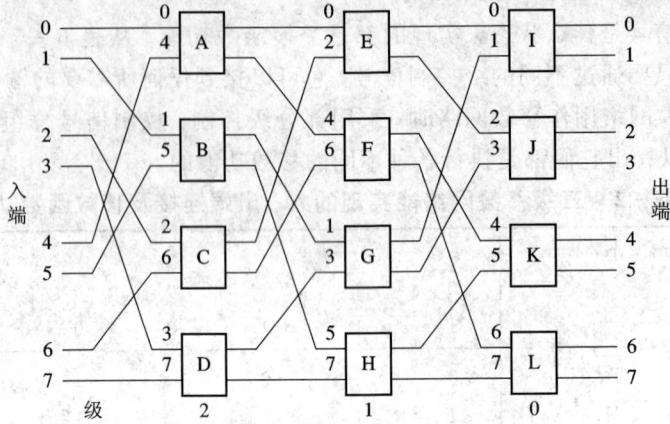

图 6-20　$N=8$ 的多级混洗交换网络

　　假定 omega 网络也采用二功能交换单元，就可看成是 n 方体网络的逆网络。基本互连网络可以实现任一个入端与任一个出端之间的连接，但要同时实现两对或多对的入、出端间的连接，就可能发生连接路径上的冲突。由于 omega 网络与 n 方体网络的数据入、出流向相反，因此它们产生冲突的状况不同。例如，n 方体网络能同时实现 5 到 0、7 到 1 的连接，不能同时实现 0 到 5、1 到 7 的连接；而 omega 网络正好相反，能同时实现 0 到 5 和 1 到 7 的连接，不能同时实现 5 到 0 和 7 到 1 的连接。有一种办法可以把二者统一起来，就是将入端和出端重新编号。仍比较图 6-19 与图 6-20，可以发现如果把编号 $P_{n-1}P_{n-2}\cdots P_1P_0$ 和 $P_0P_1\cdots P_{n-2}P_{n-1}$ 互换，例如，对于 $n=3$，就是把 1、4 互换，3、6 互换，那么两张图上所有交换单元上的处理单元编号配对就变成一样的了。于是表 6-1 和表 6-2 中所列 STARAN 网络的互连函数，在按上述规则对处理单元重新编号后，便都适合于 omega 网络，而且所有在多级立方体网络运行的 SIMD 程序都能向上兼容。当然，由于 omega 网络采用四功能交换单元，因此允许同时实现一个处理单元与多个处理单元的连接，这是多级立方体网络不可能办到的。例如，只需将图 6-20 中交换单元 E、F 置为下播状态，C、I、J、K、L 置为上播状态，就能一次实现入端 2 与全部 8 个出端的连接。

3. 多级 PM2I 网络

　　$N=8$ 的多级 PM2I 网络的结构如图 6-21 所示。它包含 n 级单元间连接，每一级都把前后两列各 $N=2^n$ 个单元按 PM2I 拓扑相互连接起来。从第 i 级（$0\leqslant i\leqslant n-1$）来说，每一个入单元 j（$0\leqslant j\leqslant N-1$）都有 3 根连接线分别通往出单元 j、$j+2^i \bmod N$ 和 $j-2^i \bmod N$，在图 6-21 中，它们分别用点线、实线和虚线表示。前面已提到，单级 PM2I 网络的最大距离为 $\lceil n/2 \rceil$，但组成多级 PM2I 网络时仍用了 n 级，因此在这种网络中提供了冗余路径。例如，为实现由 7 将信息传到 2，可以经 $7\to3\to3\to2$ 或 $7\to7\to1\to2$ 或 $7\to3\to1\to2$ 等多条路径完成。这样做更方便电路集成化，对提高可靠性也有好处。控制这三类连接线的信号分别称为平控 H、下控 D 和上控 U。为了简化对这三类信号的产生，可将各级的单元分成两组。对于第 i 级，让 H_1^i、D_1^i、U_1^i 控制第 i 位为"0"的那些入单元，而让 H_2^i、D_2^i、U_2^i 控制第 i 位为"1"的那些入单元，此种多级 PM2I 网络称为数据变换网络（Data Manipulator，DM）。可以采用单元控制增强对各级单元控制的灵活性，让每一单元都有自己独立的控制信号 H、D、U，此种多级 PM2I 网络称为强化数据变换网络（Augmented Data Manipulator，ADM）。不过控制线多，成本也会高。

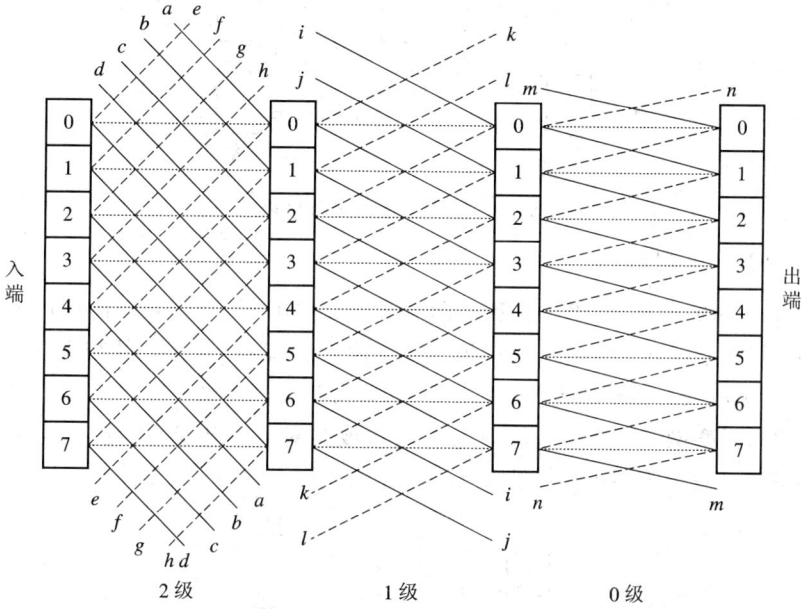

图 6-21 $N=8$ 的多级 PM2I 网络

ADM 的拓扑结构和控制方式使它可以完全模仿 omega 网络的四功能交换单元。拿 x、$y(x < y)$ 两个入单元来说，H_x、H_y 为直连，D_x、U_y 为交换，U_y、H_y 为下播，D_x、H_x 为上播。因此，ADM 可以实现 omega 网络的全部连接，而且其组合数还要更多。利用数据变换网络可以实现各种灵活的移数、重复、间隔、展开等函数变换。

比较上述各种多级网络，灵活性由低到高的次序是：级控制立方体、部分级控制立方体、间接二进制 n 方体、omega、ADM，而复杂性和成本由低到高的次序也与此相同。虽然这些网络的设计者都提出了各自的网络用途，例如 STARAN 网络和 omega 网络都是为了进行存储器与处理单元之间的数据变换，间接二进制 n 方体网络是为了连接成微处理器阵列，但从上面对各种网络共同性的分析可以看出，它们对多种应用场合都是适合的。

另外，在上述网络的基础上还可以有各种变形和扩展。例如，立方体互连网络中的每一个结点又可以是由多个处理单元构成的环，这便形成了环立方体互连网络。又如，上述的混洗是将结点分成两组，也可以改为分成 m 组来混洗等，在此就不详细介绍了。

4. 基准网络

图 6-22 所示是 $N=8$ 的基准网络。它与二进制立方体网络的逆网络相似，只是在第 1 级的级间连接不同。它采取从输入到输出的级间互连为恒等、逆全混、子逆全混和恒等置换，所用交换单元均为二功能，采取单元控制。

基准网络在多级网络中可作为中间介质，模拟一种网络的拓扑和功能。

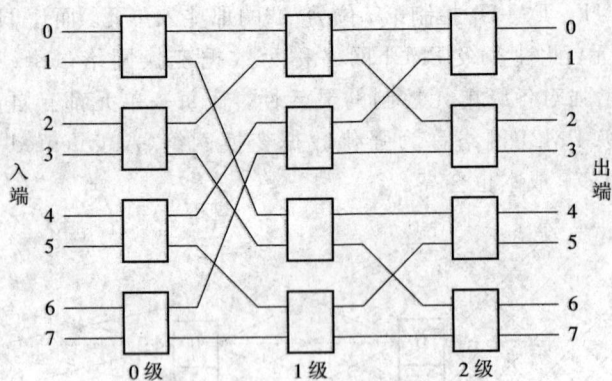

图 6-22　$N=8$ 的基准网络

5. 多级交叉开关网络

多级交叉开关(CLOS)网络是一种非阻塞式网络,图 6-23 给出了一个三级交叉开关网络的结构。其网络的入、出端口数均为 $n \times r$,输入级有 r 个 $n \times m$ 的交叉开关,中间级有 m 个 $r \times r$ 的交叉开关,输出级有 r 个 $m \times n$ 的交叉开关。当 $m \geqslant 2n-1$ 时,它就成了非阻塞网络。所谓非阻塞网络,指的是同时实现两对或多对入、出端间的连接,均不会发送传送路径上的冲突(在全排列网络中介绍),表示成 $N(m, n, r)$。

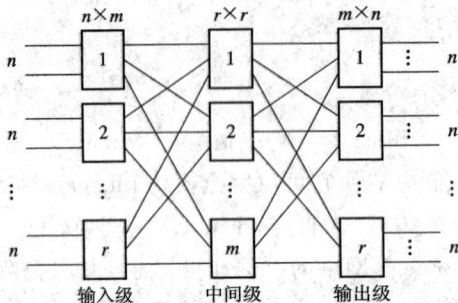

图 6-23　三级交叉开关网络的结构

图 6-24 是一个 $N(3, 2, 2)$ 的三级交叉开关网络。入、出端各有 4 个,如采用一级交叉开关实现,共需 $4 \times 4 = 16$ 个交叉点,每个交叉点为四中选 1。这种实现可能比三级交叉开关实现要便宜,尽管每个结点只需二中选 1。

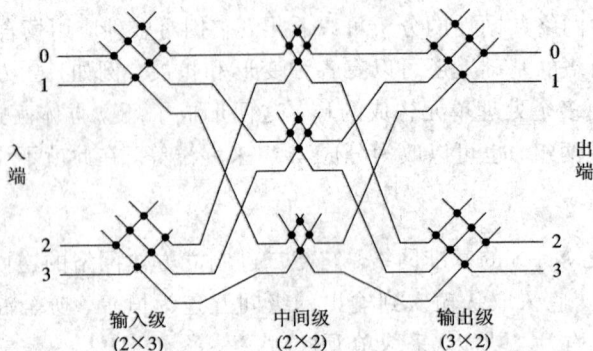

图 6-24　$N(3, 2, 2)$ 的多级交叉开关互连网络

一般来说，$N(m, n, r)$ 的多级交叉开关交叉结点总数为

$$C = r(n \times m) + m(r \times r) + r(m \times n) = mr(2n + r)$$

而一级交叉开关结点数为 n^2 个。因此，当 n 值较大时，使 $mr(2n+r) < n^2$，这时采用多级交叉开关网络互连，既保证了无阻塞连接，也降低了互连网络的成本，而且便于工程实现。

6. 多级蝶式网络

图 6-25 是由 16 个 8×8 交叉开关作为基本构件组成的二级蝶式网络，级间采用 8 路混洗，构成了 64×64 的蝶式互连。

再用其与 64 个 8×8 的交叉开关扩展构成 512×512 的三级蝶式互连网络，如图 6-26 所示。

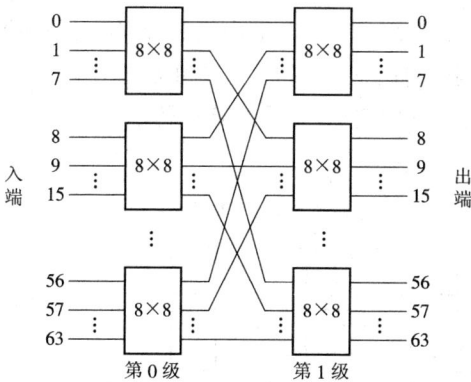

图 6-25 用 8×8 交叉开关构造的二级 64×64 的蝶式互连网络

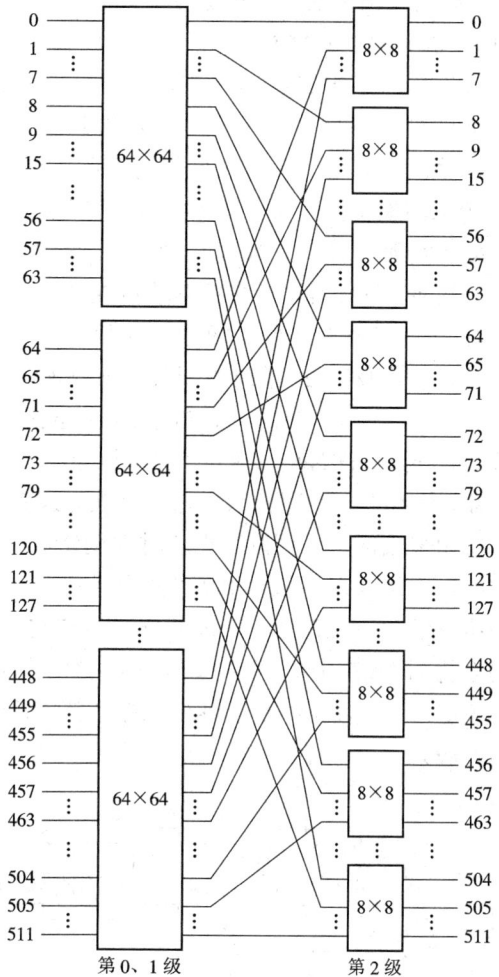

图 6-26 用 8×8 交叉开关作为基本构件扩充成 512×512 的三级蝶式互连网络

图 6-25 中使用了 16 个 8×8 的交叉开关，图 6-26 则共用了 3×8×8＝192 个 8×8 的交叉开关。如果要构造更大的蝶式网络，只需增加级数即可。但蝶式网络不能实现播送，它只是 omega 网络的一个有限制的子集。

6.3.5　全排列网络

如果互连网络是从 N 个入端到 N 个出端的一到一的映射，就可以把它看成是对此 N 个端的重新排列，因此互连网络的功能实际上就是用新排列来置换 N 个入端原有的排列。前面所介绍的各种基本多级网络都能实现任意一个入端与任意一个出端间的连接，但要同时实现两对或多对入、出端间的连接，就有可能发生争用数据传送路径的冲突。前面的多级立方体网络和多级混洗交换网络中已举过这种例子。称有这类性质的互连网络为阻塞式网络（Blocking Network），称无这类性质的互连网络为非阻塞式网络或全排列网络。非阻塞式网络连接灵活，但连线多，控制复杂，成本高。

阻塞式网络在一次传送中不可能实现 N 个端的任意排列。N 个端的全部排列有 $N!$ 种。可是，用单元控制的 $n=\mathrm{lb}N$ 级间接二进制 n 方体网络（因为 1 到 1 映像，用不上播送，所以开关只需用二功能），每级有 $N/2$ 个开关，n 级互连网络共用 $(N\cdot\mathrm{lb}N)/2$ 个二功能的交换开关，这样，全部开关处于不同状态的总数为 $2^{(N\cdot\mathrm{lb}N)/2}$，即 $N^{N/2}$ 种。当 N 为大于 2 的整数时，总有 $N^{N/2}<N!$，所以它无法实现所有 $N!$ 种排列。以 $N=8$ 的三级网络为例，共 12 个二功能交换开关，只有 $2^{12}=4096$ 种不同状态，最多只能控制对端子的 4096 种排列，不可能实现全部 $8!=40\,320$ 种排列，所以多对入、出端要求同时连接时就可能发生冲突。

然而，只要对这个多级互连网络通行两次，每次通行时让各开关处于不同状态就可满足对 N 个端子的全部 $N!$ 种排列。因为此时全部开关的总状态数有 $N^{N/2}\cdot N^{N/2}=N^N$ 种，足以满足 $N!$ 种不同排列的开关状态要求。这种只要经过重新排列已有入、出端对的连接，就可完成所有可能的入、出端间的连接而不发生冲突的互连网络称为可重排列网络（Rearrangeable Network）。实现时，可以在上述任何一种基本多级互连网络的出端设置锁存器，使数据在时间上顺序通行两次，这实际上就是循环多级互连网络的实现思路。

用多级网络也可以实现全排列网络。将 $\mathrm{lb}N$ 级的 N 个入端和 N 个出端的互连网络和它的逆网络连在一起，可以省去中间完全重复的一级，得到总级数为 $2\,\mathrm{lb}N-1$ 级的全排列网络。图 6-27 就是将三级基准网络和它的逆网络连在一起，省出中间重复的一级后构成的全排列网络，称此网络为 Benes 网络。该网络至少有两个以上的通道能满足一对结点的互连经求，即数据寻径不唯一，有较多的冗余，这有利于选择合适的路径传送，可靠性、灵活性较好。

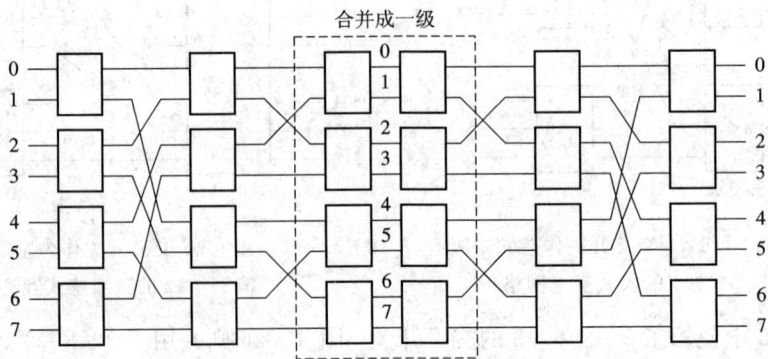

图 6-27　多级全排列网络举例（Benes 网络）

6.4 共享主存构形的阵列处理机中并行存储器的无冲突访问

在共享主存构形的阵列处理机中，存储器频宽要与多个处理单元的速率匹配，存储器就必须采用多体并行组成。此外，还要保证在各种访问模式下，存储器都能实现无冲突地工作。只有这样，存储器的实际频宽才不会下降，从而使阵列处理机的数组并行处理的性能不至于下降。对数组访问的模式是多样的，可能要访问数组的行、列、主对角线、次对角线的全部元素或其中某个子方阵。

情况 1 对一维数组为例，假定并行存储器分体数 m 为 4，交叉存放一维数组 a_0，a_1，a_2，…，如图 6-28 所示。那么，每次访问相连的 m 个元素，并依次不间断地访问下去，是不会发生访存冲突的。然而，若遇到按 2 变址，访问奇数或偶数下标的元素时，则因访存冲突会使存储器的实际频宽降低一半。在并行递归算法中，对向量子集的各元素逐次按 2 的整数幂相间访问，是典型的访问模式。例如，先是相连访问，然后按 2、4、8 等变址。对于这类算法，并行存储器体数取成传统的 2 的整数幂就不适应了。

存储体体号

0	1	2	3
a_0	a_1	a_2	a_3
a_4	a_5	a_6	a_7
a_8	a_9	a_{10}	a_{11}
a_{12}	•	•	•

图 6-28 一维数组的存储（$m=4$）

因此，并行存储器的分体数 m 应取成质数，才能较好地避免存储器访问的冲突。只要变址跳距与 m 互质，存储器访问就总能无冲突地进行。

情况 2 对于二维数组（结论也适用于多维数组）而言，假设主存有 m 个分体并行，从中访问有 n 个元素的数组子集。这 n 个元素的变址跳距对于二维数组的行、列、主对角线、次对角线都是不一样的，但要求都能实现无冲突访问。

如果设 $m=n=4$，一个 4×4 的二维数组直接按行存储的方案则如图 6-29 所示。虽然，同时访问某一行、主对角线或次对角线上的所有元素时，都可以无冲突地访问，但是同时访问某一列的元素时，由于它们集中存放在同一存储分体内，会产生访存冲突，因此每次只能访问其中的一个元素，使实际频宽降低到原来的 1/4。

存储体体号

0	1	2	3
a_{00}	a_{01}	a_{02}	a_{03}
a_{10}	a_{11}	a_{12}	a_{13}
a_{20}	a_{21}	a_{22}	a_{23}
a_{30}	a_{31}	a_{32}	a_{33}

图 6-29 4×4 数组的直接按行存储（$m=n=4$）

为了能使行或列的各元素都能并行访问，采取将数据在存储器中错位存放的方案，如图 6-30 所示。但是该方案可造成主对角线上各元素的并行访问冲突，致使实际频宽下降一半；对次对角线上各元素的访问则都发生冲突，使实际频宽降低成与串行一样。不难看出，只要并行存储体体数 m 为偶数，对 $m\times m$ 的正方形数组无论怎样存放，都不可能同时实现行、列、主对角线、次对角线上的所有元素都能无冲突地访问。尽管可以通过对不同的数组访问模式采用不同的错位方案来满足在该访问模式下不发生冲突，但这将给编译程序设计者增加很大负担。因此，对用户来说，希望寻求一种既能满足对向量、数组各种访问模式都无冲突访问，又能在存储器变址、数据对准和硬件的实现上都不复杂的存储方案。

存储体体号

0	1	2	3
a_{00}	a_{01}	a_{02}	a_{03}
a_{13}	a_{10}	a_{11}	a_{12}
a_{22}	a_{23}	a_{20}	a_{21}
a_{31}	a_{32}	a_{33}	a_{30}

图 6-30 4×4 数组一种错位存放的方案（$m=n=4, \delta_1=\delta_2=1$）

能满足上述这些要求的一种存储方案是使并行存储器分体数 m 大于每次要访问的向量或数组元素的个数 n（n 在阵列处理机上就是处理单元数），且等于质数，同时在多维数组的行、列等方向上采取不同的错开距离。

假设 $n \times n$ 的二维数组在并行存储器中同一列两个相邻元素地址错开的距离为 δ_1，同一行两个相邻元素地址错开的距离为 δ_2，当 m 取成 $2^{2P}+1$（P 为正整数）时，实现无冲突访问的充分条件是让 $\delta_1=2^P, \delta_2=1$。图 6-31 就是对 4×4 二维数组按上述规则存储的一种方案。其中，$P=1, m=5, \delta_1=2, \delta_2=1$。

存储体体号

0	1	2	3	4
a_{00}	a_{01}	a_{02}	a_{03}	
a_{13}		a_{10}	a_{11}	a_{12}
a_{21}	a_{22}	a_{23}		a_{20}
	a_{30}	a_{31}	a_{32}	a_{33}

图 6-31 4×4 数组错位存放的例子（$m=5, n=4, \delta_1=2, \delta_2=1$）

由图 6-31 可知，对数组的行、列、主对角线、次对角线甚至数组中任意一个 2×2 的子方阵都可实现无冲突访问。对于这种无冲突访问的存储方案，要求 $n \times n$ 二维数组 A 中的任意一个元素 A_{ab} 应放在下列地址处：

$$\begin{cases} \text{体号地址} \quad j=(a\delta_1+b\delta_2+c) \bmod m \\ \text{体内地址} \quad i=a \end{cases}$$

其中，$0 \leqslant j \leqslant m-1$，$0 \leqslant i \leqslant n-1$，$c$ 为起始元素 A_{00} 所在体号地址。在这种存储方案里，要访问的数组中各元素的排列次序似乎是"乱"的，为此，系统中需要有专门的互连网络（即排列网络或对准网络）来将其回复成正常的顺序。

情况 3 并行存储器中存放的数组大小是不固定的，多维数组各维的元素个数也不一定相等，它们还可以超出已选定的分体数 m 的值。

有 n 个处理单元的并行处理机，为了能并行访问 n 个元素，且适应任意规模的数组，可以先将多维数组或者非 $n \times n$ 方阵的二维数组按行或列的顺序变换为一维数组，形成一个一维线性地址空间，地址用 a 表示。然后，将地址 a 所对应的元素存放在体号地址 $j=a \bmod m$，体内地址 $i=\lfloor a/n \rfloor$ 的单元中，就可以满足无冲突访问的要求。

【例 6-3】 图 6-32 表示了一个 4×5 二维数组(元素以列为主序排列)按上述规则将其存放在 $m=7$ 的存储器中的例子。

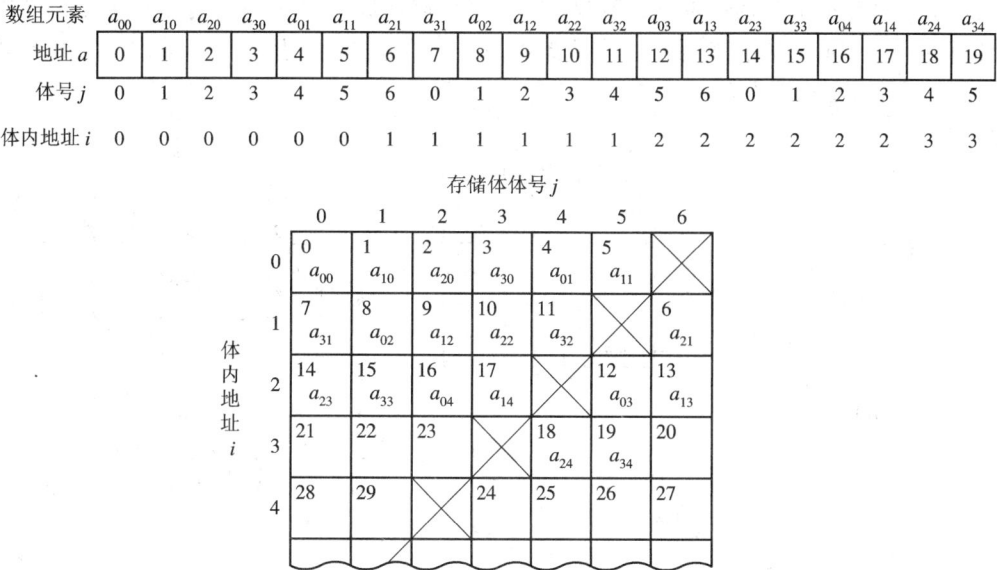

数组元素	a_{00}	a_{10}	a_{20}	a_{30}	a_{01}	a_{11}	a_{21}	a_{31}	a_{02}	a_{12}	a_{22}	a_{32}	a_{03}	a_{13}	a_{23}	a_{33}	a_{04}	a_{14}	a_{24}	a_{34}
地址 a	0	1	2	3	4	5	6	7	8	9	10	11	12	13	14	15	16	17	18	19
体号 j	0	1	2	3	4	5	6	0	1	2	3	4	5	6	0	1	2	3	4	5
体内地址 i	0	0	0	0	0	0	1	1	1	1	1	1	2	2	2	2	2	2	3	3

存储体体号 j

体内地址 i	0	1	2	3	4	5	6
0	0 a_{00}	1 a_{10}	2 a_{20}	3 a_{30}	4 a_{01}	5 a_{11}	×
1	7 a_{31}	8 a_{02}	9 a_{12}	10 a_{22}	11 a_{32}	×	6 a_{21}
2	14 a_{23}	15 a_{33}	16 a_{04}	17 a_{14}	×	12 a_{03}	13 a_{13}
3	21	22	23	×	18 a_{24}	19 a_{34}	20
4	28	29	×	24	25	26	27

图 6-32 4×5 二维数组在并行存储器中存放的例子($m=7$，$n=6$)

BSP 计算机就是采用类似这种映像规则存放数组的。它共有 16 个处理单元，选取的并行存储器分体数 m 为 17。对常用的一般数组，按此规则存放将不会产生访问冲突，只不过每个访存周期在最佳工作状态下，总有一个存储器分体未被用上，使其在存储器的频宽和存储器空间利用率上都浪费了 1/17。另外，进行地址映像的硬件相对比较复杂，需要设置数据对准网络来配合并行存储器的工作。为实现阵列处理机的存储器无冲突访问，保证存储器工作在较高的频带上，所花费的这些代价是必要的。

6.5 脉动阵列流水处理机

随着 VLSI 的发展，为了满足计算量很大的信号/图像处理及科学计算的特定算法需要，由卡内基－梅隆大学的美籍华人 H. T. Kung 于 1978 年提出了有脉动阵列结构的脉动阵列处理(Systolic Array)机的思想，它对特定问题具有极高的计算并行性，是一种解题速度很高的处理机。下面先简述脉动阵列结构的原理，再介绍面向特定算法和面向通用用途的脉动阵列结构。

6.5.1 脉动阵列结构的原理

脉动阵列结构是由一组处理单元(PE)构成的阵列。每个 PE 的内部结构相同，一般由一个加法/逻辑运算部件或加法/乘法运算部件再加上若干个锁存器构成，可完成少数基本的算术逻辑运算操作。阵列内所有处理单元的数据锁存器都受同一个时钟控制。运算时数据在阵列结构的各个处理单元间沿各自的方向同步向前推进，就像血液受心脏有节奏地搏动在各条血管中同步向前流动一样。因此，形象地称其为脉动阵列结构。实际上，为了执行多种计算，脉动型系统内的输入数据流和结果数据流可以在多个不同方向上以不同速度向前搏动。阵列内部的各个单元只接收前一组处理单元传来的数据，并向后一组处理单元发送数据。只有位于阵列边缘的处理单元，才与存储器或 I/O 端口进行数据通信。根据具体计算的问题不同，脉动阵列可以有一维线形、二维矩阵/六边形/二叉树形/三角形等阵列互连构形(如图 6 - 33 所示)，还可以有不少变形。

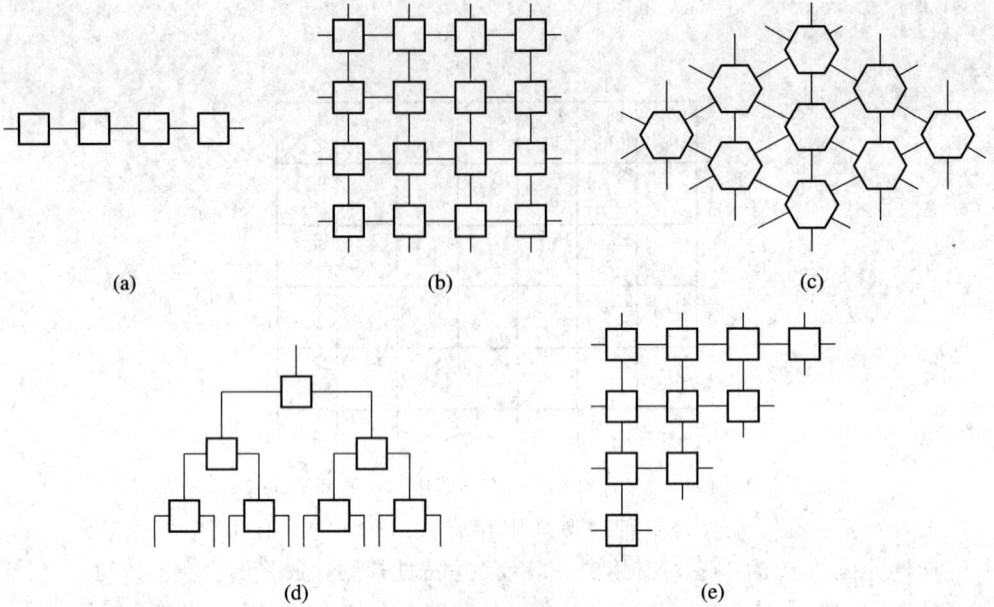

图 6 - 33 脉动阵列结构的构形举例

(a) 一维线形阵列；(b) 二维矩形阵列；(c) 二维六边形阵列；(d) 二叉树形阵列；(e) 三角形阵列

例如，图 6 - 34 给出了在一个脉动式二维阵列结构上进行两个 3×3 矩阵 A、B 相乘的例子。每个处理单元 PE 内含一个乘法器和一个加法器，可完成一个内积步运算。每经一拍，处理单元可把 3 个输入端送来的信息沿三个不同方向，即由左向右的水平方向、由下向上的垂直方向和由左下角到右上角的斜 45°方向，同时将结果传送到对应的 3 个输出端，使 $a' \leftarrow a$，$b' \leftarrow b$，$d \leftarrow a \cdot b + c$。现设矩阵 A、B 分别为

$$A = \begin{bmatrix} a_{11} & a_{12} & a_{13} \\ a_{21} & a_{22} & a_{23} \\ a_{31} & a_{32} & a_{33} \end{bmatrix}, \quad B = \begin{bmatrix} b_{11} & b_{12} & b_{13} \\ b_{21} & b_{22} & b_{23} \\ b_{31} & b_{32} & b_{33} \end{bmatrix}$$

则

$$C = A \cdot B = \begin{bmatrix} c_{11} & c_{12} & c_{13} \\ c_{21} & c_{22} & c_{23} \\ c_{31} & c_{32} & c_{33} \end{bmatrix}$$

其中，$c_{ij} = \sum_{k=1}^{3} a_{ik} \cdot b_{kj}$，$1 \leqslant i \leqslant 3$，$1 \leqslant j \leqslant 3$。图 6 - 34 给出了 t_1、t_2、t_3 时刻送入阵列中的数据情况，到 t_6 时，将从斜 45°向右上角同时输出 c_{13}、c_{12}、c_{11}、c_{21}、c_{31} 的值，t_7 时输出 c_{23}、c_{22}、c_{32} 的值，t_8 时输出 c_{33} 的值。可以看出，总共只需要 8 拍就可以完成两个 3×3 的矩

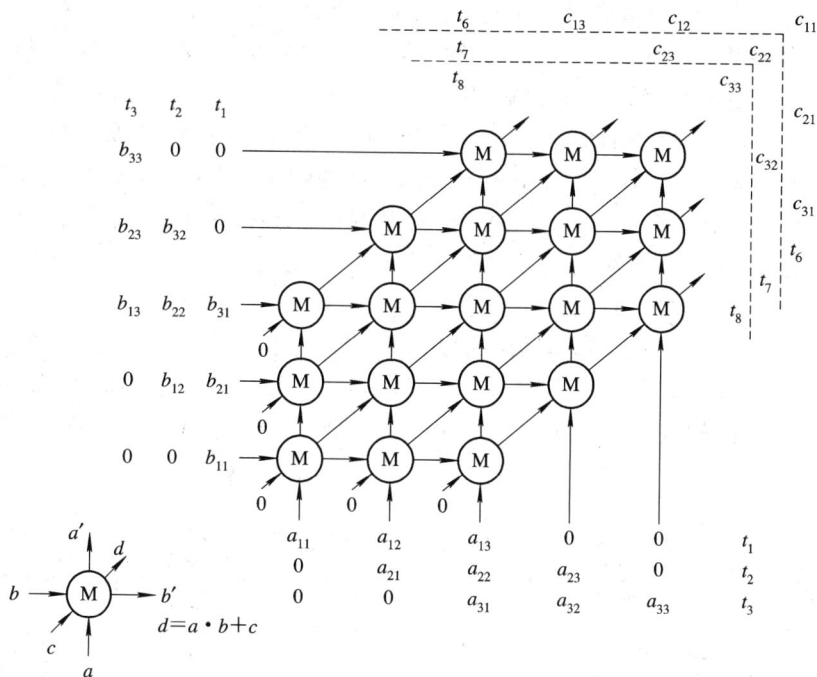

图 6-34 脉动式二维阵列流水举例

阵相乘，比起单处理机上循环执行所需的 27 拍，速度提高了两倍多。

很明显，为完成两个 $n \times n$ 矩阵的相乘，在用 $3n^2 - 3n + 1$ 个 PE 构成的脉动阵列上只需 $3n - 1$ 步运算即可全部完成，运算所需的时间只是以近似 $3n$ 的线性关系增加，比用单处理机的近似 n^3 的增加关系要小得多。当 n 较大时，采用脉动阵列进行运算的速度提高尤为显著。同时可以看出，脉动式阵列的结构与解题算法有关。如果要解的矩阵规模较大，可通过软件把大矩阵拆分成多个小矩阵，先分别在脉动阵列上求解，再在主机上作进一步处理。

脉动阵列结构具有如下一些特点：

（1）结构简单、规整，模块化强，可扩充性好，非常适合用超大规模集成电路实现。

（2）PE 间数据通信距离短、规则，使数据流和控制流的设计、同步控制等均简单规整。

（3）脉动阵列中所有 PE 能同时运算，具有极高的计算并行性，可通过流水获得很高的运算效率和吞吐率。输入数据能被多个处理单元重复使用，大大减轻了阵列与外界的 I/O 通信量，降低了对系统主存和 I/O 系统频宽的要求。

（4）脉动阵列结构的构形与特定计算任务和算法密切相关，具有某种专用性，限制了其应用范围，这对 VLSI 是不利的。

6.5.2 通用脉动阵列结构

造成脉动阵列机应用范围有限的关键因素是，受阵列结构的通用性及 I/O 带宽约束所限制的阵列结构的规模大小。不同的算法往往要求能有不同的阵列结构，以及大小不同的阵列。为了克服脉动阵列结构通用性差的弱点，近年来已研究和发展了一些可有效执行多种算法的较为通用的脉动阵列结构。发展通用脉动阵列结构的途径主要有三种。

一种途径是通过增设附加的硬件，对阵列的拓扑结构和互连方式用可编程开关进行重构，即经程序重新配置阵列的结构。美国 Purdue 大学的可重构高度并行计算机 CHiP (Configurable Highly Parallel Computer)就是典型的例子。CHiP 计算机的处理器由开关网、控制器和一组处理单元组成。开关网是实现不同互连拓扑的关键部件。如图 6-35 所示，方块代表处理单元，圆圈代表可编程开关。处理单元经可编程开关转接实现互连。每个开关都有一个局部存储器存放数种阵列构形的设置方式，称为开关存储器。如把编号为偶数列的开关都置成上下连接，偶数行的开关都置成左右连接，就构成正方形或矩形的阵列结构，如图 6-35(a)所示。也可将处理单元构造成二叉树形的阵列结构，如图 6-35(b)所示。选择了某种开关连接方式后，由控制器将其装入开关存储器，即可使各开关按此连接模式互连。

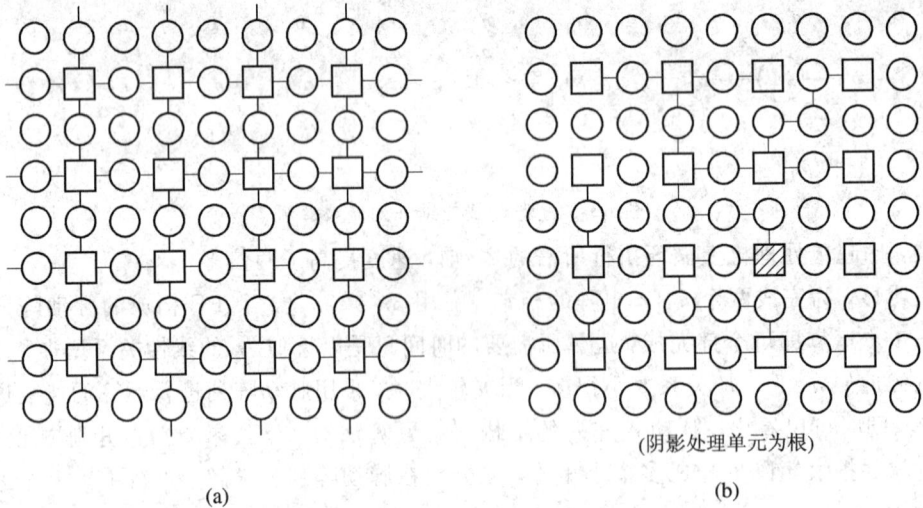

(阴影处理单元为根)

(a)　　　　　　　　　　　(b)

图 6-35　可编程脉动阵列结构

(a) 控制开关按正方形阵列结构互连；(b) 控制开关按二叉树形阵列结构互连

发展通用脉动阵列结构的第二种途径是用软件把不同的算法映像到固定的阵列结构上。这一方法依赖于面向并行运算所采用的程序语言、操作系统、编译程序和软件开发工具的设计。如美国卡内基－梅隆大学用于信号、图像和计算机视觉处理的 WARP 机是一台由 10 个以上处理单元组成的线形脉动阵列机。每个处理单元均有自己的程序存储器和微操作控制部分，程序存储器装的都是同一组微程序。为保证 WARP 机的通用性和灵活性，付出的代价是需有专门的高级语言和一个优化编译器，以便能把用户的算法映像到阵列操作上去实现。

发展通用脉动阵列结构的第三种途径是探寻与问题大小无关的脉动处理方法，以及 VLSI 运算系统的分割矩阵算法，使它们可以克服阵列只能求解固定大小题目的缺陷，同时探寻发展适合一类计算问题的通用算法和相应的设置方案。

随着 VLSI 集成度的提高，脉动阵列机将进一步发展，并扩大其在数字信号处理、快速算术运算、符号处理和智能数据库等方面的应用。

6.6 本章小结

6.6.1 知识点和能力层次要求

(1) 识记向量有哪三种处理方式,哪些处理方式适合于流水处理。在 CRAY-1 向量流水处理机上,给出若干条向量指令串后,分析这些指令之间,哪些可并行,哪些不能完全并行但可以链接,哪些只能串行,计算出全部指令执行完所需要的最少拍数,要达到综合应用层次。

(2) 领会阵列处理机的两种基本构形和工作原理。与流水线处理机对比,识记这两种处理机的相同点和不同点。

(3) 以 ILLIAC IV 阵列机为例,领会在分布式存储器构形的阵列处理机中,处理单元之间互连的结构模式、最大传送步数、典型的并行算法、数据在存储器中分布存放的规律以及处理单元产生的数据经互连网络传送的某些规律。

(4) 识记互连网络的设计目标和互连函数的几种表示形式。对于立方体、PM2I、混洗交换 3 种基本的单级网络的互连函数表示、互连函数个数、最大距离等,要达到简单应用层次。领会循环互连网络和多级互连网络的思想。识记立方体、omega 多级互连网络的交换单元功能、拓扑结构及所用的开关控制方式。8 个或 16 个入端和出端的多级立方体、多级混洗交换网络的画法;针对具体题目,选择适合于在阵列机上并行处理的互连网络,确定各交换开关的状态等,应达到综合应用层次。领会立方体、omega、PM2I 多级网络都是阻塞式网络的含义,什么是全排列网络以及全排列网络的两种实现方式。

(5) 在集中式存储器构形的阵列处理机中,能设计数据元素的存储方案,使向量数组元素在存储器中实现无冲突地被访问,要达到综合应用层次。领会要同时访问向量中步距为 2^i 的各个元素而无冲突,对存储器模数 m 的要求。能得出方阵或长方阵数组实现在存储器中无冲突访问时的存储体体数要求及数据元素在存储体中的分布规律。

(6) 了解脉动阵列结构的基本原理。

6.6.2 重点和难点

1. 重点

向量处理和向量的流水处理方式;在 CRAY-1 向量流水机上,向量指令之间并行和链接执行的特点;阵列处理机 PE 间的互连函数、多级互连网络和全排列网络;集中式存储器构形阵列处理机中并行存储器的无冲突访问问题。

2. 难点

在 CRAY-1 向量处理上,在向量指令序列中,向量指令之间的并行、链接、串行的判断,计算指令串全部完成所需要的拍数;在分布式存储器构形的阵列机上的并行算法及对存储信息分布的要求;按解题算法的要求,找出处理单元互连的规律,选择合适的多级互连网络或全排列网络,画互连网络拓扑图,确定交换开关的控制方式和状态;在集中式存储器构形的阵列机中设计实现向量、数组元素在存储器中无冲突访问的数据分布方案。

习 题 6

6-1 求向量 $D=A\times(B+C)$，各向量元素个数均为 N，参照 CRAY-1 方式分解为 3 条向量指令：

① $V_3\leftarrow$ 存储器；访存取 A 送入 V_3 寄存器组

② $V_2\leftarrow V_0+V_1$；$B+C\rightarrow K$

③ $V_4\leftarrow V_2\times V_3$；$K\times A\rightarrow D$

当采用下列 3 种方式工作时，各需多少拍才能得到全部结果？

(1) ①、②和③串行执行。

(2) ①和②并行执行后，再执行③。

(3) 采用链接技术。

6-2 设向量长度均为 64，在 CRAY-1 机上所用浮点功能部件的执行时间分别为：相加 6 拍，相乘 7 拍，求倒数近似值 14 拍；在存储器读数 6 拍，打入寄存器及启动功能部件各 1 拍。问下列各指令组内的哪些指令可以链接？哪些指令不可链接？不能链接的原因是什么？分别计算出各指令组全部完成所需的拍数。

(1) $V_0\leftarrow$ 存储器   (2) $V_2\leftarrow V_0\times V_1$

    $V_1\leftarrow V_2+V_3$ $V_3\leftarrow$ 存储器

    $V_4\leftarrow V_5\times V_6$ $V_4\leftarrow V_0+V_3$

(3) $V_0\leftarrow$ 存储器   (4) $V_0\leftarrow$ 存储器

    $V_2\leftarrow V_0\times V_1$ $V_1\leftarrow 1/V_0$

    $V_3\leftarrow V_2+V_0$ $V_3\leftarrow V_1\times V_2$

    $V_5\leftarrow V_3+V_4$ $V_5\leftarrow V_3+V_4$

6-3 画出 16 台处理器仿 ILLIAC IV 的模式进行互连的互连结构图，列出 PE_0 分别只经一步、二步和三步传送，就能将信息传送到的各处理器号。

6-4 求向量累加和 $S=\sum\limits_{i=0}^{15}A(i)$，在 SISD 计算机上用 FORTRAN 程序

       $S=0.0$

       $DO \quad 10 \quad I=0,15$

  10 $S=S+A(I)$

需 16 次加法。现在阵列机上用成对递归算法，只需 lb16＝4 次加法，即可同时求得前 1 个、前 2 个，……，前 16 个元素之和。设原始数据 $A(i)$ 分别存放在 PEM_i 的 α 单元，其中，$0\leqslant i\leqslant 15$。请写出阵列机上用成对递归相加求累计和的并行算法步骤。

6-5 编号为 $0,1,\cdots,15$ 的 16 个处理器，用单级互连网络互连。当互连函数分别为

(1) $Cube_3$ (2) $PM2_{+3}$

(3) $PM2_{-0}$ (4) Shuffle

(5) Shuffle(Shuffle)

时，第 13 号处理器各连至哪一个处理器？

6-6 实现 16 个处理单元的单级立方体互连网络。

(1) 写出所有单级立方体互连函数的一般式。

(2) 3 号处理单元用单级立言体互连网络可将数据直接传送到哪些处理单元上？

6-7 实现 16 个处理单元互连的 PM2I 单级网络。

(1) 写出所有各种单级 PM2I 的互连函数的一般式。

(2) 3 号处理单元用单级 PM2I 网络可将数据直接传送到哪些处理单元上？

6-8 阵列有 0～7 共 8 个处理单元互连，要求按 (0,5)、(1,4)、(2,7)、(3,6) 配对通信。

(1) 写出实现此功能的互连函数的一般式。

(2) 画出用三级立方体网络实现互连函数的互连网络拓扑结构图，并标出各控制开关的状态。

6-9 对于采用级控制的三级立方体网络，当第 i 级 $(0 \leqslant i \leqslant 2)$ 为直连状态时，不能实现哪些结点之间的通信？为什么？反之，当第 i 级为交换状态呢？

6-10 假定 16×16 的矩阵 $\boldsymbol{A} = (a_{ij})$，以行为主序将 256 个元素顺序存放在存储器的 256 个单元中。

(1) 用什么样的单级互连网络可实现对该矩阵进行转置存放，即 $a_{ij} \Longleftrightarrow a_{ji}$？

(2) 总共需要循环传送多少步？为什么？

6-11 画出 0～7 号共 8 个处理器的三级混洗交换网络，在该图上标出实现将 6 号处理器数据播送给 0～4 号，同时将 3 号处理器数据播送给其余 3 个处理器时的各有关交换开关单元的控制状态。

6-12 并行处理机有 16 个处理单元，要实现相当于先 8 组 2 元交换，然后是 1 组 16 元交换，再次是 4 组 4 元交换的交换函数功能。

(1) 写出实现此交换函数最终等效的功能，各处理器间所实现的互连函数的一般式。

(2) 画出实现此互连函数的四级立方体互连网络拓扑结构图，标出各级交换开关的状态。

6-13 给出 $N=8$ 的蝶式变换，如图 6-36 所示。

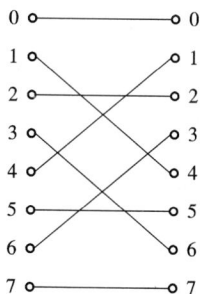

图 6-36 习题 6-13 附图

(1) 写出互连函数关系式。

(2) 如采用 omega 网络，需几次通过才能完成此变换？

(3) 列出 omega 网络实现此变换的控制状态图。

6-14 具有 $N=2^n$ 个输入端的 omega 网络，采用单元控制，实现一到一的传送。

(1) N 个输入总共可有多少种不同的排列?

(2) 该 omega 网络通过一次可以实现的置换有多少种是不同的?

(3) 若 $N=8$,计算出一次通过能实现的置换数占全部排列数的百分比。

6-15 画出 $N=8$ 的立方体全排列多级网络,标出采用单元控制,实现 0→3,1→7,2→4,3→0,4→2,5→6,6→1,7→5 的同时传送时的各交换开关状态。说明为什么不会发生阻塞。

6-16 在集中式主存的阵列机中,处理单元数为 4,为了使 4×4 的二维数组 A 的各元素 $a_{ij}(i=0\sim3,j=0\sim3)$ 在行、列、主对角线和次对角线上均能实现无冲突访问,请填出数组各元素在存储器分体(分体号从 0 开始)中的分布情况。假设 a_{00} 已放在分体号为 3,体内地址(从 $i+0$ 开始)为 $i+0$ 的位置。

6-17 在 16 台 PE 的并行(阵列)处理机上,要对存放在 M 个分体并行存储器中的 16×16 二维数组实现行、列、主对角线、次对角线上各元素均无冲突的访问,要求 M 至少为多少?此时数组在存储器中应如何存放?写出其一般规则。并证明这样存放同时也可以无冲突访问该二维数组中任意 4×4 子阵的各元素。

6-18 表 6-3 是一个 8×8 的二维数组 A 以列为主序存放在一个有 4 台 PE 和 5 个存储模块的阵列机存储器中的定位状况。

表 6-3 阵列机存储器中的定位情况

模块内地址 A_d	模 块				
	M_0	M_1	M_2	M_3	M_4
0	00	10	20	30	×
1	50	60	70	×	40
2	21	31	×	01	11
3	71	×	41	51	61
4	×	02	12	22	32
5	42	52	62	72	×
6	13	23	33	×	03
7	63	73	×	43	53
8	34	×	04	14	24
9	×	44	54	64	74
10	05	15	25	35	×
11	55	65	75	×	45
12	26	36	×	06	16
13	76	×	46	56	66
14	×	07	17	27	37
15	47	57	67	77	×

注:表中模块 M 的两位数字分别对应于下标 i、j。

(1) 列出一个存储周期内能实现无冲突访问的数组各元素的模式。

(2) 写出元素存放的规则,即元素 $A(i,j)$ 与模块内地址 A_d 及模块号的一般关系式。

第 7 章 多 处 理 机

本章主要讲述 MIMD 的多处理机的基本概念、硬件结构、Cache 的一致性、并行算法研究思路、程序并行性的分析、并行语言、性能分析、操作系统及多处理机的发展。

7.1 多处理机的概念、问题和硬件结构

7.1.1 多处理机的基本概念和要解决的技术问题

多处理机是指有两台以上的处理机，共享 I/O 子系统，机间经共享主存或高速通信网络通信，在统一操作系统控制下，协同求解大而复杂问题的计算机系统。

使用多处理机的第一个目的是通过多台处理机对多个作业、任务进行并行执行来提高解题速度，从而提高系统的整体性能。第二个目的是使用冗余的多个处理机通过重新组织来提高系统的可靠性、适应性和可用性。下面主要讲述的是为实现作业、任务间并行，以提高速度为目的的多处理机。由于应用的目的和结构不同，因此多处理机可以有同构型、异构型和分布型三种。

多处理机是属于多指令流多数据流的系统。它与单指令流多数据流的阵列处理机相比，有很大的差别，其差别主要来源于并行性的等级不同。阵列处理机主要是针对向量、数组处理，实现向量指令操作级的并行，是开发并行性中的同时性。多处理机实现的则是更高一级的作业或任务间的并行，是开发并行性中的并发性。因此，在硬件结构上，它的多个处理机要用多个指令部件分别控制，通过共享主存或机间互连网络实现异步通信；在算法上，不限于向量、数组处理，还要挖掘和实现更多通用算法中隐含的并行性；在系统管理上，要更多地依靠操作系统等软件手段，有效地解决资源分析和管理，特别是任务分配、处理机调度、进程的同步和通信等问题。

多处理机为适应多种算法，要求硬件结构上要解决好处理机、存储器模块及 I/O 子系统之间的灵活多变的互连，既满足高带宽、低成本，机间通信模式的多样性、灵活性和不规则性，又要避免争用共享的硬件资源，实现无冲突连接。

多处理机的并行性主要体现于指令的外部，使得程序并行性的识别比较困难。它要解决如何最大限度地开发系统的并行性，必须综合研究算法、程序语言、编译、操作系统、指令及硬件等，从多种途径去挖掘各种潜在的并行性，以最大限度地提高系统的性能。

多处理机要研究如何用专门的指令或语句来控制并行任务的派生。根据并行任务之间的数据相关或控制依赖关系，又要研究用何种手段来进行并行任务(进程)的汇合(同步)。

在多处理机上，要研究如何将一个大的作业或任务进行分割，合理选择任务的粒度大

小和各任务粒度大小的均匀性，使并行度高，又要让额外的派生、汇合、通信等辅助开销小，这同样要涉及并行算法、并行语言的研究，涉及多处理机性能效率的分析。

多处理机执行并发任务所需的处理机的机数是不固定的。各处理机进入或退出任务的时间及所需资源的变化比较大。必须研究如何较好地解决动态的资源分配和任务调度，让各处理机的负荷尽可能均衡，并要防止死锁。

要研究多处理机中某个处理机发生故障后，如何重新组织系统，使之不至于瘫痪，并仍能保证有较高的效率。多处理机机数增多后，如何能给编程者提供良好的编程环境，减轻编程的负担，也是必须解决的问题。

结论：多处理机的结构、机间互连、并行算法、并行语言、编译、操作系统等都将会直接影响系统的性能和效率。

7.1.2 多处理机的硬件结构

1. 紧耦合和松耦合

多处理机有紧耦合和松耦合两种不同的构形。

1）紧耦合多处理机

紧耦合多处理机是通过共享主存实现处理机间通信的，其通信速率受限于主存频宽。各处理机与主存经互连网络连接，处理机数受限于互连网络带宽及各处理机访主存冲突的概率。

为减少访主存冲突，主存采用模 m 多体交叉存取。模数 m 越大，发生冲突的概率越低，但要解决好数据在各存储器模块中的分配和定位。各处理机可自带小容量局部存储器存放该处理机运行进程的核心代码和常用系统表格，进一步减少访主存冲突。处理机还可自带高速缓冲存储器 Cache 以减少访主存次数。

紧耦合多处理机有两种构形，如图 7-1 所示。这两种构形的差别只在于是否自带专用的 Cache。

系统由 p 台处理机、m 个存储器模块和 d 个 I/O 通道组成，通过处理机－存储器互连网络（PMIN）、I/O－处理机互连网络（IOPIN）和中断信号互连网络（ISIN）进行互连。

处理机－存储器互连网络实现各处理机与各存储器模块的连接，使之经仲裁后，每个存储器模块在一个存储周期只响应其中一台处理机的访存请求。为减少各处理机同时访问同一存储器模块的冲突，存储器模块数 m 应等于或略大于处理机数 p。每台处理机自带局部存储器的方案，不仅可以减少访主存信息量，降低访主存冲突概率，还可以减少处理机－存储器互连网络的使用冲突。如果再自带专用 Cache 就可进一步减少这类冲突。例如 IBM 3084 和 S-1 就是带专用 Cache 的紧耦合多处理机。存储器映像模块（MM）用于控制将处理机访存地址映像到局部存储器、专门 Cache 或主存模块。存储器的每个模块又可以由流水方式工作的多个子模块构成。

处理机间通过中断信号互连网络，由一台处理机向另一台处理机发出中断信号来实现处理机间的进程同步。

处理机和连接外设的 I/O 通常经 I/O－处理机互连网络来实现通信。这样能实现各处理机与各 I/O 通道之间完全连接的对称性。I/O－处理机互连网络虽连接灵活，但价格贵，所以多数多处理机采用非对称互连，即连到一台处理机的设备不能被另一台处理机直接访

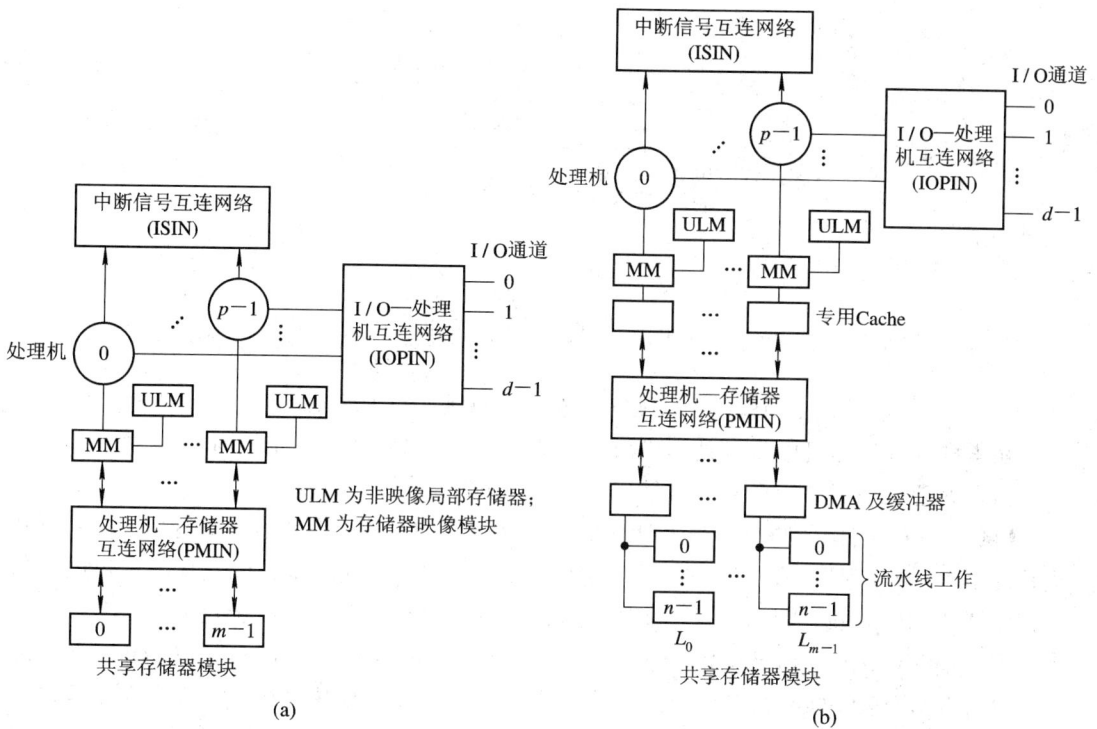

图 7-1 紧耦合多处理机的结构

(a) 处理机不带专用 Cache；(b) 处理机自带专用 Cache

问。图 7-2 就是带非对称 I/O 子系统的多处理机结构。美国卡内基－梅隆大学研制的 C. mmp 多处理机，就是不带专用 Cache 的紧耦合多处理机，p 和 m 均为 16，采用非对称的 I/O 子系统。

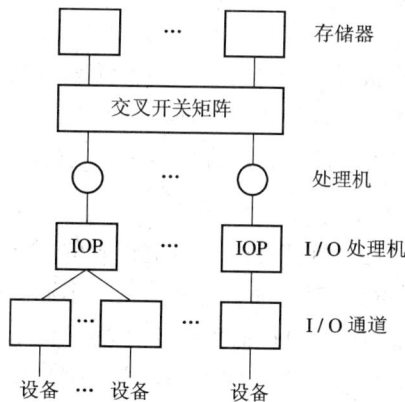

图 7-2 带非对称 I/O 子系统的多处理机结构

在非对称的 I/O 子系统中，为防止某台处理机失效时它所接的外设无法连到其他处理机上，应采用适当的冗余连接，可在一定程度上克服这一缺点。图 7-3 就是采用冗余连接非对称 I/O 子系统的例子。在此例中，处理机 1 发生故障时处理机 p 仍可访问 IOP_1，这是以增加一个多通路仲裁逻辑为代价的。

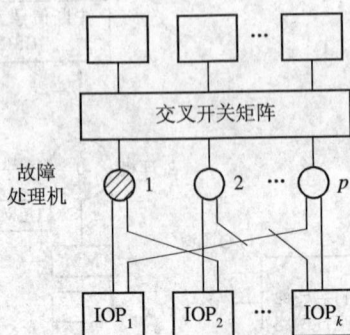

图 7-3 采用冗余连接的非对称 I/O 子系统

在紧耦合多处理机中就各处理机而言，又有同构对称型和异构非对称型两种。

当多处理机用于并行任务时常采用同构对称型的紧耦合多处理机。

【例 7-1】 我国的曙光 1 号多处理机是典型的同构对称型紧耦合多处理机。在一个模块系统中，4 台处理机、8 个 Cache 管理部件经 100 MB/s 高速局部总线共享动态随机访问主存储器和 I/O 总线、VME 总线、BIT 总线。其中，每台处理机均由 1 台 MC 88100 微处理器和 2 个 MC 88200 Cache 管理部件 CMMU 组成，并带有 2 个 16 KB 的 Cache。其系统板经符合 VME 总线标准的底板上的 9 个插槽，可配 1~4 个模块系统，1~2 个存储器扩展板和其他的 I/O 功能板，以便进一步扩充该系统。整个系统可扩充至 16 个微处理器、512 KB 的 Cache 和 768 MB 的主存。Sequent 公司的 Balance 多处理机也是一种同构对称型的紧耦合多处理机，处理机可从 2 台扩充到 32 台，共享存储器模块为 1~6 个。其中，每台处理机由 80386 微处理器和浮点运算器组成，带 64 KB 的 Cache。每个存储器模块为 8 MB 并带一个存储控制器。各处理机和存储器模块均与系统总线相连并经总线适配器与 Ethernet 局域网互连、I/O 设备接口与设备相连，或连至磁盘控制器。系统总线还可经总线适配器和 Multibus 与远程网相连。

采用异构非对称型多处理机时，其主处理机不同于从处理机，主处理机、主存经高速系统总线连至字符处理机与字符外设、数组处理机与数组外设、网络处理机、图形处理机、向量加速处理机，从处理机均为专门的，其结构不同于主处理机。

2) 松耦合多处理机

松耦合多处理机中，每台处理机都有一个容量较大的局部存储器，用于存储经常用的指令和数据，以减少紧耦合系统中存在的访主存冲突。不同处理机间或者通过通道互连实现通信，以共享某些外部设备；或者通过消息传送系统(Message Transfer System，MTS)来交换信息，这时各台处理机可带有自己的外部设备。消息传送系统常采用分时总线或环形、星形、树形等拓扑结构。松耦合多处理机较适合做粗粒度的并行计算。处理的作业分割成若干相对独立的任务，在各个处理机上并行，而任务间的信息流量较小。当各处理机任务间交互作用很少时，这种耦合度很松的系统是很有效的，可看成是一个分布系统。

松耦合多处理机可分为非层次型和层次型两种构形。

图 7-4 是典型的经消息传送系统互连的松耦合非层次型多处理机。该系统有 N 个计算机模块(或称结点)。每个计算机模块中有处理器 CPU、Cache、局部存储器(Local Memory，

LM)和一组 I/O 设备。此外，还有一个通道和仲裁开关(CAS)与消息传送系统(MTS)接口，用于在两个或多个计算机模块同时请求访问 MTS 的某个物理段时进行仲裁，按照一定的算法选择其中的一个请求并延迟其他的请求，直至被选择的请求服务完成。CAS 的通道中有一个高速通信存储器缓冲传送的信息块，该通信存储器经 MTS 可被所有处理机访问。MTS 可以是单总线，让各通信存储器连到此分时使用的单总线上，也可以是总线数较少的多总线。由于总线上数据传送的速度不要求很高，其互连网络成本又比紧耦合的低，因而可以构成由数百台至数千台微处理机相连的多处理机。MTS 也可以是共享的网络通信系统。在松耦合的多处理机中，不同处理机任务间的通信都通过通信存储器进行，而同一处理机的任务间的通信只需经局部存储器即可完成。

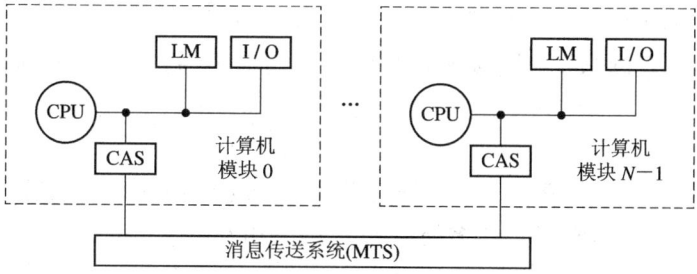

图 7-4　通过消息传送系统连接的松耦合多处理机结构

卡内基-梅隆大学设计的松耦合多处理机 C_m^* 是层次型总线式多处理机，其结构如图 7-5 所示。所有计算机模块通过两级总线按层次连接。Map 总线可连多达 14 个处理机模块 C_m，组成一个计算机模块组(cluster)，以加强组内各处理机间的协作，用低的通信开销实现数据共享。连到 Map 总线的 K_{map} 是各计算机模块组间的连接器。为提高可靠性，多个模块组之间通过两条 Intercluster 组间总线，连接成一个完全的 C_m^* 系统，用包交换(Packet Switching)方式通信。

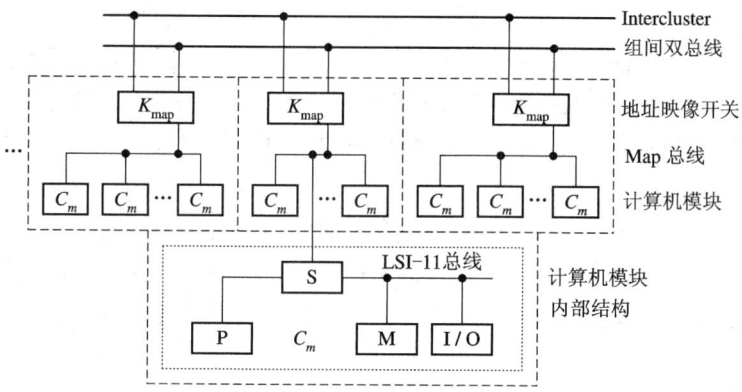

图 7-5　C_m^* 多处理机结构

2. 机间互连形式

多处理机机间互连的形式是决定多处理机性能的一个重要因素。在满足高通信速率、低成本的条件下，互连还应灵活多样，以实现各种复杂的乃至不规则的互连而不发生冲突。因此，多处理机的互连一般采用总线、环形互连、交叉开关、多端口存储器或蠕虫穿洞寻径网络等形式。随着技术的发展，当处理机的机数较多时，也有类似 SIMD 的多级网络，而与 SIMD 多级网络不同之处是，每个互连开关中都带有小容量存储器，以缓冲所传信息。对采用分布结构的多处理机则采用开关枢纽结构形式。

1）总线形式

多个处理机、存储器模块和外围设备通过接口与公用总线相连，采用分时或多路转接技术传送。其中，单总线方式结构简单，成本低，系统增减模块方便，但对总线的失效敏感，处理机机数增加会增大总线冲突概率，使系统效率急剧下降。虽然可在处理机中设置局部存储器和专用外设，减少总线使用冲突，但这种单总线形式也只适用于处理机机数较少的场合。

单总线方式的多处理机有 IBM stretch 和 UNIVAC larg 等。

有两种办法可提高总线形式的系统效率：一是用优质高频同轴电缆来提高总线的传输速率，进一步使用光纤通信，其信息速率可达 $10^9 \sim 10^{10}$ b/s；二是用多总线方式来减少访总线的冲突概率。

例如，美国的 Tandem - 16 和 Pluribus 采用双总线，日本的实验多处理机 EPOS 采用四总线，德国西门子公司的结构式多处理机 SMS 采用八总线，而上节介绍的 C_m^* 多处理机则采用分级多总线。

为解决多个处理机同时访问公用总线的冲突，人们又研制出了静态优先级、固定时间片、动态优先级、先来先服务等多种总线仲裁算法。

静态优先级算法为每个连到总线的部件分配一固定的优先级。当多个部件同时请求使用总线时，选择高优先级的部件先使用总线。例如，采用串行链接或独立请求等结构，都可以用静态优先级算法进行总线裁决。

固定时间片算法是把总线按固定大小时间片轮流提供给部件使用。它适用于同步总线，总线上所有设备都用一个公共时钟同步。

动态优先级算法将总线上各部件的优先级根据情况按一定规则动态改变。例如，近期最少使用（LRU）法是在每个总线周期后，最先响应最长时间间隔内未使用过总线的部件对总线访问的请求；循环串行链（Rotating Daisy Chain，RDC）法是在每个总线周期后，按"总线可用"线所接部件的顺序，优先响应离刚使用过总线的部件位置最近的部件所发出的访总线请求。

先来先服务算法是按接收到访问总线请求的先后顺序来响应的。在固定的服务时间里，这种算法会使各部件使用总线的平均等待时间最少，但它需要有机构记录各请求到达的先后次序。如果两个或多个请求在间隔很短的时间内到达，会很难识别谁先谁后，因此，是一种近似算法。

2）环形互连形式

总线形式互连对机数少的多处理机来说有结构简单、造价低、可扩充性好等优点，但总线的性能和可靠性严重受物理因素制约。为保持总线式互连的优点，同时又能克服其不足，可以考虑构造一种逻辑总线，让各台处理机之间点点相连成环状，称为环形互连，如图 7 - 6 所示。在这种多处理机上，信息的传递过程是由发送进程将信息送到环上，经环形网络不断向下一台处理机传递，直到此信息又回到发送者处为止。

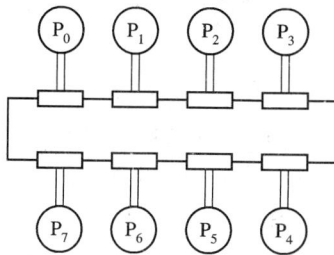

图 7-6 机间采用环形互连的多处理机

发送信息的处理机拥有一个唯一的令牌(Token)，它是普通传送的信息中不会出现的特定标记。同时只能有一台处理机可持有这个令牌。发送者在发送信息时，环上其他处理机都处于接收信息的状态。发送者一旦将信息发送完就向环上播送令牌。其他处理机依次传递此信息和令牌，并根据需要接收信息。如果某台处理机想要发送信息，在收到令牌后就不再将令牌传向下一台处理机，此时这台处理机就可以通过环形网络发送信息了。如果各处理机都不发送信息，令牌就在环形网络上不断循环传递，直至某台处理机需要发送信息为止。

由于环形互连是点点连接，不是总线式连接，其物理参数容易得到控制，非常适合于有高通信带宽的光纤通信。光纤通信是很难用在总线式互连系统上的。环形互连的缺点是信息在每个接口处都会有一个单位的传输延迟，当互连的处理机机数增加时，环中的信息传输延迟将增大。但与总线式互连不同的是，即使环形互连处理机机数很多，通信负荷很重，都不会出现像总线互连那样使系统带宽急剧下降的情况，系统的带宽仍保持一个高值。这是因为令牌环网可看成是一种周期短、延迟长的流水线。只要计算时能够保持流水线处于满负荷流动，让各处理机的计算和传输重叠进行，发送者在发送完全部信息后，不用等回收到此信息，就将其持有的令牌向下传递给新的发送者，有效带宽就可以得到最充分的利用。反之，若只有当原来的信息都不在环上传递时才能发送新的信息，那么就会与在两次不同操作之间需要排空流水线的做法类似，这样，随着环网上处理机机数的增加，网络的带宽会严重降低，造成系统效率急剧下降。

3) 交叉开关形式

单总线互连结构最简单，但争用总线最严重。交叉开关形式则不同于单总线。它用纵横开关阵列将横向的处理机 P 及 I/O 通道与纵向的存储器模块 M 连接起来，如图 7-7 所示。

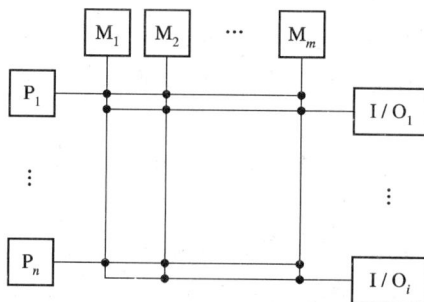

图 7-7 交叉开关形式

交叉开关形式是多总线朝总线数增加方向发展的极端情况，总线数等于全部相连的模块数($n+i+m$)，且$m \geqslant i+n$，n个处理机和i个I/O设备都能分到总线与m个存储器模块之一连通且并行地通信。互连网络不争用开关，可以大大展宽互连传输频带，提高系统效率。交叉开关不是公用总线的按时间分割机制，而是按空间分配机制。任何处理机或I/O通道与任何存储器模块交换信息时，只在交叉开关处有一个单位的传输延迟。当然，如果多个处理机或I/O通道访问同一主存模块或访问共享主存变量，还会发生冲突，但这是访存冲突而非互连网络冲突。它可以通过重新调整数据在存储模块中的位置或其他措施解决。这样，影响多处理机系统性能的瓶颈就不再是互连网络，而是共享的存储器了。

应该看到，图7-7中交叉开关的每一个交叉点都是一套开关，不仅要有多路转接逻辑，还要有处理访问存储器模块冲突的仲裁硬件，加上总线有一定宽度，因此整个交叉开关阵列是非常复杂的。若纵向、横向的总线数都为n，交叉开关阵列的设备量将是$O(n^2)$。当n很大时，其成本可能会超过全部$2n$个部件(包括处理机、存储器模块和I/O设备)的成本。因此，采用交叉开关的多处理机一般$n \leqslant 16$，少数可有$n=32$的。规模很大的交叉开关互连网络只有在交叉开关的成本非常低时才有可能被采用。

【例7-2】 图7-8画出了C.mmp的16×16处理机-存储器模块交叉开关中一个结点开关的结构。结点开关由仲裁模块和多路转换器模块两部分组成。16个处理机都可给仲裁模块发一个访问存储器模块的请求，仲裁模块按一定的算法，响应有最高优先级的处理机请求，并返回该处理机一个回答。该处理机接到此回答后，就经多路转换器模块开始访问存储器。多路转换器模块是一个16选1的多路选择器，它受仲裁模块控制，选择相应的处理机与存储器模块之间进行数据、地址和读/写信息的传送。

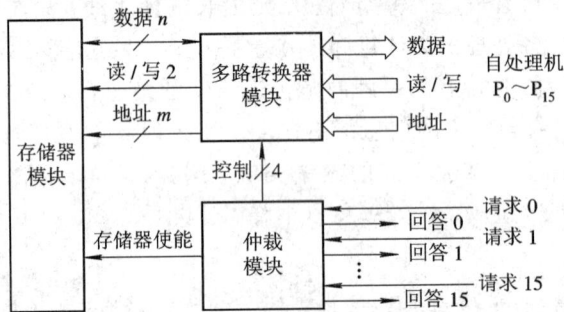

图7-8 交叉开关中结点开关的结构

采用交叉开关形式互连的多处理机例子有美国的C.mmp和S-1，它们都有16台处理机。此外，像Burroughs军用D-825及商用B5500、B6700、B7700都采用这种形式互连。

由于交叉开关较复杂，可通过用多个较小规模的交叉开关"串连"和"并连"，构成多级交叉开关网络，以取代单级的大规模交叉开关。图7-9是用4×4的交叉开关组成的16×16二级交叉开关网络，其设备量减少为单级16×16的一半。这实际是用4×4的交叉开关模块构成$4^2 \times 4^2$的交叉开关网络。其中，指数2为互连网络的级数。

在多处理机中，经常会遇到互连网络的入端数和出端数不同的情况。为降低开关阵列的复杂性，可采用榕树(Banyan)形的互连网络。采用$a \times b$的交叉开关模块，使a中任一输

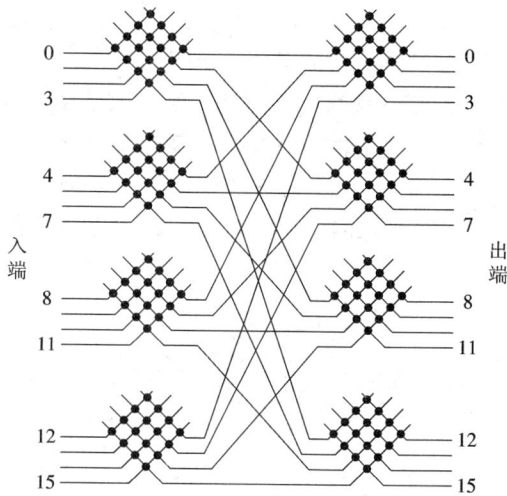

图 7-9 用 4×4 的交叉开关模块构成 16×16 的二级交叉开关网络

入端与 b 中任一输出端相连。用 n 级 $a \times b$ 交叉开关模块可组成一个 $a^n \times b^n$ 的开关网络，即每个小的交叉开关模块为 $a \times b$。总共有 a^n 个输入和 b^n 个输出的 n 级网络。它已被 Patel（1981 年）的多处理机采用，叫做 Delta 网。图 7-10 给出了一个 $4^2 \times 3^2$ 的 Delta 网络，这种互连网络比较适用于输入端数和输出端数不等或通信不规则的多处理机中。因此，上一章介绍的 SIMD 的互连网络同样也可用于多处理机间的互连。例如，多处理机采用混洗交换网络互连的通信带宽和成本介于单总线互连与交叉开关互连之间，而且比较适用于处理机机数较多的多处理机中。由于多处理机的通信模式不规则，因此，能实现 $N!$ 种排列的全排列网络同样适用于多处理机的机间互连。前面已提到，不同于 SIMD 的是，每个互连开关中都带有小容量缓冲存储器，采用的是消息包交换，而不是线路交换。

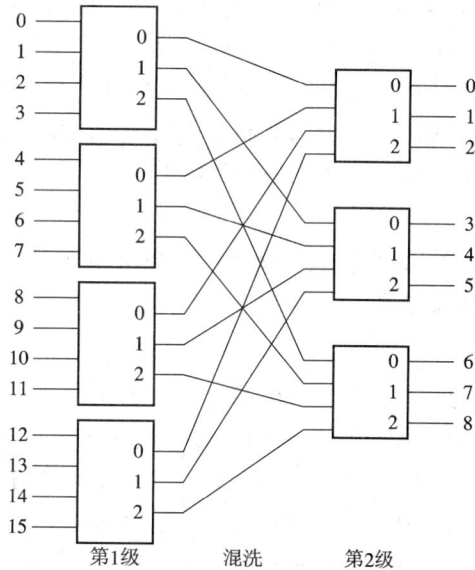

图 7-10 $4^2 \times 3^2$ 的 Delta 网络（榕树形互连网络的特例）

4）多端口存储器形式

如果每个存储器模块都有多个访问端口，将分布在交叉开关矩阵中的控制、转移和优先级仲裁逻辑分别移到相应存储器模块的接口中，就构成了多端口存储器形式的结构。图7-11是一个四端口存储器形式的结构。多端口存储器形式的中心是多端口存储器模块。多个存储器模块的相应端口连接在一起，每一个端口负责处理一个处理机 P 或 I/O 通道的访存请求。每个存储器模块按照对它的各个端口指定的优先级来化解对它的访问冲突。

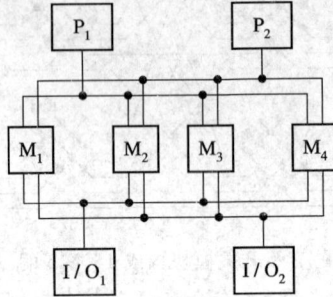

图 7-11 四端口存储器形式的结构

与交叉开关形式的全部复杂性集中在开关阵列一样，多端口存储器形式中全部系统的复杂性就转移到存储器模块中来了。因此，端口数不宜太多，且一经做定就不易改变。这对多处理机都是不利的，但当处理机机数少时，多端口存储器形式的结构还是成功的。

采用多端口存储器互连的多处理机有 IBM 370/168MP，UNIVAC-1100/80、90，CRAY-X-MP 等。

5）蠕虫穿洞寻径网络

在处理机之间采用小容量缓冲存储器，实现消息分组的寻径存储转发。在蠕虫网络中，将消息分组又分割成一系列更小的小组，同一分组中所有小组以异步流水方式按序不间断地传送。同一分组中，只有头部的小组知道其所在整个分组传送的目的地，且用硬件方式进行传送的应答。各个分组允许交叉传送，但不同分组中的各个小组不能互相混在一起传送，利用虚拟通道思想，使存在于发送和接收结点之间的一条物理通道能被多个虚拟通道分时共享。

我国中科院计算所国家智能计算机研究开发中心研制的曙光1000多处理机就采用了蠕虫网络来减少存储转发所需的通信时间。

6）开关枢纽结构形式

参照多端口存储器的思想，把互连结构的开关设置在各处理机或接口内部，组成分布式结构，称为开关枢纽结构形式。每一台处理机通过它的开关枢纽与其他多台处理机连接组成各种有分布结构的多处理机。开关枢纽的选择，应使组成的多处理机有较佳的拓扑结构和良好的互连特性，特别是要适应处理机机数很多的情况。

理想的拓扑结构应该是：所用开关枢纽数量少，每个开关枢纽的端口数不多，能以较短的路径把数量很多的处理机连接起来，实现快速而灵活的通信；不改变模块本身的结构，就可使系统规模得到任意扩充。

【例 7-3】 美国加州大学伯克利分校设计的树形多处理机 X-TREE 结构如图7-12 所示，在 X-TREE 多处理机中，每一个处理机与其开关枢纽一起构成一个 X 结点。N 个 X 结点处理机被连接成 $\lceil lbN \rceil$ 级的二叉树，使结点间的平均路径长度与结点数目的对数成正比。N 越大时，越能显示出其路径较短的优越性。如果在二叉树的每一级内增加水平连接线，就构成半环二叉树(图 7-12 中的实线)或全环二叉树(图 7-12 中的实线加虚线)。这不但可进一步缩短通信的路径，平衡各结点上的信息流量，而且还能提供冗余路径以实现容错。此外，如图 7-12 所示，二叉树中各 X 结点的二进制地址与它们在树内的几何位置恰好对应，给制定 X-TREE 的路径控制算法带来很大的方便。在每个结点内，除开关枢纽 S 和处理机 P 外，还包括局部存储器 M。全部 I/O 外设和共享存储器 M_s 都接在 X-TREE 树叶上，使程序的运行和数据的读取都在尽可能靠近树叶的结点内进行，从而使信息流量最少。半环二叉树要求 X 结点内部包含一个 5 端的开关枢纽 S，以进行本结点与外部 4 个邻近结点间的连接。所有 X 结点的硬件都做在一个超大规模集成电路芯片上。这种模块式多处理机的可重构性强，以它构成的系统具有较强的通用性。

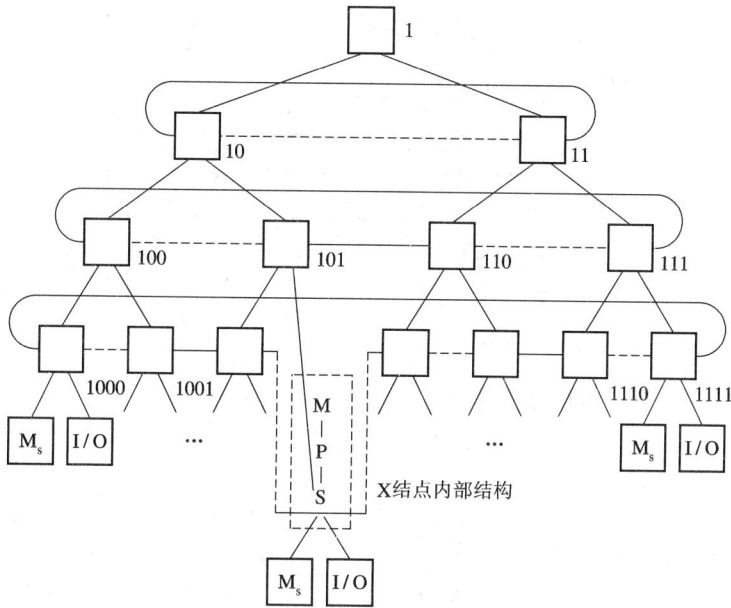

图 7-12　X-TREE 多处理机结构

3. 存储器的组织

多处理机的主存一般都采用由多个模块构成的并行存储器。那么，并行存储器应当如何组织，才能减少因各处理机同时访问同一存储模块而引起冲突的概率，尽可能有效地利用并行主存的频宽呢？

已经知道，由 m 个存储器模块构成的并行存储器，存储单元的地址是按交叉方式编址的。这种地址交叉编址的方式主要有低位交叉和高位交叉两种。

m 个模块的低位交叉编址方式如图 7-13 所示。由主存物理地址的低 lbm 位代码选择模块，高 lbn 位代码选择模块内的单元。整个存储器存储单元按物理地址顺序轮流地分布在各个存储器模块中。模块内部顺序单元的物理地址不连续，其步距为 m。

<table>
<tr><td>块内地址</td><td>模块 0</td><td>模块 1</td><td>…</td><td>模块 m-1</td></tr>
<tr><td>0</td><td>0</td><td>1</td><td></td><td>m-1</td></tr>
<tr><td>1</td><td>m</td><td>m+1</td><td></td><td>2m-1</td></tr>
<tr><td>⋮</td><td>⋮</td><td>⋮</td><td>…</td><td>⋮</td></tr>
<tr><td>i</td><td>im</td><td>im+1</td><td></td><td>(i+1)m-1</td></tr>
<tr><td>⋮</td><td>⋮</td><td>⋮</td><td></td><td>⋮</td></tr>
<tr><td>n-1</td><td>(n-1)m</td><td>(n-1)m+1</td><td></td><td>nm-1</td></tr>
</table>

主存物理地址 | 模块内部单元号 | 模块号
$\text{lb}n$ 位 | $\text{lb}m$ 位

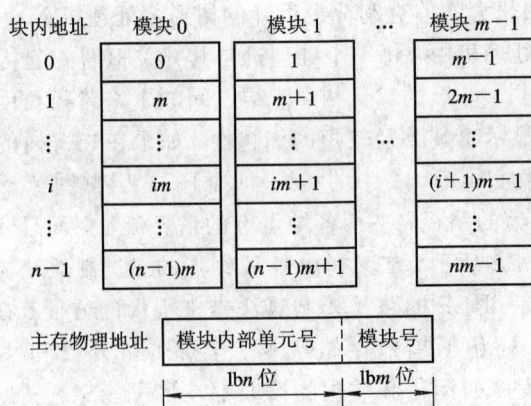

图 7-13 m 个模块的低位交叉编址

m 个模块的高位交叉编址方式如图 7-14 所示。由主存物理地址的高 $\text{lb}m$ 位代码选择模块，低 $\text{lb}n$ 位代码选择模块内的单元。整个存储器存储单元按物理地址顺序从模块 0 到模块 $m-1$ 依次连续分布，且模块内部顺序单元的物理地址也是连续的。

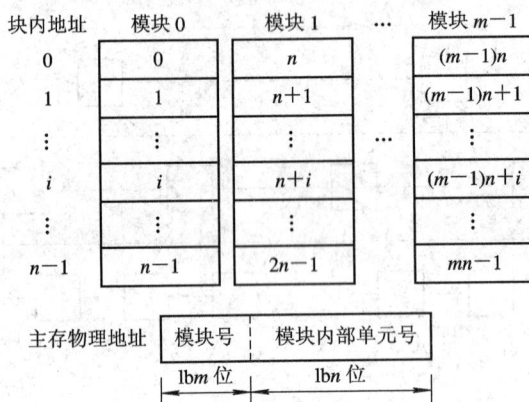

<table>
<tr><td>块内地址</td><td>模块 0</td><td>模块 1</td><td>…</td><td>模块 m-1</td></tr>
<tr><td>0</td><td>0</td><td>n</td><td></td><td>(m-1)n</td></tr>
<tr><td>1</td><td>1</td><td>n+1</td><td></td><td>(m-1)n+1</td></tr>
<tr><td>⋮</td><td>⋮</td><td>⋮</td><td>…</td><td>⋮</td></tr>
<tr><td>i</td><td>i</td><td>n+i</td><td></td><td>(m-1)n+i</td></tr>
<tr><td>⋮</td><td>⋮</td><td>⋮</td><td></td><td>⋮</td></tr>
<tr><td>n-1</td><td>n-1</td><td>2n-1</td><td></td><td>mn-1</td></tr>
</table>

主存物理地址 | 模块号 | 模块内部单元号
$\text{lb}m$ 位 | $\text{lb}n$ 位

图 7-14 m 个模块的高位交叉编址

在流水、向量或阵列处理机中，主存一般都不采用高位交叉编址的方案。这是因为程序或数据存放在同一个模块中，运行时极易发生访存冲突，使流水或对向量阵列各元素的访问和并行运算无法进行，降低了主存实际的带宽。但是，在多处理机，却会有不同的考虑。当各个处理机上活跃的进程是共享同一集中连续物理地址空间中的数据时，主存采用低位交叉编址是有利的。然而，当它们只是较少或基本不共享集中的数据时，主存采用低位交叉编址反倒会引起不希望的访存冲突，不如采用高位交叉编址为好。因为在高位交叉编址时，可以在给定的存储器模块中为某个进程集中一定数量的页面，以便有效地减少访存冲突。这时，将放置处理机 i 执行进程要用到的绝大多数页面的那个存储器模块 i 称为是处理机 i 的本地存储器(Home Memory)。

只要在处理机 i 上，现行进程全部活跃的页面都被包含在存储器模块 i 中，而且存储器模块 i 又不包含在其他处理机上运行的进程所需要的页面，那么处理机 i 就不会发生访存冲突。当每个处理机上运行的进程都将其所用的活跃页面放在自己的本地存储器中时，各处理机也就不会发生访存冲突了。

这种本地存储器的概念还可进一步延伸。当系统存储器的模块数多于处理机机数时，处理机 i 的本地存储器可以动态地由这些存储模块中的某几个集合组成。而且，不同处理机分别使用各自完全不同的一组存储器模块。任何时候，每个存储器模块只被其中的一个处理机所访问。这种本地存储器的概念对减少多处理机的访存冲突是很有效的。

由于多处理机的处理机－存储器互连网络（PMIN）一般成本较高，速度不能满足高性能要求，结构也比较复杂，因此，主存可以采用如图 7－15 所示的形式来组成。每个存储器模块设两个端口，一个连到互连网络 PMIN 上，另一个直接连到相应的本地处理机上。这种拓扑结构可以加强每个处理机对其本地存储器的访问能力，避免因频繁经处理机－存储器互连网络的开关转接耗费大量的延时时间，而且也缩短了处理机与其本地存储器之间连线的长度。由于主要不是经互连网络来访问存储器的，因此对互连网络速度的要求就可以降低，成本也就降低了。同时，因为有冗余路径还使系统的可靠性有所提高。C_m^* 计算机就是采用这种本地存储器的概念来组成主存系统的。

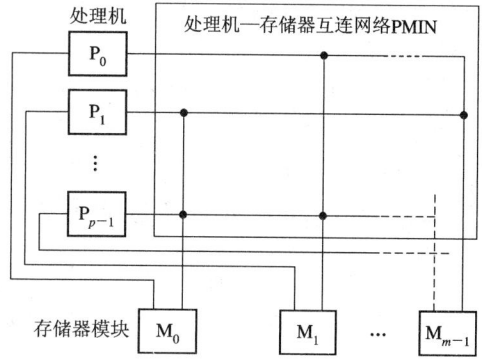

图 7 - 15　本地存储器的概念

当每个处理机设有自己的专用 Cache 时，主存采用低位交叉编址会使 Cache 中每块信息分散到不同的多个存储器模块之中。这样，Cache 在传送一个信息块的过程中，需频繁地经互连网络去转接，会严重降低信息块的传输效率。因此，在多处理机中，常采用一种二维的并行存储器构形，如图 7 - 16 所示。

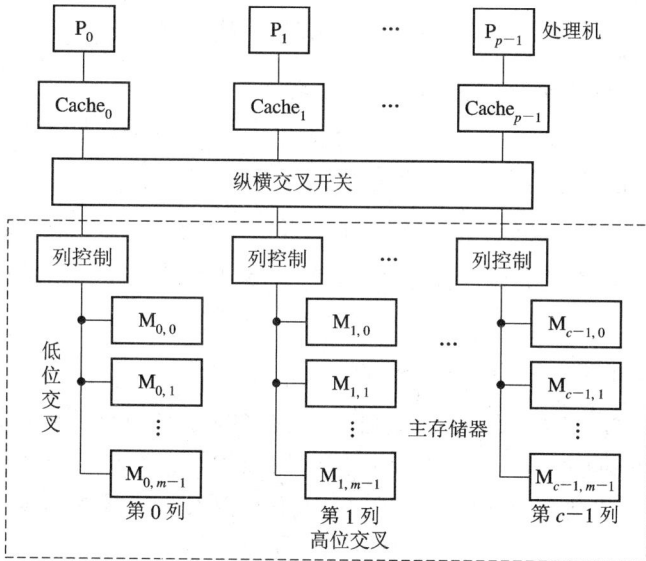

图 7 - 16　多处理机的二维并行存储器构形

存储器共有 $c \times m$ 个相同的模块，排成 c 列，每一列为 m 个模块，其中，m 应大于或等于 Cache 中一个信息块所含的单元数 b。各列之间采用高位交叉编址，而列内各模块之间则采用低位交叉编址。每一列有一个列控制部件,用以控制将该列的 m 个模块经公用总线转接到互连网络上。这种存储器的组织形式可以很好地匹配 Cache 的带宽。当 Cache 与主存之间需要进行一次信息块的传送时,就只需访问并行主存中的某一列。所以,当列控制部件接到需要传输大小为 b 个单元的一块信息的要求时,它将流出 b 个内部请求到这一列的 b 个相邻的模块中。

7.2 紧耦合多处理机多 Cache 的一致性问题

7.2.1 多 Cache 的一致性问题的产生

为了解决价格合理的大容量主存的访问速度低于处理机速度一个数量级的现实问题,系统在多处理机和主存之间,通常配置有一个高速缓冲存储器 Cache。

在多处理机中,情况比较复杂。由于每个处理机都有自己的专用 Cache,当主存中同一个信息块在多个 Cache 中都有时,会出现多个 Cache 之间的相应信息块的内容不一致的问题。即使采用第 4 章中所讲的写直达法,处理机 i 进行写操作时,可以保证其 Cache 与主存的内容一致,却不能保证有此副本的其他处理机的 Cache 中的信息块与主存中的一致。而且,在多处理机上,为了提高系统的效率,有时还允许进程迁移,将一个尚未执行完而被挂起的进程调度到另一个空闲的处理机上去执行,使系统中各处理机的负荷保持均衡,这样做,也会造成 Cache 与主存间的不一致。因为被迁移的进程中最近修改过的信息只保留在原处理机的 Cache 中,迁到新的处理机后,该进程就会使用主存中已过期的旧信息,使进程不能正确地得到恢复而出错。另外,当系统发生绕过 Cache 的输入/输出操作时,也会导致多个 Cache 块之间及 Cache 与主存对应块的内容不一致。

7.2.2 多 Cache 的一致性问题的解决办法

1. 解决进程迁移引起的多 Cache 不一致性

对于进程迁移引起的多 Cache 之间的不一致,可以通过禁止进程迁移的办法予以解决,也可以在进程挂起时,靠硬件方法将 Cache 中该进程改写过的信息块强制写回主存相应位置来解决。

2. 以硬件为基础实现多 Cache 的一致性

以硬件为基础实现多 Cache 的一致性的办法有多个。最普遍采用的办法叫监视 Cache 协议(Snoopy Protocol)法,各个处理机中的 Cache 控制器随时都在监视着其他 Cache 的行动。对于采用总线互连共享主存的多处理机,可利用总线的播送来实现。当某台处理机首次将数据写入自身 Cache 中某一信息块的同时,也将其写入主存,并且利用这个写主存操作信号通知总线上所有其他处理机的 Cache 控制器,将总线上给出的地址与各自的 Cache 目录表中的信息块地址作比较。如果存有这个信息块的副本,都应把此副本作废,以便那些处理机要访问该信息块时,按缺块处理,到主存中去调,以此来实现 Cache 的一致性。这种把数据块作废的方法叫写作废法。这样,某台处理机在将信息第一次写入 Cache 某信息块后，如果还有信息要写入该信息块，就可以只写入自己的 Cache 中，而不用再写入主存，直到这个块要被替换时，才写回主存。另一种做法则是通知总线上所有其他处理机的 Cache 控制器，如有此副本，都进行更新。这种把所有副本信息块更新的做法叫写更新法，或者叫播写法。监视 Cache 协议法实现简单，但只适用于总线互连的多处理机。而且，不管是写作废还是写更新，都要占用总线不少时间（虽然写作废法可比写更新法少占总线时间），因此只能用于机数少的多处理机中。商品化的多处理机大多采用此法。例如，IBM 公司的 IBM 370/168MP、IBM 3033，Alliant 计算机系统公司的 Alliant FX，Seguent 计算机系统公司的 Symmetry 多处理机等都采用写作废法；DEC 公司的 Firefly 多处理机工作站则采用写更新法。

当多处理机的机数很多，或者不采用总线式互连时，监视 Cache 协议法就不适用了。例如采用多级网络互连的多处理机中，多级网络无法播送这个通知，所以要采取其他的办法。其中，主要是目录表法。这种方法要建立一个目录表。目录表中的每一项都记录一个数据块的使用情况，包括用几个标志位分别指示这个信息块的副本在其他几个处理机的 Cache 中是否存在。例如，用 0 表示对应此位之 Cache 中没有该副本，用 1 表示对应此位之 Cache 中有该副本。另外，还设一个标志位记录是否已有 Cache 向这个信息块写入过。有了这个目录表后，一个处理机在写入自身 Cache 的同时，只需有选择地通知所有其他存有此数据块的 Cache 将副本作废或更新即可。

目录表的具体作法又可分三种。一种是全映像目录表。表中每项有 N 个标志位对应于多处理机中全部 N 台处理机的 Cache。系统中全部 Cache 均可同时存放同一个信息块的副本。不过，这样的目录表很庞大，硬件及控制均较复杂。另一种是有限目录表法。表中每项的标志位少于 N 个，因此限制了一个数据块在各 Cache 中能存放的副本数目。这两种目录表都集中地存在共享的主存之中，因此需要由主存向各处理机广播。第三种是链式目录表法。它把目录表分散存放在各个 Cache 中，主存只存有一个指针，指向一台处理机。要查找所有放有同一个信息块的 Cache，可以先找到一台处理机的 Cache，然后顺链逐台查找，直到找到目录表中的指针为空时为止。

3. 以软件为基础实现多 Cache 的一致性

以硬件为基础的做法将增大对互连网络的通信量。处理机数量很多时硬件也非常复杂。因此，提出了一些以软件为基础的做法。它们都是靠软件来限制的，不把一些公用的可写数据存入 Cache 中。例如，在编译时，通过编译程序分析，把信息分为能存入 Cache 的和不能存入 Cache 的两部分。让属于本处理机进程私用的指令和操作数以及各处理机公用的只读型指令或数据存入 Cache，而对于共享的可写数据则不让其存入 Cache，只驻留在主存中。为了尽量控制工作效率，也可以改为把部分可写的信息块归入不能存入 Cache 的一类中。编译程序分析时，如果可写信息块在某一段时间里存入 Cache 并不会引起不一致，即在这一段时间里实际不会写入，那么也允许其存入 Cache。只有在写入后会影响一致性的这段时间里限定其不得存入 Cache，或让之前已装入 Cache 的这些可写信息块作废。

以软件为基础解决 Cache 一致性的做法，主要优点是可以减少硬件的复杂性，降低对互连网络通信量的要求，因而性能价格比可以较高，比较适用于处理机数多的多处理机。但应当指出的是，现在以软件为基础的办法虽已提出了好几种方案，但由于可靠性及编译程序的编写困难，都还没有真正在商品化多处理机上使用，只在某些试验性系统上使用，如伊利诺大学的 Cedar 机。

7.3 多处理机的并行性和性能

多处理机并行性既存在于指令内部，也存在于指令外部，因此，必须利用算法、程序设计语言、编译、操作系统及指令、硬件等多种途径来开发。多处理机低层次的并行可通过向量化实现，如利用面向 SIMD 的并行算法解决向量数组的并行运算。系统高层次的任务和作业的并行主要靠算法、编译、语言及操作系统来开发。

7.3.1 并行算法

1. 并行算法的定义和分类

算法规定了求解某一特定问题时的有穷的运算处理步骤。

并行算法是指可同时执行的多个进程的集合，各进程可相互作用、协调和并发操作。

按运算基本对象的不同，并行算法可分为数值型的和非数值型的两类。基于代数运算，如矩阵运算、多项式求值、线性方程组求解等并行算法的称为数值型并行算法；基于关系运算，如选择、排序、查找、字符处理的并行主要对字符进行操作，称为非数值型并行算法。

按并行进程间的操作顺序不同，并行算法又分为同步型、异步型和独立型三种。

同步型并行算法是指并行的各进程间由于相关，必须顺次等待。异步型并行算法是指并行的各进程间执行时相互独立，不会因相关而等待，只是根据执行情况决定中止或继续。独立型并行算法是指并行的各进程间完全独立，进程之间不需要相互通信。

根据各处理机计算任务的大小（即任务粒度）不同，并行算法又分为细粒度、中粒度和粗粒度三种。细粒度并行算法一般指向量或循环级的并行。中粒度一般指较大的循环级并行，并确保这种并行的好处可以补偿因并行带来的额外开销。粗粒度并行则一般是指子任务级的并行。

此外，用同构性来表示并行的各进程间的相似度。一般地，在多程序多数据流的多处理机上运行的进程之间是属异构性的，而在单程序多数据流的多处理机上运行的多个并行进程则是同构性的。

2. 多处理机并行算法的研究思路

并行算法取决于计算机的结构和题目，它是提高多处理机并行性能的关键。处理机数目很多时，要把问题分解成由足够多的处理机处理的并行过程是极其困难的。

研究并行算法的一种思路是将大的程序分解成足够多的可并行处理的过程（进程、任务、程序段）。每个过程被看成是一个结点，将过程之间的关联关系用结点组成的树来描述。这样，程序内各过程之间的关系就可被当成是一种算术表达式中各项之间的运算，表达式中的每一项都可看成是一个程序段的运行结果。因此，研究程序段之间的并行问题就可设想成是对算术表达式如何并行运算的问题。

为了评价所提出的并行算法的性能效率，用 P 表示可并行处理的处理机机数；用 T_P 表示 P 台处理机运算的级数，即树高；用多处理机的加速比 S_P 表示单处理机顺序运算的级数 T_1 与 P 台处理机并行运算的级数 T_P 之比；用 E_P 表示 P 台处理机的设备利用率（效率），$E_P = S_P / P$。可见，$S_P \geqslant 1$ 时，会使 $E_P \leqslant 1$，即运算的加速总是伴随着效率的下降。

算法必须适应具体的计算机结构。串行处理机习惯采用循环和迭代算法，这样可以缩短程序长度，节省程序所占的存储空间量，简化编程，但是这些算法往往很不适合于多处理机并行，因为它会导致大量的相关，采用直接解法有时反倒能揭示更多的并行性。

【例 7-4】 计算 $E_1 = a + bx + cxx + dxxx$。

利用霍纳（Horner）法可得到

$$E_1 = a + x(b + x(c + x(d)))$$

这是在单处理机上执行的典型循环算法。共需 3 个乘加循环 6 级运算，即 $P=1$，$T_1 = 6$。但这不适合在多处理机上并行运行，反倒是用前一式的直接解法更有效，适合于 $P=3$，$T_P = 4$。因此加速比 $S_P = 3/2$，但 $E_P = 1/2$。这两种式子的运算过程表示成树形流程图分别如图 7-17(a) 和图 7-17(b) 所示。

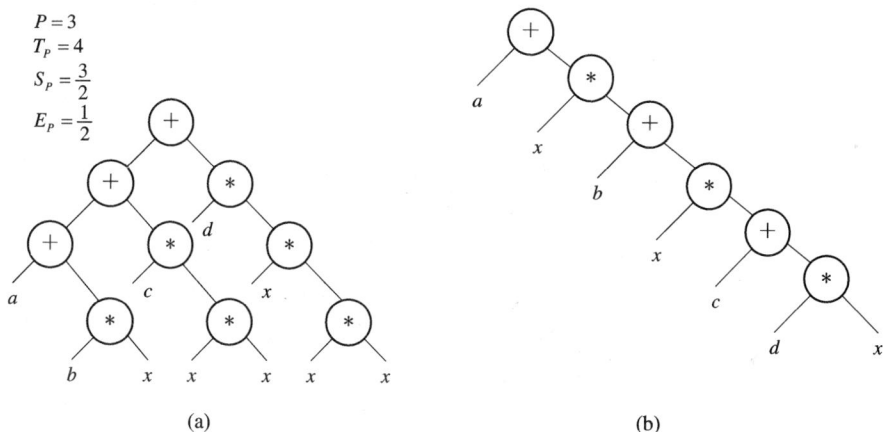

图 7-17 不同算法影响树高的例子

结论：若把运算过程表示成树形结构，那么提高运算的并行性就是如何对树进行变换，以减少运算的级数，即降低树高 T_P。可以用交换律、结合律、分配律来变换树的形状。由于采用多处理机主要是为提高速度，因此好的并行算法应尽可能增大树中每一层的结点数，即增大树的广度，使各处理机可并行的过程数尽可能增大，以降低树的高度，即降低多处理机运算的级数。当最大限度降低了树的高度之后，就应再缩小树的广度，使之在达到一定的加速比 S_P 之后再减少机数 P，来减少多处理机效率的降低。

通常先从算术表达式的最直接形式出发，利用交换律把相同的运算集中在一起。然后再利用结合律把参加这些运算的操作数（称原子）配对，使之尽可能并行运算，从而组成树高为最小的子树。最后再把这些子树结合起来。

【例 7-5】 表达式 $E_2 = a + b(c + def + g) + h$，用单处理机需 7 级运算，如图 7-18(a) 所示。利用交换律和结合律改写为

$$E_2 = (a + h) + b((c + g) + def)$$

则可有 $P=2$，只需 5 级运算，如图 7-18(b) 所示，此时，$S_P = 7/5$，$E_P = 0.7$。

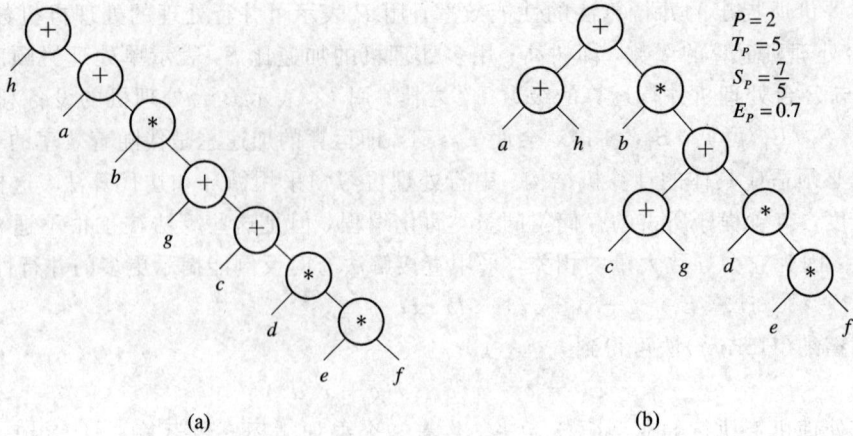

$$P = 2$$
$$T_P = 5$$
$$S_P = \frac{7}{5}$$
$$E_P = 0.7$$

(a)　　　　　　　　　　　　(b)

图 7 - 18　利用交换律和结合律降低树高

如果再用分配律，还可进一步降低树高，在恰当平衡各子树的级数的情况下往往能收到较好的效果。例如上式，计算$(c+g)$的子树时只用 1 级，而计算 def 的子树时要用 2 级，相加乘 b 需再增加 2 级。如果把 b 写进括号内，则计算 $bdef$ 仍用 2 级已够，省却了后来的一次乘 b，使总级数由 5 减为 4。因此，将上式改写成

$$E_2 = (a + h) + (bc + bg) + bdef$$

运算过程如图 7 - 19 所示，此时 $P=3$，$T_P=4$，$S_P=7/4$，$E_P=7/12$。

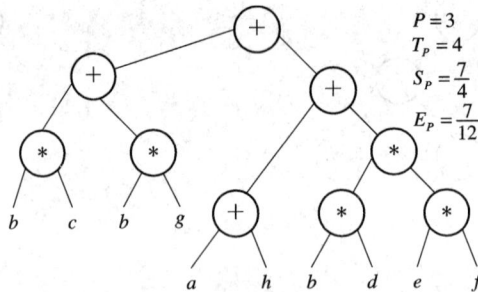

$$P = 3$$
$$T_P = 4$$
$$S_P = \frac{7}{4}$$
$$E_P = \frac{7}{12}$$

图 7 - 19　利用交换律、结合律和分配律降低树高

7.3.2　程序并行性分析

任务间能否并行，除了算法外，很大程度还取决于程序的结构。程序中各类数据相关，是限制程序并行的重要因素。数据相关既可存在于指令之间，也可存在于程序段之间。下面就从程序段之间的数据相关来分析程序的并行性问题。

假定一个程序包含 P_1，P_2，…，P_i，…，P_j，…，P_n 等 n 个程序段，其书写的顺序反映了该程序正常执行的顺序。为便于分析，设 P_i 和 P_j 程序段都是一条语句，P_i 在 P_j 之前执行，且只讨论 P_i 和 P_j 之间数据的直接相关关系。实际上 P_i 和 P_j 即使表面上没有数据相关，也可能通过它们之间的其他语句形成间接的数据相关，也就是说，下面讨论的原理在实际应用时应适当推广。

在第 5 章中讲异步流动时曾说过，指令之间数据相关可能有"先写后读"、"先读后写"和"写—写"三种。在多处理机上，各处理机的程序段并行必然是异步的，因此，程序段之

间也必然会出现类似的三种数据相关。

1. 数据相关

如果 P_i 的左部变量在 P_j 的右部变量集内，且 P_j 必须取出 P_i 运算的结果来作为操作数，就称 P_j"数据相关"于 P_i。例如：

$$P_i \quad A = B + D$$
$$P_j \quad C = A * E$$

相当于流水中发生的"先写后读"相关。顺序串行运行的正确结果应当是

$$P_i \quad A_{新} = B_{原} + D_{原}$$
$$P_j \quad C_{新} = A_{新} * E_{原} = (B_{原} + D_{原}) * E_{原}$$

如果让 P_i 和 P_j 并行，P_j 的 $C_{新}$ 成了 $A_{原} * E_{原}$，显然不是应有的结果，因此，P_i 和 P_j 是不能并行的。如果将 P_i 和 P_j 执行顺序颠倒，交换串行，即先执行 P_j，而后再执行 P_i，同样也得不到应有的正确结果。如果能够交换串行，就可以让空闲处理机先去执行 P_j，从而有利于从宏观上提高各个程序段间的并行，加快作业执行的速度，改进系统的运行效率。然而，有一种特殊情形，即当 P_i 和 P_j 服从交换律时，如

$$P_i \quad A = 2 * A$$
$$P_j \quad A = 3 * A$$

虽不能并行执行，却允许它们交换串行。最终 $A_{新} = 6 * A_{原}$，和顺序执行的结果一致。

2. 数据反相关

如果 P_j 的左部变量在 P_i 的右部变量集内，且当 P_i 未取用其变量的值之前，是不允许被 P_j 所改变的，就称 P_i"数据反相关"于 P_j。例如：

$$P_i \quad C = A + E$$
$$P_j \quad A = B + D$$

相当于流水中发生的"先读后写"相关。顺序串行运行的正确结果应是

$$P_i \quad C_{新} = A_{原} + E_{原}$$
$$P_j \quad A_{新} = B_{原} + D_{原}$$

可见，当 P_i 与 P_j 并行时，只要硬件上能保证 P_i 对相关单元 A 先读出，就能得到正确的结果。若将 P_i 和 P_j 交换串行，就成了

$P_j \quad A_{新} = B_{原} + D_{原}$

$P_i \quad C_{新} = A_{新} + E_{原} = B_{原} + D_{原} + E_{原}$

将发生错误，所以是不能交换串行的。

那么怎样从硬件上保证对相关单元先读后写的次序呢？采用图 7-20 所示的多处理机结构形式就能较好地保证这一点。让每个

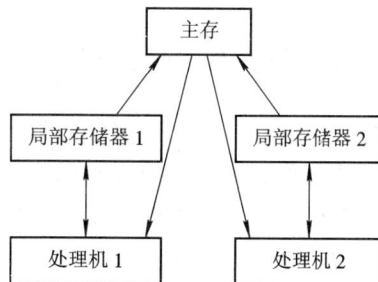

图 7-20　能保证读—写次序的多处理机结构

处理机的操作结果先暂存于自己的局部存储器（或 Cache 存储器）中，不急于去修改原来存放于共享主存中单元的内容。这样，只要控制局部存储器（或 Cache 存储器）向共享主存的写入同步即可。

3. 数据输出相关

如果 P_i 的左部变量也是 P_j 的左部变量，且 P_j 存入其算得的值必须在 P_i 存入之后，则称 P_j "数据输出相关"于 P_i。例如：

$$P_i \quad A = B + D$$
$$P_j \quad A = C + E$$

按原执行顺序 $A_新$ 应为 $C+E$。可见，只要同步能保证 P_i 先写入，P_j 后写入，这两个程序段就可以并行。当然，交换串行是不行的，因为最后结果将使 $A_新$ 成为 $B+D$ 了。

除了上述三种相关外，如果两个程序段的输入变量互为输出变量，同时具有"先写后读"和"先读后写"两种相关，即以交换数据为目的，则两者必须并行执行，既不能顺序串行，也不能交换串行。

例如，两语句的左、右变量互相交换

$$P_i \quad A = B$$
$$P_j \quad B = A$$

必须并行执行，且需要保证读、写完全同步。当然，如果在图 7 - 20 所示的多处理机上运行这样的程序段，就能自动保证读—写次序，降低对同步的要求。

如果两个程序段之间不存在任何一种数据相关，即无共同变量，或共同变量只出现在右部的源操作数中，则两个程序段可以无条件地并行执行，也可以顺序串行或交换串行。例如：

$$P_i \quad A = B + C$$
$$P_j \quad D = B * E$$

结论：两个程序段之间若有先写后读的数据相关，则不能并行，只在特殊情况下可以交换串行；若有先读后写的数据反相关，则可以并行执行，但必须保证其写入共享主存时的先读后写次序，不能交换串行；若有写—写的数据输出相关，可以并行执行，但同样需保证其写入的先后次序，不能交换串行；若同时有先写后读和先读后写两种相关，以交换数据为目的时，必须并行执行，且读、写要完全同步，不许顺序串行和交换串行；若没有任何相关或仅有源数据相同，则可以并行、顺序串行和交换串行。

7.3.3　并行语言与并行编译

并行算法需要用并行程序来实现。为了加强程序并行性的识别能力，有必要在程序语言中增加能明确表示并发进程的成分，这就要使用并行程序设计语言。并行程序设计语言可以是对普通顺序型语言的扩充，增加能明确表示并行进程的成分，但每一种经扩充的语言仅能支持一种类型的并行性；也可以通过设计全新的并行程序设计语言来支持并行处理。

并行程序设计语言的基本要求是：能使程序员在其程序中灵活、方便地表示出各类并行性，能在各种并行/向量计算机系统中高效地实现。

并行进程的特点是这些进程在时间上重叠地执行，一个进程未结束，另一个进程就已开始。

包含并行性的程序在多处理机上运行时，需要有相应的控制机构来管理，其中包括并行任务的派生和汇合。

并行任务的派生是使一个任务在执行的同时，派生出可与它并行执行的其他一个或多个任务，分配给不同的处理机完成。这些任务可以是相同的，也可以是不同的，执行时间也可以各不相同。等它们全部完成后，再汇合起来进行后续的单任务或新的并行任务。如果是并行任务，就又要进行派生，然后汇合。如此进行下去，直至整个程序结束运行。

并行任务的派生和汇合常用软件手段控制，首先要在程序中反映出并行任务的派生和汇合关系。例如，可在程序语言中用 FORK 语句派生并行任务，用 JOIN 语句对多个并发任务汇合。

FORK 和 JOIN 语句在不同机器上有不同的表示形式。现以 M. E. Conway 提出的形式为例来说明。

FORK 语句的形式为 FORK m，其中 m 为新进程开始的标号。执行 FORK m 语句时，派生出标号为 m 开始的新进程，具体为：准备好这个新进程启动和执行所必需的信息；如果是共享主存，则产生存储器指针、映像函数和访问权数据；将空闲的处理机分配给派生的新进程，如果没有空闲处理机，则让它们排队等待；继续在原处理机上执行 FORK 语句的原进程。

与 FORK 语句相配合，作为每个并发进程的终端语句 JOIN 的形式为 JOIN n，其中 n 为并发进程的个数。JOIN 语句附有一个计数器，其初始值为 0。每当执行 JOIN n 语句时，计数器的值加 1，并与 n 比较。若比较相等，表明这是执行中的第 n 个并发进程经过 JOIN 语句，于是允许该进程通过 JOIN 语句，将计数器清 0，并在其处理机上继续执行后续语句。若比较后计数器的值仍小于 n，表明此进程不是并发进程的最后一个，可让现在执行 JOIN 语句的这个进程先结束，把它所占用的处理机释放出来，分配给正在排队等待的其他任务。如没有排队等待的任务，就让该处理机空闲。

应该说如何编译对所生成的指令串能否并行也有重要的影响。

【例 7 - 6】 给定算术表达式 Z＝E＋A ＊ B ＊ C/D＋F，利用普通的串行编译算法，产生的三元指令组为

```
1    *    A    B
2    *    1    C
3    /    2    D
4    +    3    E
5    +    4    F
6    =    5    Z
```

指令之间都是相关的，需 5 级运算。如用并行编译算法，则可得到能并行执行的三元指令组为

```
1    *    A    B
2    /    C    D
3    *    1    2
4    +    E    F
5    +    3    4
6    =    5    Z
```

分配给两个处理机，只需 3 级运算。

可见，有了好的并行编译算法，算术表达式的预先变形也可以是不必要的。

上述三元指令组经并行编译得到如下程序：

S_1　　$G=A*B$
S_2　　$H=C/D$
S_3　　$I=G*H$
S_4　　$J=E+F$
S_5　　$Z=I+J$

如果不加并行控制语句，这个程序仍然只是一个普通的串行程序，发挥不出多处理机的作用。图 7-21 表示出了各语句间的数据相关情况。它表明 S_1 和 S_2 可以同时开始执行，但要等到 S_1 和 S_2 都完成之后，才能开始执行 S_3，并可并行地开始执行 S_4，而只有 S_4 和 S_3 汇合后才能执行 S_5。

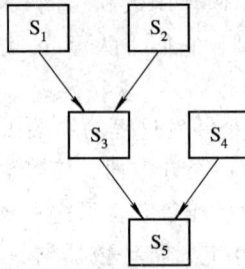

图 7-21　计算 $Z=E+A*B*C/D+F$ 的并行程序数据相关图

利用 FORK 和 JOIN 语句实现这种派生和汇合关系，将程序改写为

```
     FORK  20
10   G=A*B      （进程 S₁）
     JOIN  2
     GOTO  30
20   H=C/D      （进程 S₂）
     JOIN  2
30   FORK  40
     I=G*H      （进程 S₃）
     JOIN  2
     GOTO  50
40   J=E+F      （进程 S₄）
     JOIN  2
50   Z=I+J      （进程 S₅）
```

执行这个程序可用两台处理机。假定最初的程序是在处理机 1 上运行的，遇到 FORK 20 语句时就分出一个处理机（假定是 2）去执行 S_2，而处理机 1 接着执行下面的 S_1。如果 S_1 执行时间较短，当它结束时遇到 JOIN 语句，S_2 尚在执行，处理机 1 将 S_1 释放，因无其他任务而处于空闲。随后当 S_2 结束时，由于已与 S_1 汇合，便可以通过 JOIN 语句，由处理机 2

— 258 —

继续执行后续的 FORK 40 语句。这条语句又派生出 S_4，分配给空闲的处理机 1，而处理机 2 接着执行 S_3。同样，等 S_4 和 S_3 都先后结束后，才满足 JOIN 语句的汇合条件，经 GOTO 50 进入 S_5。其执行过程如图 7-22 所示。

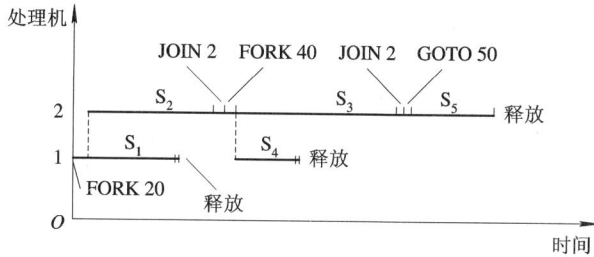

图 7-22　计算程序在多处理机上运行的资源时间图

本例仅用来说明 FORK 和 JOIN 语句的意义，用它们单纯实现语句间的并行是没有意思的，因为增加的语句开销超过了受益。所以，再举一个在多处理机上解矩阵乘问题的程序，以便与上一章并行（阵列）处理机为同一题所写的程序进行比较。

【例 7-7】　设 **A**、**B** 两个 8×8 矩阵相乘，需要在多处理机实现任务一级（即外循环）的并行。用 FORTRAN 语言书写的程序如下：

```
          DO   10   J＝0, 6
     10   FORK   20
          J＝7
     20   DO   30   I＝0, 7
          C(I,J)＝0
          DO   40   K＝0, 7
     40   C(I,J)＝C(I,J)＋A(I,K)＊B(K,J)
     30   CONTINUE
          JOIN   8
```

设 FORK 语句在处理机 1 上执行。

在循环执行 7 次 FORK 20 语句时，派生出 J＝0～6 共 7 个以 20 为标号的进程，让它们与 J＝7 的进程并行。如果只有 3 台处理机，分配了 J＝0 和 J＝1 的进程后，其余 J 为 2～6 的 5 个进程就得排队等待，处理机 1 在结束循环后执行 J＝7 的进程。整个程序在先后执行完 8 个进程后才结束，其资源时间图如图 7-23 所示。

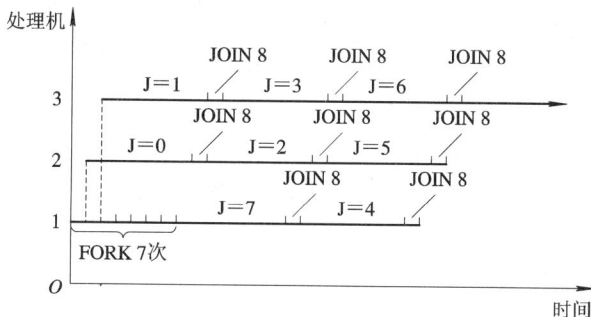

图 7-23　矩阵乘程序在多处理机上运行的资源时间图

结论：从表面上看，多处理机的每一个处理机和并行处理机的每一个处理单元求解矩阵乘完成的工作是一样的，但处理方式却有根本区别。第一，并行处理机的每一条指令要求 8 个处理单元对 $J=0,\cdots,7$ 的不同数组完全同步地运算；而在多处理机中，即使有 8 个处理机执行同一程序段，并不需要、也不会完全同步，更何况不同处理机执行的程序段还可以是毫不相同的。这是操作级并行与任务级并行的差别。第二，多处理机中可用的处理机数目对程序书写没有影响，即程序对可用的处理机数目无固定要求，这是因为处理机的分配和释放已反映在 FORK 和 JOIN 语句的功能中，由操作系统控制。这是多处理机相对于并行处理机的重要优点之一。

E. W. Dijkstra 将 FORK-JOIN 概念进一步发展，提出一种新的等价的块结构式语言。在这种语言中，把所有可并行执行的语句或进程 S_1，S_2，$\cdots$，S_n 用 Cobegin - Coend 或 (parbegin - parend)前后括起来，如下所示：

        begin
        S_0；
        Cobegin S_1；S_2；$\cdots$；S_n；Coend
        S_{n+1}；
        end

或

        begin
        S_0；
        parbegin S_1；S_2；$\cdots$；S_n；parend
        S_{n+1}；
        end

Cobegin、Coend，parbegin、parend 语句主要用于描述多程序多数据的并行，并行各进程同时开始，但它们相互独立，并不一定同时结束，仅当所有 n 个分进程完成时才终止并行。

图 7-24 表示了该程序的执行过程。Cobegin - Coend 之间的语句块只有在语句 S_0 执行之后才并行地执行，而语句 S_{n+1} 只有在 S_1，S_2，$\cdots$，S_n 语句全部执行完之后才开始执行。由于每一组并行语句都有一个单独的入口和单独的出口，因此非常适合于结构化的程序设计。由并行语句定义的进程彼此是完全独立的。S_1，S_2，$\cdots$，S_n 语句组是并发执行的不相交的进程。语句 S_i 改变的变量只属该进程专用，而不能被其他并行的语句 $S_j(i\neq j)$ 引用，它们可以使用但不允许修改共享变量，能修改的只是本进程的局部变量。并行语句也可以任意嵌套，例如：

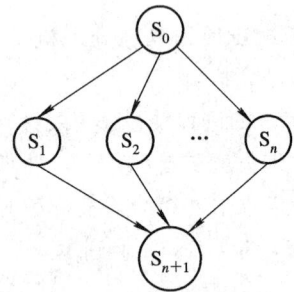

图 7-24 并行程序执行优先过程

        begin
            S_0；
            Cobegin
                S_1；

```
            begin
                S₂ ;
                Cobegin S₃ ; S₄ ; S₅ ; Coend
                S₆
            end
            S₇ ;
        Coend
        S₈ ;
    end
```

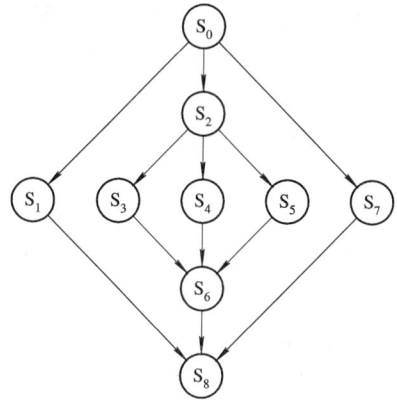
图 7 - 25 嵌套并行进程的优先执行过程

其程序的执行过程如图 7 - 25 所示。

如果并行进程共享相同程序，可用 parfor 描述，例如：

```
    parfor  i := 1  to  n  do
    begin
        S(i);
    end;
```

用 parfor 描述单程序多数据的并行，各进程执行同一程序，但各进程所需的参数不同。当 parfor 各进程被分派于指定处理机并行执行时，可使用 forall 语句描述，例如：

```
    forall  Sᵢ  where  0≤i≤k  do
        S(i);
    endfor;
```

作为一个完整的并行程序设计语言，除要考虑上述并发进程的表示外，还要考虑诸如程序分支、程序循环、并发进程间的通信和同步、数组和进程数组的处理等问题的描述。

7.3.4 多处理机的性能

使用多处理机的主要目的是用多个处理机并发执行多个任务来提高解题速度。如果多台处理机始终都在执行有用的操作，系统解题的速度性能是会随处理机数目的增加而提高的。但实际解题算法总有不可并行的部分，解题过程需花费辅助开销，用于并行性检测、并行任务的派生和汇合、处理机间的通信传输、同步、系统控制和调度，使得多处理机的系统性能比期望的要低得多。任务粒度（Task Granularity）的大小会显著影响多处理机的性能和效率。任务粒度过小，辅助开销大，系统效率低；粒度过大，并行度低，性能不会很高。因此，要合理选择任务粒度大小，并使其尽可能均匀，还要采取措施减少辅助开销，以保证系统性能随处理机数目的增大能有较大的提高。当然，机数增多时，还应考虑如何提供良好的编程环境，以减轻程序设计的难度。

衡量任务粒度大小的一个依据是程序用于有效计算的执行时间 E 与处理机间的通信等辅助开销时间 C 的比值。只有 E/C 值较大时，开发并行性才能带来好处。如果最大并行度会带来最大的通信等辅助开销，倒不如增大任务粒度，降低并行度来减少辅助开销。因此，为获得最佳的性能，必须对并行性和额外开销进行权衡。

任务粒度还与系统的应用有关。对于图像及多目标跟踪应用，因为机间通信开销少，宜于用细粒度处理。要求冗长计算才能得到结果的题目，宜于用粗粒度处理，因为粒度过细会过分增大额外开销和机器造价，且解题效率过低。因此，系统设计应使其能与应用问题的粒度取得较佳适配。题目的并行性如果不能有效地发掘出来，机数很多的多处理机只会增大系统的复杂性和成本。这时，只有降低并行度直到能获得效益为止。

假定一个应用程序含 T 个任务，在 N 台处理机上运行，每个任务的执行时间为 E。两个任务在同一台处理机上执行是不需要机间通信的，但在不同处理机上执行就可能需要机间通信。设每次的通信开销时间为 C。有时通信等辅助操作可以与计算在时间上重叠，如处理机执行指令的同时可通过 I/O 接口通信，但在多个处理机访问共享数据、通信链路冲突或处理机间同步等待时，辅助操作就不能与计算过程在时间上重叠了。

随着多处理机机数的增加，解题时用于计算的那部分执行时间会减少，但调度、共享资源的竞争、同步、机间通信等辅助开销会增大，而且这种增大的量可能比机数的线性增加还要大。

结论：在某一特定系统上，程序的执行时间和通信等额外开销时间的比值越大，对计算过程越有利，此时采用细粒度是可以提高处理的并行度的。但不能单纯靠增大处理机机数来制造出高性能的多处理机，因为从合理的性能价格、机器的结构、所用的通信技术和具体应用问题的特性考虑，多处理机的机数是有一个限值的。就多处理机而言，结构设计者应考虑如何设计出一个使 E/C 值尽可能高，且价格合理、处理机机数多，又能高效使用的多处理机。机数的增加，并不能带来性能的线性提高。算法设计要考虑在特定多处理机上，如何将一个具体应用问题进行任务分割，选择什么样的粒度，让有效的并行计算和通信等额外开销达到平衡，以实现高效利用系统资源的目的，并不是去考虑让所有处理机都被用上。具有最高并行性的方案，并不总是解题速度最快的方案。要想成功地采用高效的多处理机，应深入开展对并行算法、并行语言、并行程序设计技术和如何减少额外开销等方面的综合研究。

7.4　多处理机的操作系统

包含并行性的程序在多处理机上运行时，需要有相应的控制机构来实现处理机的分配和进程调度、同步、通信，存储系统的管理，文件系统的管理及某处理机或设备故障时系统的重组，这主要是由多处理机操作系统用软件手段来实现的。

多处理机操作系统应具有程序执行的并行性、操作系统功能的分布性、机间通信与同步性及系统的容错这样一些基本特点。

多处理机操作系统有 3 类，即主从型（Master - Slave Configuration）、各自独立型（Separate Supervisor）及浮动型（Floating Supervisor）。

7.4.1　主从型操作系统

在主从型操作系统中，管理程序只在一个指定的处理机（主处理机）上运行。该主处理机可以是专门的执行管理功能的控制处理机，也可以是与其他从处理机相同的通用机，除执行管理功能外，也能作其他方面的应用。主处理机负责管理系统中所有其他处理机（从处理机)的状态及其工作的分配,只把从处理机看成是一个可调度的资源,实现对整个系统的集中控制。因此,也称这种操作系统为集中控制或专门控制方式。从处理机是通过访管指令或自陷(Trap)软中断来请求主处理机服务的。

1. 优点

主从型操作系统的硬件结构比较简单;整个管理程序只在一个处理机上运行,除非某些需递归调用或多重调用的公用程序,一般都不必是可再入的;只有一个处理机访问执行表,不存在系统管理控制表格的访问冲突和阻塞,简化了管理控制的实现。所有这些均使操作系统能最大限度地利用已有的单处理机多道程序分时操作系统的成果,只需要对其稍加扩充即可。因此,主从型操作系统实现起来简单、经济、方便,是目前大多数多处理机操作系统所采用的方式。

2. 缺点

主从型操作系统对主处理机的可靠性要求很高。一旦发生故障,很容易使整个系统瘫痪,这时必须要由操作员干预才行。如果主处理机不是设计成专用的,则操作员可用其他处理机作为新的主处理机来重新启动系统。整个系统显得不够灵活,同时要求主处理机必须能快速执行其管理功能,提前等待请求,以便及时为从处理机分配任务,否则将使从处理机因长时间空闲而显著降低系统的效率。即使主处理机是专门的控制处理机,如果负荷过重,也会影响整个系统的性能。特别是当大部分任务都很短时,由于频繁地要求主处理机完成大量的管理性操作,系统效率将会显著降低。

3. 适用场合

主从型操作系统适用于工作负荷固定,从处理机能力明显低于主处理机,或由功能相差很大的处理机组成的异构型多处理机。

7.4.2 各自独立型操作系统

各自独立型操作系统将控制功能分散给多台处理机,使其共同完成对整个系统的控制工作。每台处理机都有一个独立的管理程序(操作系统的内核)在运行,即每台处理机都有一个内核的副本,按自身的需要及分配给它的程序需要来执行各种管理功能。由于多台处理机执行管理程序,因此要求管理程序必须是可再入的,或对每台处理机提供专用的管理程序副本。

1. 优点

很适应分布处理的模块化结构特点,对大型控制专用处理机的需求减少;某个处理机发生故障,不会引起整个系统瘫痪,有较高的可靠性;每台处理机都有其专用控制表格,使访问系统表格的冲突较少,也不会有许多公用的执行表;控制进程和用户进程一起进行调度,能取得较高的系统效率。

2. 缺点

实现复杂。尽管每台处理机都有自己的专用控制表格,但仍有一些共享表格会增加共享表格的访问冲突,导致进程调度的复杂性和开销的加大。某台处理机一旦发生故障,要想恢复和重新执行未完成的工作较困难。每台处理机都有自己专用的输入/输出设备和文件，所以整个系统的输入/输出结构变换需要操作员干预。各处理机负荷的平衡比较困难。各台处理机需有局部存储器存放管理程序副本，降低了存储器的利用率。

3. 适用场合

各自独立型操作系统适用于松耦合多处理机。

7.4.3　浮动型操作系统

浮动型操作系统是介于主从型和各自独立型操作系统之间的一种折中方式，其管理程序可以在处理机之间浮动。在一段较长的时间里指定某一台处理机为控制处理机，但是具体指定哪一台处理机以及担任多长时间控制处理机都是不固定的。主控制程序可以从一台处理机转移到另一台处理机，其他处理机中可以同时有多台处理机执行同一个管理服务子程序。因此，多数管理程序必须是可再入的。由于同一时间里可以有多台处理机处于管态，有可能发生访问表格和数据集的冲突，一般采用互斥访问方法解决。服务请求冲突可通过静态分配或动态控制高优先级方法解决。

1. 优点

各类资源可以较好地做到负荷平衡。一些像 I/O 中断等非专门的操作可交由在某段时间最闲的处理机去执行。它在硬件结构和可靠性上具有分布控制的优点，而在操作系统的复杂性和经济性上则接近于主从型。如果操作系统设计得好，其效率将不受处理机机数多少的影响，因而具有很高的灵活性。

2. 缺点

浮动型操作系统的设计最为困难。

3. 适用场合

该系统适用于紧耦合多处理机，特别是由具有公共主存和 I/O 子系统的多个相同处理机组成的同构型多处理机。

7.5　多处理机的发展

近十几年来多处理机发展有分布式共享存储器多处理机（Distributed Shared Memory Multiprocessor）、对称多处理机、分布式计算机（联网计算机）、多向量多处理机、并行向量处理机（Parallel Vector Processor，PVP）、大规模并行处理机（MPP）和机群系统等。

7.5.1　分布式共享存储器多处理机

在大规模并行处理机中，采用分布式共享存储器，易于扩充系统规模。但是，如果各处理机只经消息传递，不直接访问非本地存储器，则会使编程困难，通信开销增加。为此，目前多采用共享虚拟存储器的方法，即分布共享存储器的方法来解决。所谓共享虚拟存储器，是指将物理上分散的各台处理机所拥有的本地存储器在逻辑上统一编址，形成一个统一的虚拟地址空间，以实现存储器的共享。分布式共享存储器的多处理机采用 Cache 目录表来支持分布 Cache 的一致性。

采用分布式共享存储器的代表性机器有 Stanford DASH、SGI/Cray、Origin 2000、CRAY T3D 等。

7.5.2　对称多处理机

以大量高性能微处理器芯片经互连网络互连，共享主存的多处理机系统已有了很大发展，可提供数百亿次每秒的浮点运算，数百兆字节的内存和超过 10 GB/s 的访存流量。其 I/O 流量高，分时共享能力、容错能力均很强，用于频繁进行中小规模的科学与工程计算、事务处理和数据库管理。这种多处理机已逐渐取代共享存储器并行向量处理机，它与并行向量机不同之处是处理器不是专用的，而是采用一般的商品化在片 Cache 的微处理器，再外加片外 Cache，经高速总线或纵横交叉开关连到共享存储器上。系统是对称的，使各个处理器均可同等地访问共享存储器、I/O 设备和运行操作系统，并行性较高。但是，系统的可扩展能力较差。目前，这种系统多数的处理器数为 64 个，还不能承担超大规模的并行计算。

采用对称多处理机的典型机器有 DEC Alpha Server 8400、SGI Power Challenge、IBM R50、SUN Ultra Enterprise 1000 和我国的曙光一号等。

7.5.3　多向量多处理机

20 世纪 80 年代和 90 年代，美国和日本制造了许多大规模超级向量流水机，如美国的 CRAY Y-MP 和 C-90，日本 Fujistu 的 VP 2000 和 VPP 500 等。这些系统都可以配置多台处理机、多个向量流水部件和标量部件，且共享主存。

【例 7-8】　CRAY Y-MP 816 系统可配置 8 台处理机，CPU 时钟周期为 6 ns，共享主存为模 256 交叉存取，最大可达 1 GB 容量，固态存储器可达 4 GB。每个 CPU 经 4 个存储器端口并行交叉访问，允许每个 CPU 同时执行两个标量和向量取操作，一个存操作和一个独立的 I/O 操作，并行主存的访问都是流水的。CPU 计算部分由 14 个功能部件组成，分为向量、标量、地址和控制 4 个子系统，其中，8 个功能部件可供向量指令使用。向量指令和标量指令可以并行执行。所有算术运算均采用寄存器—寄存器型，指令缓冲器可同时存放 512 条 2 字节长的指令。主机和处理机之间其地址、标量、标志位等经共享的地址、标量、信号灯等寄存器通信，而向量数据经共享主存通信。I/O 子系统支持流量为 8 MB/s、100 MB/s 和 1 GB/s 的三类通道。

C-90/16256 系统由 16 个类似于 CRAY Y-MP 的 CPU 组成。共享主存容量可达 256 MB，固态存储器可达 16 GB。两条向量流水线和两个功能部件可并行操作。每台处理机在每个时钟可产生 4 个向量结果。因此，16 台处理机每个时钟最多可产生 64 个向量运算结果。时钟周期为 4.2 ns。系统最大性能可达 16 GFLOPS。I/O 最大频宽为 13.6 MB/s。进一步还可将多台 C-90 组成机群，4 个机群之间共享通道和固态存储器，采用松耦合结构，使 4 个 C-90 机群的系统最高性能可达 64 GFLOPS。

7.5.4　并行向量处理机

若干个数目不等的功能强的专用向量处理机经高带宽的纵横交叉开关互连到若干个共享的存储器模块，便构成了并行向量处理机。每个处理机的系统性能超过 1 GFLOPS。这类机器一般不使用 Cache，而采用大量向量寄存器和指令缓冲存储器。

采用并行向量处理机的典型系统有 CRAY C-90、CRAY T-90、NEC SX4、VPP 500和我国的银河 2 号等。

7.5.5　大规模并行处理机

随着 VLSI 和微处理技术的发展，高科技应用领域对计算机和通信网络在计算、处理和通信性能上不断提出更高的要求（极大的处理数据量、异常复杂的运算、很不规则的数据结构、极高的处理速度），这使发展大规模的并行处理成了 20 世纪 80 年代中期计算机发展的热点。

大规模并行处理需要有新的计算方法、存储技术、处理手段和结构组织方式，于是将数百至数千个高性能、低成本的 RISC 微处理器用专门的互连网络互连，组成大规模并行处理机（MPP）就是很自然的了。这种处理机可进行中粒度和细粒度大规模并行处理，构成 SIMD 或 MIMD 系统。它具有性能价格比高和可扩展性好的优点。如果一个 RISC 微处理器的性能为 100 MFLOPS，则由 1024 个这样的微处理器组成的 MPP 系统，其最高性能就可达 100 GFLOPS。这比用单一主处理机构成的巨型机的性能要高出许多倍，而造价可能只是它的 1/5。可扩展性好表现在能比较方便地增减结点处理器数，来使系统的规模、处理速度、系统价格满足应用的需要。该并行处理机采用分布式存储器来减少访问冲突。

早期的 MPP 大都属 SIMD 型，处理单元数很多，如 TMC 1987 年的 CM-2，处理单元数达 4～64 K。每个处理单元功能很简单，由于通用性差，难以发展，后来大多采用 MIMD 型，如 TMC 的 CD-5，最多有 16 K 个处理器。nCUBE 公司于 1992 年 6 月推出的 nCUBE2，是由 8192 个专用微处理器用超立方体网络互连组成的 MIMD 系统，最高性能可达 34 GFLOPS 和 12 300 MIPS。1995 年推出的 nCUBE3，采用 128～65 536 个专用微处理器组成 MIMD 系统，微处理器峰值性能为 100 MFLOPS，系统的主存容量为 65 000 GB，性能最大可达 6.5 TFLOPS。可以这么说，MPP 系统已成为新一代实现亿万次每秒以上运算速度性能的计算机的基本构形。

20 世纪 90 年代，已有许多商品化的 MPP 在市场上销售。

Intel 公司 1991 年推出的 Paragon XP/S，将 32～2048 个峰值性能为 75 MFLOPS 的微处理器 i860 XP 用平面格网互连组成 MIMD 系统，网络传输速率为 200 MB/s，主存容量为 4～262 GB，系统最高性能可达 153 GFLOPS。

MasPar 公司 1992 年推出的 MP-2，是一个 SIMD 系统，用 1024～16 384 个峰值性能为 0.15 MFLOPS 的专用芯片，经交叉开关网络互连，网络传输速率为 1.4～23 MB/s，主存容量为 4 GB，系统最高性能可达 2.4 GFLOPS。

日本富士通公司 1992 年推出的 AP 1000，用 16～1024 个峰值性能为 105 MFLOPS 的 SPARC 微处理器，经二维环网互连，构成 MIMD 系统，网络传输速率为 25 MB/s，主存容量为 0.25～16 GB，系统最高性能可达 105 GFLOPS。

CRAY 公司 1993 年推出的 CS6400，服务器用 4～64 个 Super SPARC 微处理器构成，每个处理器最大性能为 60 MFLOPS，用 4 重总线互连组成 MIMD 系统，网络传输速率为 1760 MB/s，主存容量为 0.25～16 GB，系统最大性能为 3.84 GFLOPS。

NEC 公司 1993 年推出的 Conju - 3，用 8～256 个峰值性能为 50 MFLOPS 的 VR4400SC 微处理器，经多级连接网互连组成 MIMD 系统，网络传输速率为 40 MB/s，主存容量为 0.5～16 GB，系统的最大性能为 12.8 GFLOPS。

TMC 公司 1993 年推出的 CM - 5E，用 16～16 384 个峰值性能为 160 MFLOPS 的 SPARC 芯片，经树形互连组成 SIMD 或 MIMD 系统，网络传输速率为 20 MB/s，主存容量为 2～2097 GB，系统最高性能可达 2.6 TFLOPS。

IBM 公司 1994 年推出的 SP2，用 8～512 个峰值性能为 266 MFLOPS 的 POWER 2 微处理器，经高性能开关网络互连组成 MIMD 系统，网络传输速率为 40 MB/s，主存容量为 2～1000 GB，系统最高性能为 0.136 TFLOPS。

Convex 公司 1994 年推出的 Exemplar SPP 1000，用 2～128 个峰值性能为 200 MFLOPS 的 HP PA - RISC 芯片，经交叉开关环网互连构成 MIMD 系统，网络传输速率为 2400 MB/s，主存最大容量为 32 GB，系统最高性能为 25.6 GFLOPS。

日本日立公司 1995 年推出的 SR2001，用 8～128 个峰值性能为 180 MFLOPS 的专用微处理器芯片，经三维交叉开关网络互连组成 MIMD 系统，网络传输速率为 100 MB/s，主存容量为 2～32 GB，系统最高性能为 23 GFLOPS。

此外，像 CRAY T3E、Intel ASCI Option Red 和我国的曙光 1000 等都是 MPP 的代表性例子。

MPP 的系统软件要求能让用户像使用单处理机那样来使用 MPP，性能却要数倍于单处理机，为此，操作系统采用微内核和大外壳。内核只提供中断处理、进程调度、进程间简单通信及其他最基本的功能，将大量的服务功能搬移到内核之外。内核基本功能是同构的，对不同用户的不同服务需要，允许进行异构服务。为适应系统的开放性，采用客户/服务器模式。在进程通信上，由内核提供基本的通信，由服务层提供网络的通信。负荷平衡调度可有分配型、调整型和复合型等多种。分配型将进程所需资源和系统负荷状况静态地分配到相应的结点；调整型能动态地将某一进程从一个结点迁到另一个结点；复合型则是上述两者的结合。对用户程序的编制，应能支持消息传递、远程过程调用和分布式变量共享等多种计算模式，以充分发挥 MPP 的效能。

MPP 的每个处理结点都有本地存储器，经网络接口电路连到专门的互连网络上，实现与其他结点的通信。微处理器/Cache 经存储器总线与本地存储器和网络接口电路连接。

MIMD 型的 MPP 系统是一个异步系统，其每个处理结点使用商品化的微处理器。处理结点内使用物理上分布的独立编址的本地存储器，不同结点间的进程采用消息传递。专门的互连网络具有高带宽。系统的微处理器数可扩展到数千个。

7.5.6 机群系统

机群系统是使用高速的通信网络将多个高性能的工作站或高档微型计算机互连后组成的系统。在该系统中，在并行程序设计和集成开发环境的支持下，进行统一调度和协调处理，以实现对中、粗粒度并行进程的高效并行处理。机群系统中的主机和网络可以是同构的，也可以是异构的。主机间的通信主要采用消息传递。从结构和结点间的通信来看，机群系统采用的是一种分布式存储方式，而从用户来看，其表现出的是一个完整的并行系统。

随着 RISC 技术和网络技术的发展以及并行编程环境等的改善，直接使用工作站或高档微型计算机作为运算结点的机群系统有着非常高的性能价格比。而且，网络技术的进步，使松耦合系统的通信瓶颈得到了缓解。目前，快速的以太网速率已达 100 MB/s(已研制了 1 GB/s 以上的高速以太网)，光纤分布式数据接口 FDDI 的新型高速网络的形成，ATM(异步传输方式)的局域网带宽已达 155 MB/s(正在开发 622 MB/s 的产品)，这些都有效地提高了应用程序间的通信带宽。加上开关网络技术的发展，产生了基于开关网络的快速以太网，能够大幅度提高整个系统的带宽，缩短信息传输延迟。高速网络的运用，使影响通信系统性能的瓶颈从网络硬件转移到了网络通信软件上。高速局域网的速度性能已能与 MPP 中的专用网络的速度相比拟，因此，需要设计新的通信协议来进一步降低通信延迟。如果能采用新的协议控制机制，精简功能，去掉不必要的功能，简化缓冲管理，就可以直接在用户之间实现通信，减少操作系统的辅助开销。同时，采用消息驱动的异步通信(让通信与计算重叠，使 CPU 获得较高利用率，并简化缓冲管理)的有效消息(Active Message)通信机制可进一步使系统通信延迟减小到几个微秒，这将会使机群系统的应用越来越广泛。

典型的机群系统有 Berkeley NOW、Ahpha Farm 和 Digital Trucluster 等。

机群系统比起传统的并行处理系统有明显的优点，主要表现是：

(1) 系统有高的性能价格比。由十几台或几十台工作站或高档微型计算机组成的系统，可以满足相当广泛的应用要求，而这些工作站或微型机都是批量生产的，价格较低。

(2) 系统的开发周期短。结点主机、网络、操作系统、编译系统等不需要重新设计和研制，节省了系统的研制时间和经费，所构成的系统比较可靠。

(3) 系统的可扩展性好。机群系统采用的是通用网络，易于扩充结点，且对大多数中、粗粒度的并行处理具有较高的效率。

(4) 系统的资源利用率高。机群系统可以将不同性能的工作站或微型计算机连在一起，结构灵活，有利于充分利用现有设备，节省系统资源。

(5) 用户投资风险小。即使不适合大规模并行处理的场合，其每个结点仍可以作为一个单独的工作站使用，照样发挥作用。

(6) 用户编程方便。程序的并行只是在原有的 C、C++ 或 FORTRAN 串行程序中嵌入相应的通信原语，不需要改变编程环境，用户熟悉这种环境，所以编程方便，而且原有成熟的软件资源照样可得到利用。

基于上述的这些优点，机群系统已成为当前并行处理系统研究的热点。通过研究希望能建立起更高效的通信系统，研制出更好的并行语言，优化改善并行程序设计的环境，提出能支持机群系统并行调试的手段和技术以及优化负荷平衡的技术等。

7.6 本 章 小 结

7.6.1 知识点和能力层次要求

(1) 领会多处理机的结构特点，它与阵列处理机在结构灵活性、程序并行性、并行任务派生、进程同步、资源分配和任务调度方面的不同。了解多处理机应解决的几个主要技术问题。

（2）识记多处理机紧耦合和松耦合两种基本构型。领会多处理机采用总线、环形、交叉开关、多端口存储器及开关枢纽等各种形式进行机间互连的特点、问题及适用场合。领会用多个小的交叉开关组成多级网络来取代大规模一级交叉开关网络的方法，比较出它们各自所需的设备量。画 Delta 网络的拓扑图，要达到简单应用层次。

（3）领会并行算法的研究思路。给出算术表达式，画串行运算树；对树进行变换，得到速度性能改进的并行运算树；计算出相应的 T_1、P、S_P、T_P 和 E_P 各值等，要达到综合应用层次。领会程序段之间在数据存在关联和不关联等各种情况下，串行、并行、交换串行或必须并行等的结论。给出高级语言源程序，分析任务间的并发、汇合关系，加配 FORK、JOIN、GOTO 等语句，使之改造成能在多处理机上并行的程序，画出其在多处理机上运行的资源时间图等，要达到综合应用层次。

（4）领会任务粒度对多处理机性能和效率的影响。领会多处理机机数的增加会增大通信等辅助开销，制约并行所带来的性能改进程度。多处理机的机数越多，并不意味着系统性能就越好。具有最高并行性的方案并不总是解题速度最高的方案。

（5）识记多处理机中 3 类不同的操作系统的名字、定义、特点及适用场合。

（6）识记大规模并行处理机 MPP 和机群系统的定义及特点。

7.6.2　重点和难点

1. 重点

多处理机的结构特点，程序的并行性，并行任务的派生和汇合。

2. 难点

并行算法的研究思路；由给出的算术表达式如何进行变换，得到并行性能好且效率较高的并行运算树，计算出相应的 T_P、P、S_P、E_P 等值；给出高级语言源程序，分析任务间的并发和汇合关系，加配 FORK、JOIN、GOTO 等语句，改造成能在多处理机上并行运行的程序，画出相应的资源时间图。

习　题　7

7-1　多处理机在结构、程序并行性、算法、进程同步、资源分配和调度上与并行处理机有什么差别？其根本原因是什么？

7-2　多处理机有哪些基本特点？发展这种系统的主要目的可能有哪些？多处理机着重解决哪些技术问题？

7-3　分别画出 4×9 的一级交叉开关以及用二级 2×3 的交叉开关组成的 4×9 的 Delta 网络，比较一下交叉开关设备量的多少。

7-4　说明 4×4 交叉开关组成的二级 16×16 交叉开关网络虽节省了设备，但它是一个阻塞式网络。

7-5 图7-26所示是一个 $2^3 \times 2^3$ 的 Delta 网络。

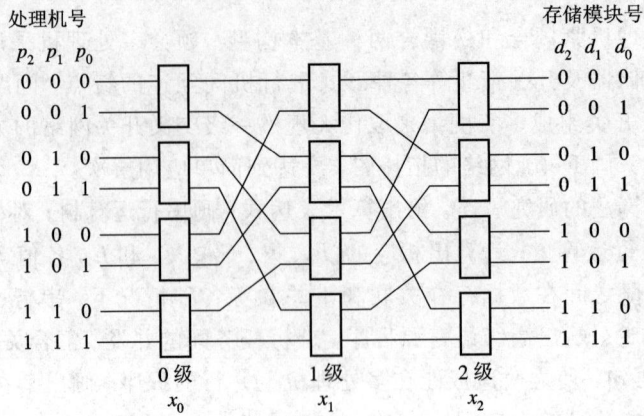

图 7-26 习题 7-5 附图

(1) 该网络在任何处理机和任何存储器模块之间是否都有一个通路?

(2) 令 $d_2 d_1 d_0$ 是二进制编号为 $p_2 p_1 p_0$ 的某处理机所要访问的存储模块号的二进制编码,网络中第 0、1、2 级的控制信号分别为 x_0、x_1、x_2,其中第 i 级控制信号 x_i 为 0 时,控制成直连,x_i 为 1 时控制成交叉连接。根据某处理机 $p_2 p_1 p_0$ 给出的访存模块号 $d_2 d_1 d_0$,请写出网络通路中控制信号 x_0、x_1、x_2 与 d_0、d_1、d_2 及 p_0、p_1、p_2 的逻辑关系式。

(3) 若 0 号处理机访问 2 号存储模块的同时,4 号处理机要访问 4 号存储模块,6 号处理机要访问 3 号存储模块,是否会发生阻塞?

7-6 由霍纳法则给定的表达式如下:
$$E = a(b + c(d + e(f + gh)))$$
利用减少树高的办法来加速运算,要求:

(1) 画出树形流程图。

(2) 确定 T_P、P、S_P、E_P 的值。

7-7 求 A_1、A_2、$\cdots$、A_8 的累加和,有如下程序:

S_1 A1＝A1＋A2

S_2 A3＝A3＋A4

S_3 A5＝A5＋A6

S_4 A7＝A7＋A8

S_5 A1＝A1＋A3

S_6 A5＝A5＋A7

S_7 A1＝A1＋A5

(1) 写出用 FORK、JOIN 语句表示其并行任务的派生和汇合关系的程序,以使此程序能在多处理机上运行。

(2) 画出该程序在有三台处理机的系统上运行的时间关系示意图。

(3) 画出该程序在有两台处理机的系统上运行的时间关系示意图。

7-8 若有下述程序:

U＝A＋B
V＝U/B
W＝A＊U
X＝W－V
Y＝W＊U
Z＝X/Y

试用 FORK、JOIN 语句将其改写成可在多处理机上并行执行的程序。假设现在有两台处理机,其除法速度最慢,加、减法速度最快,请画出该程序运行时的资源时间图。

7-9 分别确定在下列各计算机系统中,计算向量点积 $S = \sum_{i=1}^{8} a_i \cdot b_i$ 所需的时间(尽可能给出时空图示意)。

(1) 通用 PE 的串行 SISD 系统。

(2) 具有一个加法器和乘法器的多功能并行流水 SISD 系统。

(3) 有 8 个处理单元的 SIMD 系统。

(4) 有 8 个处理机的 MIMD 系统。

设访存取指和取数的时间可以忽略不计;加与乘分别需要 2 拍和 4 拍;在 SIMD 和 MIMD 系统中处理器(机)之间每进行一次数据传送的时间为 1 拍,而在 SISD 的串行或流水系统中都可忽略;在 SIMD 系统中 PE 之间采用线性环形双向互连拓扑,即每个 PE 与其左右两个相邻的 PE 直接相连,而在 MIMD 中每个 PE 都可以和其他 PE 有直接的通路。

7-10 设程序有 T 个任务,在由 A、B 两台处理机组成的多处理机上运行。每个任务在 A 处理机上执行的时间为 E,在 B 处理机上执行的时间为 $2E$,不考虑机间通信时间,则如何分配任务,可使系统总执行时间最短?总执行时间最短为多少?

7-11 简述多处理机操作系统三种不同类型的构形,列出每种构形的优点和缺点以及设计中的问题。

7-12 什么是对称多处理机?

7-13 什么是大规模并行处理机(MPP)?什么叫机群系统?

7-14 机群系统与传统的并行处理系统相比,有哪些优点?

第 8 章 数据流计算机和归约机

传统的 Von Neumann 型计算机采用控制驱动方式，顺序地执行指令，这很难最大限度地开发出计算的并行性。为此，提出若干非 Neumann 型计算机。这类计算机结构包括：使用数据流语言，基于数据驱动的数据流计算机；使用函数式语言，基于需求驱动的归约机。本章简要介绍这些计算机的原理、结构、特点及存在的问题。

8.1 数据流计算机

8.1.1 数据驱动的概念

Von Neumann 型计算机的基本特点是在程序计数器集中控制下，顺次地执行指令，因此，它是以控制流(Control Flow)方式工作的。虽然可以在系统结构、程序语言、编译技术等方面对其进行改进，发展流水线机、阵列机或多处理机，但其本质仍是指令在程序计数器控制下顺序执行，这就很难最大限度地发掘出计算的并行性。

【例 8-1】 计算一元二次方程 $ax^2 + bx + c = 0$ 的根。设 $b^2 - 4ac \geqslant 0$，可以写出如下的 FORTRAN 程序：

```
READ * , A,B,C
X1=2*A
D=SQRT(B*B-4*A*C)
D=D/X1
X2=-B/X1
X1=X2+D
X2=X2-D
PRINT *.X1,X2
END
```

这个程序显然只能在单处理机上顺序串行。可以通过使用一些派生(如 FORK)、汇合(如 JOIN)类的语句，在执行某个程序段(进程)时，派生出能与之并行执行的其他多个程序段，分配给多台不同的处理机来并行执行。等到并发执行的各个程序段都执行完，再将其汇合到一起往下执行。此时根据情况又可以进行新的派生。通过这种办法可以提高程序执行的并行度。然而，多处理机中的各台处理机仍然是按控制流方式工作的，因而并不能从根本上解决操作的高度并行，只能实现程序段之间的部分并行。而且，并行性语句的引入会增加操作控制的复杂性和程序执行的辅助开销，这在一定程度上又会抵消程序并行所带来的好处。

指令和数据之间存在着各种相关以及操作控制的复杂化，都大大限制了控制流方式工作中计算并行性的开发。因此，开发并行性的另一种途径是完全摆脱 Von Neumann 型的程序计数器控制驱动(Control Driven)的控制流方式，改用数据驱动(Data Driven)的数据流(Data Flow)方式来工作。

数据驱动的数据流方式指的是，只要一条或一组指令所要求的操作数全部准备就绪，就可立即激发相应的指令或指令组执行。执行结果的输出将送往等待这一数据的下一条或下一组指令。如果其中一些指令因此而使所需用到的数据全部准备就绪，就可被激发执行。因此，在这种机器上不需要程序计数器。指令的执行基本上是无序的，完全受数据流的驱动，与指令在程序中出现的先后顺序无关。也就是说，部分有序的操作也不是由程序员指定，而是受数据相关制约的。程序设计者完全摆脱了检查和定义程序中所有可能存在的并行性这一繁重工作。只要数据不相关且资源可以利用，就可以并行，因而最有利于计算并行性的开发。

【例 8 - 2】 仍以一元二次方程求根问题进行说明。图 8 - 1 表示了程序中数据间的相关关系，其中，①与②、③与④、⑤与⑥均可并行操作，但相互之间因为存在数据相关而不能执行。如果用加、减、乘、除、平方根等基本操作表示相应的数据流程序，则其数据流程序图如图 8 - 2 所示。

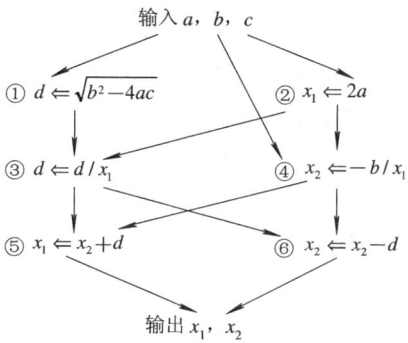

图 8 - 1　求一元二次方程根的程序中的
　　　　　数据相关关系

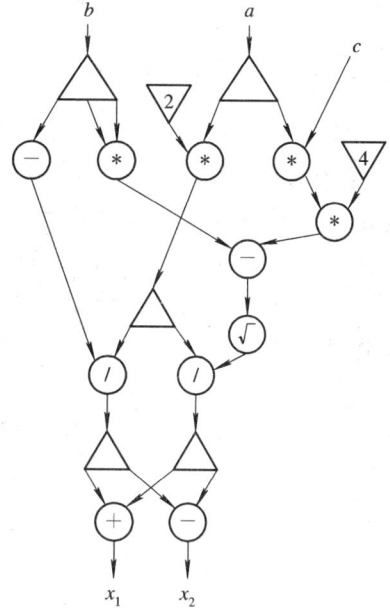

图 8 - 2　求一元二次方程根的数据流程序图

控制驱动的控制流方式的特点是：通过访问共享存储单元让数据在指令之间传递；指令执行的顺序性隐含于控制流中，但却可以显式使用专门的控制操作符来实现并行处理；指令执行的顺序受程序计数器控制，换句话说，受控制令牌所支配。数据驱动的数据流方式则不同，它没有通常的共享变量的概念，即没有共享存储数据的概念；指令执行顺序只受指令中数据相关性的制约；数据是以数据令牌方式直接在指令之间传递的。

数据令牌是一种表示某一操作数或参数已准备就绪的标志。一旦执行某一操作的所有操作数令牌都到齐，则标志着这一操作是什么操作，以及操作结果所得出的数据令牌应发送到哪些等待此数据令牌的操作的第几个操作数部件等有关信息，都将作为一个消息包（Message Packet），传送到处理单元或操作部件并予以执行。

上述的数据驱动计算只是数据流计算模型中的一种。还有另一种叫需求驱动计算模型。

数据驱动计算，其操作按输入数据可用性决定的次序进行。需求驱动计算，其操作则按数据需求决定的次序进行。前者只要所要求的输入数据全部就绪，即可驱动操作执行，是一种提前求值的策略；而后者则是按需求值，只有当某一函数需要用到某一自变量时，才驱动对该自变量的求值操作，是一种滞后求值的策略。显然后者较之前者可以减少许多不必要的求值，辅助开销少，有助于提高系统的效率。作为本节讨论的数据流机来说，一般是指数据驱动计算，需求驱动更适合面向函数程序设计的计算机。然而，由于它们都属于数据流方式，因此数据流机也同样比较适合于执行用函数式语言书写的程序。

从语义上讲，数据流是基于异步性（Asynchrony）和函数性（Functionality）的一种计算模型。所谓异步性，是指一旦操作数到齐就开始操作，这是数据流计算机开拓并行性的基础。所谓函数性，是指每一数据流操作都消耗一组输入值，产生一组输出值而不发生副作用（Side Effect），具有变量出现在赋值语句左边仅一次的单赋值特性，从而保证任何两个并发操作可以按任意次序执行，而不会相互干扰。

8.1.2　数据流程序图和语言

可用图 8-3 所示的有向图来表示指令级的数据流程序，它可看成是数据流机器的机器语言。它有多个结点（Node），并用一些弧（Arc）把它们连接而成。每一个结点用圆圈或三角形或其他特殊符号表示，可当做一种处理部件。结点内的符号或字母表示一种操作，所以也称操作符（Actor）。弧代表数据令牌在结点间的流向。在数据流机中，根据这些数据流程序图，通过一个分配器或分配程序（Allocator），不断分配适当的处理部件来实现操作符的操作。图 8-3 表示了计算 $z=(a+b)*(a-b)$ 的数据流程序图。

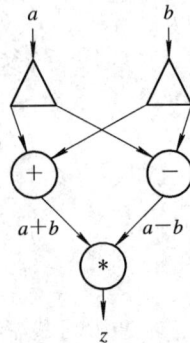

图 8-3　计算 $z=(a+b)*(a-b)$ 的数据流程序图

为表示数据在程序图中的流动状况，利用图 8-4 中的实心圆点代表令牌沿弧移动。假定 $a=3,b=5$，则通过令牌沿弧移动的先后过程反映出此数据流程序图的执行过程。实际上，实心圆点代表该输入数据已准备就绪，旁边的数字代表此数据的值。在图 8-4 中，

（a）表示初始数据就绪，激发（也称点火或驱动）复制结点，以复制多个操作数；（b）表示复制结点驱动结束，激发数据已准备就绪的＋、－结点；（c）表示＋、－结点驱动结束，激发数据已准备就绪的＊结点；（d）表示＊结点驱动结束，输出计算结果。

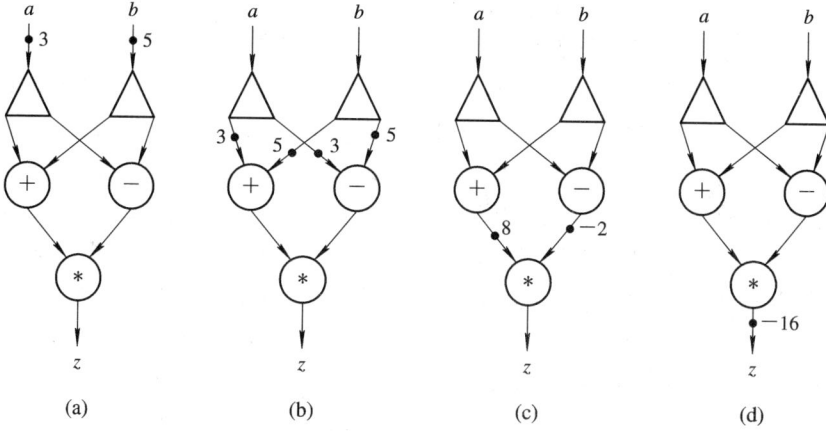

图 8 - 4　数据流程序图的执行过程

数据流程序图中程序的执行过程是一种数据不断进行激发（驱动）的过程。一个操作符的执行从每个输入端只吸收一个令牌，进行计算后，只在有效的输出端上产生一个输出令牌。这种单赋值规则使结点在生成和消灭时，可以有序地分配和回收值，而不会产生竞争。

为了满足数据流机程序设计的需要，还需进一步引入许多常用的其他结点。这些结点可分别表示如下：

（1）常数产生结点（Identity）：没有输入端，只产生常数，如图 8 - 5（a）所示。激发后输出带常数的令牌。

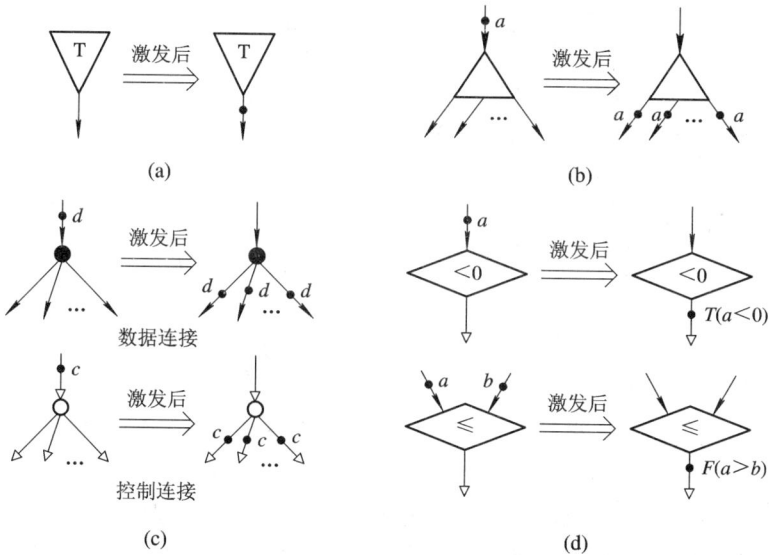

图 8 - 5　常用非控制类操作结点及其激发规则
（a）常数产生结点；（b）复制操作结点；（c）连接操作结点；（d）判定操作结点

（2）算术逻辑运算操作结点（Operator）：主要包括常用的＋、－、＊、/、乘方、开方等算术运算及非、与、或、异或、或非等布尔逻辑运算。激发后输出带相应操作结果的令牌。

（3）复制操作结点（Copy）：如图 8－5(b)所示，可以是数据的多个复制，也可以是控制量的多个复制。数据端以实箭头表示，控制端以空心箭头表示。有时也称为连接操作结点。图 8－5(c)分别表示了数据连接结点和控制连接结点及激发的结果。

（4）判定操作结点（Decider）：如图 8－5(d)所示，对输入数据按某种关系进行判断和比较，激发后在输出控制端给出带逻辑值真(T)或假(F)的控制令牌。

（5）控制类操作结点：控制类操作结点的激发条件需要加入布尔控制端，如图 8－6 所示。可以把控制类操作结点细分为常用的 4 种。图 8－6(a)为 T 门控结点（T gate），布尔控制端为真，且输入端有数据令牌时才激发，然后在输出端产生带输入数据的令牌。图 8－6(b)为 F 门控结点（F gate），布尔控制端为假，且输入端有数据令牌时才激发，然后在输出端产生带输入数据的令牌。图 8－6(c)为开关门控结点（Switch），有一个数据输入端和两个数据输出端，并受控制端控制，激发后，根据控制端值的真或假，在相应输出端上产生带输入数据的令牌。图 8－6(d)为归并门控结点（Merge），有两个数据输入端和一个数据输出端，并受控制端控制，激发后，根据控制端值的真或假，在输出端上产生带相应输入数据的令牌。

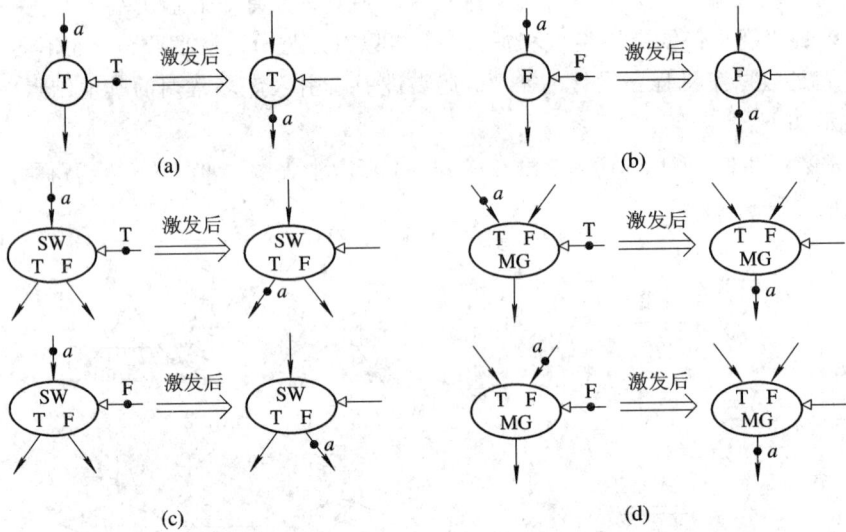

图 8－6　常用控制类操作结点及其激发规则
(a) T 门控结点；(b) F 门控结点；(c) 开关门控结点；(d) 归并门控结点

此外，根据数据流程序设计的需要，还可以设计一些其他的基本结点和功能更强的复合型结点，这里就不一一列举了。

利用上述这些结点，可以画出一些常见程序结构的数据流程序图。

【例 8－3】　图 8－7 是具有条件分支结构的数据流程序图的例子，当 $x>0$ 时，实现 $z=x+y$；否则，$z=x-y$。图 8－8 为具有循环结构的数据流程序图的例子，可以实现对 x 的循环累加，直到 x 的值超过 1000 为止，所得结果为 z。

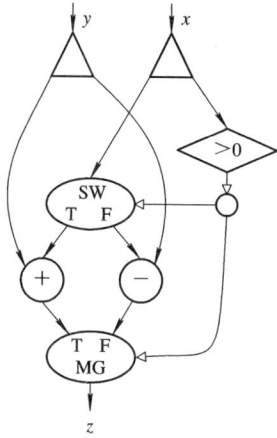

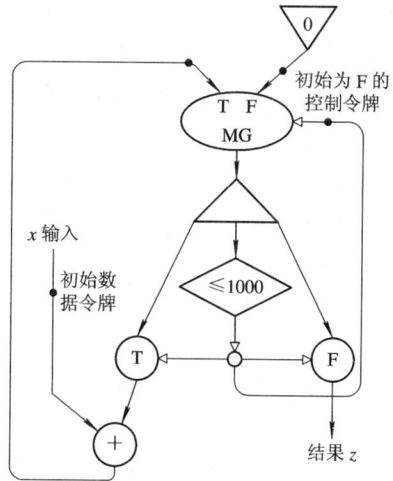

图 8-7　具有条件分支结构的数据流程序图例　　图 8-8　具有循环结构的数据流程序图例

　　数据流程序图的另一种表示方法更接近于机器语言,也更容易理解机器的工作原理,这就是活动模片(Activity Templete)表示法。数据流实际上可以被看成是一组活动模片组成的集合体。每一个活动模片对应于数据流程序图中一个或多个操作结点,且由 4 个域组成。这 4 个域是一个操作码域、两个操作数域和一个目的域。

　　【例 8-4】　图 8-9 是图 8-3 计算 $z = (a+b) * (a-b)$ 数据流程序图采用活动模片表示法表示的例子。图 8-10 是图 8-7 数据流程序图等效的活动模片表示方式。

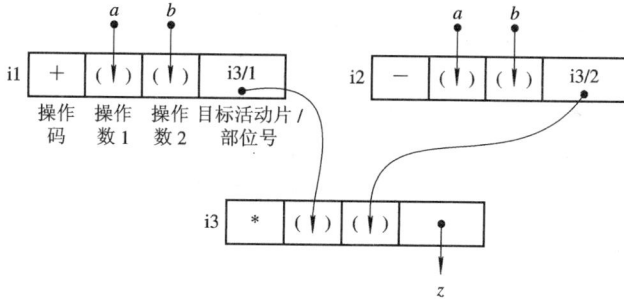

图 8-9　计算 $z = (a+b) * (a-b)$ 的活动模片表示法

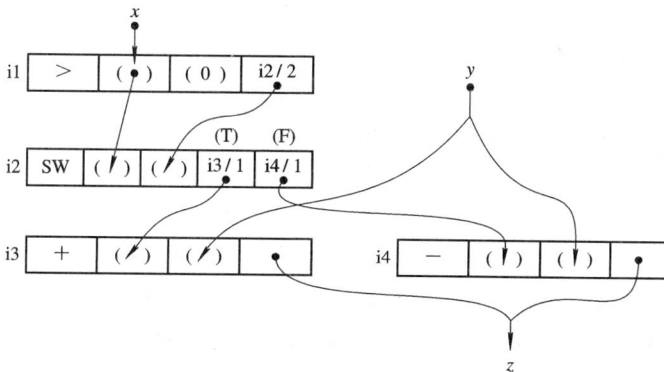

图 8-10　图 8-7 数据流程序图等效的活动模片表示

实际上，活动模片就是结点在数据流机器内部具体实现时的存储器映像。所以，活动模片表示的数据流程序图也可认为就是数据流机的可执行的机器代码程序，可由数据流机硬件直接解释执行。数据流机操作系统中的分派程序（Allocator），就是根据活动模片数据流程序图来调度各个活动模片，分配给多个处理器并行执行的。

数据流程序图实际上是数据流机的机器语言，其优点是直观易懂，但编程效率很低，难以为一般用户所接受。为此，需要研究适合于数据流机器使用的高级语言。

一般来说，不论采用哪种高级语言编写的程序都可以通过相应的编译程序处理后，变换成数据流图。因此，目前在数据流计算机上就有用命令式语言作高级语言的，关键是要提供将命令式高级语言程序转换成数据流程序图语言的编译程序。美国 IOWA 州立大学做过这种研究。美国 Texas 仪器公司成功地将 ASC FORTRAN 编译程序修改后用到其数据流机上。

但是，传统机器上用的面向过程的命令语言缺乏并行性描述，很难表达出数据流控制机制的并行性，虽然有些语言也扩充了并行描述成分，如 FORTRAN 的 FORK 和 JOIN，并行 PASCAL、Ada 语言等，但其转换成数据流图的过程比较复杂、低效，所以主要还应发展新的、适合于数据流控制机制的高级语言。目前主要有单赋值语言（Single Assignment Language）和函数程序设计语言（Functional Programming Language）。另外，像逻辑程序设计语言 PROLOG 这样一类的描述式（Descriptive）语言，也可作为数据流机的高级语言。

单赋值语言是指在程序中，每个量均只赋值一次，即同一个量名在不同赋值语句的左部最多只出现一次。因此，实际上并没有传统计算机中的变量的概念，只是一种值名。例如，一个程序允许出现如下语句序列

$$C=A+B$$
$$C=C*D$$
$$F=(C-D)/E$$

则所使用的语言就不是单赋值语言。若这时只允许程序写成

$$C=A+B$$
$$C1=C*D$$
$$F=(C1-D)/E$$

其所用的语言就体现出单赋值的规则和要求了。单赋值语言的语义清楚，程序中的并行性易于被编译程序所开发。

著名的单赋值语言有美国的 ID（Irvine Data Flow）语言、VAL（Value Oriented Algorithm Language）语言，以及法国的 LAU 语言、英国曼彻斯特大学的 SISAL 语言等。ID 语言是块结构式、面向表达式、无副作用的单赋值语言，用这种语言写出的程序不能直接执行，需先编译成数据流程序图，然后再在机器上执行。VAL 语言是美国麻省理工学院（MIT）的 J. B. Dennis 等人于 1979 年提出的。

下面以 VAL 语言为例列举单赋值语言具备的基本特点：

（1）遵循单赋值规则。没有传统计算机上所用的变量的概念，只是一种值名。任何语句执行的唯一结果是给该语句左部的值名赋值，没有副作用。

（2）有丰富的数据类型。基本数据类型有整型、实型、布尔型、字符型。结构数据有数组和记录。允许数组、记录嵌套定义，深度不限，给用户编程提供了方便。

（3）具有很强的类型性。任何函数的自变量和计算结果的数据类型均在函数首部的定义中先说明好，函数内部的值名类型也在函数内部说明好，表达式都有其确定的类型。这样在编译时，通过类型校验，可以减少和易于发现程序中的错误。

（4）具有模块化结构的程序设计思想。整个程序由若干个模块组成，每一模块含有一个外部函数供其他模块调用，并含有若干个内部函数来供本模块内部调用。

（5）没有全局存储器和状态的概念。过程中无记录数据调用跟踪的状态变量，所以过程（Procedure）中没有"记忆性"。

（6）程序不规定语句的执行顺序，语句的执行顺序也不会影响计算出的最终结果。无GO TO 类转移语句。IF 和 LOOP 语句的语义基本上是函数式语言，可以满足无副作用和单赋值规则。为表达算法中的并行成分，应提供相应的语句结构。该语句结构完全针对数据流计算模型来设置，以最大限度地开发出操作一级的并行。

另一类适合于表达数据流程序的函数程序设计语言将在下一节介绍。像美国 Utah 大学研究的 FP 语言是类似于纯 LISP 和 John Backus 的纯函数程序设计语言。而像美国 Hughes 飞机公司微电子工程实验室提出的 HDFL（Hughes Data Flow Language）语言，则借鉴了 VAL 语言的许多特点，如单赋值、强类型化、含记录和数组结构，有条件控制结构（IF－THEN－ELSE）、循环迭代结构（FOR）和并行迭代结构（FORALL）等，并具有类似于 ID 语言的流（Stream）处理能力，没有全局变量，无副作用。一个 HDFL 的程序由一个程序定义或一个程序定义上加上若干个函数定义所组成，模块化和结构化程度较强。

另外，像逻辑程序设计语言 PROLOG 这样一类描述式（Descriptive）语言都可以用于编写数据流机的程序。

8.1.3　数据流计算机的结构

根据对数据令牌处理的方式不同，可以把数据流计算机的结构分成静态和动态两类。

1. 静态数据流机

静态数据流机的数据令牌没加标号。为正确工作，任意给定时刻，当结点操作时，其任何一条输入弧上只能有一个数据令牌。只有当结点的所有输入弧上都有数据令牌时，该结点才被激活，执行相应的操作。由于数据令牌没有加标号，如果给定时间里允许一条弧上同时出现两个以上的数据令牌的话，结点对于送达各输入端的一批数据就无法区分出它们中哪些是属于同一批的操作数。因此，在静态数据流机中，为了满足迭代要求，除要多次重复激活同一操作结点外，还必须另设控制令牌（Control Token），以识别数据令牌由一个结点传送到另一个结点的时间关系，从而区分属于不同迭代层次的各批数据。所以，静态数据流机不支持递归的并发激活，只支持一般的循环。

MIT 的 J. B. Dennis 首先提出了 MIT 静态数据流机。

2. 动态数据流机

动态数据流机最主要的特点是让令牌带上标记，使得在任意给定时刻，数据流程序图任何一条弧上允许出现多个带不同标记的令牌。令牌的标记是令牌附带的一个能识别该令牌时间先后相对关系的标号，有的机器上也称其为颜色。所以，动态数据流机不需要像静态数据流机那样用控制令牌来对指令间数据令牌的传送加以认可。对于需要多组（次）数据令牌的指令，可以通过对令牌标记的配对来识别。为此，需要相应硬件将标记附加到数据令牌上，并完成对标记的匹配工作。

动态数据流机有 Arvind 等人研制的 Irvine 数据流机的改进机及英国曼彻斯特大学的 Manchester 数据流机。

8.1.4　数据流计算机存在的问题

数据流计算机在提高并行处理效能上有着非常显著的长处，但也存在一些问题。

（1）数据流机的主要目的是为了提高操作级并行的开发水平，但如果题目本身数据相关性很强，内涵并行性成分不多，就会使效率反而比传统的 Von Neumann 型机还要低。

（2）在数据流机中为给数据建立、识别、处理标记，需要花费较多的辅助开销和较大的存储空间（可能比 Neumann 型的要大出 2～3 倍），但如果不用标记则无法递归并会降低并行能力。

（3）数据流机不保存数组。在处理大型数组时，数据流机会因复制数组造成存储空间的大量浪费，增加额外数据传输开销。数据流机对标量运算有利，而对数组、递归及其他高级操作较难管理。

（4）数据流语言的变量代表数值而不是存储单元位置，使程序员无法控制存储分配。为有效回收不用的存储单元，编译程序的难度将增大。

（5）数据流机互连网络设计困难，输入/输出系统仍不够完善。

（6）数据流机没有程序计数器，给诊断和维护带来了困难。

因此，数据流机尚难批量生产，仍需进一步改进。就发展来看，数据流机是有很大潜力的，在并行度低的小型机及需要高度并行的超级机上有潜在的发展余地，但在中型的并行机上可能较难使用。

8.1.5　数据流计算机的进展

随着数据流机研制的深入开展，已提出若干新的数据流机器，它们既继承了传统计算机采用的并行处理技术，又弥补了经典数据流机的一些缺陷。

1. 采用提高并行度等级的数据流机

由于经典的数据流机将数据流级的并行性放在指令级上，致使机器的操作开销大；现在将并行性级别提高到函数或复合函数一级上，用数据来直接驱动函数或复合函数，就可以较大地减少总的操作开销。1981 年 Motooka 等人及 1982 年 Gajks 等人提出复合函数级驱动方式，在全操作循环、流水线循环、赋值语句、复合条件语句、数组向量运算及线性递归计算上采用复合函数级的并行。这样，就可以用传统高级语言来编写程序，只是需要研制专门的程序转换软件，实现将传统高级语言编制的程序转换成复合函数级的数据流程图，并生成相应的机器码。

2. 采用同步、异步结合的数据流机

由于数据流机采用完全的异步操作，尤其是指令级的异步会造成系统操作开销的增大。所以，在指令级上适当采用同步操作，而在函数级及函数级之上采用异步操作，就可

以减少机器的操作开销。

指令级同步操作可以使中间结果不必存回存储器，直接被下一操作所用，指令中就不需要目标地址了，这样可缩短指令字长。指令级同步操作不需要回答信号，减少了系统的通信量，系统采用总线互连即可，简化了结构。虽然函数级并行异步的开销较大，例如取函数标题、取程序要多花费些时间，互连标题也还要多占用存储空间，但这些开销分摊到函数中的每条指令就少得多了。

3. 采用控制流与数据流相结合的数据流机

控制流与数据流相结合，可以继承传统控制流计算机的优点。例如，Cedar 数据流机就实现了函数级宏流水线，其指令级上仍采用控制流方式，如控制流计算机中的向量处理技术，用 FORTRAN 语言，经编译开发程序的并行性技术，照样可以使用。

8.2 归 约 机

归约机和数据流机一样，都是基于数据流的计算模型，只是其采用的驱动方式不同。数据流机是采用数据驱动，执行的操作序列取决于输入数据的可用性；归约机则是需求驱动，执行的操作序列取决于对数据的需求，对数据的需求又来源于函数式程序设计语言对表达式的归约（Reduction）。

函数式语言是由所有函数表达式的集合、所有目标（也是表达式）的集合及所有由函数表达式到目标的函数集合三部分组成的。函数是其基本成分，是从一批目标到另一批目标的映射。从函数程序设计的角度看，一个程序就是一个函数的表达式。通过定义一组"程序形成算符（Program-Forming Operators）"，可以用简单函数（即简单程序）构成任意复杂的程序，也就是构成任意复杂函数的表达式。反过来，如果给出了一个属函数表达式集合中的复杂函数的表达式，利用提供的函数集合中的子函数经过有限次归约代换之后，总可以得到所希望的结果，即由常量构成的目标。函数表达式的每一次归约，就是一次函数的应用，或是一个子表达式（子函数式）的代换（还原）。

例如，表达式 $z=(y-1)*(y+x)$ 可以理解成 $z=f(u)$，而 $f(u)$ 等价于 $g(v)*h(w)$，其中 $g(v)=y-1$，$h(w)=y+x$，也就是说，函数 $z=f(u)$ 的求解可归约成求两个子函数 $g(v)$ 和 $h(w)$ 的积，而 $g(v)$ 和 $h(w)$ 又可以分别继续向下归约。

函数式程序本质上属于解释执行方式，从函数式程序的归约来看，机器内部通常采用链表的存储结构，且依赖于动态存储分配，存储空间的大小无法预测，需要频繁地进行空白单元的回收，使空间、时间开销都较大，频繁的函数应用和参数传递，加上自变量动态取值，同样的往往要重复多次。所以，必须针对函数程序设计语言的特点和问题来设计支持函数式程序运行的新计算机，这就是归约机。

归约机的结构特点是：

（1）归约机应当是面向函数式语言，或以函数式语言为机器语言的非 Neumann 型机器。其内部结构应不同于 Neumann 型机器。例如，应采取适合于归约的存储结构和存储器结构，要有函数定义存储器和表达式存储器，而不是 Neumann 型机器的程序存储器和数据存储器这种组成方式。归约机处理对象是多个运算或函数应用嵌套组合的表达式，处理器根据表达式携带的运算信息来处理表达式中的数据。因此，处理的数据和操作的信息应当合并存储，而不是像 Von Neumann 型机那样，数据按地址存储，且数据中不含运算信息。应当有相应部件来跟踪指示表达式归约的顺序和路径，而不是 Neumann 型机器采用的程序计数器硬件。采用适合于归约特点的需求驱动或数据驱动的控制方式和机构，而不是 Neumann 型机器的按控制驱动的控制方式和机构。

（2）具有大容量物理存储器并采用大虚存容量的虚拟存储器，具备高效的动态存储分配和管理的软、硬件支持，满足归约机对动态存储分配及所需存储空间大的要求。

（3）处理部分应当是一种有多个处理器或多个处理机并行的结构形式，以发挥函数式程序并行处理的特长。

（4）采用适合于函数式程序运行的多处理器（机）互连的结构，最好采用树形方式的互连结构或多层次复合的互连结构形式。

（5）为减少进程调度及进程间的通信开销，尽量使运行进程的结点机紧靠该进程所需用的数据，并使运行时需相互通信的进程所占用的处理机也靠近，让各处理机的负荷平衡。

根据机器内部对函数表达式所用存储方式的不同，将归约方式分成串归约（String Reduction）和图归约（Graph Reduction）两类。为了便于说明，仍以表达式 $z=(y-1)*(y+x)$ 为例，假定 x 和 y 分别赋予 2 和 5。

串归约方式是指当提出求函数 $z=f(u)$ 的请求后，立即将其转化成执行由操作符 $*$ 和两个子函数 g 和 h 的作用所组成的“指令”。g 和 h 的作用又引起“指令”$(-y,1)$ 和 $(+y,x)$ 的执行。于是，从存储单元中分别取出 y 和 x 的值，算出 $y-1$ 和 $y+x$ 的结果，然后将返回值再各自取代 g 和 h，最后求 $(*4,7)$，得结果 28。这种归约方式表示见图 8-11(a)。串归约方式实际上是一种不断地在定义表达式集合中去查找和复制的过程，而且对每次函数作用都要重复执行，因而时间和空间的辅助开销都比较大。

图归约方式与串归约方式主要的不同在于，定义表达式时设置了 $z/1$、$z/2$ 等指针，如图 8-11(b)所示。这样，下一层作用的返回结果将直接取代上一层作用的自变量，省去了归约时的复制开销；同时，实现了自变量返回值的共享，不用对同一函数作用重复执行，就可以直接引用此函数求值的结果。

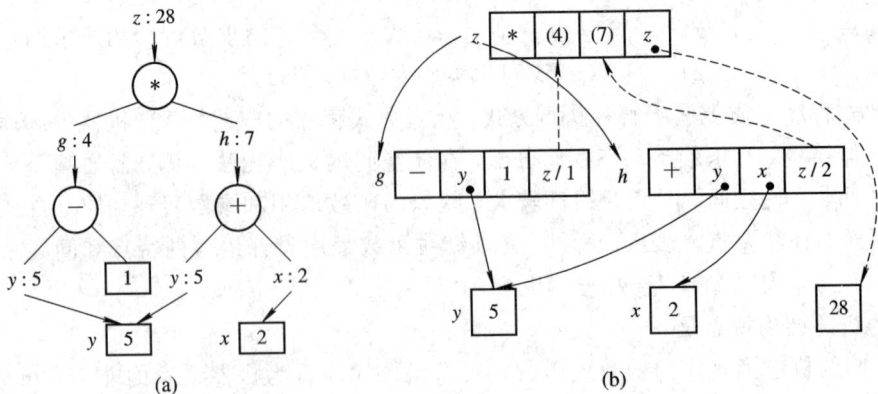

图 8-11　串归约和图归约
（a）串归约；（b）图归约

总之，归约方式体现了按需求驱动的思想，根据对函数求值的需求来激活相应指令。而且，不论是采用先内后外或先外后内，还是采用先右后左或先左后右的顺序归约，也不论是采用串行归约，还是并行归约，都不影响最终结果值。

根据机器所用归约方式的不同，相应地有串归约机和图归约机两类。

串归约机可看成是一种特殊的符号串处理机，函数定义、表达式和目标都以字符串的形式存储于机器中。函数式语言源程序可以不经翻译，直接在串归约机上进行处理。前面已说过，串归约机存在的一个主要问题是不能共享子表达式，多次应用就得多次复制和求值运算，所以时间和空间的辅助开销相对都比较大。1979 年，美国的 Mago 教授提出的细胞归约机 FFP 就是一种串归约机。

图归约机将函数定义、表达式和目标以图的形式存储于机器中，图是其处理对象。最常用的图是二叉树和 N 叉树。图归约机采用给每个结点设置指针的方式来存储图。图的处理通过指针进行，如图 8－11(b)所示。这使图归约过程免去了归约过程中频繁的复制开销，并通过让多个父表达式的指针指向同一子表达式，实现了子表达式的共享，免去了复制。而且链表中的各结点可分散存储于不同空间，不必强调串归约机要求的邻接性。结点的插删只需修改指针，便于无用存储单元的回收，从而使图归约机的存储空间利用率高。但其缺点是一旦某个结点出错，会使与此结点有关的信息全部丢失，所以可靠性不如串归约机。墨西哥国立大学的 Guzman 等人提出的并行 LISP，就是图归约机的例子。

8.3 本 章 小 结

8.3.1 知识点和能力层次要求

（1）掌握数据流机的原理、数据流程序图，识记数据流机的两种构形、特点和问题。

（2）识记归约机的结构特点和组成。

8.3.2 重点和难点

1. 重点

数据流机、归约机的原理和特点。

2. 难点

用结点有向图形式画数据流程序图。

习 题 8

8－1 什么叫控制驱动、数据驱动、需求驱动？

8－2 用结点有向图形式画出求解

$$x = \sqrt{(a+b) \times d/e - e/d}$$

的数据流程序图。当 $a=4, b=8$ 时，表示该数据流程序图的执行过程。

8-3 用常用结点画出

$$Z := (IF\ X = 10\ THEN\ X - Y\ ELSE\ X + Y)/Y$$

的数据流程序图。

8-4 画出对应于循环语句

WHILE i<0 DO

　　new Z := Z+X;

　　i := old i+1

END

迭代结构的数据流程序图。

8-5 静态和动态数据流机的主要区别在哪里?

8-6 简述归约机的驱动方式和工作原理、结构特点及两种构形。

附录　习题参考答案

第 1 章　习题 1 的参考答案

1-1　执行第 2、3、4 级的一条指令各需 KN ns、KN^2 ns、KN^3 ns 的时间。

1-2　这样做，可以加快操作系统中操作命令解释的速度，同样也节省了存放解释操作命令这部分解释程序所占的存储空间，简化了操作系统机器级的设计，也有利于减少传统机器级的指令条数。

1-3　第 2、3 和 4 级上的一段等效程序分别需要 $K \cdot \dfrac{N}{M}$ s、$K \cdot \dfrac{N^2}{M^2}$ s 和 $K \cdot \dfrac{N^3}{M^3}$ s 的时间。

1-4　略。

1-5　客观存在的事物或属性，从某个角度去看，却看不到，称这些事物和属性对它是透明的。透明了就可以简化这部分的设计，然而因为透明而无法控制和干预，就会带来不利。因此，透明性的取舍要正确选择。

对计算机系统结构透明的有：存储器的模 m 交叉存取，数据总线宽度，阵列运算部件，通道是采用结合型还是独立型，PDP-11 系列的单总线结构，串行、重叠还是流水控制方式，Cache 存储器。

对计算机系统结构不透明的有：浮点数据表示，I/O 系统是采用通道方式还是外围处理机方式，字符行运算指令，访问方式保护，程序性中断，堆栈指令，存储器最小编址单位。

1-6　从机器（汇编）语言程序员看，实际上也就是从计算机系统结构看的内容。那么，透明的有：指令缓冲器、时标发生器、乘法器、主存地址寄存器、先行进位链、移位器，其余的均是不透明的。因为指令缓冲器、主存地址寄存器属计算机组成中的缓冲器技术，时标发生器、乘法器、先行进位链、移位器属于计算机组成中的专用部件设置，均与软件编程无关。而指令地址寄存器就是程序计数器，其位数多少会影响到可执行程序的空间大小。通用寄存器、中断字寄存器、磁盘外设、条件码寄存器均是汇编语言程序中要用到的。因此它们对汇编语言编程都是不透明的。

1-7　系列机各档不同的数据通路宽度、Cache 存储器、指令缓冲寄存器属计算机组成，对系统程序员和应用程序员都是透明的。虚拟存储器、程序状态字、"启动 I/O"指令，对系统程序员是不透明的，而对应用程序员却是透明的。"执行"指令则对系统程序员和应用程序员都是不透明的。

1-8　实现软件移植的主要途径有统一高级语言、采用系列机、模拟和仿真等。

统一高级语言适用于在结构相同以至完全不同的机器之间实现高级语言应用软件的移植。问题是至今还难以统一出一种通用的高级语言。应采取的对策是，从长远目标还应争取统一出一种通用的高级语言，但近期只能做相对的统一。

采用系列机可适用于结构相同或相近的机器之间实现汇编语言应用软件和部分系统软件移植。由于系列机结构变化有限，因此到一定时候便会阻碍该系列的发展。对策应是不能只局限于旧系列的发展，在适当时候应推出新的系列结构。

模拟和仿真能适用于结构不同的机器之间实现机器语言程序的移植。但模拟方法在机器指令差异大时，运行速度严重下降；在机器结构差异大时，仿真很难。对策是：模拟和仿真结合使用。让频繁使用且易于仿真的指令采用仿真，以提高速度，而让很少使用，对速度要求不高、难以仿真的这部分指令及 I/O 操作采用模拟实现。

用计算机网络实现软件移植，计算机网络应采用异种机的联网技术。

1-9 采用系列机可以较好地解决软件设计环境要求相对稳定和硬件、器件、组成等技术在飞速发展的矛盾。软件可以丰富积累，器件、硬件和组成又能不断更新，使之短期内就能提供出性能更好、价格更便宜的新机器，有力地促进计算机的发展。系列机软件兼容的基本要求是必须保证实现软件的向后兼容，力争做到向上兼容。

1-10 （1）可以。因为它虽然属计算机系统结构的内容，但它是新增加的数据类型和指令，不会影响到已有指令所写的程序的正确运行，只是现在用新增加的指令来写程序，会使计算机的性能和效率变得更好。

（2）不可以。中断的分级和中断的响应次序等中断机构都属于计算机系统结构的内容。中断分级由原来的 4 级增加到 5 级应当还是允许的，关键是重新调整了中断响应的优先次序，这就使原有程序的中断响应次序发生了改变，会影响原有程序工作的正确性。

（3）可以。Cache 存储器属于计算机组成，它不会改变原有的系统程序和应用程序，不会影响到它们的正常运行。只是有了 Cache 存储器后，系统的性能有了明显的提高。

（4）可以。浮点数尾数的下溢处理不属于计算机系统结构，而是计算机组成设计所考虑的内容。

1-11 器件的发展使逻辑设计已由过去传统的逻辑化简，转变成强调在满足系统结构所提出的功能要求前提下，如何能用上大批量生产的高集成度片子，提高其系统效能，缩短其研制周期，降低其生产成本。计算机的设计也已从过去只进行全硬的逻辑设计发展到现在所用的软硬结合方法进行计算机的辅助设计和辅助制造。器件发展是推动系统结构发展的关键因素的举例可参见书中的例子，此处从略。

1-12 开发并行性的途径有时间重叠、资源重复和资源共享。

沿时间重叠发展出多处理机宏流水系统，一般是非对称异构型多处理机系统。

沿资源重复发展出多处理机系统，一般是对称、同构型多处理器（机）系统。

沿资源共享途径发展出多处理机系统，一般是同构型或异构型的多处理机。

1-13 从计算机系统中执行程序的角度，并行等级由低到高有指令内各微操作间的并行、多条指令间的并行、多个任务或进程间的并行、多个作业或程序间的并行四级。

从计算机系统处理数据的角度看，并行性等级由低到高，分别是位串字串（串行单处理机，无并行性）、位并字串（传统并行单处理机）、位片串字并和全并行等。

从计算机信息加工步骤和阶段的角度看，并行性等级又有存储器操作并行(并行存储器、相联处理机)，处理器操作步骤并行(流水线处理机)，处理器操作并行(阵列处理机)，指令、任务、作业间的全面并行(多处理机、分布处理系统、计算机网络)等。

1－14 计算机系统的 3T 性能目标是：1 TFLOPS 的计算能力，1 TB 的主存容量，1 TB/s 的 I/O 系统带宽。

第 2 章 习题 2 的参考答案

2－1 数据表示是数据结构的组成元素，数据结构要通过软件映像变换成机器所具有的各种数据表示来实现。不同的数据表示可为数据结构的实现提供不同的支持，表现在实现效率和方便性上不同。数据结构和数据表示是软件和硬件之间的交界面。

确定和引入数据表示的基本原则是：除了基本的数据表示一般都应有之外，对某些高级数据表示是否引入，一是看系统效率是否提高，即是否减少了实现的时间和存储的空间，实现时间是否减少又主要看在主存和处理机之间传送的信息量是否减少；二是看引入这种数据表示的通用性和利用率是否较高。

2－2 在标志符数据表示中，标志符是与每个数据相连的，并且合存在同一个存储单元中，用于描述单个数据的类型等属性；在描述符数据表示中，数据描述符是与数据分开独立存放的，主要用于描述成块数据的类型属性、地址及其他信息。

描述符数据表示在实现向量、阵列数据元素的索引上要比用变址方法更方便，能更快地形成元素的地址，从而可以迅速进行访问，同时，也有利于检查程序中的向量、数组在使用中是否越界。因此，它为向量、数组数据结构的实现提供了一定的支持，有利于简化编译中的代码生成。但是，描述符数据表示并没有向量、数组的运算类指令，也没有采用流水或处理单元阵列形式的高速运算硬件，没有对阵列中每个元素又是一个子阵列的相关型交叉阵列进行处理的硬件，也没有对大量元素是零的稀疏向量和数组进行压缩存储、还原、运算等指令和硬件。因此，它对向量和数组的数据结构提供的支持不够强，并不是向量数据表示。

2－3 通用寄存器型机器对堆栈数据结构的实现支持较差。这表现在：堆栈被放置于主存中，因此每次访问堆栈都要进行访存，速度低；堆栈操作用的机器指令数少，一般只是些简单的压入(PUSH)和弹出(POP)之类的指令，功能单一；堆栈一般只用于保存子程序调用时的返回地址，只有少量参数经堆栈来传递，大部分参数都是通过寄存器或内存区来传递的。

堆栈型机器则不同，它主要表现在：有高速寄存器型的硬件堆栈，附加有控制电路让它与主存中的堆栈区在逻辑上构成一个整体，从而使堆栈的访问速度接近于寄存器的速度，容量却是主存的；有对堆栈的栈顶元素或栈顶元素和次栈顶元素进行各种操作和运算处理的丰富的堆栈操作指令，且功能很强；有力地支持高级语言程序的编译，由逆波兰表达式作为编译的中间语言，就可直接生成堆栈机器指令构成的程序，进行多元素表达式的计算；有力地支持子程序的嵌套和递归调用。

堆栈型机器为程序的嵌套和递归调用提供了很强的支持，表现在：在程序调用时，不仅用堆栈保存返回地址，还保存条件码等多种状态信息和某些关键寄存器的内容，如全局性参数、局部性参数，并且为被调用的程序在堆栈中建立一个存放局部变量、中间结果等现场信息的工作区。堆栈机器在程序调用时，将这些内容全部用硬件方式压入堆栈。当子程序返回时，返回地址、运算结果、返回点现场信息均通过子程序返回指令用硬件方式从堆栈中弹出。只需修改堆栈指针内容就可删去堆栈中不用的信息。堆栈型机器能及时释放不用的单元，访问堆栈时大量使用零地址指令，省去了地址码字段。即使访问主存，也采用相对寻址，使访存的地址位数较少，从而使堆栈型机器上运行的程序较短，程序执行时所用的存储单元数少，存储效率较高。

2－4 $p=6$，$m=48$ 时，在非负阶、规格化、正尾数的情况下，$r_m=2,8,16$ 的各个参数的计算结果如附表 1 所示。

附表 1　各个参数的计算结果

非负阶、正尾数、规格化		尾基 r_m（$p=6$ 位，$m=48$ 位）		
		$2(m'=48)$	$8(m'=16)$	$16(m'=12)$
最小阶值	0	0	0	0
最大阶值	2^p-1	63	63	63
阶的个数	2^p	64	64	64
最小尾数值	r_m^{-1}	$1/2$	$1/8$	$1/16$
最大尾数值	$1-r_m^{-m'}$	$1-2^{-48}$	$1-8^{-16}$	$1-16^{-12}$
可表示的最小值	r_m^{-1}	$1/2$	$1/8$	$1/16$
可表示的最大值	$r_m^{2^p-1}\cdot(1-r_m^{-m'})$	$2^{63}(1-2^{-48})$	$8^{63}\cdot(1-8^{-16})$	$16^{63}\cdot(1-16^{-12})$
可表示数的个数	$2^p\cdot r_m^{m'}\cdot\dfrac{r_m-1}{r_m}$	2^{53}	7×2^{51}	15×2^{50}

2－5 （1）在非负阶、正尾数、规格化情况下：

最小尾数值为 $\qquad$ $r_m^{-1}=10^{-1}=0.1$

最大尾数值为 $\qquad$ $1-r_m^{-m'}=1-10^{-1}=0.9$

最大阶值为 $\qquad$ $2^p-1=2^2-1=3$

可表示的最小值为 $\qquad$ $r_m^{-1}=10^{-1}=0.1$

可表示的最大值为 $\qquad$ $r_m^{2^p-1}\cdot(1-r_m^{-m'})=10^3\times(1-10^{-1})=900$

可表示数的个数为 $\qquad$ $2^p\cdot r_m^{m'}\left(1-\dfrac{1}{r_m}\right)=4\times10\times\dfrac{9}{10}=36$

（2）最小尾数值为 $\qquad$ $r_m^{-1}=4^{-1}=0.25$

最大尾数值为 $\qquad$ $1-r_m^{-m'}=1-4^{-2}=15/16$

最大阶值为 $\qquad$ $2^p-1=2^2-1=3$

可表示的最小值为 $\qquad$ $r_m^{-1}=4^{-1}=0.25$

可表示的最大值为 $\qquad$ $r_m^{2^p-1}\cdot(1-r_m^{-m'})=4^3\times(1-4^{-2})=60$

可表示数的个数为 $\qquad$ $2^p\cdot r_m^{m'}\cdot\left(1-\dfrac{1}{r_m}\right)=4\times4^2\times\dfrac{3}{4}=48$

2－6 ROM下溢处理表16个单元的地址码为0000～1111，它与其内容（即下溢处理后的3位结果值）的对照关系如附表2所示。

附表 2　题 2－6 的 ROM 表

地址	0000	0001	0010	0011	0100	0101	0110	0111
内容	000	001	001	010	010	011	011	100
地址	1000	1001	1010	1011	1100	1101	1110	1111
内容	100	101	101	110	110	111	111	111

2－7　变址寻址适合在标量计算机中使用，通过循环程序对变址寄存器内容修改其变址值，来对向量或数组等数据结构中的元素进行访问和处理。基址寻址则主要是在程序的逻辑地址空间到物理地址空间进行变换时使用的，以支持程序使用动态再定位的技术。

设计一种只用6位地址码就可以指向一个大地址空间中任意64个地址之一的寻址机构，意味着指令中为寻找该操作数的地址码只有6位，只好用来表示这64个地址中的某一个。至于这64个地址之一应当是在哪个大的地址空间中，就得使用其他办法来指明。这里可列举常见的两种做法。

一种是隐含寻址，让标志这64个地址是相对哪个基点地址的区域，用指令隐式规定的某个专门的寄存器中所存放的基址值来给出。例如，可约定某个基址寄存器或某个变址寄存器。程序执行时，每当要访存时，就可以经硬件加法器将隐含寄存器的基址值与指令中给出的6位相对位移量相加来形成其访存单元的物理地址。

另一种是规定基点地址就是程序计数器中的内容，程序计数器（PC）存放的是当前所执行指令的下一条指令在主存中的地址（或偏移地址），因此，可以通过使用无条件转移指令来修改PC的内容，实现在一个大的地址空间中的访问，这就是所谓的PC自相对寻址。做法是通过将PC的内容和指令中所提供的6位相对位移量相加来形成主存单元的物理地址。

2－8　指令为寻找或访问到所需操作数的某种寻址方式，其含义在不同的计算机中会有所差别。下面，我们以大多数计算机中的情况来定义。

立即操作数的寻址原理是，操作数以常数形式直接存放在指令中操作码的后面。一旦指令被取出，操作数也被取得，立即可以使用。立即操作数由于受机器指令字长的限制，可表示数的范围小，一般为8位或16位的二进制常数。指令取出后，为获得操作数不需要再访存，即访存0次。操作数所占用指令中的信息位数是立即数在可表示最大值范围时所要占用的二进制位数。寻址的复杂度相对最低。

间接寻址可以有寄存器间接寻址和存储器间接寻址两种。其寻址原理是，在指令的操作数地址字段上只给出存放操作数在内存中物理地址的寄存器号或存储单元地址。先由指令操作数地址字段，从寄存器或存储单元中取出操作数在存储器中的地址，再按此地址访存，才能间接取得所要的操作数。有的计算机在存储器间接寻址时，还可以有多重间接寻址，即从存储单元中取出的内容作为地址，再去访存时得到的并不是操作数，而只是操作数在内存中的地址，或是地址的地址，如此顺序递推。间接寻址访问到的操作数范围大，可以是主存中能访问到可表示数值范围最大的数。除取指外，为获得操作数所需访问主存的最少次数，对于寄存器间接寻址来说为一次，对于存储器间接寻址来说为两次。为指明该操作数所占用指令中的信息位数，对于寄存器间接寻址来说，只是为寄存器编号所占用的二进制位位数，这种位数一般很短（例如，16 个通用寄存器的编号只需用 4 位二进制位）；而对于存储器间接寻址来说，需占访存逻辑地址所需的全部位数。间接寻址的复杂度一般最高。其中，寄存器间接寻址较存储器间接寻址简单，最复杂的是存储器多重间接寻址。

直接寻址的原理是，由指令中操作数地址码字段给出存放操作数在内存中的有效地址或物理地址。直接寻址可表示操作数值的范围大，可以是主存中能访问的可表示数值范围最大的数。除取指外，为获得所需操作数，需要再访问一次主存。为指明操作数所占用指令中的信息位数，是访存单元的有效地址或物理地址所需的位数。直接寻址的复杂度较寄存器寻址的大，而较寄存器间接寻址要简单些。

寄存器寻址的原理是，指令的操作数地址码字段给出存放操作数所用的寄存器号。可表示操作数的范围大小取决于存放操作数所用的寄存器的二进制位位数。除取指外，为获得操作数不用访存，即访存 0 次。为指明操作数所占用指令中的信息位数，只是寄存器编号所占的二进制位位数，很短。例如，16 个寄存器编号只需 4 位二进制位。寄存器寻址简单，其取数的时间要比访存的时间短得多。

自相对寻址方式主要用于转移指令形成转向目标地址，有的也用于访问存储器寻找操作数。以访问存储器操作数寻址为例，指令中操作数字段给出所访问操作数存放在主存中相对于指令计数器当前值的位移地址。自相对寻址所寻址的操作数可表示数值范围大，可以是主存中能访问的可表示数值范围最大的值。除取指外，为获得操作数所需访存的次数为 1 次。为指明该操作所占用指令中的信息位数，取决于允许的最大相对位移量大小。自相对寻址方式的寻址复杂度较直接寻址略大些。

2-9 14 条指令的等长操作码的平均码长是 $\lceil lb14 \rceil$ 位，即 4 位。

哈夫曼编码可先用哈夫曼算法构造哈夫曼树，本题的哈夫曼树如附图 1 所示。

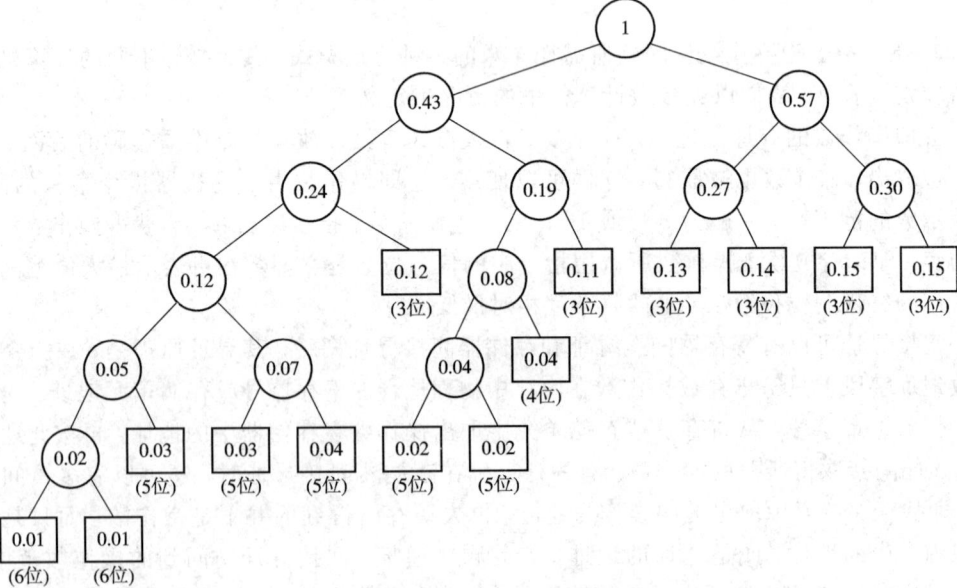

附图 1　题 2-9 的哈夫曼树

在附图 1 中，叶子上用圆括号所括起的数字表示该频度指令所用的二进制位编码的码位数，所以哈夫曼编码的操作码平均码长为 $\sum\limits_{i=1}^{14} p_i \cdot l_i = 3.38$ 位。

采用只有两种码长的扩展操作码，可根据 14 条指令所给出的使用频度值分成两群。让使用频度较高的 6 种指令用 3 位操作码编码表示，留下两个 3 位码作为长码的扩展标志，扩展出 2 位，共有 8 条使用低频的指令的操作码，这样，操作码的平均码长为

$$\sum\limits_{i=1}^{14} p_i \cdot l_i = 3 \times 0.80 + 5 \times 0.20 = 3.4 \text{ 位}$$

2-10 （1）共需传送 4×10^3 位。

（2）哈夫曼树如附图 2 所示。括号内的数字为字符相应的二进制码码位数。

字符码的二进制位平均码长为 $\sum\limits_{i=1}^{11} p_i \cdot l_i = 3.23$ 位。

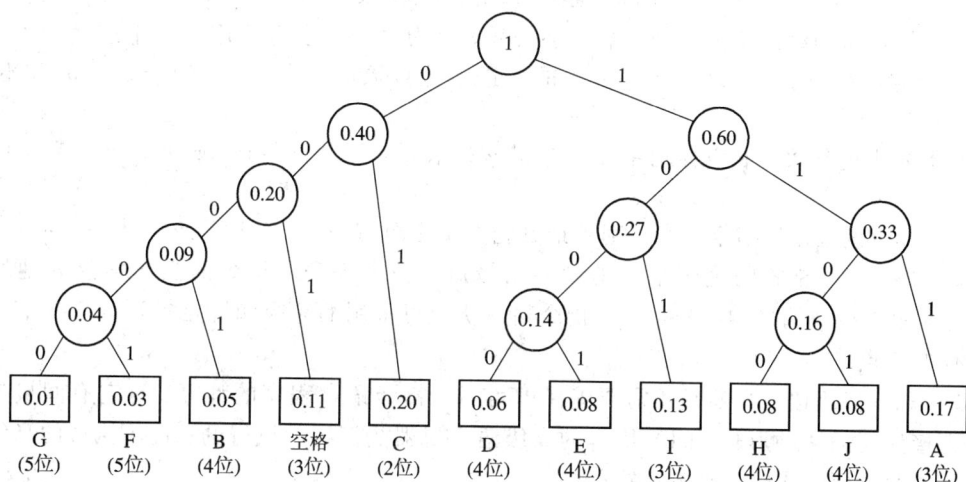

附图 2　题 2-10 的哈夫曼树

（3）可减少传送的二进制码码位数是

$$(4 - 3.23) \times 10^3 = 770 \text{ 位}$$

2-11 （1）按所给的十进制数字和空格符出现的频度，构造 Haffman 树如附图 3 所示。这样，可得到数字 0～9 和空格字符的二进制码的编码（该编码不唯一，但平均码长肯定是唯一的）如下：

⊔：01(2 位)	0：111(3 位)
1：1000(4 位)	2：1001(4 位)
3：001(3 位)	4：1100(4 位)
5：0001(4 位)	6：1101(4 位)
7：101(3 位)	8：00001(5 位)
9：00000(5 位)	

根据所产生的哈夫曼编码，就可求得其平均的二进制位码长为 $\sum\limits_{i=1}^{11} p_i \cdot l_i = 3.23$ 位。

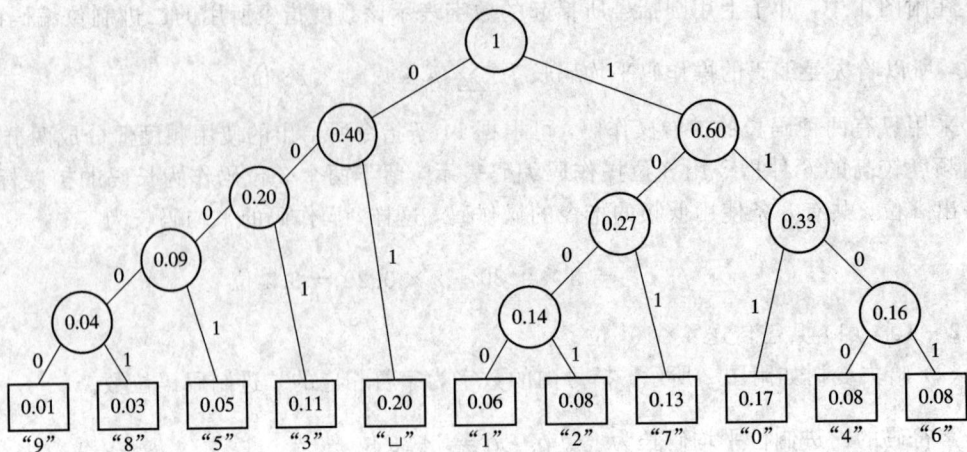

附图 3　题 2-11 的哈夫曼树及编码

（2）按最短的编码来传送 10^6 个文字符号，因为每个文字符又用 4 位十进制数字，再后跟一个空格符表示，所以总共需传送的二进制位位数应当是 $10^6 \times (4+1) \times 3.23$ 位 = 1.615×10^7 位。

（3）若十进制数字和空格均用 4 位二进制码表示，则共需传送 $10^6 \times (4+1) \times 4$ 位 = 2×10^7 位。

2-12　设双地址指令 x 条，则单地址指令最多可有 $(2^4-x) \cdot 2^6$ 条。

2-13　指令格式的优化指的是如何用最短的位数来表示指令的操作信息和地址信息，使程序中指令的平均字长最短。指令格式优化可采用的途径和思路参看 2.3.3 节中最后所列的 5 点（略）。

2-14　高级语言机器是不需要编译即可运行高级语言程序的计算机。它有间接执行的和直接执行的两种形式。间接执行的高级语言机器是汇编后执行的；直接执行的高级语言机器是通过硬件或固件来解释执行的。

由于高级语言未能统一，性能价格比低，难以得到用户的欢迎，加之高级语言程序又不能只靠解释就能高效实现，因此，目前高级语言机器还难以发展起来。

2-15　设计 RISC 机器的一般原则：精简指令的条数；简化指令的格式，让指令字等长，并让所有指令都在一个机器周期执行完；扩大机器中通用寄存器的个数，只让存、取两类指令可以访存，其他的指令一律只能对寄存器进行操作；指令的实现以组合电路硬联实现为主，少量指令可采用微程序解释；精心设计高质量的编译程序来优化支持高级语言程序的实现。

设计 RISC 机器的基本技术：按设计 RISC 机器的一般原则来精选和优化设计指令系统；逻辑上采用硬联组合电路为主，适当辅以微程序控制来实现；在 CPU 内设置大量的寄存器，并采用重叠寄存器组的窗口；指令采用重叠和流水的方式解释，并采用延迟转移；采用高速缓冲存储器 Cache 缓冲指令和数据。

2-16　可参照 2.4.3 节中 1、4 的相关内容作简要解答（略）。

第 3 章　习题 3 的参考答案

3-1　每个存储周期平均能访问到的字数为

$$B = \frac{1-(1-\lambda)^m}{\lambda}$$

将 $\lambda = 25\%$，$m = 32$ 代入上式，可求得

$$B = \frac{1-0.75^{32}}{0.25} \approx 4$$

即每个存储周期平均能访问到 4 个字。

若将 $\lambda = 25\%$，$m = 16$ 代入上式，可求得

$$B = \frac{1-0.75^{16}}{0.25} \approx 3.96$$

即每个存储周期平均能访问到 3.96 个字。

由此看出，两者非常接近。就是说，此时，提高模数 m 对提高主存实际频宽的作用已不显著了。实际上，模数 m 的进一步增大，会因工程实现上的问题，导致实际性能可能比模 16 的还要低，且价格更高。所以，模数 m 不宜太大。若 λ 为 25%，可计算出当 $m = 8$ 时，其 B 已经接近于 3.6 了。

3-2 由题意得

$$0.6 \times m \times \frac{4}{2} \geqslant 4$$

解得 $m \geqslant 3.667$，即 m 应取成 4。

3-3 中断分类是把中断源性质相近、中断处理过程类似的归为同一类。

分类的目的是为了减少中断处理程序的入口，每一类给一个中断服务程序总入口，可以减少中断服务程序入口地址形成的硬件数量。

IBM 370 计算机将中断类分为机器校验、访管、程序性、外部、输入/输出、重新启动 6 类。

3-4 各中断源是相互独立且随机地发生中断请求的。当多个中断源同时发出中断请求时，CPU 只能先响应和处理其中优先级相对高的中断请求，因此需要对中断源的响应和处理安排一个优先次序。

中断分成类后，同一类内部各中断请求的优先次序一般由软件或通道来管理。这里，主要是对不同类的中断就要根据中断的性质、紧迫性、重要性及软件处理的方便性分成若干优先级，以便 CPU 可以有序地对这些中断请求进行响应和处理。

IBM 370 系统的中断响应优先次序由高到低依次为：紧急的机器校验、管理程序调用和程序性、可抑制的机器校验、外部、输入/输出、重新启动。

3-5 （1）中断处理（完）的次序为 $1 \rightarrow 3 \rightarrow 4 \rightarrow 2$。

（2）CPU 运行程序的过程示意图如附图 4 所示。在该图中，粗短线部分代表进行交换程序状态字的时间，Δt 为 1 个单位时间。

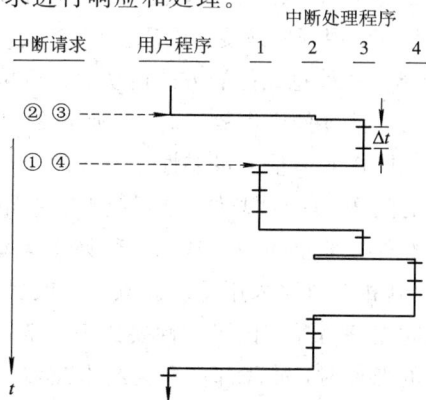

附图 4　题 3-5 的程序运行过程

3-6 (1) 各级中断处理程序中的中断级屏蔽位的设置如附表 3 所示。

附表 3　中断级屏蔽位的设置

中断处理 程序级别	中断级屏蔽位				
	1	2	3	4	5
1	1	1	1	1	1
2	0	1	1	0	0
3	0	0	1	0	0
4	0	1	1	1	1
5	0	1	1	0	1

(2) 程序运行过程的示意图见附图 5 所示。在该图中，粗短线表示交换程序状态字的时间。

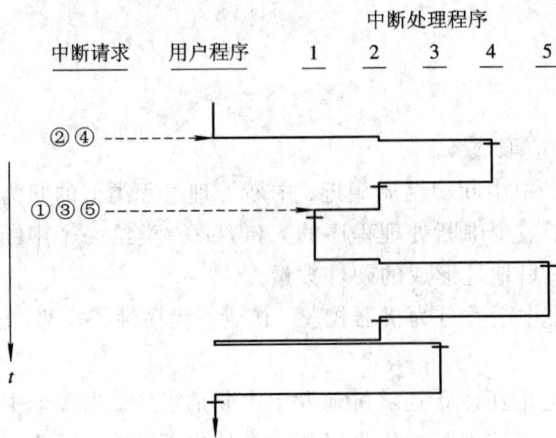

附图 5　题 3-6 的程序运行过程

3-7　总线控制方式有串行链接、定时查询和独立请求 3 种。

串行链接需增加 3 根控制线，优先级线连固定，不能被程序改变，不灵活；定时查询需增加 $2+\lceil lbN \rceil$ 根控制线，优先级可用程序改变，灵活；独立请求需增加 $2N+1$ 根控制线，优先级可用程序改变，灵活。

3-8　三种总线控制方式的优、缺点可参照 3.3.2 节中相关内容解答(略)。

下面只就硬件产生故障时，对通信的可靠性问题进行分析。

串行链接对通信的可靠性主要表现于"总线可用"线及其有关电路的失效会造成系统整体瘫痪的问题。一旦"总线可用"线出现断路或碰地，其高电平不能顺链往下传送，就会使后面的部件在要求使用总线时，其请求无法得到响应。为了提高可靠性，可以对"总线可用"线及其相关电路采用重复设置两套或多套来解决。

定时查询对通信的可靠性要比串行链接的高。因为总线控制器通过计数，查询到某个出故障的部件时，故障部件不会给出"总线忙"信号，这样不会影响控制器继续计数，去查询下一个部件，所以整个总线系统的工作不会瘫痪。

独立请求对通信的可靠性同样比串行链接的高。因为某个部件在发生故障时不发送总线请求，或即使有总线请求，总线控制器也可以通过软件或硬件的措施，将发生故障的部件送来的请求屏蔽掉，不让其参与总线的分配。所以，某个部件的故障不会导致整个系统的工作处于瘫痪状态。

3-9 控制优先次序的方法有如下 4 种：

(1) 每次分配前，让查询计数器软件清"0"，优先次序类似串行链接，为 $0 \sim N-1$。

(2) 每次分配前，计数器不清"0"，保持上次的值，优先次序为循环方式，各部件都有同样的机会首先获得总线。

(3) 每次分配前，预置计数器一个初值，使指定初值的设备号优先级最高。

(4) 软件更改各部件的部件号设置，可使优先次序为任意所希望的顺序。

3-10 字节多路通道每选择好一台设备后，设备与通道只传送一个字节就释放总线，通道以字节交叉的方式轮流为多台低速设备服务。某台设备要想传送 n 个字节，就需经 n 次申请使用通道总线才行。

数组多路通道在每选择好一台设备后，要连续传送完固定 K 个字节的成组数据后，才释放总线，通道再去选择下一台设备，再传送该设备的 K 个字节。如此，以成组方式轮流交叉地为多台高速设备服务。某台设备要想传送 n 个字节，就需要先后经 $\lceil n/K \rceil$ 次申请使用通道总线才行。

选择通道每选择一台设备，就让该设备独占通道，将 n 个字节全部传送完后，才释放通道总线，又去选择下一台设备，再传送它的全部字节数据。因此，每台设备为传送 n 个字节数据只需一次申请使用通道总线。

3-11 (1) $1 \sim 6$ 台设备同时工作时，设备对通道要求的实际最大流量为

$$f_{\text{byte} \cdot j} = \sum_{i=1}^{6} f_{i \cdot j} = 50 + 15 + 100 + 25 + 40 + 20 = 250 \text{ KB/s}$$

(2) 如果让所设计的字节通道的极限流量恰好与设备对通道要求的实际最大流量相等，则有

$$f_{\text{max} \cdot \text{byte} \cdot j} = f_{\text{byte} \cdot j} = 250 \text{ KB/s}$$

因为

$$f_{\text{max} \cdot \text{byte} \cdot j} = \frac{1}{T_{\text{S}} + T_{\text{D}}}$$

所以

$$T_{\text{S}} + T_{\text{D}} = 4 \ \mu\text{s}$$

需要说明的是，为了使计算和画图简单起见，在此令 1 KB=1000 B。而实际上，1 KB 应当是 1024 B，因此是有差异的。

这样，从 6 台设备同时发出请求传送字节数据开始，到这 6 台设备再次同时发出请求传送字节数据的这一段时间里，通道响应和处理外部设备请求的工作时间示意图如附图 6 所示。图中用"↑"表示设备发出要求交换一个字节数据的申请时刻，用"·"来表示通道传送完某台设备一个字节数据的时刻。通道每次传送完一个字节数据的时刻也是重新按优先级排序选出下一次响应哪一台设备的开始时刻。

由附图 6 可以看出，低速的 2 号设备在 66.6 μs 时，由于第 1 个字节数据请求未被响应和传送，又来了第 2 个字节数据，从而使第 1 个字节数据丢失了。这就是说，虽然满足了

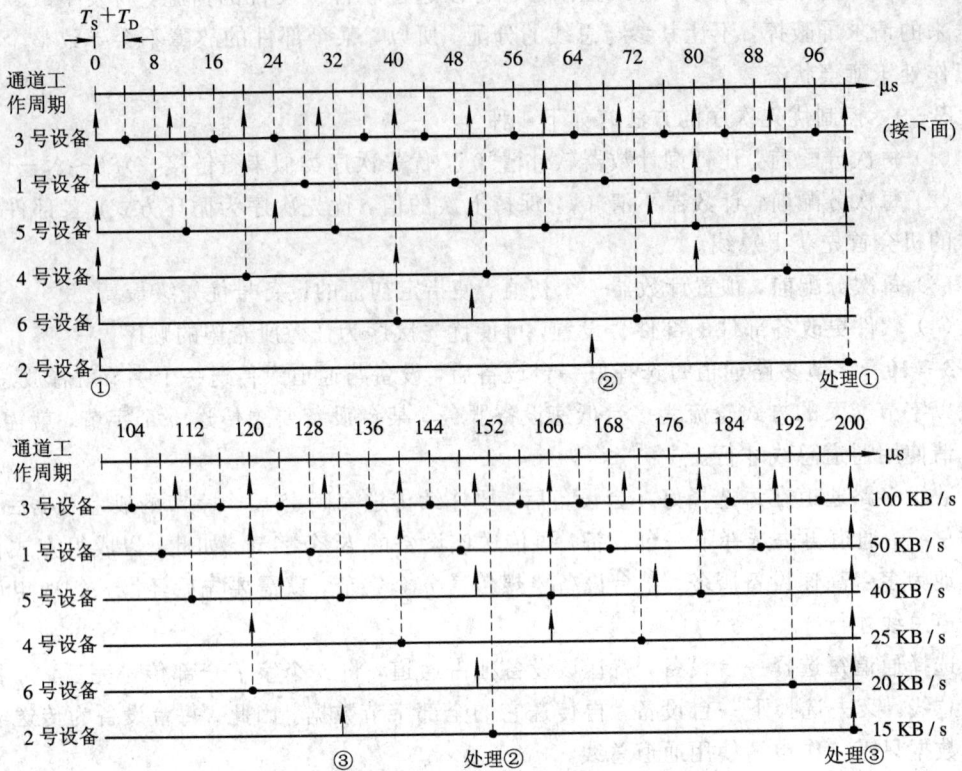

附图 6　通道响应和处理各设备请求的时间示意图

通道极限流量不低于设备对通道要求的流量，但在微观上某个局部时刻，也还会丢失低速设备的信息。

（3）在（2）的基础上，只需在 2 号设备中设置两个字节的数据缓冲器，采用先进先出的方式工作，暂时保存尚未得到传送的数据，就可以避免字节数据信息的丢失。缓冲器的多少是根据各设备速率的不同而有所不同的。本题中，缓冲器应设置 2 个字节，就可以保证各设备均不会丢失数据信息。在附图 6 中，在 66.6 μs 时，缓冲器的第 1 个字节单元存的是 0 μs 时所要传送的字节数据，而缓冲器第 2 个字节单元存放的是设备在 66.6 μs 时所要求传送的字节数据。到 100 μs 时，通道将缓冲器中的第 1 个字节数据传送掉了，腾出的位置可以用来缓冲存放下一个新的来不及处理的数据，如此类推，设备的信息就不会丢失了。

3 - 12　（1）$f_{\max \cdot \text{byte}} = \dfrac{1}{T_S + T_D} = 250$ KB/s

（2）挂 C、D、E、H、G 5 台设备。
因为

$$\sum_{i=1}^{5} f_{\text{byte} \cdot i} = 100 + 75 + 50 + 14 + 10 = 249 \text{ KB/s} < 250 \text{ KB/s}$$

否则，要么挂不够 4 台，要么丢失设备信息。

（3）$f_{\max \cdot \text{block}} = \dfrac{K T_D}{T_S + K T_D} = \dfrac{512}{2 + 512 \times 2} = 499$ KB/s

（4）可挂 B、C、D、E、F、G、H，但 A 不可挂，否则 $f_{\max \cdot \text{block}} \geqslant f_{\text{block}}$ 的条件不能满足，

会丢失设备信息。

3 - 13 （1）为了使设备信息不至于丢失，各通道设计的极限流量至少应分别是：

字节多路子通道 A_1：

$$\sum_{i=1}^{8} f_i = 50 + 35 + 20 + 20 + 50 + 35 + 20 + 20 = 250 \text{ KB/s}$$

字节多路子通道 A_2：

$$\sum_{i=1}^{8} f_i = 50 + 35 + 20 + 20 + 50 + 35 + 20 + 20 = 250 \text{ KB/s}$$

字节多路通道 A：

子通道 A_1 流量 ＋ 子通道 A_2 流量 ＝ 250 KB/s ＋ 250 KB/s ＝ 500 KB/s

数组多路通道 B_1：

$$\max_{i=1}^{4}\{f_i\} = \max\{500, 450, 350, 250\} = 500 \text{ KB/s}$$

数组多路通道 B_2：

$$\max_{i=1}^{4}\{f_i\} = \max\{500, 400, 350, 250\} = 500 \text{ KB/s}$$

选择通道 C：

$$\max_{i=1}^{4}\{f_i\} = \max\{500, 400, 350, 250\} = 500 \text{ KB/s}$$

（2）I/O 系统的流量 $= \sum_{i=1}^{4}$ 通道 i 的流量

$$= 500 + 500 + 500 + 500$$
$$= 2000 \text{ KB/s} \approx 2 \text{ MB/s}$$

当 I/O 系统流量占主存流量的 1/2 时，可得主存系统流量为 $2 \times 2 \text{ MB/s} = 4 \text{ MB/s}$。

第 4 章 习题 4 的参考答案

4 - 1 $\quad H \geqslant \left(\dfrac{1}{e} - \dfrac{T_{A_2}}{T_{A_1}}\right) \Big/ \left(1 - \dfrac{T_{A_2}}{T_{A_1}}\right)$

$$= \left(\dfrac{1}{0.8} - \dfrac{10^{-2}}{10^{-7}}\right) \Big/ \left(1 - \dfrac{10^{-2}}{10^{-7}}\right) = 0.999\,999\,975$$

实际上，这样高的命中率是极难达到的，为此需要减少相邻两级的访问速度差距，或者减少相邻两级存储器的容量差。此外，可在主、辅存之间增设一级存储器，让其速度界于主存、辅存之间，让主存与中间级的访问时间比为 1：100，中间级与辅存间的访问时间比为 1：1000，将它们配上相应辅助软、硬件，组成一个三级存储层次，这样，可使第 1 级主存的命中率降低到

$$H \geqslant \left(\dfrac{1}{0.8} - \dfrac{10^{-5}}{10^{-7}}\right) \Big/ \left(1 - \dfrac{10^{-5}}{10^{-7}}\right) = \dfrac{10^2 - 1.25}{99} = 0.997$$

4 - 2 根据实测到的虚拟存储器平均访问时间 $T_A = 100 \ \mu\text{s}$，代入 $T_A = HT_{A_1} +$ $(1-H)T_{A_2}$ 式，可得主存命中率为

$$H = \dfrac{T_A - T_{A_2}}{T_{A_1} - T_{A_2}} = \dfrac{100 \ \mu\text{s} - 1 \ \text{ms}}{1 \ \mu\text{s} - 1 \ \text{ms}} = 0.901$$

在主存命中率 $H=0.901$ 的情况下，改用更高速的主存器件，即使是 $T_{A_1}\approx 0$，此时

$$T_A = (1-H)T_{A_2} = (1-0.901)\times 1 \text{ ms} \approx 99\ \mu s$$

还是远大于所需求的 $10\ \mu s$ 的时间的。所以，应从提高主存命中率 H 着手。

如果要让 $T_A=10\ \mu s$，其主存命中率为

$$H = \frac{T_A - T_{A_2}}{T_{A_1} - T_{A_2}} = \frac{10\ \mu s - 1000\ \text{ms}}{1\ \mu s - 1000\ \mu s} \approx 0.991$$

要使 H 提高到 0.991，需要从改进替换算法、调度策略，调整页面大小以及提高主存容量等多方面综合采取措施。其中，替换算法、调度策略主要是在软件上增加一些代价；页面大小的调整可能会增加辅助硬件上的代价；而主存容量的增加则主要是增加硬件的代价，在辅助硬件上的代价也会略有增大。

4-3 存储层次的每位平均价格为

$$c = \frac{\sum\limits_{i=1}^{n} c_i \cdot S_{M_i}}{\sum\limits_{i=1}^{n} S_{M_i}}$$

存储层次的访问时间为

$$T_A = \sum_{i=1}^{n}(H_i \cdot T_{A_i})$$

其中，$\sum\limits_{i=1}^{n} H_i = 1$。

4-4 （1）发生页面失效的全部虚页号就是页映像表中所有装入位为"0"的行所对应的虚页号的集合。本题为 2，3，5，7。

（2）由虚地址计算主存实地址的情况见附表 4 所示。

附表 4　由虚地址计算主存实地址的情况

虚地址	虚页号	页内位移	装入位	实页号	页内位移	实地址
0	0	0	1	3	0	3072
3728	3	656	0	页面失效		无
1023	0	1023	1	3	1023	4095
1024	1	0	1	1	0	1024
2055	2	7	0	页面失效		无
7800	7	632	0	页面失效		无
4096	4	0	1	2	0	2048
6800	6	656	1	0	656	656

4-5 （1）虚地址有 2 位段号、2 位页号，故程序最多可有 $4\times 4=16$ 个虚页。

（2）程序遇到表左部各种情况时，是否会发生段失效、页失效、保护失效及相应的主存实地址的情况见附表 5 的右部所示。表中，实地址＝实页号$\times 2^{11}$＋页内位移。

附表5　由虚地址计算出的实地址

方式	段	页	页内位移	段失效	页失效	实页号	实地址	保护失效
取数	0	1	1	无	无	3	6145	无
取数	1	1	10	无	无	0	10	无
取数	3	3	2047	无	有	无	无	—
存数	0	1	4	无	无	3	6148	有
存数	2	1	2	有	—	无	无	—
存数	1	0	14	无	有	无	无	—
转移至此	1	3	100	无	无	8	16 484	无
取数	0	2	50	无	有	无	无	—
取数	2	0	5	有	—	无	无	—
转移至此	3	0	60	无	无	14	28 732	有

4-6 用堆栈对页地址流处理一次的过程如附表6所示，其中 H 表示命中。

附表6　用堆栈对页地址流处理一次的过程

页地址流		4	5	3	2	5	1	3	2	2	5	1	3
堆栈内容	S(1)	4	5	3	2	5	1	3	2	2	5	1	3
	S(2)		4	5	3	2	5	1	3	3	2	5	1
	S(3)			4	5	3	2	5	1	1	3	2	5
	S(4)				4	4	3	2	5	5	1	3	2
	S(5)						4	4	4	4	4	4	4
	S(6)												
实页数	$n=1$									H			
	$n=2$									H			
	$n=3$					H				H			
	$n=4$					H		H	H	H	H	H	H
	$n\geqslant5$					H		H	H	H	H	H	H

模拟结果表明，使用 LRU 替换算法进行替换，对该程序至少应分配 4 个实页。如果只分配 3 个实页，其页命中率只有 2/12，太低；而分配实页数多于 4 页后，其页命中率不会再有提高。所以，分配给该程序 4 个实页即可，其可能的最高命中率为 $H=7/12$。

4-7　(1) 主存中所装程序各页的变化过程如附表7所示。

附表7　题 4-7 的主存号替换过程

主存页面位置	初始状态	页地址流									
		2	3	5	2	4	0	1	2	4	6
0	5	5	5	5	5	5	5	5*	2	2	2
1						4	4	4	4*	4*	6
2	3	3	3	3	3	3	3*	1	1	1	1
3	2	2	2	2	2	2*	0	0	0	0	0
命中		H	H	H	H					H	

(2) $H = 5/10 = 50\%$。

4-8 (1) 用堆栈对 A 道程序页地址流的模拟处理过程如附表 8 所示。

附表 8　题 4-8 的程序 A 的堆栈模拟过程

页地址流	2	3	2	1	5	2	4	5	3	2	5	2	1	4	5
堆栈内容	2	3	2	1	5	2	4	5	3	2	5	2	1	4	5
		2	3	2	1	5	2	4	5	3	2	5	2	1	4
				3	2	1	5	2	4	5	3	3	5	2	1
					3	3	1	1	2	4	4	4	3	5	2
							3	3	1	1	1	1	4	3	3
命中(n=4)			H			H		H		H	H	H			H
情况(n=5)			H			H		H	H	H	H	H	H	H	H

由表计算可知，分配 4 页时，$H = 7/15$；分配 5 页时，$H = 10/15$。

(2) 给 A 分配 5 页，给 B 分配 4 页，其系统效率要比给 A 分配 4 页，给 B 分配 5 页的高。因为前者总命中率为

$$(10/15 + 8/15)/2 = 9/15$$

后者系统的总命中率为

$$(7/5 + 10/15)/2 = 8.5/15$$

4-9 附表 9 给出了对程序 X 的页地址流进行堆栈模拟处理的过程以及为其分配实页数的命中情况。其中，H 表示命中。

附表 9　对程序 X 的页地址流进行堆栈模拟处理的过程

程序 X 页地址流	A	C	B	E	A	C	B	C	A	D	E	A	C	B	E
$S(1)$	A	C	B	E	A	C	B	C	A	D	E	A	C	B	E
$S(2)$		A	C	B	E	A	C	B	C	A	D	E	A	C	B
$S(3)$			A	C	B	E	A	A	B	C	A	D	E	A	C
$S(4)$				A	C	B	E	E	E	B	C	C	D	E	A
$S(5)$										E	B	B	B	D	D
$S(6)$															
$n_x = 3$								H	H			H			
$n_x = 4$					H	H	H	H	H			H	H		H
$n_x \geq 5$					H	H	H	H	H		H	H	H	H	H

附表 10 给出了对程序 Y 的页地址流进行堆栈模拟处理的过程以及为其分配不同实页数时的命中情况。

附表 10 对程序 Y 的页地址流进行堆栈模拟处理的过程

程序 Y 页地址流	3	5	4	2	5	3	1	3	2	5	1	3	1	5	2
$S(1)$	3	5	4	2	5	3	1	3	2	5	1	3	1	5	2
$S(2)$		3	5	4	2	5	3	1	3	2	5	1	3	1	5
$S(3)$			3	5	4	2	5	5	1	3	2	5	5	3	1
$S(4)$				3	3	4	2	2	5	1	3	2	2	2	3
$S(5)$							4	4	4	4	4	4	4	4	4
$S(6)$															
$n_y=2$								H					H		
$n_y=3$					H			H					H	H	
$n_y=4$					H	H		H	H	H	H	H	H	H	H
$n_y=5$					H	H		H	H	H	H	H	H	H	H

因为程序 X 和程序 Y 要用的数组存放在主存中的页面位置总共只有 8 页，所以，X、Y 两道程序用于存放数组的页数搭配及命中率情况如附表 11 所示，其中，系统平均命中率为

$$\overline{H} = \frac{H_X + H_Y}{2}$$

H_X 为程序 X 的命中率，H_Y 为程序 Y 的命中率。

附表 11 程序 X、Y 用于存放数组的页数搭配

	程序 X	程序 Y	H_X	H_Y	$\overline{H}$
分配	3	5	3/15	10/15	6.5/15
方案	4	4	8/15	10/15	9/15
（页数）	5	3	10/15	4/15	7/15

由附表 11 的比较可知，给程序 X 和程序 Y 各分配 4 个页面来存放各自的数组最为合理。因为，这样分配比之其他的分配方案来说，其系统平均的命中率是最高的。

4-10 （1）虚、实地址经快表变换的逻辑结构如附图 7 所示。

（2）相联寄存器组中每个寄存器的相联比较位数，即 u 字段为 10 位。

（3）相联寄存器组中每个寄存器的总位数应为 $u_i + \text{ID} = 10 + 2 = 12$ 位。

（4）散列变换硬件的输入位数为

$$\text{ID} + N_v' = 2 + 12 = 14 \text{ 位}$$

散列变换硬件的输出位数为

$$A = \text{lb } 32 = 5 \text{ 位}$$

（5）每个相等比较器的位数为

$$N_v' + \text{ID} = 12 + 2 = 14 \text{ 位}$$

（6）快表的总容量（位）为

$$2^5 \text{ 行} \times (N_v' + \text{ID} + n_v) \text{ 位} / \text{行} \times 2 = 1408 \text{ 位}$$

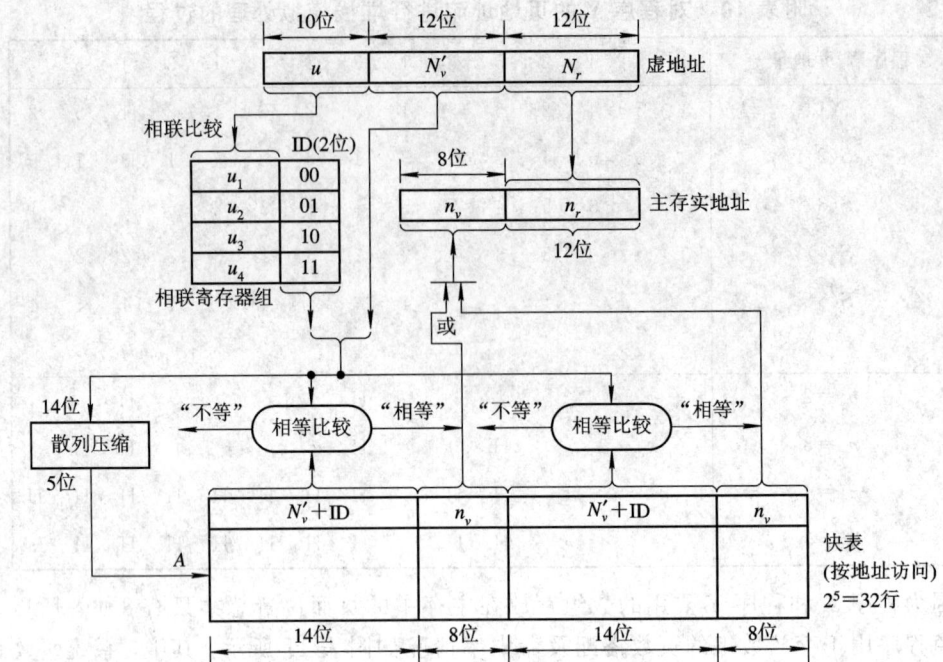

附图 7　题 4 - 10 的快表结构

4 - 11　(1) 页面大小为 200 字，主存容量为 400 字，可知实存页数为 2 页。其虚页地址流为

$$0,0,1,1,0,3,1,2,2,4,4,3$$

附图 8 给出了采用 FIFO 替换算法替换时的实际装入和替换过程。其中，"∗"标记的是候选替换的虚页页号，H 表示命中。

附图 8　页面大小为 200 字、主存容量为 400 字的装入和替换过程

由附图 8 计算可得主存的命中率 $H = 6/12 = 0.5$。

(2) 页面大小为 100 字，主存容量为 400 字，可知实存页数为 4 页。其虚页地址流为

$$0,0,2,2,1,6,3,4,4,8,9,7$$

采用 FIFO 替换算法进行页面装入和替换的过程如附图 9 所示。

由附图 9 计算可得主存的命中率 $H = 3/12 = 0.25$。

(3) 页面大小为 400 字，主存容量为 400 字，可知实存页数为 1 页。其虚页地址流为

$$0,0,0,0,0,1,0,1,1,2,2,1$$

附图 10 给出了采用 FIFO 替换算法进行页面装入和替换的过程。

由附图 10 计算可得主存的命中率 $H = 6/12 = 0.5$。

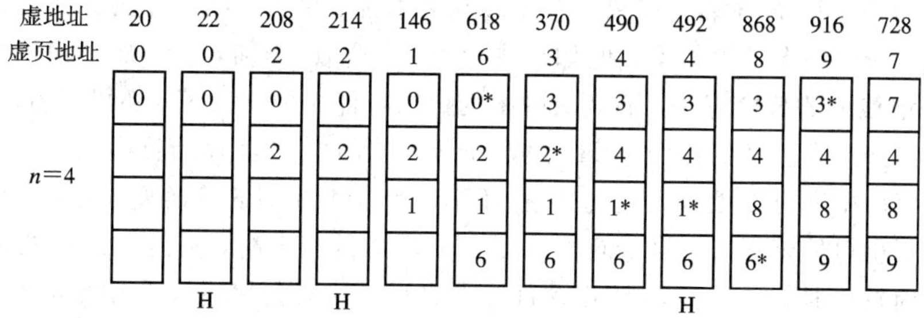

虚地址	20	22	208	214	146	618	370	490	492	868	916	728
虚页地址	0	0	2	2	1	6	3	4	4	8	9	7
$n=4$	0	0	0	0	0	0*	3	3	3	3	3*	7
			2	2	2	2	2*	4	4	4	4	4
					1	1	1	1*	1*	8	8	8
						6	6	6	6	6*	9	9
		H		H				H				

附图 9　页面大小为 100 字、主存容量为 400 字的装入和替换过程

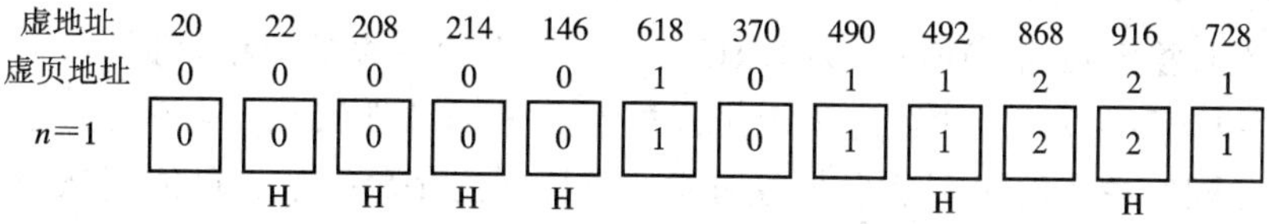

虚地址	20	22	208	214	146	618	370	490	492	868	916	728
虚页地址	0	0	0	0	0	1	0	1	1	2	2	1
$n=1$	0	0	0	0	0	1	0	1	1	2	2	1
		H	H	H	H		H		H			

附图 10　页面大小为 400 字、主存容量为 400 字的页面装入和替换过程

（4）由（1）、（2）、（3）的结果可以看出，在分配给程序的实存容量一定（400 字）的条件下，页面大小 S_p 过小时，命中率 H 较低；页面大小增大后，两个地址在同页内的机会增大，使命中率 H 有所上升；由于指令之间因远距离的跳转引起命中率 H 下降的因素不起主要作用，还未出现随页面大小增大，而使命中率 H 下降的情况。如果页地址流有大量的远距离转移，随页面大小的增大，因在主存中的页面数过少，而导致出现虚存页面被轮流替换出去的"颠簸"现象，命中率 H 反而会下降。

（5）页面大小为 200 字，主存容量为 800 字，可知实存页数为 4 页。其虚页地址流为

$$0,0,1,1,0,3,1,2,2,4,4,3$$

附图 11 给出了用 FIFO 替换算法进行页面的装入和替换的过程。

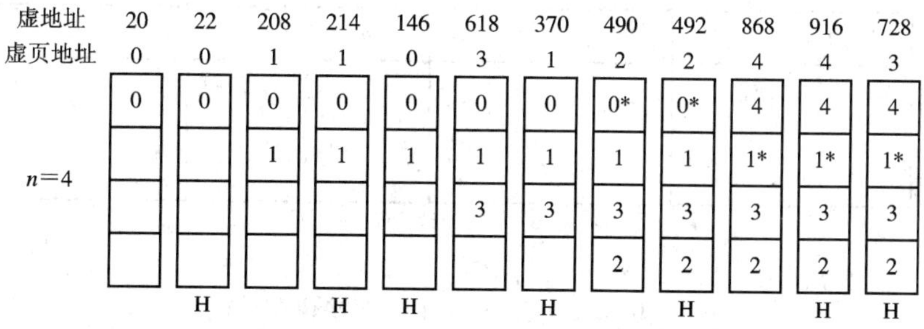

虚地址	20	22	208	214	146	618	370	490	492	868	916	728
虚页地址	0	0	1	1	0	3	1	2	2	4	4	3
$n=4$	0	0	0	0	0	0	0	0*	0*	4	4	4
			1	1	1	1	1	1	1	1*	1*	1*
						3	3	3	3	3	3	3
								2	2	2	2	2
	H		H	H		H		H		H	H	

附图 11　页面大小为 200 字、主存容量为 800 字的页面装入和替换过程

由附图 11 计算可得主存的命中率 $H=7/12$。

可以看出，分配给程序的实存容量增大后，命中率将会有所上升。不过，命中率的提高已不显著了，如果再增大容量，可以推断出命中率 H 的上升就会渐趋平缓。

4－12　（1）增大辅存容量，对主存命中率 H 不会有什么影响。

因为辅存容量增大，并不是程序空间的增大，程序空间与实主存空间的容量差并未改变。所以，增大物理辅存容量，不会对主存的命中率 H 有什么影响。

（2）如果主存容量（页数）增加较多，将使主存命中率有明显提高的趋势。但如果主存容量增加较少，命中率 H 可能会略有增大，也可能不变，甚至还可能会有少许下降。这是

因为其前提是命中率 H 太低。如果主存容量显著增加，要访问的程序页面在主存中的机会会大大增加，命中率会显著上升。但如果主存容量（页数）增加较少，加上使用的 FIFO 替换算法不是堆栈型的替换算法，那么命中率的提高可能不明显，甚至还可能有所下降。

（3）因为前提是主存的命中率 H 很低，所以在增大主、辅存的页面大小时，如果增加量较小，主存命中率可能没有太大的改变。FIFO 是非堆栈型的替换算法，主存命中率可能会有所增加，也可能降低或不变。而当页面大小增加量较大时，可能会出现两种相反的情况。当原页面较小时，在显著增大了页面大小之后，一般会使主存命中率有较大的提高。当原页面较大时，再显著增大页面大小后，由于在主存中的页面数过少，将会使主存命中率有所下降。

（4）页面替换算法由 FIFO 改为 LRU 后，一般会使主存的命中率提高。因为 LRU 替换算法比 FIFO 替换算法能更好地体现出程序工作的局部性特点。然而，主存命中率还与页地址流、分配给主存的实页数多少等有关，所以，主存命中率也可能仍然较低，没有明显改进。

（5）页面替换算法由 FIFO 改为 LRU，同时增大主存的容量（页数），一般会使主存命中率有较大的提高。因为 LRU 替换算法比 FIFO 替换算法更能体现出程序的局部性，又由于原先主存的命中率太低，现增大主存容量（页数），一般会使主存命中率上升。如果主存容量增加量大些，主存命中率 H 将会显著上升。

（6）FIFO 改为 LRU，且增大页面大小时，可能有两种结果：如果原先页面大小很小，则会使命中率显著上升；如果原先页面大小已经很大了，随着主存页数的进一步减少，命中率会有所下降。

4-13 附图 12 给出了本题的相联目录表的构成。

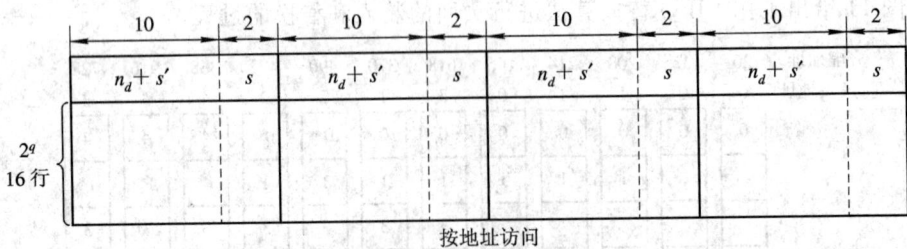

附图 12　题 4-13 的地址映像表

映像表的行数为

$$2^q = 2^4 = 16 \text{ 行}$$

映像表的总位数为

$$2^q \times (n_d + s' + s) \times 4 = 768 \text{ 位}$$

每个比较电路的位数为

$$n_d + s' = 10 \text{ 位}$$

4-14　（1）主存、Cache 地址中各个字段的含义、位数及其映像的对应关系如附图 13 所示。

（2）主存、Cache 空间块的映像对应关系如附图 14 所示。

主存地址 $\quad n_d \;|\; q \;|\; s' \;|\; n_{mr}$

1位　1位　1位

直接　相联查找

Cache 地址 $\quad q \;|\; s \;|\; n_{cr}$

1位　1位

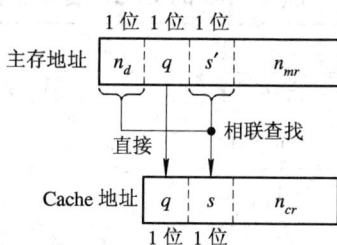

附图 13　题 4-14 的主存、Cache 地址字段的位数及对应关系

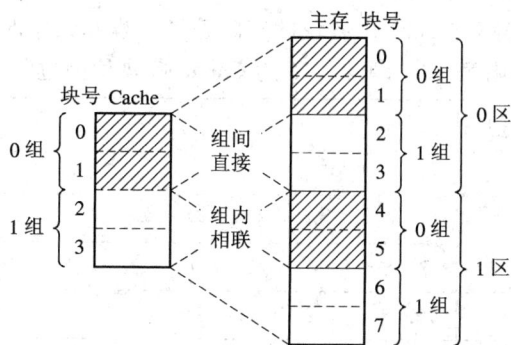

主存　块号

块号　Cache

0组 { 0, 1 }　1组 { 2, 3 }

组间直接　组内相联

0组 { 0, 1 }　1组 { 2, 3 }　0区　1区　0组 { 4, 5 }　1组 { 6, 7 }

附图 14　题 4-14 的主存、Cache 空间块的映像关系

主存的第 0、1、4、5 块只可映像装入或替换掉物理 Cache 中的第 0、1 块的内容。主存的第 2、3、6、7 块只可映像装入或替换掉物理 Cache 中的第 2、3 块的内容。

（3）程序运行时，由给出的主存块地址流可得到 Cache 中各个块的使用状况，如附表 12 所示。表中标"＊"的是候选替换块的块号。

附表 12　Cache 中各个块的使用情况

时间 t		1	2	3	4	5	6	7	8	9	10	11	12	13	14	15
主存块地址		1	2	4	1	3	7	0	1	2	5	4	6	4	7	2
Cache 块	0	1	1	1*	1	1	1	1*	1	1	1*	4	4	4	4	4
	1			4	4*	4*	4*	0	0*	0*	5	5*	5*	5*	5*	5*
	2		2	2	2	2*	7	7	7	7*	7*	7*	6	6	6*	2
	3					3	3*	3*	3*	2	2	2	2*	2*	7	7*
命中情况		失	失	失	H	失	替	替	H	替	替	替	替	H	替	替

（4）发生 Cache 块失效又发生块争用的时刻有 6、7、9、10、11、12、14、15。

（5）Cache 的块命中率为

$$H_c = \frac{3}{15} = 0.2$$

4-15　（1）Cache 内各块的实际替换过程及命中时刻参见附表 13。

附表 13 题 4 – 15 的 Cache 各块替换过程

访存块地址		1	2	4	1	3	7	0	1	2	5	4	6
Cache 内容	0 组	5*	5*	4	4*	4*	4*	0	0*	0*	5	5*	5*
		1	1	1*	1	1	1*	1	1	1*	4	4	
	1 组	3*	2	2	2	2*	7	7	7	7*	7*	7*	6
		7	7*	7*	7*	3	3	3*	3*	2	2	2	2*
Cache 命中					H				H			H	

(2) $H_c = 3/12 = 0.25$。

4 – 16 (1) FIFO 法对 Cache 内各块的实际替换过程及命中时刻见附表 14。

附表 14 题 4 – 16 的 Cache 各块替换过程

Cache 位置	初态 ＼ 块地址	1	2	4	1	3	7	0	1	2	5	4	6
0	1*	1*	1*	4	4*	4*	4*	0	0	0	0*	4	4
1	5	5	5	5*	1	1	1	1	1*	1*	1*	5	5
2	3*	3*	3	2	2	2*	7	7	7	7*	7*	7*	6
3	7	7	7*	7*	7*	3	3*	3*	3*	2	2	2	2
Cache 命中					H						H		

(2) $H_c = 2/12 = 0.167$。

4 – 17 (1) 增大主存容量，对 H_c 基本不影响。虽然增大主存容量可能会使 t_m 稍微有所加大，但如果 H_c 已很高，那么这种 t_m 的增大对 t_a 的增大不会有明显的影响。

(2) 增大 Cache 中的块数，而块的大小不变，这意味着增大 Cache 的容量。由于 LRU 替换算法是堆栈型的替换算法，因此将使 H_c 上升，从而使 t_a 缩短。t_a 的缩短是否明显，还要看当前 H_c 处在什么水平上。如果原有 Cache 的块数较少，H_c 较低，则 t_a 会因 H_c 迅速提高而显著缩短；如果原 Cache 的块数已较多，H_c 已很高了，则增大 Cache 中的块数，不会使 H_c 再有明显提高，此时其 t_a 的缩短也就不明显了。

(3) 增大组相联组的大小，块的大小不变，从而使组内的块数有了增加，它会使块冲突概率下降，这也会使 Cache 块替换次数减少。而当 Cache 各组组内的位置已全部装满了主存块之后，块替换次数的减少也就意味着 H_c 的提高。所以，增大组的大小能使 H_c 提高，从而可提高等效访问速度。不过，Cache 存储器的等效访问速度改进是否明显还要看目前的 H_c 处于什么水平。如果原先组内的块数太少，则增大组的大小会明显缩短 t_a；如果原先组内块数已较多，则 t_a 的缩短就不明显了。

(4) 组的大小和 Cache 总容量不变，增大 Cache 块的大小，其对 t_a 影响的分析大致与 (3) 相同，会使 t_a 缩短，但要视目前的 H_c 水平而定。如果 H_c 已经很高了，则增大 Cache 块的大小对 t_a 的改进也就不明显了。

(5) 提高 Cache 本身器件的访问速度，即减小 t_c，只有当 H_c 命中率已很高时，才会显著缩短 t_a。如果 H_c 命中率较低，对减小 t_a 的作用就不明显了。

4-18 （1）由主存地址

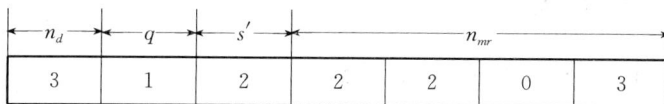

n_d	q	s'		n_{mr}		
3	1	2	2	2	0	3

中的 $q=1$，到映像表（表4-6）中的第1行里去查各个 n_d、s'，在表中均未找到有 $n_d=3$，$s'=2$ 的内容，所以主存该块不在 Cache 中，发生 Cache 块失效，无物理 Cache 地址。

（2）由主存地址

n_d	q	s'		n_{mr}		
1	2	1	0	0	0	0

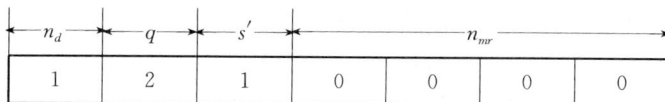

中的 $q=2$，在映像表（表4-6）中的第2行最右面找到有

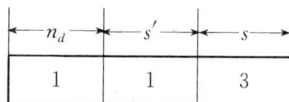

n_d	s'	s
1	1	3

所以，该主存字在 Cache 中有，其 Cache 中物理单元的地址为

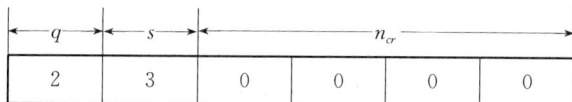

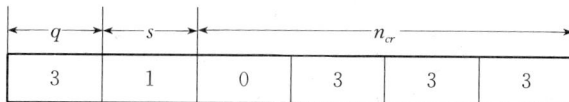

q	s		n_{cr}		
2	3	0	0	0	0

由主存地址

n_d	q	s'		n_{mr}		
2	3	1	0	3	3	3

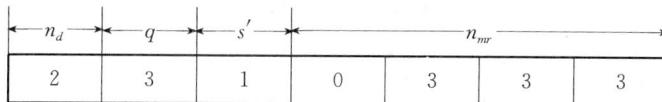

中的 $q=3$，在映像表（表4-6）第3行的第3部分找到有

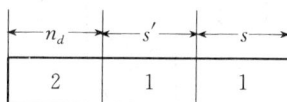

n_d	s'	s
2	1	1

所以，该主存字在 Cache 中有，其 Cache 中物理单元的地址为

q	s		n_{cr}		
3	1	0	3	3	3

4-19 两种建议在存在盲目性。在做决定之前，应先实测一个程序运行过程中 t_a 的值，将它与第一级物理 Cache 的 t_c 比较。如果两者已非常接近了，表示 H_c 已趋于1，这时只有全部更换 Cache 芯片，使 t_c 下降来解决。如果 $t_a \gg t_c$，则先看 Cache 存储器内部是否已将查映像表和访 Cache 安排成流水方式工作。如果未采取流水，则可改成流水。在改成流水方式后，如 t_a 仍大于 t_c，且有一定差距，则表明 H_c 过低。此时，应设法提高 H_c。可先调整块的大小和组内的块数，让它们在 Cache 容量不增大的情况下，适当取大些，以提高 H_c。在此基础上，若还不能达到要求，就应购买一些同样速度的 Cache 芯片，对其物理 Cache 的容量进行扩充。这样，将会使 H_c 提高，而显著缩短 t_a。

第5章 习题5的参考答案

5-1 (1) 计算执行完100条指令所需要的时间:

① 顺序方式工作时为

$$100 \times (t_{取指} + t_{分析} + t_{执行})$$

② 仅"执行$_k$"与"取指$_{k+1}$"重叠方式工作时为

$$t_{取指} + 100t_{分析} + 99 \times \max\{t_{取指}, t_{执行}\} + t_{执行}$$

③ 仅"执行$_k$"、"分析$_{k+1}$"、"取指$_{k+2}$"重叠方式工作时为

$$t_{取指} + \max\{t_{分析}, t_{取指}\} + 98 \times \max\{t_{取指}, t_{分析}, t_{执行}\} + \max\{t_{执行}, t_{分析}\} + t_{执行}$$

(2) 当 $t_{取指} = t_{分析} = 2$, $t_{执行} = 1$ 时,代入上面的各式,可求得100条指令执行所需要的时间是:

顺序方式工作时为 500;

仅"执行$_k$"与"取指$_{k+1}$"重叠方式工作时为 401;

仅"执行$_k$"、"分析$_{k+1}$"、"取指$_{k+2}$"重叠方式工作时为 203。

当 $t_{取指} = t_{执行} = 5$, $t_{分析} = 2$ 时,代入上面的各式,可求得100条指令执行所需要的时间是:

顺序方式工作时为 1200;

仅"执行$_k$"与"取指$_{k+1}$"重叠方式工作时为 705;

仅"执行$_k$"、"分析$_{k+1}$"、"取指$_{k+2}$"重叠方式工作时为 510。

5-2 按题意可得4个功能部件流水时的时空关系如附图15所示。

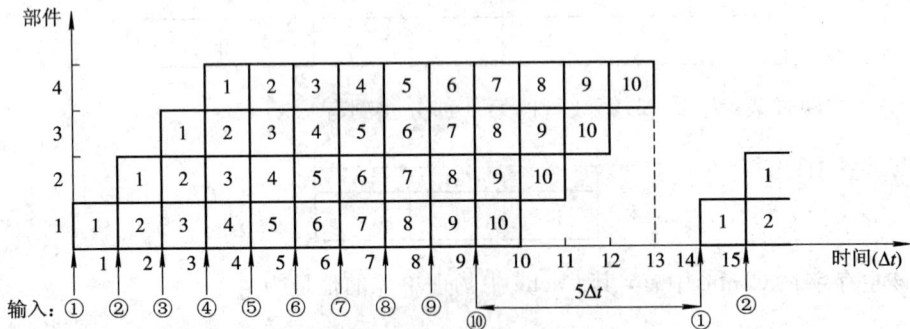

附图15 题5-2的流水时空图

所以,按周期性工作时的流水线平均吞吐率为

$$T_p = \frac{10}{14\Delta t} = \frac{5}{7\Delta t}$$

5-3 按图5-36(a)组织,实现 $A \times B \times C \times D$ 的时空关系如附图16所示。

吞吐率:

$$T_p = \frac{3}{13\Delta t}$$

效率:

$$\eta = \frac{3 \times 5\Delta t}{3 \times 13\Delta t} = \frac{5}{13}$$

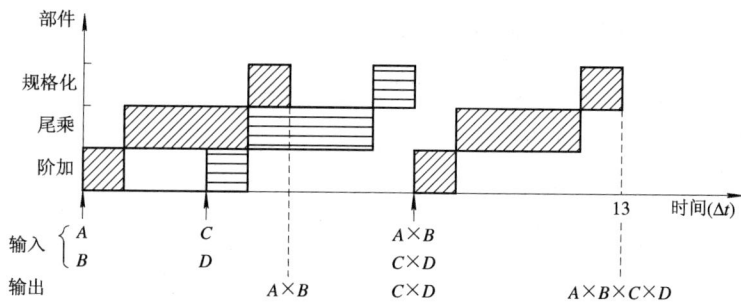

附图 16　按图 5－36(a)流水的时空图

流水线按图 5－36(b)组织，实现 $A \times B \times C \times D$ 的时空关系如附图 17 所示。

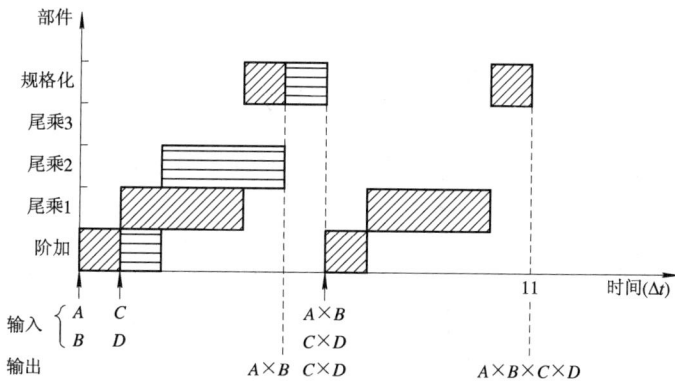

附图 17　按图 5－36(b)流水的时空图

吞吐率：

$$T_p = \frac{3}{11\Delta t}$$

效率：

$$\eta = \frac{3 \times 5\Delta t}{5 \times 11\Delta t} = \frac{3}{11}$$

5－4　按 $(((((A_1 + A_2) + (A_3 + A_4)) + (A_9 + A_{10})) + ((A_5 + A_6) + (A_7 + A_8))))$ 流水的时空图如附图 18 所示。

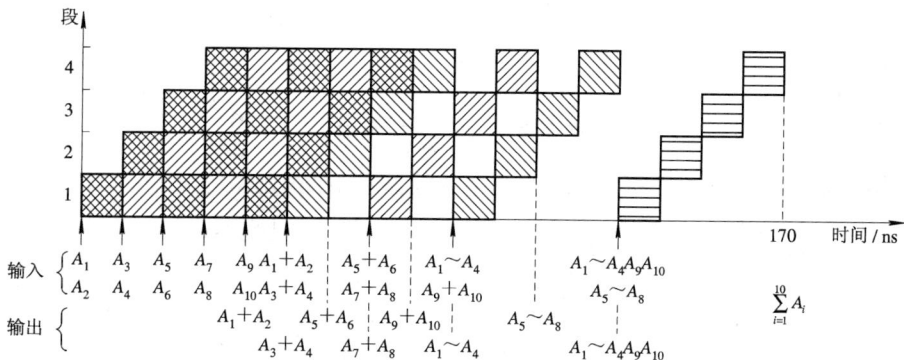

附图 18　求 $\sum\limits_{i=1}^{10} A_i$ 流水的时空图

由附图 18 可求得 $\sum\limits_{i=1}^{10} A_i$ 流水的最少时间为 170 ns。

5-5 提高流水线效率,消除速度瓶颈主要有两种途径:① 将瓶颈段再细分;② 重复设置多个瓶颈段并联工作,给其轮流分配任务。

(1) 在 3 段流水线各段经过时间依次为 Δt,$3\Delta t$,Δt 的情况下,连续流入 3 条指令时,将 $n=3$,$m=3$,$\Delta t_1=\Delta t$,$\Delta t_2=3\Delta t$,$\Delta t_3=3\Delta t$,$\Delta t_j=3\Delta t$ 代入,可得吞吐率 T_p 和效率 η 为

$$T_p = \frac{n}{\sum\limits_{i=1}^{m} \Delta t_i + (n-1)\Delta t_j} = \frac{3}{11\Delta t}$$

$$\eta = \frac{n \sum\limits_{i=1}^{m} \Delta t_i}{m\left[\sum\limits_{i=1}^{m} \Delta t_i + (n-1)\Delta t_j\right]} = \frac{5}{11}$$

而连续流入 30 条指令时,只需将上式之 n 改为 30,其他参数不变,得

$$T_p = \frac{n}{\sum\limits_{i=1}^{m} \Delta t_i + (n-1)\Delta t_j} = \frac{15}{46\Delta t}$$

$$\eta = \frac{n \sum\limits_{i=1}^{m} \Delta t_i}{m\left[\sum\limits_{i=1}^{m} \Delta t_i + (n-1)\Delta t_j\right]} = \frac{25}{46}$$

(2) 若采取将 2 段细分成 3 个子段,每个子段均为 Δt,构成的流水线结构如附图 19 所示。

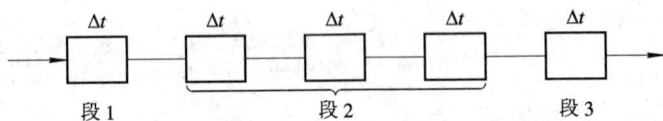

附图 19　2 段细分成 3 段

连续流入 3 条指令时,将 $n=3$,$m=5$,$\Delta t_i = \Delta t_j = \Delta t$ 代入,得

$$T_p = \frac{3}{\sum\limits_{i=1}^{5} \Delta t_i + (3-1)\Delta t_i} = \frac{3}{7\Delta t}$$

$$\eta = \frac{3 \cdot \sum\limits_{i=1}^{5} \Delta t_i}{5 \times 7\Delta t} = \frac{3}{7}$$

连续流入 30 条指令时,将 $n=30$ 代入,其他参数不变,有

$$T_p = \frac{30}{\sum\limits_{i=1}^{5} \Delta t_i + (30-1)\Delta t_i} = \frac{15}{17\Delta t}$$

$$\eta = \frac{30 \times 5\Delta t}{5 \times 34\Delta t} = \frac{15}{17}$$

若采取将 3 个 2 段并联构成的流水线,其构成如附图 20 所示。

连续流入 3 条指令及流入 30 条指令时的吞吐
率 T_p 和效率 η 的值分别与子过程细分的相同。

（3）将（1）题中 $n=3$ 和 $n=30$ 的计算结果进
行比较可以看出，只有当连续流入流水线的指令
越多时，流水线的实际吞吐率和效率才会提高。

将（1）、（2）题的计算结果进行比较，同样可以
看出，无论采用瓶颈子过程再细分，还是将多个瓶
颈子过程并联来消除流水线瓶颈，都只有在连续流

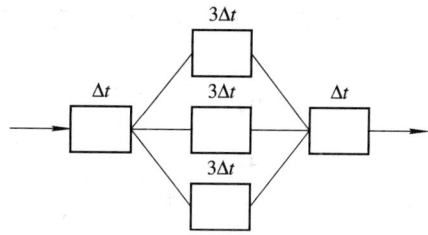

附图 20　3 个 2 段子过程并联

入流水线的指令数越多时，才能使实际吞吐率和效率得到显著的提高。若连续流入流水线的
指令数太少，消除流水线瓶颈虽可以提高流水线的实际吞吐率 T_p，但效率 η 却可能下降。

5 - 6　根据题意，对算法经调整后，能使流水吞吐率尽量高的流水时空图如附图 21
所示。图中已标出了流水线入、出端的数据变化情况。

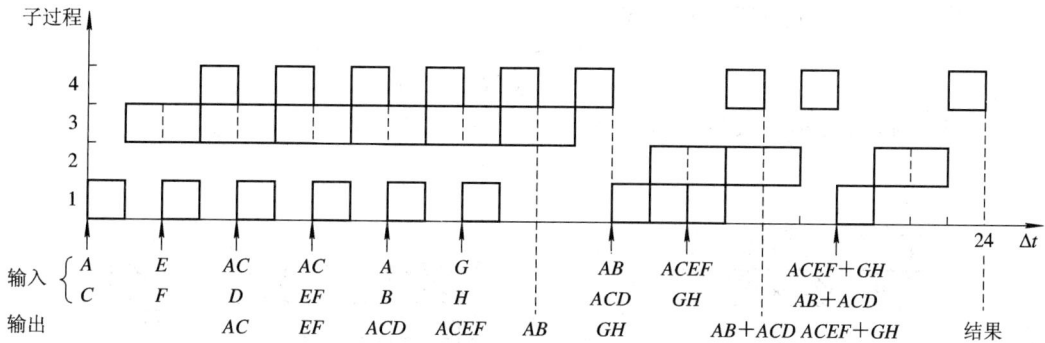

附图 21　题 5 - 6 的流水时空图

可以看出，完成全部运算的时间为 $24\Delta t$。在此期间的流水线效率为

$$\eta = \frac{6 \times 4\Delta t + 3 \times 4\Delta t}{24\Delta t \times 4} = \frac{3}{8}$$

如果现在将瓶颈子过程 2 和 3 均细分成两个子过程，则其时空图如附图 22 所示。

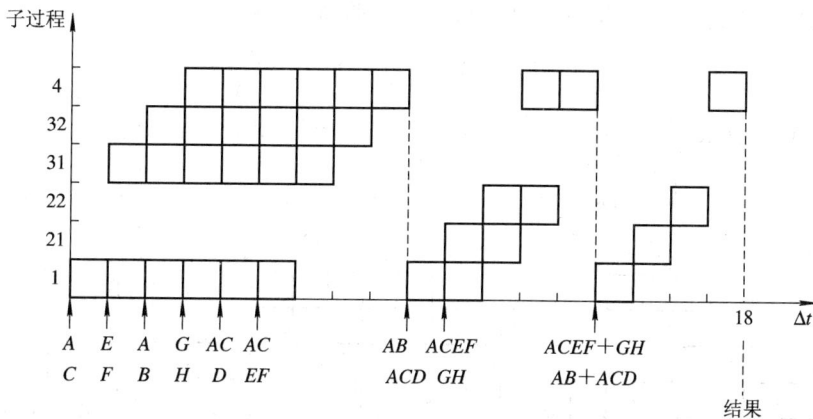

附图 22　子过程细分后的流水时空图

由附图 22 可知，完成全部运算最少需要 $18\Delta t$ 的时间。

若子过程 3 不能再细分，只能用 2 个子过程 3 通过并联来改进，则其时空图如附图 23 所示。

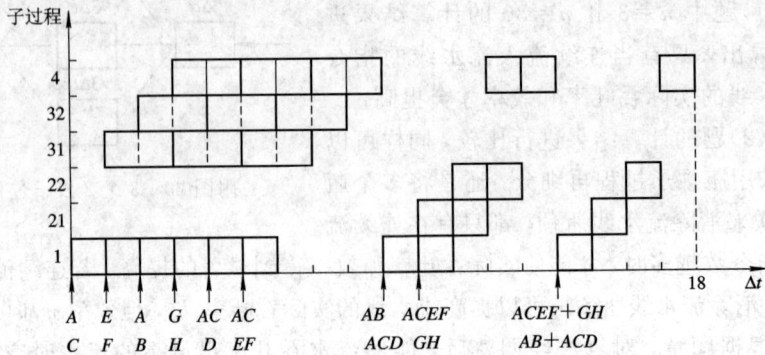

附图 23　子过程 3 并联的流水时空图

完成全部运算时的流水线效率为

$$\eta = \frac{24\Delta t + 12\Delta t}{6 \times 18\Delta t} = \frac{1}{3}$$

5 - 7　(1) 流水时空关系如附图 24 所示。

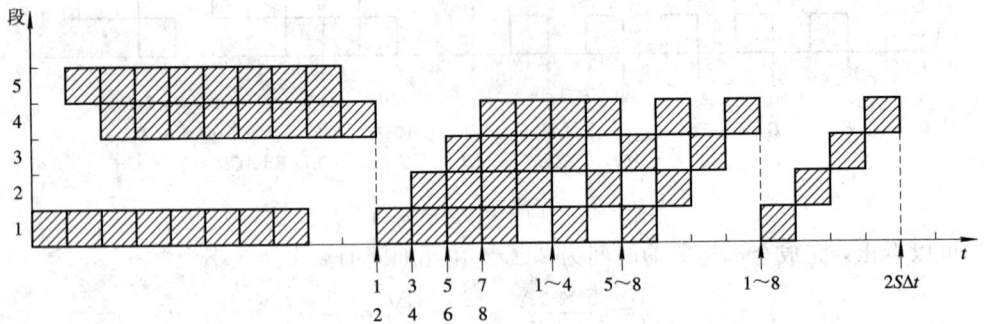

附图 24　题 5 - 7 的流水时空图

(2) 完成全部运算所需要的时间为 $25\Delta t$。此期间流水线的效率为

$$\eta = \frac{8 \times 3\Delta t + 7 \times 4\Delta t}{25 \times 5\Delta t} = \frac{52}{125}$$

5 - 8　(1) 流水时空图及流水线入端数据变化情况如附图 25 所示。

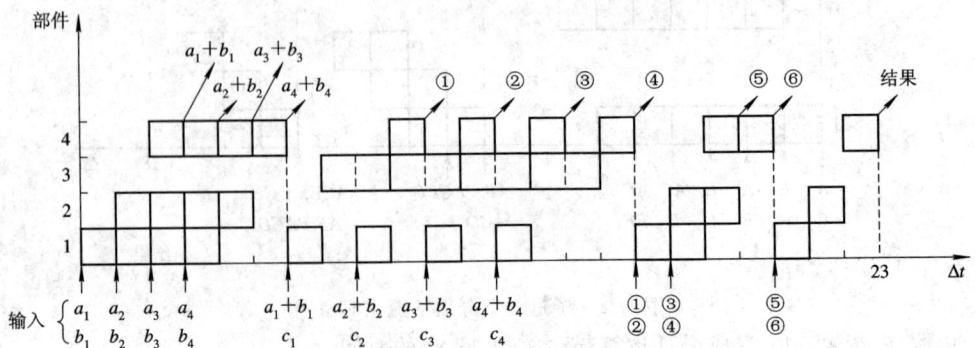

附图 25　题 5 - 8(1) 的流水时空图

（2）全部运算完的时间是 $23\Delta t$。

效率为

$$\eta = \frac{37\Delta t}{4 \times 23\Delta t} = \frac{37}{92}$$

（3）时空图如附图 26 所示。

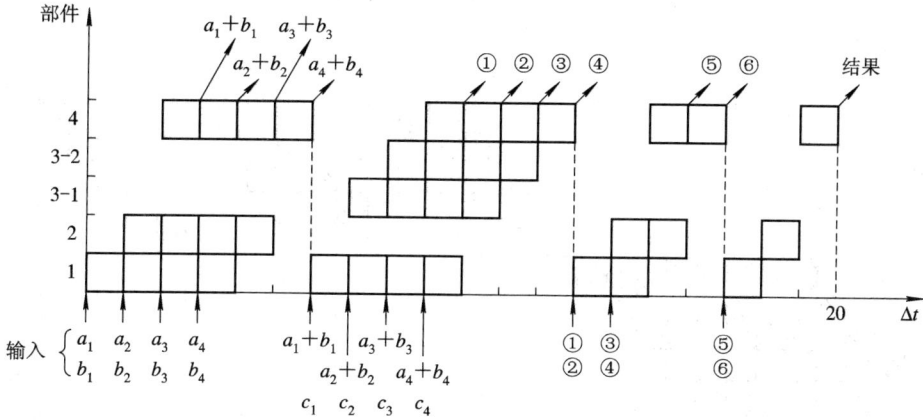

附图 26　题 5-8(3)的流水时空图

（4）所需时间为 $20\Delta t$。

效率为

$$\eta = \frac{37\Delta t}{5 \times 20\Delta t} = \frac{37}{100}$$

5-9 （1）乘法部件和加法部件不能同时工作，部件内也只能以顺序方式工作时的时空图如附图 27 所示。

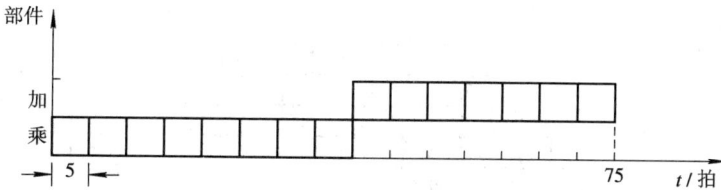

附图 27　乘、加串行时内部操作顺序的时空关系图

由附图 27 所示的向量点积 $\boldsymbol{A} \cdot \boldsymbol{B}$ 运算的时空关系图可知，完成全部运算最少为

$$8 \times 5 + 7 \times 5 = 75(拍)$$

（2）乘法部件和加法部件可以并行的时空关系图如附图 28 所示。

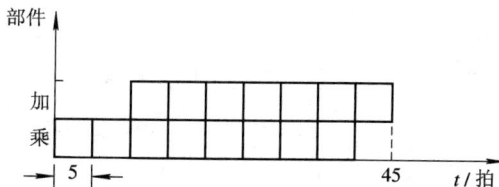

附图 28　乘、加部件可并行的时空关系图

解题算法步骤为

$$((((((((a_1 \cdot b_1 + a_2 \cdot b_2) + a_3 \cdot b_3) + a_4 \cdot b_4) + a_5 \cdot b_5) + a_6 \cdot b_6) + a_7 \cdot b_7) + a_8 \cdot b_8)$$

向量点积全部完成需 45 拍。

（3）处理器有乘—加双功能静态流水线，完成点积运算的流水时空关系图如附图 29 所示。

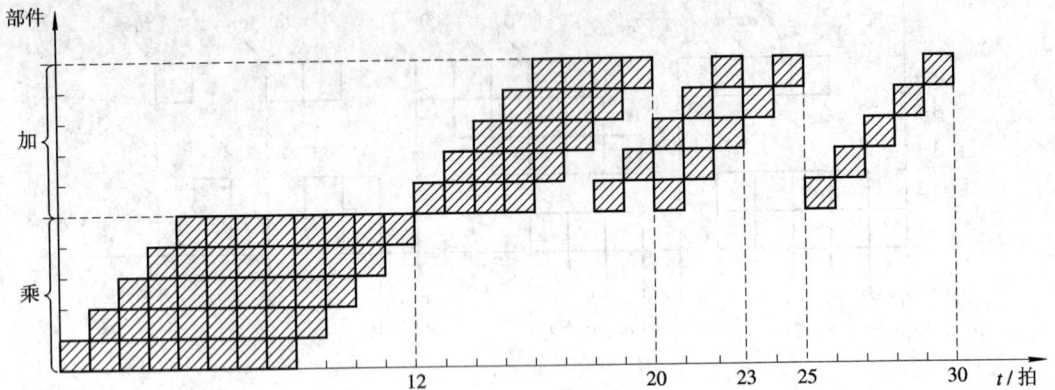

附图 29　双功能静态流水时空关系图

解题算法步骤为

$$(((a_1 \cdot b_1 + a_2 \cdot b_2) + (a_3 \cdot b_3 + a_4 \cdot b_4)) + ((a_5 \cdot b_5 + a_6 \cdot b_6) + (a_7 \cdot b_7 + a_8 \cdot b_8)))$$

完成向量点积运算需要 30 拍。

（4）乘、加两条流水线可同时工作，完成点积运算的流水时空图如附图 30 所示。

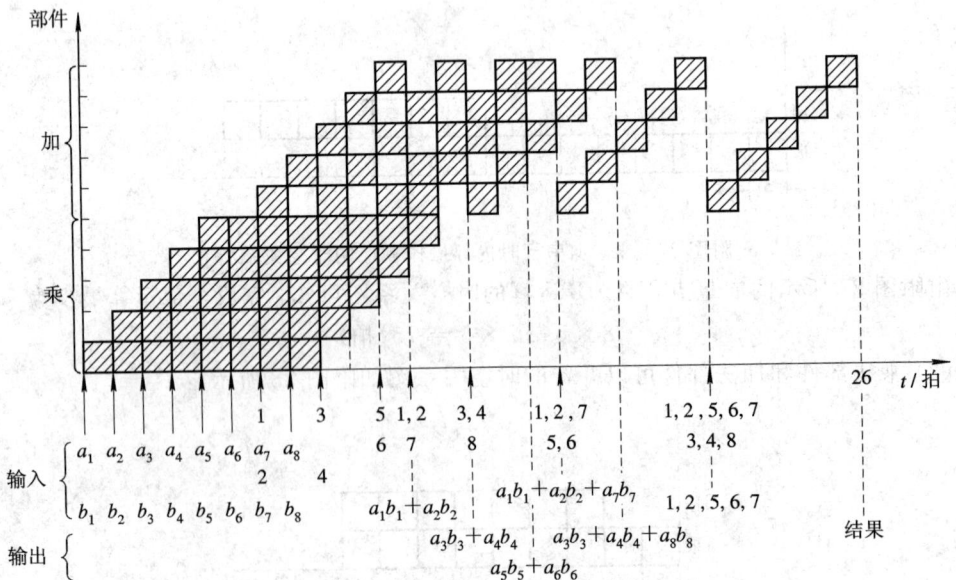

附图 30　乘、加可同时流水的时空图

在此流水线上，所用的解题算法步骤为

$$((((a_1 \cdot b_1 + a_2 \cdot b_2 + (a_7 \cdot b_7)) + (a_5 \cdot b_5 + a_6 \cdot b_6)) + ((a_3 \cdot b_3 + a_4 \cdot b_4) + a_8 \cdot b_8))$$

全部完成向量点积运算共需 26 拍。

5-10 采用流水控制的方法是总线式分布处理。

解决流水控制的途径如下：

（1）在各个寄存器中设置忙位标志来判断是否相关。当寄存器正在使用时，置该寄存器的忙位标志为"1"；当寄存器被释放时，其忙位标志清为"0"。因此，访问寄存器时，先看忙位标志，如为"1"，表示相关。

（2）设置多条流水线，让它们并行地工作，同时在分布于各流水线的入、出端上分别设置若干个保存站来缓冲存放信息。一旦相关后，采用异步方式流动。

（3）通过分布设置的站号来控制相关专用通路的连接。

（4）相关专用通路采用总线方式，相关后通过更改站号来实现不同相关专用通路的连接。

解决流水控制的特点：

（1）不必对进入流水线各条指令的源操作数地址和目的操作数地址做两两配对的比较，就可判知是否发生了相关。所以，相关判断的控制大大简化。

（2）对于异步流动的先写后读、先读后写及写-写三类相关，都能很方便且不加区分地予以解决。

（3）相关专用通路采用总线方式，使该通路可以为各种相关所共用，大大简化了硬件。

（4）多条流水线采取异步并行，且多条相关的指令可以一直链接下去，使系统有高的性能。

5-11 根据预约表中各个行中打"√"的拍数求出差值，并将这些差值汇集在一起，就可得到延迟禁止表

$$F = \{1, 3, 4, 8\}$$

由延迟禁止表 F 可转换得初始冲突向量

$$\mathbf{C} = (10001101)$$

根据初始冲突向量可画出状态转移图如附图 31 所示。

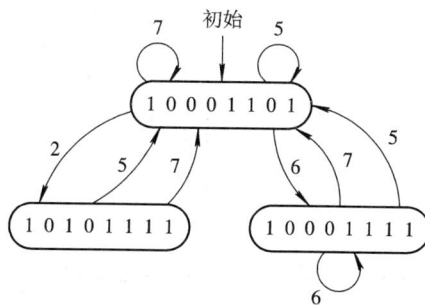

附图 31 题 5-11 的状态转移图

各种周期性调度方案列于附表 15。由附表 15 可知最小平均延迟为 3.5 拍。

此时，$T_{p\max} = 1/3.5$（任务/拍）。

最佳调度方案为(2,5)。

调度方案	平均延迟/拍	调度方案	平均延迟/拍
(2,5)	3.5	(6,7)	6.5
(2,7)	4.5	(7)	7
(5)	5	(5,2)	3.5
(6,5)	5.5	⋮	⋮
(6)	6		

按 (2, 5) 调度方案实际输入 6 个任务的时空图如附图 32 所示。实际吞吐率 $T_p = \dfrac{6}{25}$（任务/拍）。

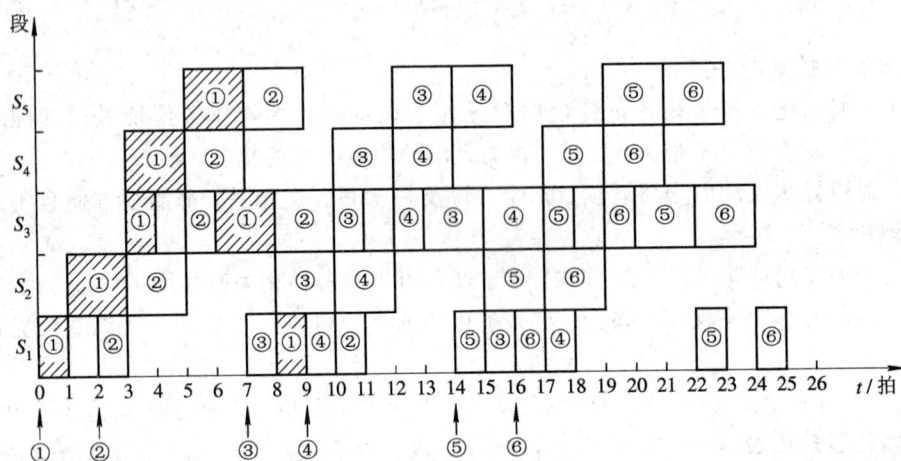

附图 32　按 (2, 5) 方案调度输入 6 个任务的时空图

5-12　常规标量流水处理机的度 $m=1$，连续执行 12 条指令的流水时空图如附图 33 所示。

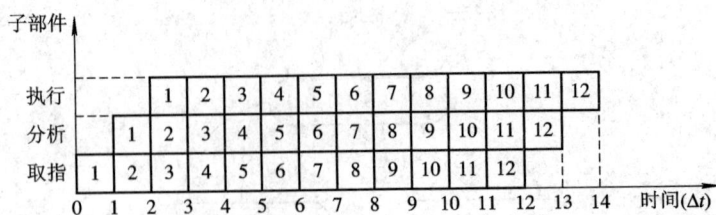

附图 33　常规标量流水处理机的时空图

连续执行完 12 条指令所花的时间为 $14\Delta t$。

超标量处理机的度 $m=4$，连续执行 12 条指令的流水时空图如附图 34 所示，执行完的时间为 $5\Delta t$，加速比 $S_p = \dfrac{14\Delta t}{5\Delta t} = 2.8$。

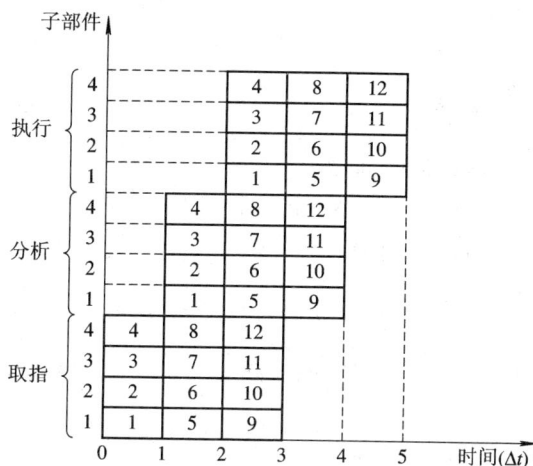

附图 34　超标量处理机的时空图

超长指令字处理机的度 $m=4$，连续执行 12 条指令的时空图如附图 35 所示。执行完的时间为 $5\Delta t$，加速比 $S_p=\dfrac{14\Delta t}{5\Delta t}=2.8$。

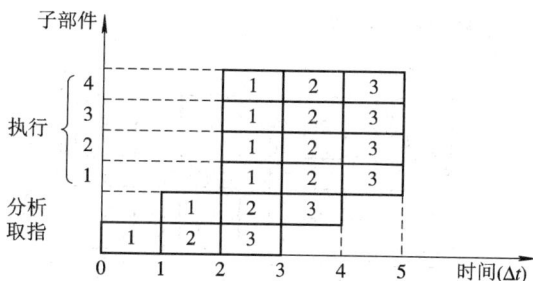

附图 35　超长指令字处理机的时空图

超流水线处理机的度 $m=4$，连续执行 12 条指令的时空图如附图 36 所示。执行完的时间为 $5.75\Delta t$，加速比 $S_p=\dfrac{14\Delta t}{5.75\Delta t}=2.43$。

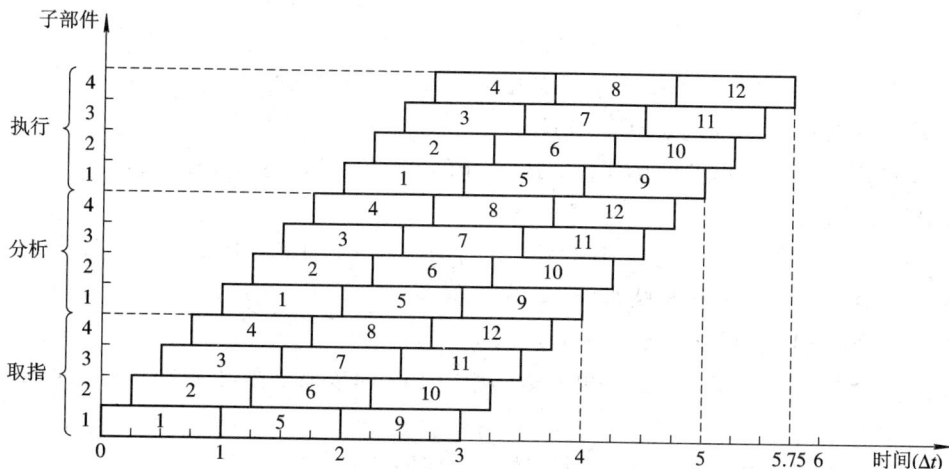

附图 36　超流水线处理机的时空图

5－13　略。

第6章　习题6的参考答案

6－1　(1) ①、②、③串行的时间为
$$7+N+7+N+8+N=22+3N(拍)$$

(2) ①、②并行与③串行的时间为
$$\left.\begin{matrix} 7+N \\ 7+N \end{matrix}\right\}+8+N=15+2N(拍)$$

(3) 链接技术(①、②并行与③链接)的时间为
$$\left.\begin{matrix} 1+6+1 \\ 1+6+1 \end{matrix}\right\}+8+N=16+N(拍)$$

6－2　(1) 三条全并行，完成时间为 72 拍。

(2) 一、二条并行，链接第三条，完成时间为 80 拍。

(3) 第一条链接第二条，与第三条串行，与第四条串行，完成时间为 222 拍。

(4) 全链接，完成时间为 104 拍。

6－3　互连结构图见附图 37 所示。

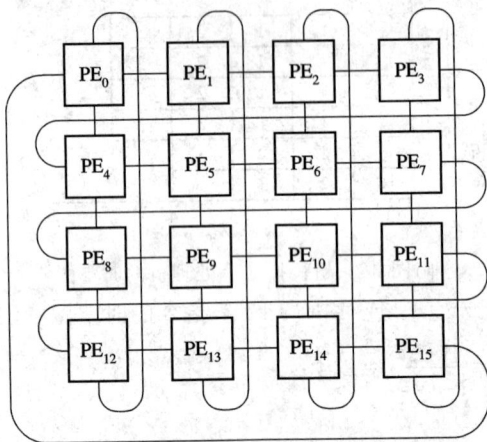

附图 37　16 台处理器仿 *ILLIAC* Ⅳ 的互连

一步可连的有 PE_1、PE_4、PE_{12}、PE_{15}。

二步可连的，除一步可到的 PE_1、PE_4、PE_{12}、PE_{15} 外，还有 PE_2、PE_3、PE_5、PE_8、PE_{11}、PE_{13}、PE_{14}。

三步可到的，除一步、二步可到的外，还有 PE_6、PE_7、PE_9、PE_{10}。

6－4　求累加和的算法步骤为：

(1) 置全部 PE_i 为活跃状态，$0 \leqslant i \leqslant 15$。

(2) 置全部 $A(i)$ 从 PEM_i 的 α 单元读到相应 PE_i 的累加寄存器 RGA_i 中，$0 \leqslant i \leqslant 15$。

(3) 令 $K=0$。

(4) 将全部 PE_i 的 (RGA_i) 转送到传送寄存器 RGR_i，$0 \leqslant i \leqslant 15$。

(5) 将全部 PE_i 的 (RGR_i) 经过互连网络向右传送 2^K 步距，$0 \leqslant i \leqslant 15$。

（6）令 $j=2^K-1$。

（7）置 $PE_0 \sim PE_j$ 为不活跃状态。

（8）处于活跃状态的所有 PE_i 执行 $(RGA_i) := (RGA_i) + (RGR_i)$，$j < i \leqslant 15$。

（9）$K := K+1$。

（10）若 $K < 4$，则转回（4），否则往下继续执行。

（11）置全部 PE_i 为活跃状态，$0 \leqslant i \leqslant 15$。

（12）将全部 PE_i 的累加器寄存器内容 (RGA_i) 存入相应 PEM_i 的 $\alpha+1$ 单元中，$0 \leqslant i \leqslant 15$。

6 - 5　（1）5 号。

（2）5 号。

（3）12 号。

（4）11 号。

（5）7 号。

6 - 6　（1）$Cube_0(b_3 b_2 b_1 b_0) = b_3 b_2 b_1 \overline{b_0}$

$Cube_1(b_3 b_2 b_1 b_0) = b_3 b_2 \overline{b_1} b_0$

$Cube_2(b_3 b_2 b_1 b_0) = b_3 \overline{b_2} b_1 b_0$

$Cube_3(b_3 b_2 b_1 b_0) = \overline{b_3} b_2 b_1 b_0$

共 4 种。

（2）3 号处理单元可将数据直接送到 1、2、7、11 号处理单元上。

6 - 7　（1）$PM2_{+0}(j) = j+1$　nod 16

$PM2_{-0}(j) = j-1$　nod 16

$PM2_{+1}(j) = j+2$　nod 16

$PM2_{-1}(j) = j-2$　nod 16

$PM2_{+2}(j) = j+4$　nod 16

$PM2_{-2}(j) = j-4$　nod 16

$PM2_{\pm3}(j) = j\pm8$　nod 16

共有 7 种不同的互连函数。

（2）3 号处理单元可直接送到 1、2、4、5、7、11、15 号处理单元上。

6 - 8　（1）$Cube(\overline{b_2} b_1 \overline{b_0}) = b_2 b_1 b_0$。

（2）拓扑结构如附图 38 所示。

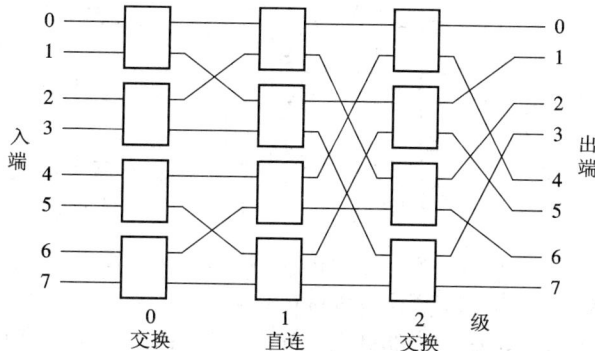

附图 38　题 6 - 8 的拓扑结构及控制开关状态

6-9 处理器编号二进制码 $P_2 P_i P_0$，$0 \leqslant i \leqslant 2$。

第 i 级直连状态时不能在 $P_2 P_i P_0$ 的 P_i 取反的入、出端处理器之间通信，其他的 P_j $(j \neq i)$ 可以不变，可以变反。

第 i 级交换状态时不能在 P_i 相同的入、出端处理器之间通信。

6-10 （1）用单级全混网络。

（2）循环通过 4 次，即混洗传送 4 次即可。理由略。

6-11 互连网络拓扑及开关状态见附图 39 所示。

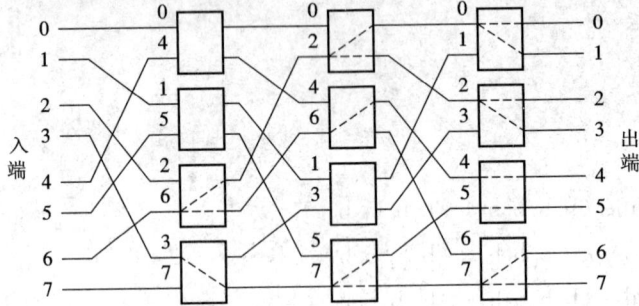

附图 39　三级混洗交换网络及开关状态

6-12 （1）$\mathrm{Cube}(b_3 b_2 b_1 b_0) = \overline{b_3}\ \overline{b_2} b_1 \overline{b_0}$。

（2）拓扑结构及交换开关状态如附图 40 所示。

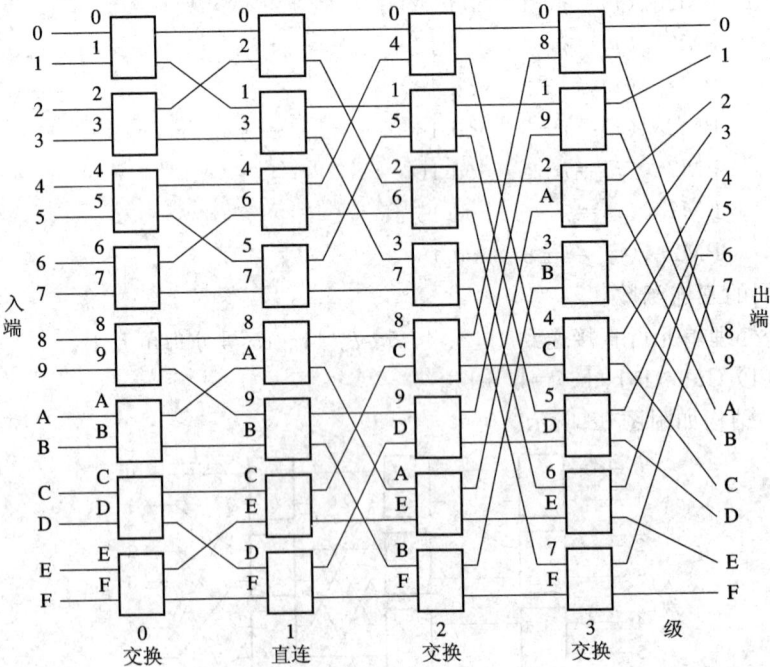

附图 40　题 6-12 拓扑结构及交换开关状态图

6-13 （1）互连函数为 $f(P_2 P_1 P_0) = P_0 P_1 P_2$。

（2）如果处理单元设有屏蔽位控制硬件，可让 PE_0、PE_2、PE_5 和 PE_7 均处于屏蔽，PE_1、PE_3、PE_4、PE_6 为活跃，只需在 omega 网络上通过一次，传送路径无冗余。如果处理单元未设置屏蔽位控制硬件，就需要在 omega 网络上通过两次。此时，传送路径会有很多的冗余。

（3）"通过一次"的控制开关状态图如附图 41 所示。

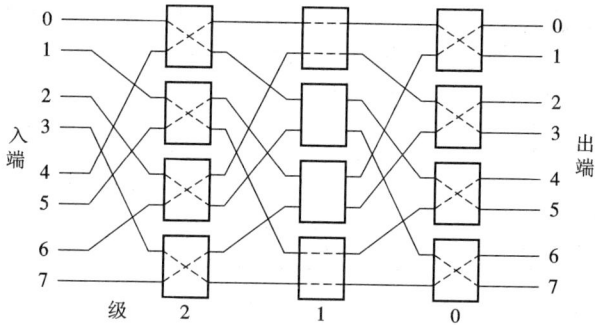

附图 41 "通过一次"的控制开关状态图

"通过两次"的控制状态图不唯一，其中一个例子如附图 42 所示，左部为第一次通过时的各开关设置，右部为第二次通过时的各开关设置。

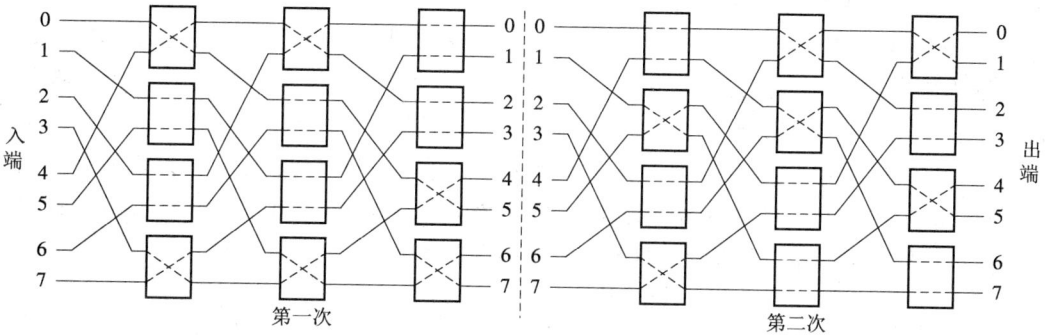

附图 42 "通过两次"的控制开关状态举例

6-14 （1）$N!$ 种。

（2）$N^{\frac{N}{2}}$ 种。

（3）$4096/40\,320 \times 100\% \approx 10.16\%$。

6-15 图形见附图 43。

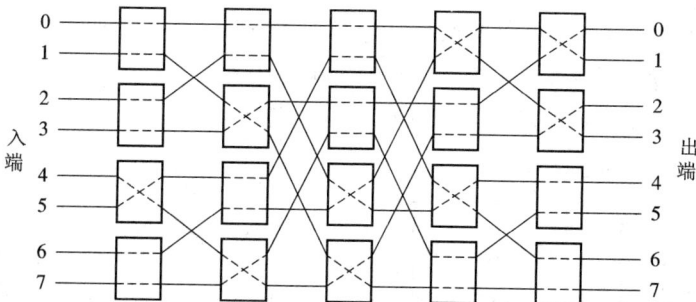

附图 43 题 6-15 的全排列网络及其开关状态

由于有许多冗余，附图 43 中的交换单元开关状态只是其中一例，20 个交换开关的全部状态组合数有 $2^{20} = 1\,048\,576$ 种，较全排列的 $8! = 40\,320$ 种排列要多得多，因此不会冲突，即不会发生阻塞。

6－16 数组元素在各存储器分体中分布的情况如附表 16 所示。

分体数 $M=5=2^{2P}+1$，$P=1$，因此，数组中同一列上两个相邻行的元素其地址错开的体号距离 $\delta_1=2^P=2$，数组中同一行中两个相邻列的元素其地址错开的体号距离 $\delta_2=1$。

附表 16　题 6－16 数组元素的存放

分体号 体内地址	0	1	2	3	4
$i+0$	a_{02}	a_{03}	—	a_{00}	a_{01}
$i+1$	a_{10}	a_{11}	a_{12}	a_{13}	—
$i+2$	a_{23}	—	a_{20}	a_{21}	a_{22}
$i+3$	a_{31}	a_{32}	a_{33}	—	a_{30}

6－17 只需将存储器模块数 M 设成 17 即可。由于 $17=2^{2\times2}+1$，让 δ_1 取成 2^2，δ_2 取成 1。这样，任何子数组中的 16 个元素肯定不会有两个以上的元素出现在同一个分体上，因而都可以实现无冲突的并行访问。

6－18 （1）在 8×8 的二维数组 A 中，一个存储周期内能无冲突地实现对任意 4×4 的子数组中的行、列、主对角线、次对角线上各元素的访问，以及对 2×2 子数组的各元素的访问。

（2）将二维数组 A 中各元素 $A(i,j)(i=0\sim7,j=0\sim7)$ 以列为主序排列成一个一维数组，给出在一维数组中的地址号 b 为 $0\sim63$。显然，$b=j\times8+i$，其中 j 为 A 数组元素之列下标，i 为 A 数组元素之行下标。这样，元素的存放规则为

$$模块块号 = b \bmod 5$$
$$模块内地址 \ A_d = \lfloor b/4 \rfloor$$

其中，5 为存储器模块总数，4 为并行的 PE 数。

第7章　习题 7 的参考答案

7－1 略。

7－2 略。

7－3 4×9 的一级交叉开关网络拓扑如附图 44 所示。

交叉开关结点数共 $4\times9=36$ 个，每个结点为 4 中选 1。

两级 2×3 的交叉开关组成的 4×9 的 Delta 网络见附图 45。

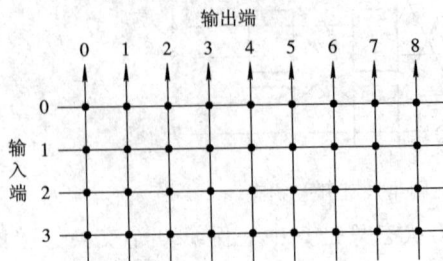

附图 44　4×9 一级交叉开关

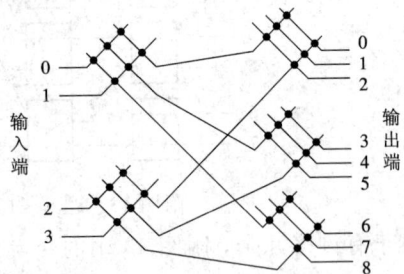

附图 45　$2^2\times3^2$ 的 Delta 网络

交叉开关结点数共 $5\times6=30$ 个，减少了 6 个。每个结点为 2 中选 1，结点内部多路选择器简化了。

7-4 16×16 的交叉开关需要 256 个结点，每个结点内部需要 16 中选 1 的多路裁决和选择电路。

采用 4×4 的交叉开关构成的两级交叉开关网络，共需开关结点数为 $16\times8=128$ 个，每个结点只需 4 中选 1，节省设备，但它是一个阻塞式网络。因为第 1 级每 4 个输入端只能有一个连到第 2 级的一个输入端，而第 2 级的这个输入端本可以对应 4 个输出端中的某一个，这就意味着，当第 1 级 4 个输入端的某一个连到最终的某个输出端时，第 1 级同组内其他 3 个输入端由于有路径冲突，就不能同时将信息传送到第 2 级相应的另外 3 个输出端上。而 16×16 的一级交叉开关则不存在此问题。

7-5 （1）利用 x_0、x_1、x_2 级控制信号的不同状态，任何处理机均可连至任何一个存储器模块。

（2）逻辑关系式为
$$d_0 = p_1 \oplus x_2, \quad d_1 = p_2 \oplus x_1, \quad d_2 = p_0 \oplus x_0$$

（3）0 号处理器要访问 2 号存储模块时，要求 $x_0=0$，$x_1=1$，$x_2=0$；4 号处理机要访问 4 号存储模块时，要求 $x_0=1$，$x_1=1$，$x_2=0$；6 号处理机要访问 3 号存储模块时，要求 $x_0=0$，$x_1=0$，$x_2=0$。可见，它们三者对 x_2、x_1、x_0 要求的状态均不相同，因此会发生阻塞。

7-6 （1）若用单处理机处理，$T_1=7$，改成
$E=ace(f+gh)+a(b+cd)$，其计算的树形流程图
如附图 46 所示。

（2）$P=3$

$\quad T_P=4$

$\quad S_P=\dfrac{T_1}{T_P}=\dfrac{7}{4}$

$\quad E_P=\dfrac{S_P}{P}=\dfrac{7}{12}$

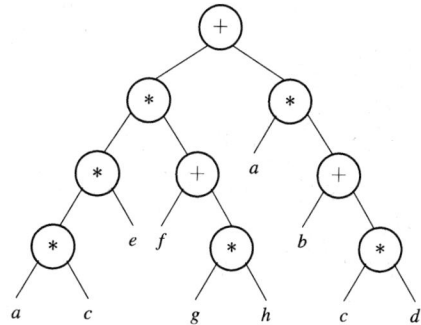

附图 46　题 7-6 的并行运算树形流程图

7-7 （1）改写后的程序为

```
      FORK   20
      FORK   30
      FORK   40
  10  A1=A1+A2
      JOIN   4
      GOTO   80
  20  A3=A3+A4
      JOIN   4
      GOTO   80
  30  A5=A5+A6
      JOIN   4
      GOTO   80
```

40 　A7＝A7＋A8

　　 JOIN　4

80　FORK　60

50　A1＝A1＋A3

　　 JOIN　2

　　 GOTO　70

60　A5＝A5＋A7

　　 JOIN　2

70　A1＝A1＋A5

（2）在三台处理机的系统上运行的时间关系图如附图 47 所示。设标号 50 和 60 的两个并发进程中，标号为 60 的进程最后完。

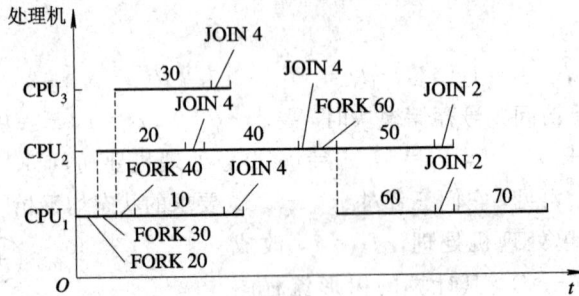

附图 47　在三台处理机上运行的时间关系图

（3）在两台处理机的系统上运行的时间关系图如附图 48 所示。设标号为 50 的进程最后完。

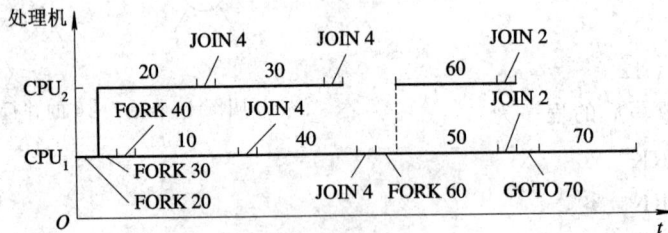

附图 48　在两台处理机上运行的时间关系图

7－8　改写后的程序为

10　U＝A＋B

　　 FORK　30

20　V＝U/B

　　 JOIN　2

　　 GOTO　40

30　W＝A＊U

　　 JOIN　2

```
40  FORK  60
50  X＝W－V
    JOIN  2
    GOTO  70
60  Y＝W＊U
    JOIN  2
70  Z＝X/Y
```

该程序在两台处理机上运行时的资源时间图如附图 49 所示。

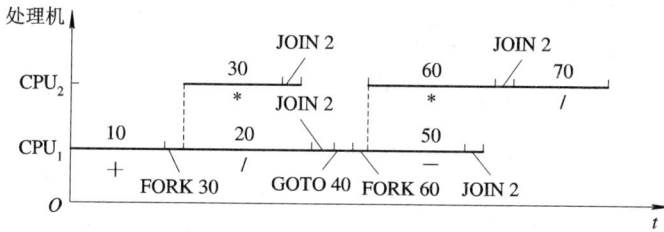

附图 49 题 7－8 的资源时间图

7－9 （1）通用 PE 的串行 SISD 系统上计算的时空图如附图 50 所示。

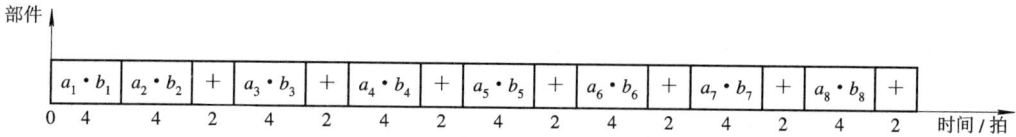

附图 50 通用 PE 的串行 SISD 系统的时空图

由附图 50 可知需要 $4×8＋2×7＝46$ 拍。

（2）加、乘并行流水的 SISD 系统上运行的时空图如附图 51 所示。

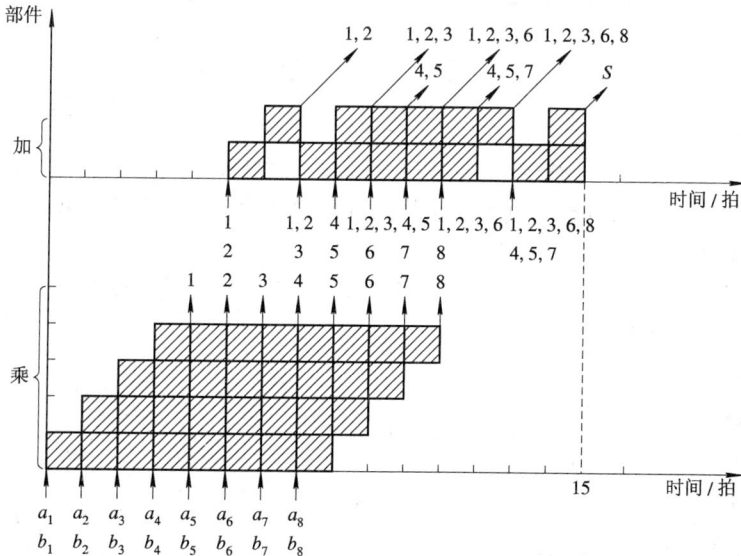

附图 51 加、乘并行流水 SISD 系统的时空图

由附图 51 可知，全部完成点积运算需 15 拍。

（3）在 8 个 PE 的 SIMD 系统上运行的时空图如附图 52 所示。

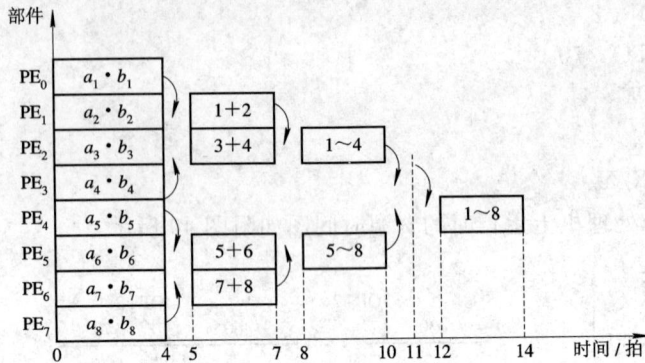

附图 52　在 SIMD 系统上的时空图

由附图 52 可知，全部完成点积运算共需 14 拍。

（4）在 8 个处理机的 MIMD 系统上运行的时空图如附图 53 所示。

全部完成点积运算的时间为 13 拍。

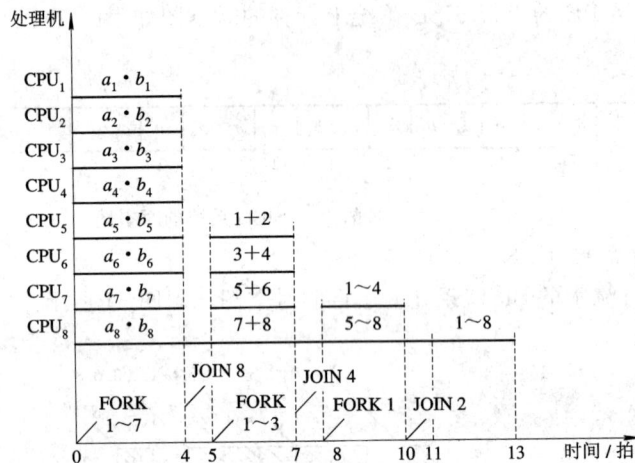

附图 53　在 MIMD 系统上的时空关系图

7-10　设 A 处理机分配 x 个任务，B 处理机分配 $T-x$ 个任务。A、B 两台处理机全部完成的总执行时间应为 $\max\{xE,(T-x)\cdot 2E\}$。

有 $xE\geqslant(T-x)\cdot 2E$，得 $x\geqslant 2T/3$，任务数 x 只能为整数，故有 $x=\lceil 2T/3\rceil$，此时，其总执行时间最短为 $\lceil 2T/3\rceil E$。

7-11　略。

7-12　略。

7-13　略。

7-14　略。

第 8 章　习题 8 的参考答案

8-1　略。

8－2 数据流程序图如附图 54 所示。

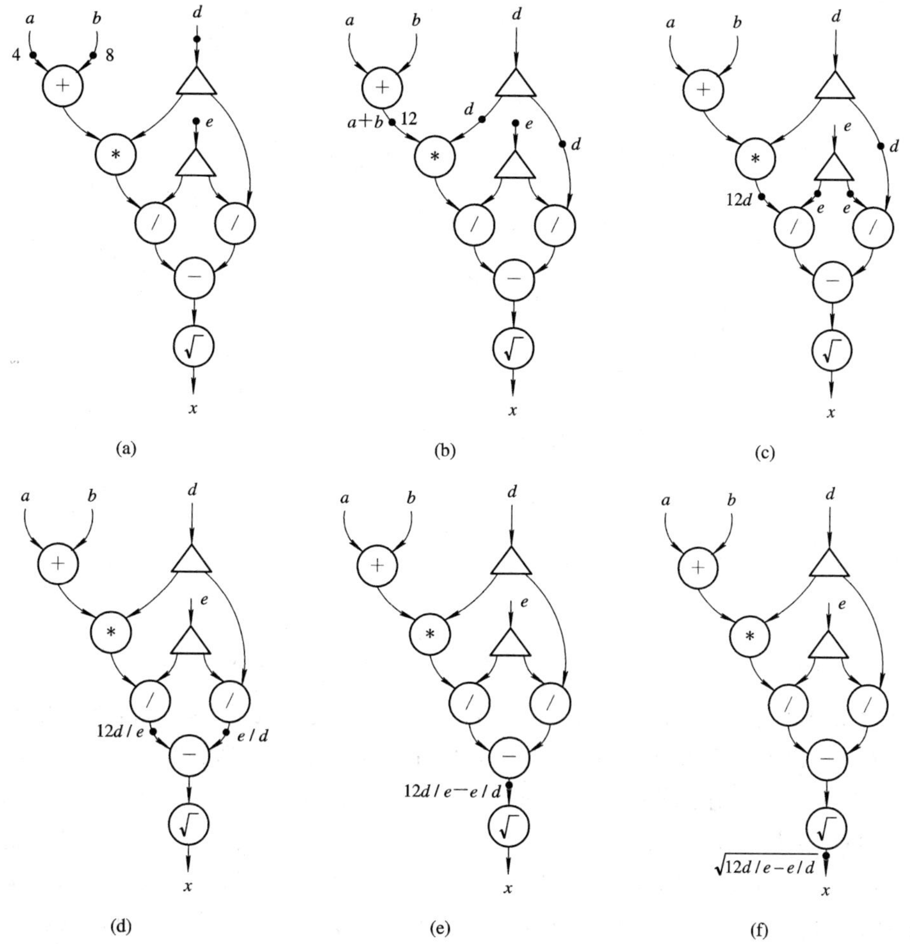

(a)　　　　　　　　　　(b)　　　　　　　　　　(c)

(d)　　　　　　　　　　(e)　　　　　　　　　　(f)

附图 54　题 8－2 的数据流程序图

8－3 数据流程序图如附图 55 所示。

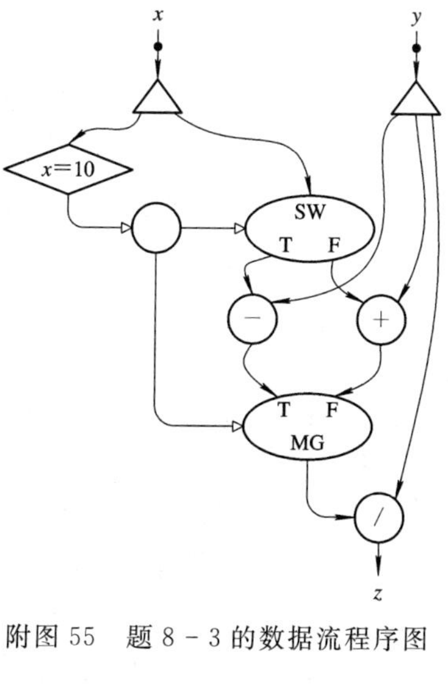

附图 55　题 8－3 的数据流程序图

8 − 4 数据流程序图如附图 56 所示。

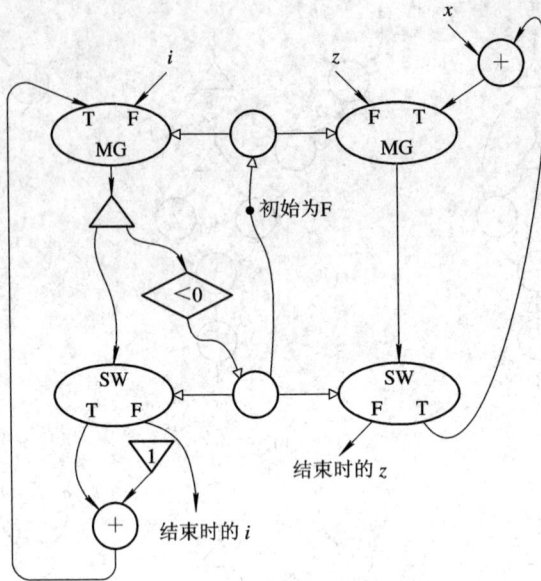

附图 56 题 8 − 4 的数据流程序图

8 − 5 静态数据流机的数据令牌未加标记，不支持递归的并发激活，只能支持一般的循环。动态数据流机让令牌带有标记，通过对令牌标记的配对来支持递归的并发激活。

8 − 6 归约机采用需求驱动，执行的操作序列取决于对数据的需求。在归约机中，对数据的需求又来源于函数式程序设计语言对表达式的归约。

归约机的结构特点是：面向函数式语言或以函数式语言为机器语言的非控制流计算机，采用需求驱动或数据驱动控制方式；有大容量储存器或虚拟存储器，有高级动态存储分配和管理的软、硬件；有多个处理器(机)，可高度并行；采用适合于函数式程序运行的处理器(机)间互连结构，特别是树形或多层次复合式互连结构。

根据所用归约方式的不同，有串归约机和图归约机两种构形。

参 考 文 献

[1] 李学干. 计算机系统结构. 4 版. 西安：西安电子科技大学出版社，2006.

[2] Hwang Kai. Advanced Computer Architecture. New York：McGraw-Hill book Co. ，1993.

[3] Hwang Kai and Briggs F A. Computer Architecture and Parallel Processing. New York：McGraw-Hill book Co. 1984.

[4] 李学干，徐甲同. 并行处理技术. 北京：北京理工大学出版社，1994.

[5] Patterson D A，Hennessy J L. Computer Architecture：A Quantitative Approach 2nd ed. San Francisco：Morgan Kaufmann Publishers，1995.

[6] Herzog J H. Design and Organization of Computer Structures. Franklin：Beedle & Associates，Inc. ，1996.

[7] Carpinelli J D. 计算机系统组成与体系结构(影印版). 北京：人民邮电出版社，2002.

[8] 李学干. 多处理系统的性能分析. 西安电子科技大学学报，1996，23(1)：48-53.

[9] 李学干. 计算机系统结构学习指导与题解. 西安：西安电子科技大学出版社，2001.

[10] 李学干. 计算机系统结构题解. 北京：光明日报出版社，2004.